数据结构
——Java语言描述（第2版）

刘小晶 杜 选 主编
朱 蓉 杜卫锋 副主编

清华大学出版社
北京

内 容 简 介

本书是浙江省"十一五"规划重点建设教材,内容涵盖了教育部计算机科学与技术教指委关于"高等学校计算机科学与技术本科专业规范"中制定的课程体系中的核心知识,并在紧扣考研大纲的前提下剔除了一些难度较大的内容。

本书采用Java语言作为描述算法的语言,共9章,可分成两大部分。第一部分主要介绍线性表、栈、队列、串、数组、树和图等基本数据结构的特点、存储方式、运算原理、实现方法以及它们在现实中的典型应用;第二部分主要讨论查找与排序这两种最常用操作的实现原理、方法及性能分析。

全书条理清楚、语言精练、重点突出,叙述循序渐进、深入浅出;表达通俗易懂,特别注重理论与实践相结合;强调算法实现方法的分析,并通过丰富、典型的实例来强化知识的实际应用。

本书可作为普通高等院校计算机科学与技术、软件工程、信息管理与信息系统、信息与计算科学、电子信息等专业的"数据结构"课程的教材,也可作为工程技术和自学数据结构人员的参考读物。

图书在版编目(CIP)数据

数据结构:Java语言描述/刘小晶,杜选主编. —2版. —北京:清华大学出版社,2015(2023.8 重印)
(21世纪高等学校规划教材·计算机科学与技术)
ISBN 978-7-302-38944-6

Ⅰ.①数…　Ⅱ.①刘…②杜…　Ⅲ.①数据结构—高等学校—教材②JAVA语言—程序设计—高等学校—教材　Ⅳ.①TP311.12②TP312

中国版本图书馆CIP数据核字(2015)第005675号

责任编辑:黄　芝　王冰飞
封面设计:傅瑞学
责任校对:时翠兰
责任印制:朱雨萌

出版发行:清华大学出版社
　　网　　　址:http://www.tup.com.cn,http://www.wqbook.com
　　地　　　址:北京清华大学学研大厦A座　　　　　　　　邮　　编:100084
　　社 总 机:010-83470000　　　　　　　　　　　　　　邮　　购:010-62786544
　　投稿与读者服务:010-62776969,c-service@tup.tsinghua.edu.cn
　　质量反馈:010-62772015,zhiliang@tup.tsinghua.edu.cn
　　课件下载:http://www.tup.com.cn,010-62795954
印 装 者:三河市龙大印装有限公司
经　　销:全国新华书店
开　　本:185mm×260mm　　　印　　张:25.5　　　　　　字　　数:615千字
版　　次:2011年2月第1版　2015年4月第2版　　　　印　　次:2023年8月第21次印刷
印　　数:48001~50000
定　　价:59.80元

产品编号:061800-02

出 版 说 明

　　随着我国改革开放的进一步深化,高等教育也得到了快速发展,各地高校紧密结合地方经济建设发展需要,科学运用市场调节机制,加大了使用信息科学等现代科学技术提升、改造传统学科专业的投入力度,通过教育改革合理调整和配置了教育资源,优化了传统学科专业,积极为地方经济建设输送人才,为我国经济社会的快速、健康和可持续发展以及高等教育自身的改革发展做出了巨大贡献。但是,高等教育质量还需要进一步提高以适应经济社会发展的需要,不少高校的专业设置和结构不尽合理,教师队伍整体素质亟待提高,人才培养模式、教学内容和方法需要进一步转变,学生的实践能力和创新精神亟待加强。

　　教育部一直十分重视高等教育质量工作。2007 年 1 月,教育部下发了《关于实施高等学校本科教学质量与教学改革工程的意见》,计划实施“高等学校本科教学质量与教学改革工程”(简称“质量工程”),通过专业结构调整、课程教材建设、实践教学改革、教学团队建设等多项内容,进一步深化高等学校教学改革,提高人才培养的能力和水平,更好地满足经济社会发展对高素质人才的需要。在贯彻和落实教育部“质量工程”的过程中,各地高校发挥师资力量强、办学经验丰富、教学资源充裕等优势,对其特色专业及特色课程(群)加以规划、整理和总结,更新教学内容、改革课程体系,建设了一大批内容新、体系新、方法新、手段新的特色课程。在此基础上,经教育部相关教学指导委员会专家的指导和建议,清华大学出版社在多个领域精选各高校的特色课程,分别规划出版系列教材,以配合“质量工程”的实施,满足各高校教学质量和教学改革的需要。

　　为了深入贯彻落实教育部《关于加强高等学校本科教学工作,提高教学质量的若干意见》精神,紧密配合教育部已经启动的“高等学校教学质量与教学改革工程精品课程建设工作”,在有关专家、教授的倡议和有关部门的大力支持下,我们组织并成立了“清华大学出版社教材编审委员会”(以下简称“编委会”),旨在配合教育部制定精品课程教材的出版规划,讨论并实施精品课程教材的编写与出版工作。“编委会”成员皆来自全国各类高等学校教学与科研第一线的骨干教师,其中许多教师为各校相关院、系主管教学的院长或系主任。

　　按照教育部的要求,“编委会”一致认为,精品课程的建设工作从开始就要坚持高标准、严要求,处于一个比较高的起点上。精品课程教材应该能够反映各高校教学改革与课程建设的需要,要有特色风格、有创新性(新体系、新内容、新手段、新思路,教材的内容体系有较高的科学创新、技术创新和理念创新的含量)、先进性(对原有的学科体系有实质性的改革和发展,顺应并符合 21 世纪教学发展的规律,代表并引领课程发展的趋势和方向)、示范性(教材所体现的课程体系具有较广泛的辐射性和示范性)和一定的前瞻性。教材由个人申报或各校推荐(通过所在高校的“编委会”成员推荐),经“编委会”认真评审,最后由清华大学出版社审定出版。

目前,针对计算机类和电子信息类相关专业成立了两个"编委会",即"清华大学出版社计算机教材编审委员会"和"清华大学出版社电子信息教材编审委员会"。推出的特色精品教材包括:

(1) 21世纪高等学校规划教材·计算机应用——高等学校各类专业,特别是非计算机专业的计算机应用类教材。

(2) 21世纪高等学校规划教材·计算机科学与技术——高等学校计算机相关专业的教材。

(3) 21世纪高等学校规划教材·电子信息——高等学校电子信息相关专业的教材。

(4) 21世纪高等学校规划教材·软件工程——高等学校软件工程相关专业的教材。

(5) 21世纪高等学校规划教材·信息管理与信息系统。

(6) 21世纪高等学校规划教材·财经管理与应用。

(7) 21世纪高等学校规划教材·电子商务。

(8) 21世纪高等学校规划教材·物联网。

清华大学出版社经过三十多年的努力,在教材尤其是计算机和电子信息类专业教材出版方面树立了权威品牌,为我国的高等教育事业做出了重要贡献。清华版教材形成了技术准确、内容严谨的独特风格,这种风格将延续并反映在特色精品教材的建设中。

清华大学出版社教材编审委员会

联系人:魏江江

E-mail:weijj@tup.tsinghua.edu.cn

第2版前言

本书第 1 版自 2011 年 2 月出版以来,已重印 4 次,深受广大读者的认可和好评,被数十所院校选为课程教材或教学参考书。

在第 1 版书的使用期间,编者对原书内容进行了多次勘校,对所发现的舛误进行了逐一的纠正。为了便于读者将理论与实践紧密结合,使学习者分析问题和解决问题的能力得到提高,于 2013 年 2 月出版了与之配套使用的《数据结构实例解析与实验指导》教辅书,详细地分析和解答了教材中的所有习题,并与考研内容相结合,增加了很多精典的例题,为每一章的知识应用都设计了课题实验题目及分析解答。

改版是在编者广泛征求意见的基础上,根据读者使用时反馈的意见和编者的新认识,以追求更加有利于读者学习为目标的前提下进行的,改版对原书中的内容做了以下 4 个方面的修改:

(1) 为了使本书的内容全部涵盖最新考研大纲的内容要求,增加了"外部排序"一章。

(2) 为了提高数据的封装性,原书中将类成员变量都定义为私有属性,但为了使算法描述更加接近 C/C++的描述风格,增强算法的可读性和减少算法内容的篇幅,特将原书中描述数据结构的单独类中的私有成员变量全部改成了公有属性。

(3) 为了便于读者自学,在本书的最后增加了每章的习题参考答案。

(4) 在"二叉树遍历算法的应用举例"章节中提出了递归模型的概念,并运用于具体算法设计中。

参加第 2 版各章编写的是刘小晶、朱蓉、杜选、杜卫锋,全书由刘小晶策划和统稿。本书共分 9 章,内容简洁明了,问题分析细致,语言表述通俗易懂,配套教学资源丰富,适合作为普通高校计算机专业及相关专业的数据结构教材,也可供有兴趣的学习者参考和借鉴。书中所有算法(包括习题)都在 Eclipse 环境下测试通过,源程序代码和教学课件可在清华大学出版社网站(www. tup. tsinghua. edu. cn)下载。

由于数据结构知识的应用非常广泛,加之编者水平有限,书中定有疏漏和不足之处,敬请批评指正。

作者
2014 年 12 月

数据结构是计算机科学与技术等计算机类专业的核心主干基础课程,也是计算机科学与技术等相关专业考研的必考科目。

数据结构一般开设在大学二年级,其目的是对前期学习的计算机技术进行总结与提高,为后续其他专业课程的学习提供基础。"数据结构"上承"计算机导论"、"程序设计语言"和"离散数学";下启"算法分析与设计",同时它又是"操作系统"、"软件工程"、"数据库原理"、"编译原理"、"计算机图形学"和"人工智能"等专业课程的必修先行课。此外,许多计算机应用软件都要运用"数据结构"课程中讲授的知识来编写程序,进行科学计算和模拟试验。

学习数据结构的过程,既是一个复杂程序设计的训练过程,也是一个构造优化算法的训练过程,其技能培养的重要程度与知识传授等同。数据结构的教学内容、重点和难点在于让学生理解和掌握算法的设计与分析,使学生通过该课程的学习具有较好的数据抽象能力、算法设计能力以及创新思维能力。

在计算机类专业的课程设置中,目前许多高校都将"Java 程序设计语言"这门课程当作第一门程序设计语言课程进行开设,这就需要在人才培养方案中能有贯穿于整个过程的对Java 编程能力进行培养的课程安排。所以,如果数据结构能用 Java 语言进行描述,一则有利于提升数据结构的学习效果,二则能巩固 Java 语言方面的知识。而且相对于面向过程的程序设计语言,用面向对象的程序设计语言描述数据结构更为自然。Java 是相对较新同时也是当前使用极为广泛的面向对象的程序设计语言。与 C++ 相比,Java 是一种更安全、更具可移植性并且更容易使用的语言。因此,这使得它成为目前讨论和实现数据结构的一种优秀的可选语言。

下面是本教材的一些特色:

(1)精简内容、强化基础、突出知识的应用性。针对一般本科院校学生的实际情况,把握"适用"与"够用"的尺度。做到把重点放在基础知识的介绍上,缩减了一些难度较大的内容。并强调其在实际问题中的应用性,充分体现了理论与应用背景的紧密结合。

(2)理论叙述简洁明了,重点突出,应用实例丰富完整并做到内容由浅入深,循序渐进。各章节都从基本概念入手,逐步介绍其特点和基本操作的实现,然后通过应用实例来讲述如何运用所学的原理和方法来解决实际问题,最后附有小结和习题,便于学习总结和提高。这些内容做到"环环相扣,层层推进",充分体现解析法的精髓,达到通俗易懂、由浅入深的效果,培养读者迁移知识的能力。

(3)算法的描述既严谨,又充分利用 Java 的泛型方法来体现方法的通用性,支持高效的代码重用。

(4)书中融入了新的教学理念,并配有大量的图表,便于学生直观地理解数据结构与算法。

(5)教学、实验相互配合,内容全面,实现立体化教学资源建设。与教材一同配有 PPT

电子教案、习题解答，有"数据结构"精品课程网站。与本书配套的《数据结构实例解析与实验指导》预计在 2011 年完成，书中将结合数据结构课程中的重要知识点提供丰富的典型应用实例，进一步强化理论知识应用于实际问题的解决能力的培养。

本教材主要面向一般本科院校使用，因此，在紧扣考研大纲的前提下尽量剔除了一些难度较大的内容。教材的内容组织共分 8 章，其中：

第 1 章绪论，主要介绍了数据结构课程讨论的内容；数据结构的常用术语及基本概念；数据结构算法的描述和算法分析方法以及本书中所应用到的 Java 泛型方法等内容。

第 2 章线性表，主要介绍了线性表的抽象数据类型定义；线性表类型在顺序存储和链式存储两种存储结构下的实现方法以及线性表的应用等内容。

第 3 章栈与队列，主要介绍了栈与队列的抽象数据类型定义；栈与队列在顺序存储和链式存储结构下其基本操作的实现方法以及栈与队列的应用等内容。

第 4 章串与数组，主要介绍了串的基本概念；串的存储结构；串的基本操作实现；数组的定义、操作和存储结构以及矩阵的压缩存储等内容。

第 5 章树，主要介绍了树与二叉树的基本概念和存储结构；树、二叉树和森林的遍历；树、二叉树与森林之间的转换方法以及哈夫曼树与哈夫曼编码等内容。

第 6 章图，主要介绍了图的基本概念；图的邻接矩阵和邻接表两种最基本的存储结构；图的广度优先搜索和深度优先搜索两种最基本的遍历方法；有关最小生成树的克鲁斯卡尔（Kruskal）和普里姆（Prim）两种实现算法；拓扑排序和求关键路径等内容。

第 7 章排序，主要介绍了排序的基本概念；常用内部排序（插入排序、交换排序、选择排序、归并排序和基数排序）方法的实现及性能分析以及各种内部排序方法的比较等内容。

第 8 章查找，主要介绍了查找的基本概念；静态表查找（顺序查找、二分查找和分块查找）、动态表查找（二叉排序树、平衡二叉树、B 树和红黑树）、哈希表查找的实现方法及性能分析等内容。

第 1～3 章及第 5 章由刘小晶副教授执笔，第 4、第 7～8 章由杜选副教授执笔，第 6 章由杜卫锋博士执笔，书中的代码由邹益民博士负责设计和调试。刘小晶提出了本书的编写大纲及负责完成了本书的统稿工作。由朱蓉博士负责审阅了全稿，并提出了许多宝贵的修改意见。

本书在编写过程中，参阅了大量的参考资料，列于书目的参考文献中，在此谨向其作者表达衷心的感谢。

由于作者学识所限，书中定有不足之处，敬请读者批评指正，提出宝贵意见，联系方式：liuxiaojing99999@163.com。

目 录

绪论

随着计算机和信息技术的飞速发展,计算机应用远远超出了单纯进行数值计算的范畴,计算机技术已渗透到了国民经济的各行各业和人们日常生活的方方面面。由于现实世界中产生的大量数据只有经过计算机存储才能进行后续处理与利用,因此,数据的表示是计算机处理问题的基础。从表面上看,程序设计和编写的主要目标是为了实现某类数据的处理,而实质上,更为重要的是要考虑如何在计算机中组织这些数据,以支持后续高效的处理过程。因此,深入研究各种数据的逻辑结构及其在计算机中的表示和实现,科学、合理地指导程序设计,这正是学习"数据结构"这门课程的目的。

本章主要知识点:

- 本课程讨论的内容;
- 基本概念和术语;
- 算法的真正含义及其描述;
- 算法性能分析方法;
- 时间复杂度的估算;
- 空间复杂度的估算;
- Java 中的一些泛型特性。

1.1 数据结构课程讨论的内容

Pascal 语言之父、结构化程序设计的先驱、著名的瑞士科学家沃思(Niklaus Wirth)教授曾出版过一本著名的书籍《算法+数据结构=程序》,他认为:程序是计算机指令的组合,用来控制计算机的工作流程,完成一定的逻辑功能以实现某种任务;算法是程序的逻辑抽象,是解决某类客观问题的策略;数据结构是现实世界中的数据及其之间关系的反映,它可以从逻辑结构和存储(物理)结构两个层面进行刻画,其中客观事物自身所具有的结构特点,称为逻辑结构;而具有这种逻辑结构的数据在计算机存储器中的组织形式则称为存储结构。可见,这个等式反映了算法、数据结构对于程序设计的重要性。通过学习本课程,读者将体会到在解决一个现实问题时应该如何采用一种合适的方法(算法),又应该如何编写一个高效率程序,并通过计算机实现问题的求解。

1.1.1 求解问题举例

人们利用计算机的目的是为了能快速解决实际的应用问题,因而利用计算机实现问题的求解,就需要完成一个从问题到程序的实现过程,此过程的主要步骤归纳如下。

(1) 确定问题求解的数学模型(或逻辑结构):对问题进行深入分析,确定处理的数据对象是什么,再考虑根据处理对象的逻辑关系给出其数学模型。

(2) 确定存储结构:根据数据对象的逻辑结构及其所需完成的功能,选择一种合适的组织形式将数据对象映射到计算机的存储器中。

(3) 设计算法:讨论要解决问题的策略,即算法的具体步骤。

(4) 编程并测试结果:根据算法编写程序并上机测试,直至得到问题的最终解。

由此可见,程序设计的本质在于解决两个主要问题:一是根据实际问题选择一种好的数据结构,二是设计一个好的算法,后者的好坏在很大程度上取决于前者。

例如:

问题一:N 个数的选择问题。假设有 N 个数,要求找出 N 个数中第 k 大的那个数。

要解决这个问题,首先要考虑的就是这 N 个数的取值范围是什么,也就是说,只有明确了这 N 个数在计算机中是如何组织的,才能决定采用何种求解问题的策略。

解决此问题的一种算法是将 N 个数读入一个数组中,再通过冒泡排序方法对 N 个数以递减顺序进行排序,最后在已排序数组中的第 k 个元素就是所要求的解。这种策略实施的前提是内存中有足够的空间能够容纳这 N 个数。然而,若空间不够,又该如何处理呢?

解决此问题的另一种算法是先将 N 个数的前 k 个数读入一个数组,并以递减顺序进行排序,再将剩下的数逐个读入,将它与数组中的第 k 个数进行比较,如果它不大于第 k 个数,则忽略;否则就将它插入到数组中的适当位置,使数组仍然保持有序,同时数组中的最后一个数被挤出数组。当剩下的所有数都处理完毕时,数组中位于第 k 个位置上的数就是所要求的解。

这两种算法用程序实现其编码都很简单,但哪种算法更好呢? 当 n 和 k 都充分大(大于 10^6 时,这两种方法的程序在合理时间内都不能结束,它们需要计算机处理若干天后才能计算完毕,这是不切实际的,所以它们都不能被认为是好的算法。在第 7 章将给出解决这个问题的更好算法。

问题二:生产订单的自动查询问题。在一个订单管理系统中,有一个实体"生产订单",实体中包括若干个订单记录,它们按照每个生产订单的订单号递增顺序排列,如表 1.1 所示。

表 1.1　生产订单表

生产订单号	行	物料编码	物料名称	开工时间	完工时间	计量单位	生产数	制单
00000010	1	12100	长针	2008-9-13	2008-9-14	根	60	张三
00000010	2	12100	长针	2008-9-14	2008-9-15	根	390	张三
00000011	1	10000	电子挂	2008-9-18	2008-9-20	个	60	李四
00000011	2	10000	电子挂	2008-9-19	2008-9-22	个	390	李四
00000012	1	12400	盘面	2008-9-13	2008-9-14	个	60	李四
00000012	2	12400	盘面	2008-9-14	2008-9-15	个	390	李四
00000013	1	12000	钟盘	2008-9-15	2008-9-19	个	390	张三
00000013	2	12000	钟盘	2008-9-14	2008-9-18	个	60	张三

在研究如何查找满足条件的订单时,首先必须考虑生产订单表在计算机中是如何组织的,每一订单包括哪些信息项,各订单之间又是按什么顺序存放的,是按订单号递增的顺序存放,还是按物料名称的顺序存放,或是按制单人的姓氏顺序存放,等等,然后才能根据特定的查找要求去确定某种查找方法。

例如,现在要求查找"张三"制作的所有订单。若在生产订单表中有该人制作的订单,则给出相关的所有订单;否则就指出没有该人制作的订单。要解决这个问题,首先应将生产订单表中的数据映射到计算机的存储器中,形成生产订单表的存储结构,设计的查找算法是否可行就取决于这个存储结构。一种算法是将表中数据顺序地存储到计算机中,查找时从表的第一个订单开始到最后一个订单为止,依次去核对制单人的姓名是否与"张三"相同,若找到,则可获得该人制作的一个订单;若找遍整个表均无此制单人,则说明没有该人制作的订单。这种算法在订单数不多的情况下是可行的,但是当订单数很多时是不实用的。另一种算法是将生产订单表顺序地存放,再按制单人的姓氏建立一张索引表,存储结构如图1.1所示。查找时首先在索引表中核对姓氏,然后根据索引表中的地址到生产订单表中查对姓名。注意这时已经不需要查找其他不同姓氏的名字了。相比之下,第二种查找算法比第一种算法更为高效。在第8章将给出更多的实现查找操作的算法。

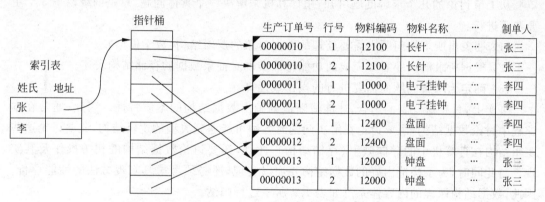

图1.1 生产订单表的索引顺序存储结构示意图

问题三:城市网络的铺设问题。假设需为城市的各小区之间铺设网络线路(任意两个小区之间都铺设),n个小区只需铺设$n-1$条线路,就能使n个小区网络相通。然而,由于地理环境不同等因素导致了各条线路所需投资不同,问题是采用怎样的设计方案才能使总投资成本最低?

根据各小区之间的地理位置关系及各线路所需的投资情况,确定这个问题的数学模型可以用一个图来描述。假设该图是如图1.2(a)所示,其中顶点表示城市,顶点之间的连线及其上面的数值表示可以铺设的线路及所需经费。求解该问题的算法为:在可以铺设的n条线路中选取$n-1$条,使得这条线路既能连通n个小区,又使总投资最省。实际上,这是一个"求图的最小生成树"问题,图1.2(a)对应的最小生成树可以用图1.2(b)来描述。有关最小生成树的算法将在第6章中进行详细讨论。

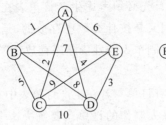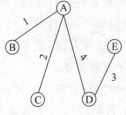

(a) 5个小区的地理位置关系图　　(b) 最小生成树

图 1.2　城市网络的铺设问题

1.1.2　本课程讨论的内容

数据结构与数学、计算机硬件和软件有着十分密切的关系。它是介于数学、计算机硬件和软件之间的一门计算机类和电子信息类相关专业的核心课程之一,是高级程序设计语言、编译原理、操作系统、数据库、人工智能等课程的基础。同时,数据结构技术也广泛应用于信息科学、系统工程、应用数学以及各种工程技术领域。

从上节讨论的几个求解问题可知,用计算机来解决一个具体问题,总是围绕以下 3 个主要步骤进行:

(1) 抽象出所求解问题中需要处理的数据对象的逻辑结构(数学模型)。

(2) 根据所求解问题需要完成的功能特性实现对抽象数据的存储结构表述。

(3) 确定为求解问题而需要进行的操作或运算。

事实上,只有这三者的结合,才能清晰地刻画出数据结构的本质特性。因此,通常在本课程中讨论数据结构,既要讨论在解决问题时各种可能遇到典型的逻辑结构,又要讨论这些逻辑结构在计算机中的存储映射(存储结构),此外,还要讨论数据结构的相关操作及其实现。与此同时,为了构造出好的数据结构并加以实现,还必须考虑其实现方法的性能评价。因此,数据结构课程的内容体系可如表 1.2 所示进行归纳。

表 1.2　数据结构课程的内容体系

过程 ＼ 方面	数据表示	数据处理
抽象	逻辑结构	基本运算
实现	存储结构	算法
评价	不同数据结构的比较和算法性能分析	

1.2　基本概念与术语

在本节中将对一些常用的基本概念与术语给出详细的解释,这些基本概念与术语将贯穿数据结构学习的整个过程。

1.2.1 数据与数据结构

以下概念请结合表 1.1 进行学习。

数据(Data)，数据是信息的载体，是对客观事物的符号表示，它能够被计算机程序识别、存储、加工和处理。因此，数据就是所有能够有效地输入到计算机中并且能够被计算机处理的符号总称，也是计算机程序处理对象的集合，是计算机程序加工的"原料"。例如，一个利用数值分析方法求解代数方程的程序，其处理对象是整数和实数等数值数据；一个编译程序或文字处理程序的处理对象是字符串。数据还包括图像、声音等非数值数据。

数据元素(Data Element)，数据元素是数据中的一个"个体"，是数据的基本组织单位。在计算机程序中通常将它作为一个整体进行考虑和处理。在不同条件下，数据元素又可称为结点、顶点和记录。如表 1.1 中的一行数据称为一个数据元素或一条记录。在树或图中，一个数据元素用一个圆圈表示，如图 1.3 所示，每一个圆圈所表示的是一个数据元素，并称之为一个顶点。

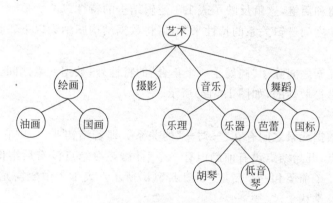

图 1.3 艺术分类结构图

数据项(Data Item)，数据项是数据元素的组成部分，是具有独立含义的标识单位。一个数据元素可以由若干个数据项组成。如表 1.1 中的每一列，"生产订单号"、"物料名称"等都是一个数据项。数据项又可分为两种，一种是简单数据项；另一种是组合数据项。如图 1.4 所示是一个教师的数据元素描述。其中"姓名"、"单位名称"、"职务"、"职称"、"工作业绩"是简单数据项，它们在数据处理时不能再分割；而"出生年月"则是一个组合数据项，它可以进一步划分为"年""月"和"日"等更小的数据项。

姓名	出生年月	单位名称	职务	职称	工作业绩

图 1.4 一个教师的数据元素描述

数据对象(Data Object)，数据对象是性质相同的数据元素的集合。例如，在对生产订单进行查询时，计算机所处理的数据对象是表 1.1 中的所有数据，这张表就可以看成是一个数据对象。整数的数据对象是集合$\{0, \pm 1, \pm 2, \cdots\}$。

除了最简单的数据对象之外，一般说来，数据对象中的数据元素不会是孤立的，而是彼此相关的，这种彼此之间的关系称为"结构"。例如，表 1.1 所示的生产订单表，所有订单按生产订单号递增顺序排列，所有的订单记录都处在一种有序的线性序列中；又例如，图 1.3

所示的艺术分类结构图中，所有的艺术分类之间的关系形成一种树形关系；还有，图1.2(a)所示的5个小区之间的地理位置关系图中，所有的小区之间的关系形成一种图形关系。由此可以引出下面有关数据结构的定义。

数据结构(Data Structure)，数据结构是相互之间存在一种或多种特定关系的数据元素的集合。其实关于数据结构这个概念，不同的教材有不同的提法，至今还没有一个被一致公认的定义。但无论是何种定义，对于数据结构的不同理解，实际上都离不开对数据的逻辑结构、数据的存储结构和数据的操作3个方面的考虑。

1. 逻辑结构

数据的逻辑结构是指各个数据元素之间的逻辑关系，是呈现在用户面前的、能感知到的数据元素的组织形式。表1.1中第一个数据元素是生产订单号为00000010的订单记录，这条记录称之为**开始结点**；最后一个数据元素是生产订单号为00000013的订单记录，这条记录称之为**终端结点**，其他数据元素的前、后都有且仅有一个数据元素与它相邻，分别称之为此数据元素的**前驱**和**后继**，这就反映了表1.1逻辑结构的特性。

按照数据元素之间逻辑关系的特性来分，可将数据结构归纳为以下4类：

1）集合

集合中数据元素之间除了"同属于一个集合"的特性外，数据元素之间无其他关系，它们之间的关系称为是松散性的，如图1.5(a)所示。

2）线性结构

线性结构中数据元素之间存在"**一对一**"的关系。即若结构非空，则它有且仅有一个开始结点和终端结点，开始结点没有前趋但有一个后继，终端结点没有后继但有一个前趋，其余结点有且仅有一个前驱和一个后继，如图1.5(b)所示。表1.1中数据元素之间的关系反映的也是一种线性结构。

3）树形结构

树形结构中数据元素之间存在"**一对多**"的关系。即若结构非空，则它有一个称为根的结点，此结点无前驱结点，其余结点有且仅有一个前驱，所有结点都可以有多个后继，如图1.5(c)所示。图1.2(b)和图1.3中数据元素之间的关系反映的也是一种树形结构。

4）图形结构

图形结构中数据元素之间存在"**多对多**"的关系。即若结构非空，则在这种数据结构中任何结点都可能有多个前驱和后继，如图1.5(d)所示。图1.2(a)中数据元素之间的关系反映的也是一种图形结构。

有时也将逻辑结构分为两大类，一类为线性结构，另一类是非线性结构。其中树、图和集合都属于非线性结构。

数据的逻辑结构表述涉及两个方面的内容，一方面是数据元素，另一方面是数据元素之间的关系。所以从形式上可采用一个二元组来定义，定义形式为：

$$Data\_Structures = (D, R)$$

其中，D是数据元素的有限集，R是D上关系的有限集。R中的关系描述了D中数据元素之间的逻辑关系，即数据元素之间的关联方式(或邻接方式)。设$R_1 \in R$，则R_1是一个$D \times D$的关系子集，若$a_1, a_2 \in D$，$<a_1, a_2> \in R_1$，则称a_1是a_2的前驱，a_2是a_1的后继，对R_1而言，

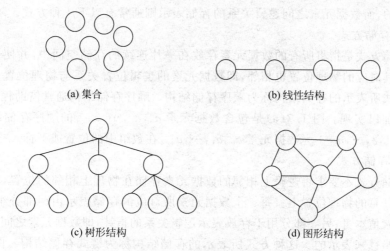

(a) 集合   (b) 线性结构

(c) 树形结构   (d) 图形结构

图 1.5　4 类数据结构图

a_1 和 a_2 是相邻的结点。没有前驱的结点就是开始结点(或根结点),没有后继的结点就是终端结点(或叶子结点)。

【例 1.1】　数据的逻辑结构定义为 $B=(D,R)$,其中 $D=\{a_1,a_2,a_3,\cdots,a_9\}$,$R=\{<a_1,a_2>,<a_1,a_3>,<a_3,a_4>,<a_3,a_6>,<a_6,a_8>,<a_4,a_5>,<a_6,a_7>,<a_7,a_9>\}$,则其描述的逻辑结构如图 1.6 所示,它是一个树形结构。其中 a_1 为根结点,a_2、a_5、a_8、a_9 的叶子结点。

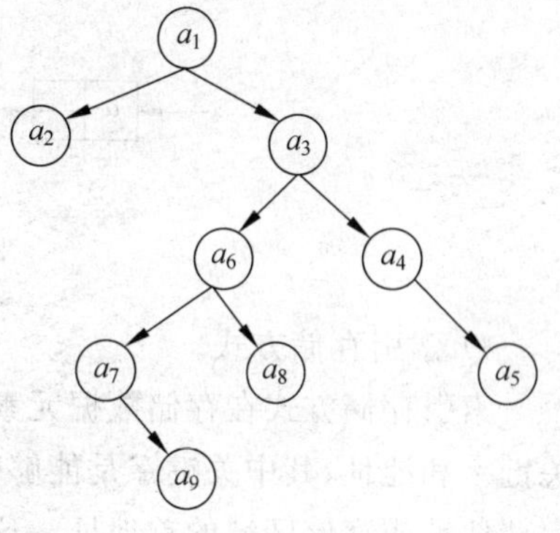

【例 1.2】　矩阵 $\begin{bmatrix} a_1 & a_2 & a_3 \\ a_4 & a_5 & a_6 \\ a_7 & a_8 & a_9 \end{bmatrix}$ 中 9 个元素之间存

图 1.6　树形结构

在两种关系,一种是行关系,一种是列关系,则可以用二元组将它的逻辑结构定义为:

$$B=(D,R)$$

其中 $D=\{a_1,a_2,a_3,a_4,a_5,a_6,a_7,a_8,a_9\}$

$R=\{\mathrm{ROW},\mathrm{COL}\}$

$\mathrm{ROW}=\{<a_1,a_2>,<a_2,a_3>,<a_4,a_5>,<a_5,a_6>,<a_7,a_8>,<a_8,a_9>\}$

$\mathrm{COL}=\{<a_1,a_4>,<a_4,a_7>,<a_2,a_5>,<a_5,a_8>,<a_3,a_6>,<a_6,a_9>\}$

2. 存储结构

数据的逻辑结构是从数据元素之间的逻辑关系来观察数据的,它与数据的存储无关,是独立于计算机之外的。数据的存储结构(物理结构)是数据的逻辑结构在计算机中的实现。它包括数据元素值在计算机中的存储表示和逻辑关系在计算机中的存储表示这两部分,是依赖于计算机的。在计算机中最小的数据表示单位是二进制数的一位(bit),故通常用一个由若干位组合起来的位串来表示一个数据元素。当数据元素由若干个数据项组成时,位串中对应于各个数据项的子位串称为数据域。所以,数据元素值在数据域中是以二进制的存储形式表示的,而数据元素之间逻辑关系的存储表示则通常有以下 4 种方式。

1) 顺序存储方式

顺序存储方式是指将所有的数据元素存放在一片连续的存储空间中,并使逻辑上相邻的数据元素其对应的物理位置也相邻,即数据元素的逻辑位置关系与物理位置关系保持一致。这种方式所表示的存储结构称为顺序存储结构。顺序存储结构通常借助程序设计语言中的数组来加以实现。图 1.7(a)是包含数据元素 $a_0, a_1, \cdots, a_{n-1}$ 的顺序存储结构的示意图。其中 $0, 1, 2, \cdots, n-1$ 为数据元素 $a_0, a_1, \cdots, a_{n-1}$ 在数组中的位置或下标。

2) 链式存储方式

链式存储方式不要求将逻辑上相邻的数据元素存储在物理上相邻的位置,即数据元素可以存储在任意的物理位置上。每一个数据元素所对应的存储表示由两部分组成,一部分存放数据元素值本身,另一部分用于存放表示逻辑关系的指针,即数据元素之间的逻辑关系是由附加的指针来表示的。这种方式所表示的存储结构称为链式存储结构。图 1.7(b)是包含数据元素 $a_0, a_1, \cdots, a_{n-1}$ 的链式存储结构的示意图。

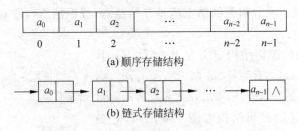

a_0	a_1	a_2	$\cdots$	a_{n-2}	a_{n-1}
0	1	2	$\cdots$	$n-2$	$n-1$

(a) 顺序存储结构

(b) 链式存储结构

图 1.7　两种基本存储结构

3) 索引存储方式

索引存储方式在存储数据元素的同时,还增设了一个索引表。索引表中的每一项包括关键字和地址,其中关键字是能够唯一标识一个数据元素的数据项,地址是指示数据元素的存储地址或存储区域的首地址。这种方式所表示的存储结构称为索引存储结构。如图 1.1 所示就是一种索引存储结构的示意图。

4) 散列存储方式

散列存储(也称哈希存储)方式是指将数据元素存储在一片连续的区域内,每一个数据元素的具体存储地址是根据该数据元素的关键字值,通过散列(哈希)函数直接计算出来的。这种方式所表示的存储结构称为散列(哈希)存储结构。

在以上 4 种存储方式中,顺序存储和链式存储是两种最基本、最常用的存储方式。索引存储和散列存储是两种为了提高查找效率而经常采用的存储方式。

任何一种存储方式都有各自的优缺点。在实际应用中,选择何种存储方式表示数据的逻辑结构,要分别根据各种存储结构的特点和处理问题时需进行的一些操作视具体情况而定,总体原则就是要达到操作方便、高效。

3. 数据的操作

数据的操作就是对数据进行某种方法的处理,也称数据的运算。只有当数据对象按一定的逻辑结构组织起来,并选择了适当的存储方式存储到计算机中时,与其相关的运算才有了实现的基础,所以,数据的操作也可被认为是定义在数据逻辑结构上的操作,但操作的实现却要考虑数据的存储结构。

对于不同的数据逻辑结构其对应的运算集也可能不同,常用的操作可归纳为以下几种。

(1) 创建操作:建立数据的存储结构。

(2) 销毁操作:对已经存在的存储结构将其所有空间释放。

(3) 插入操作:在数据存储结构的适当位置上加入一个指定的新的数据元素。

(4) 删除操作:将数据存储结构中某个满足指定条件的数据元素进行删除。

(5) 查找操作:在数据存储结构中查找满足指定条件的数据元素。

(6) 修改操作:修改数据存储结构中某个数据元素的值。

(7) 遍历操作:对数据存储结构中每一个数据元素按某种路径访问一次且仅访问一次。

数据的逻辑结构、存储结构和运算是数据结构讨论中不可分割的3个方面,它们中任何一个不同都将导致不同的数据结构。例如,在后续章节中将要介绍的顺序表与单链表、线性表与栈和队列。其中,顺序表与单链表具有相同的逻辑结构,但由于它们的存储结构不同,所以赋以了不同的数据结构名。线性表与栈、队列不但具有相同的逻辑结构,而且给定相同的存储结构,但由于线性表的插入和删除操作允许位置不同,则将限制在表的一端进行的线性表称为栈;而将插入操作限制在表的一端进行、删除操作限制在表的另一端进行的线性表称为队列。由此可见,只有当3个方面的内容都相同,才能称之为完全相同的数据结构。

1.2.2 数据类型

如何描述数据的存储结构呢? 其实在不同的编程环境中,存储结构可有不同的描述方法。当用高级程序设计语言进行编程时,通常可以用高级编程语言中提供的数据类型加以描述。例如,可以用Java语言中的"数组"类型来实现顺序存储结构,用Java语言中提供的"对象引用"来实现链式存储结构。我们知道在高级程序语言编写的程序中,每个数据都有一个所属的、确定的数据类型,一个数据的数据类型描述了3个方面的内容:存储区域的大小(存储结构)、取值范围(数据集合)和允许进行的操作。例如,Java中整数类型的取值范围为$-2^{31}\sim2^{31}-1$,存储表示是采用32位补码表示的,允许进行的操作有算术运算($+$,$-$,$*$,$/$,$\%$)、关系运算($<$,$>$,$<=$,$>=$,$=$,$!=$)和赋值运算($=$)等。

每一种程序设计语言都提供了一些内置的数据类型,也称为基本数据类型。Java语言中提供了8种基本数据类型,分别为整型(byte、short、int、long)、浮点型(float、double)、布尔型(boolean)和字符型(char)。基本数据类型的值是不可分解的,是一种只能作为一个整体来进行处理的数据类型。当数据对象是由若干个不同类型的数据成分组合而成的复杂数据时,程序设计语言的基本数据类型就不能满足需求,它还必须提供引入新的数据类型的手段。在Java语言中,引入新的数据类型的手段是类的声明(class declaration)。类的对象(object)是新的类型的实例,类的成员变量确定了新的数据类型的数据表示方法和存储结构,类的构造函数和成员函数确定了新的数据类型的操作。具有新的数据类型的数据将各个不同的成分按某种结构组合成一个整体;反过来,又可以将这个整体的各个不同的成分进行分解,并且它的成分可以是基本数据类型,也可以是新引入的数据类型。

表 1.1 中描述的是一个数据对象,它可以用基于数组的顺序存储结构表示。数组中的各个元素就是表中的一条订单记录,这条记录则是一个由若干个不同类型的数据项所构成的复杂数据。它可以用如下 Java 的类来进行描述。

1. 订单记录的类描述

```
package ch01;
import java.util.GregorianCalendar;
public class OrderRecord {
    public String orderNum;                    // 生产订单号
    public int lineNum;                        // 行号
    public String itemCode;                    // 物料编码
    public String itemName;                    // 物料名称
    public GregorianCalendar beginTime;        // 开工时间
    public GregorianCalendar endTime;          // 完工时间
    public String unit;                        // 计量单位
    public Double amount;                      // 生产数量
    public String cbill;                       // 制单
       ⋮
} // 订单记录类描述结束
```

2. 表 1.1 的基于数组的顺序存储的类描述

```
package ch01;
public class SqOrder {
    private OrderRecord [] listElem;           // 存放生产订单表的存储空间
    private int curLen;                        // 当前生产订单表的长度
       ⋮
}
```

说明:为了能充分体现数据的封装性和信息的隐藏性,在设计类的成员时,其成员变量的属性应设置成私有属性,但为了使对类中成员变量的访问形式尽量与 C/C++ 接近,使程序的可读性得到改善,本书中对某些描述数据结构的单独类中的成员变量定义为公有属性。例如,订单记录类 OrderRecord 中的 9 个成员变量的属性都定义为公有属性。

在数据结构课程中,通常把在程序设计语言固有的数据类型基础上设计新的数据类型的过程称为数据结构的设计,而固有的数据类型即为程序设计语言中已实现了的数据结构。

1.2.3　抽象数据类型

抽象(Abstract)就是抽取反映问题本质的东西,忽略其非本质的细节。也就是在问题求解过程中只要求人们关注"做什么",而不是"怎么做"的过程。因为人们在使用数据时通常会将注意力放在想要用这些数据去"做什么",而不是注意如何实现这些任务以及如何在计算机中表示这些数据。例如,在对两个整数进行加法运算时,并不关心它们在计算机中是如何存储表示的;同样,连接两个字符串时并不需要知道它们的内部表示。这种把数据的使用与实现分离开来的作法称为数据抽象(Data Abstraction)。

　　数据的抽象是通过抽象数据类型来实现的。抽象数据类型（Abstract Data Type, ADT）是指一数据值的集合和定义在这个集合上的一组操作。它不包括数据的计算机存储表示，而且这里的操作是脱离了具体实现的抽象操作，即不涉及它的实现细节。换句话说，抽象数据类型是指隐藏了数据的存储结构并且不涉及操作的实现细节的数据类型。

　　在 Java 语言中，抽象数据类型的描述可采用两种方法：第一种是用抽象类（abstract class）表示，抽象类型的实现用继承该抽象类的子类表示；第二种是用 Java 接口（interface）表示，抽象类型的实现用实现该接口的类表示。本书将全部采用 Java 接口表示抽象数据类型。下面通过两个具体实例来说明抽象数据类型的描述和实现。

　　【例 1.3】 用 Java 接口来描述复数的抽象数据类型。假设复数的操作只包含：构造一个实部和虚部为给定值的复数，读取和修改复数的实部和虚部以及两个复数的求和。

　　【程序代码】

```java
//复数抽象数据类型的接口表示
public interface IComplex {
    public double getReal();            // 取实部
    public void setReal(double real);   // 修改实部
    public double getImag();            // 取虚部
    public void setImag(double imag);   // 修改虚部
    public void add(IComplex Z);        // 两个复数的求和
}
```

　　【例 1.4】 编写实现例 1.3 中复数抽象数据类型的 Java 类代码。

　　【程序代码】

```java
public class Complex implements IComplex {
    private double real;                // 实部
    private double imag;                // 虚部
    // 构造一个实数
    public Complex (double real, double imag) {
        this.real = real;
        this.imag = imag;
    }
    // 取实部
    public double getReal() {
        return real;
    }
    // 修改实部
    public void setReal(double real) {
        this.real = real;
    }
    // 取虚部
    public double getImag() {
        return imag;
    }
    // 修改虚部
    public void setImag(double imag) {
        this.imag = imag;
    }
```

```
// 两个复数的求和
public void add(IComplex Z) {
    if (Z != null) {
        real += Z.getReal();
        imag += Z.getImag();
    }
}
```

　　Complex 类实现了 IComplex 接口中的 5 个方法,该类中还包括两个私有成员变量 real、imag 和 1 个构造方法。

1.3　算法和算法分析

1.3.1　算法的基本概念

　　算法是对特定问题求解步骤的一种描述。它是指令的有限序列,其中每条指令表示一个或多个操作。算法一般应具有以下 5 种性质。

　　(1) 有穷性:无论在何种情况下,一个算法都必须在执行有限步骤之后结束,而且每一步骤都在有穷的时间内完成。

　　(2) 确定性:可以从两个方面来理解算法的确定性,一方面是指算法中每一条指令的确定性,即每一条指令都有确切的含义,不会产生二义性;另一方面是指算法输出结果的确定性,即在任何条件下,只要是相同的一组输入就能得出相同的输出结果。

　　(3) 有效性:算法的有效性是指算法中每一条指令的有效性,即算法中每一条指令的描述都是符合语法规则、满足语义要求的,都能够被人或机器确切执行,并能通过已经实现的基本运算执行有限次来完成。例如,一个二进制数与十进制数之间的转换操作,其基本动作(指令)包括数的相除、求余数和商数及判断商是否为零等指令。这些指令不仅能够被准确无误地执行,而且每一步的执行结果都应具有确定的类型。

　　(4) 输入:一个算法具有零个或多个输入,这些输入是某个算法得以实现的初始条件,它取自于某个特定对象的集合,是待处理的信息。

　　(5) 输出:一个算法必须有一个或多个输出,这些输出是与输入有着某些特定关系的量,它是经处理后的信息。

　　由此可见,算法与程序是有区别的,即程序未必能满足动态有穷性。例如,操作系统是一个程序,只要整个系统不遭到破坏,这个程序就永远不会终止,所以它不是一个算法。算法表示的是一个问题的求解步骤,而程序则是算法在计算机上的特定实现,当用高级程序设计语言描述算法时,算法就是程序。

　　在设计算法时应考虑达到以下目标。

　　(1) 正确性:算法的执行结果应满足具体问题的功能和性能要求。它是算法中最重要的一个属性,不能正确实现其任务的算法是无用的算法。

　　(2) 可读性:在算法正确性得到保证的前提下,算法的描述还要做到便于阅读,以利于后续对算法的理解和修改。可以采用在算法中增加注释的方法,或尽量使算法描述的结构清晰、层次分明,以增强可读性。

(3) 健壮性:算法应具有检查错误和对某些错误进行适当处理的功能。也就是说,算法要具有良好的容错性,要允许用户犯错误,但在错误出现时要具有正确的判断能力和及时的纠错能力。例如,当用户输入了非法数据时,算法要能检查出错误并能将错误信息反映给用户,同时要为用户提供了改正错误的机会。

(4) 高效率:算法效率的高低是通过算法运行所需资源的多少来反映的,这里的资源包括时间和空间需求量。一个好的算法要做到执行时所需时间尽量短,所需的最大存储空间尽量少。若对同一个问题有多个算法可供选择,则尽可能地选择执行时间短和所需存储空间少的算法。但实际上,时间和空间需求量是一对矛盾的两个方面,一个算法不可能做到两全其美,往往处理时要根据实际情况来权衡它们的得失。

1.3.2 算法的描述

算法的描述可以采用某种语言,也可以借助数据流程图来表示。描述算法的语言主要有 3 种形式:自然语言、程序设计语言和伪代码。自然语言用中文或英文文字来描述算法,其优点是简单、易懂,但严谨性不够;程序设计语言用某种具体的程序设计语言来描述算法,其优点是算法不用修改就可直接在计算机上执行,但直接使用程序设计语言来描述算法并不容易,也不直观,往往要加入大量注释才能使用户明白;伪代码用一种类似于程序设计语言的语言(由于这种描述不是真正的程序设计语言,所以称之为伪代码)来描述算法,它介于自然语言和程序设计语言之间,既可以忽略程序设计语言中一些严格的语法规则与描述细节,且比程序设计语言更容易描述和被用户理解;相对于自然语言,它能更容易地转换成能够直接在计算机上执行的程序设计语言。为学习者实践的方便,本书全部采用 Java 程序设计语言描述算法。

读者可通过下面两个例子了解用 Java 程序设计语言描述算法的基本方法。

【例 1.5】 给出求整型数组 a 中最大值的算法。

```java
public static int maxEle(int[] a){
    int n = a.length;
    int max = a[0];
    for (int i = 1;i < n;i++){
        if (max < a[i])
            max = a[i];
    }
    return max;
}
```

该算法首先将数组中第 0 个数据元素视为最大者,并将它保存在变量 max 中;然后从第 1 个数据元素开始将数组中它后面的所有数据元素依次与 max 进行值的比较,若遇到比 max 值更大的数据元素,则将此数据元素值存入 max 中。当后面的 $n-1$ 个数据元素都比较完毕后,保存在 max 中的值就是数组 a 中的最大值。

【例 1.6】 给出将整型数组 a 中数据元素实现就地逆置的算法。所谓就地逆置,就是利用数组 a 原有空间来存放数组 a 中逆序排放后的各个数据元素。

```
public static void reverse(int[] a){
    int n = a.length;
    int temp;
    for (int i = 0,j = n - 1;i < j;i++,j-- ){
        temp = a[i];
        a[i] = a[j];
        a[j] = temp;
    }
}
```

该算法首先将数组 a 中第 0 个与第 $n-1$ 个数据元素进行置换,然后将第 1 个与第 $n-2$ 个数据元素进行置换,依次类推,直到位于数组 a 中间的两个数据元素置换完毕为止,如图 1.8 所示。

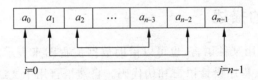

图 1.8   数组元素逆置方法示意图

1.3.3   算法分析

要解决一个实际问题,常常有多种算法可供选择,不同的算法各有其自身的优缺点,如何在这些算法中进行取舍呢? 这就需要采用算法分析技术来评价算法的效率。算法分析的任务就是利用某种方法,对每一个算法讨论其各种复杂度,以此来评判某个算法适用于哪一类问题,或者哪一类问题宜采用某个算法。算法的复杂度是度量算法优劣的重要依据。对于一个算法,复杂度的高低体现在运行该算法所需的计算机资源的多少上,所需资源越多反映算法的复杂度越高;反之,所需资源越少反映算法的复杂度越低。计算机资源主要包括时间资源和空间资源。因而,算法的复杂度通常体现在时间复杂度和空间复杂度两个指标上,本书也都是从时间和空间两方面来分析和评价算法的效率。

1. 算法的时间复杂度分析

算法时间复杂度的高低直接反映算法执行时间的长短,而算法的执行时间需要通过依据该算法编写的程序在计算机上执行所消耗的时间来度量。影响一个程序的执行时间的主要因素有如下几个方面:

(1) 算法本身所用的策略;

(2) 问题规模即处理问题时所处理的数据元素的个数;

(3) 程序设计所采用的语言工具;

(4) 编译程序所产生的机器代码质量;

(5) 计算机执行指令的硬件速度;

(6) 程序运行的软件环境。

首先,人们会很容易想到执行同一个程序(即算法策略相同),输入相同的数据(即问题规模相同),如果在不同的计算机上执行该程序,则所需的执行时间是不同的。这是因为程序执行所需的时间依赖于计算机的软硬件系统环境,例如,处理器(CPU)的速度可能相差很多;程序设计语言及其编译器不同,生成的目标代码的效率也会各异;操作系统不同,程序运行时间也不相同。这表明,采用诸如微秒、纳秒这样真实的绝对时间来衡量算法的效率并不现实。因此,在这里抛开算法运行的软硬件环境,只考虑算法与问题规模之间的关系。也就是说,对于一个特定的算法,其执行时间只依赖于问题的规模,即可看作是问题规模的一个函数,什么函数则要视具体算法而定。若将某一问题规模为 n 的算法所需的执行时间的量度记为 $T(n)$,并将 $T(n)$ 称为算法的时间复杂度。然而,随着问题规模 n 的增长,执行时间又该如何增长呢? 下面给出时间复杂度的大 O 表示法,它是由 Paul Bachmann 于 1894 年提出一种表示法。

【定义】 算法的时间复杂度 $T(n)=O(f(n))$ 当且仅当存在正常数 c 和 N,对所有的 $n(n\geqslant N)$ 满足 $0\leqslant T(n)\leqslant c\times f(n)$ (其中 $O()$ 读作大 O)。

上述定义表明了 $T(n)$ 与 $f(n)$ 之间的关系,函数 $f(n)$ 是函数 $T(n)$ 取值的上限,随着问题规模 n 的增长,算法执行时间的增长率和 $f(n)$ 的增长率相同。例如,执行时间为 $3n^2+8n+1$,它的时间复杂度为 $O(n^2)$。因为,$T(n)=3n^2+8n+1$,$f(n)=n^2$,存在 $c=12,N=1$,对所有的 $n\geqslant N$,满足 $0\leqslant T(n)\leqslant c\times f(n)$,即当 $n\geqslant 1$ 时,有 $0\leqslant 3n^2+8n+1\leqslant 12\times n^2$ 恒成立,所以 $T(n)=O(n^2)$。

一般地,如果 $f(n)=a_mn^m+a_{m-1}n^{m-1}+\cdots+a_1n^1+a_0$,且 $a_i\geqslant 0$,则 $f(n)=O(n^m)$,即对于一个关于数据元素个数 n 的多项式,用大 O 表示法时只需保留其最高次幂的项并去掉其系数即可。也就是说,计算这样的函数时通常只考虑大的数据,而那些不显著改变函数级的部分都可忽略掉,其结果是原函数的一个近似值,这个近似值在 n 充分大时会足够接近原函数值。因此,这种分析方法也是渐近分析法中的一种。使用大 O 记号表示的算法时间复杂度,也称为算法的渐近时间复杂度。

假设一个算法是由 n 条指令序列所构成的集合,则:

$$算法的执行时间=\sum_{i=1}^{n} 指令序列(i)的执行次数\times 指令序列(i)的执行时间$$

算法的执行时间与指令序列的执行次数之和成正比。于是,尝试通过计算出依据算法编制的程序中每条语句的语句频度之和的值来估算一个算法的执行时间。所谓语句频度就是语句重复执行的次数。

【例1.7】 对于如下求两个 n 阶矩阵相乘的算法,求其算法的时间复杂度。

```
1  public static void squareMult(int[][] a, int[][] b, int[][] c, int n){
2    for (int i = 0; i < n; i++)          // n+1
3      for (int j = 0; j < n; j++) {      // n(n+1)
4        c[i][j] = 0;                     // n²
5        for (int k = 0; k < n; k++)      // n²(n+1)
6          c[i][j] += a[i][k] * b[k][j];  // n³
7      }
8  }
```

说明:算法中每一条语句右边注释的内容为该行语句的语句频度。

解:由于此算法中所有语句的执行次数之和为 $2n^3+3n^2+2n+1$,则有 $T(n)=O(n^3)$。

【例 1.8】　对于如下计算整型数组 $a[0..n-1]$ 各元素之和的算法,求其算法的时间复杂度。

```
1   public static int sum (int a[]){
2   int n = a.length, s = 0;              //1
3   for (int i = 0; i < n; i++)           //n + 1
4       s = s + a[i];                     //n
5   return s;                             //1
6   }
```

解:由于此算法中所有语句的执行次数之和为 $2n+3$,则有 $T(n)=O(n)$。

事实上在大多数情况下,用渐近分析法对算法的执行时间进行估算,是根据算法执行过程中需要实施的关键操作的数目的多少来衡量的。所谓关键操作就是算法中最主要的操作。用这种方法对算法的时间复杂度进行分析时,只需正确选择一个算法中的关键操作并通过计算关键操作的语句频度来估算出算法的执行时间。于是,一个算法的执行时间代价主要就是体现在关键操作上。例如,例 1.7 的算法中第 6 行的语句"c[i][j]+=a[i][k] * b[k][j];"是该算法执行的关键操作,它的语句频度为 n^3,同样可以得到 $T(n)=O(n^3)$;例 1.8 的算法中第 4 行语句"s=s+a[i];"是该算法执行的关键操作,它的语句频度为 n,所以 $T(n)=O(n)$。

【例 1.9】　求如下算法的时间复杂度。

```
1   public static void myOut(){
2       for (i = 1; i <= n; i = 2 * i)
3           printf(" % 4d", i);
4   }
```

解:该算法执行的关键操作是第 3 行的语句,假设它的语句频度为 $f(n)$,则有 $2^{f(n)} \leqslant n$,即 $f(n) \leqslant \log_2 n$,所以根据时间复杂度的定义,可得到该算法的时间复杂度为 $T(n) = O(\log_2 n)$。

2. 最好、最坏和平均时间复杂度

有些算法即使问题的规模相同,若输入的数据值或输入的数据顺序不同,则算法的时间复杂度也会不同。

【例 1.10】　如下算法实现的功能是在数组 $a[0..n-1]$ 中查找值为 x 的数据元素。若找到,则返回 x 在 a 中的位置;否则,返回 -1。

```
1   public static int rSearch(int[] a, int x){
2       int n = a.length;
3       for(int i = 0; i < n&&!x.equals(a[i]); i++);
4       if (i == n) return - 1;
5       else return i;
6   }
```

此算法采用的查找策略是从第一个元素开始依次将每一个数组元素与 x 进行比较,故该算法的关键操作是算法中的第 3 行语句的比较操作。在查找成功的情况下,若待查找的

数据元素恰好是数组中的第一个数据元素，则只需比较一次即可找到，这是算法的最好情况，其 $T(n)=O(1)$，称最好情况下的时间复杂度为**最好时间复杂度**。若待查找的数据元素是最后一个元素，则需比较 n 次才能找到，此时是算法的最坏情况，其 $T(n)=O(n)$，称最坏情况下的时间复杂度为**最坏时间复杂度**；在查找不成功的情况下，无论何时进行不成功的查找都需进行 n 次比较，其 $T(n)=O(n)$。若需要多次在数组中查找数据元素，并且以某种概率查找每个数据元素，为讨论问题方便，一般假设是以相等概率查找各个数据元素。在这种情况下，成功查找时的平均比较次数 $\frac{1}{n}\sum_{i=1}^{n}i=\frac{n+1}{2}$，其 $T(n)=O(n)$，这就是算法时间代价的平均情况，称这种情况下的时间复杂度为等概率下的**平均时间复杂度**。这 3 种时间复杂度是从不同的角度反映算法的效率，各有用途，也各有局限性。在一般情况下，取最坏时间复杂度或等概率下的平均时间复杂度作为算法的时间复杂度。

【**例 1.11**】 下面算法是用冒泡排序法对数组 a 中的 n 个整型数据元素进行排序，求该算法的时间复杂度。

```
1  public static void Bubble_sort(int[] a, int n) {
2      int temp, flag = 1;
3      for (int i = 1; i < n&&flag; i++){
4          flag = 0;
5          for (int j = 0; j < n - i; j++){
6              if (a[j] > a[j + 1]) {
7                  flag = 1;
8                  temp = a[j];
9                  a[j] = a[j + 1];
10                  a[j + 1] = tmep;
11              }
12          }
13      }
14  }
```

解：此算法的执行时间随待排序数据元素的不同而不同。当待排序的数据元素是"正序"序列时情况最好，其时间复杂度为 $O(n)$；当待排序数据元素是"逆序"序列时情况最坏。由于此算法的关键操作是两个相邻数据元素之间的比较，当前者大于后者时，两者进行交换（第 6～10 行的语句）。

在最坏情况下，第 6 行语句的执行次数为 $\sum_{i=n}^{2}(i-1)=n(n-1)/2$，第 7～10 行共 4 个语句的执行次数之和为 $4\times\sum_{i=n}^{2}(i-1)=2n(n-1)$。因此，此算法的时间复杂度：

$$T(n)=n(n-1)/2+2n(n-1)=O(n^2)$$

【**例 1.12**】 下面算法是在一个含有 n 个数据元素的数组 a 中删除第 $i(0\leqslant i\leqslant n-1)$ 个位置上的数组元素，求该算法的时间复杂度。

```
1  public static int delete(int[] a, int n, int i)
2  {
3      int j;
4      if (i < 1||i > n)  return FALSE;        // 删除失败返回
```

```
5      for (j = i; j < n;j++)
6          a[j-1] = a[j];              //将被删除数据元素位置之后的所有数据元素向前移一位
7      return OK;                      //删除正确返回
8  }
```

解：这个算法的时间复杂度随删除数据元素的位置不同而不同。此算法的关键操作是数组元素的移位操作(第6行的语句)，当删除的是最后一个位置的数组元素时为最好情况，移动0次，当删除的是第0个位置的数组元素时为最坏情况，移动次数为 $n-1$ 次。此时，算法的时间复杂度可取删除数据元素位置等概率取值情况下的平均时间复杂度。

假设等概率值为 p，则 $p=1/n$。因此，此算法的时间复杂度为：

$$T(n) = \frac{1}{n}\sum_{i=0}^{n-1}(n-i-1) = \frac{n-1}{2} = O(n)$$

3. 算法按时间复杂度分类

算法可按其执行时间分成两类：凡时间复杂度有多项式时间限界的算法称为多项式时间算法(Polynomial-time algorithm)；而时间复杂度是指数函数限界的算法称为指数时间算法(Exponential-time algorithm)。

多项式时间算法的时间复杂度有多种形式，其中最常见的形式如下。

(1) 常量阶：$O(1)$

(2) 线性阶：$O(n)$

(3) 平方阶：$O(n^2)$

(4) 立方阶：$O(n^3)$

(5) 对数阶：$O(\log_2 n)$

(6) 线性对数阶：$O(n\log_2 n)$

它们之间随 n 增长的关系是：
$$O(1)<O(\log_2 n)<O(n)<O(n\log_2 n)<O(n^2)<O(n^3)$$

指数时间算法的时间复杂度形式为 $O(a^n)$，常见的有 $O(2^n)$、$O(n!)$、$O(n^n)$，它们之间随 n 增长的关系如下：
$$O(2^n)<O(n!)<O(n^n)$$

随着 n 的增大，指数时间算法和多项式时间算法在所需时间上非常悬殊。表1.3显示了几种典型的时间函数随问题规模增长的情况。从表1.3中可以看到 $O(\log_2 n)$、$O(n)$ 和 $O(n\log_2 n)$ 的增长比较平稳，而指数函数 2^n 随 n 的增长速度非常迅速。事实上，若一个算法需要执行的语句数目为 2^n，则当 $n=40$ 时，所需执行的语句数大概是 1.1×10^{12}。在每秒执行 10^9 条指令的计算机上，这个算法需要18.3秒。若 $n=50$，同样的算法在这台计算机上将运行大约13天；当 $n=60$ 时，需要大约310.56年来运行此算法；而当 $n=100$ 时，大约需要 4×10^{13} 年，所以具有指数复杂度的算法只限于处理规模不大于40的问题。

复杂度为高次多项式的算法也没有太大的使用价值。例如，若一个算法需要执行的语句次数为 n^{10}，则当 $n=10$ 时，在每秒执行 10^9 条指令的计算机上运行需要10秒；当 $n=10^2$ 时，需要3171年；当 $n=10^3$ 时，需要 3.17×10^{13} 年。若一个算法需要执行的语句次数为 n^3，则当 $n=10^3$ 时，需要1秒；当 $n=10^4$ 时，需要110.67分；当 $n=10^5$ 时，需要11.57天。因此,对于规模大于等于 10^5 的问题,使用复杂度为 $O(n^3)$ 的算法是不可行的。

表 1.3 复杂度函数增长情况表

复杂度 规模	$\log_2 n$	n	$n\log_2 n$	n^2	n^3	2^n
1	0	1	0	1	1	2
2	1	2	2	4	8	4
4	2	4	8	16	64	16
8	3	8	24	64	512	256
16	4	16	64	256	4096	65 536
32	5	32	160	1024	32 768	4 294 967 296
64	6	64	384	4096	262 144	18 446 744 073 709 551 616

由上分析,人们自然会想到要提高程序运行速度,应选择一种时间复杂度的数量级较低的程序。特别要注意,这并不是绝对的,在确定使用多个算法中的某一个时,必须明确实际处理问题的规模 n 是否足够大。例如,断定时间复杂度为 $O(n)$ 的算法一定快于时间复杂度为 $O(n^2)$ 的算法,这在 n"足够大"的前提条件下才是正确的。假设算法 A 的实际运行时间是 $10^5 n$ 毫秒,算法 B 的实际运行时间是 n^2,当 $n \leqslant 10^5$ 时,则应选择算法 B。

4. 算法的空间复杂度分析

除了考虑算法的执行时间之外,算法执行时的空间需求量也是程序设计员经常需要考虑的计算机资源。尽管近年来,在计算机处理速度提高的同时,其存储能力也大大增强了,然而可利用的磁盘或内存空间仍是对算法设计的重要限制。

类似于算法的时间复杂度,本书中以空间复杂度(Space complexity)作为算法所需存储空间的量度。记作:

$$S(n) = O(f(n))$$

其中,n 为问题的规模,即算法的空间复杂度也以数量级的形式给出,例如,$O(1)$、$O(n)$ 和 $O(\log_2 n)$ 等。

程序运行所需的存储空间包括以下两部分。

(1) 固定空间需求(Fixed space requirement):这部分空间大小与所处理问题的规模无关,主要包括算法本身的程序代码、常量、变量所占的空间。

(2) 可变空间需求(Variable space requirement):这部分空间大小与所处理问题的规模有关。主要包括输入的数据元素所占的存储空间和程序运行过程中所需要的额外空间,例如,临时工作单元和运行递归算法时的栈空间。

其中算法本身所占用的存储空间是由实现算法的语言和实现算法的描述语句所决定;输入数据所占的存储空间基本上是由问题的规模决定,一般不会随算法的不同而改变;而程序运行过程所需要的额外空间则与算法密切相关,一般会随算法的不同而不同。所以在计算算法的空间复杂度时,主要考虑程序运行过程中的额外空间。例如,例 1.11 中的冒泡排序算法其空间复杂度为 $O(1)$,因为在算法实现时引入了两个辅助变量 flag 和 temp。若程序运行时所占空间量依赖于特定的输入,则除特别指明外,均按最坏情况进行分析。

1.3.4　算法设计举例

对于任意给定的问题,设计复杂度尽可能低的算法是用户追求的一个重要目标,下面以求"最大子序列和问题"为例来说明设计算法时采用的不同方法和对应的实现算法及其复杂度分析。

【问题描述】　给定一整数序列 A_1, A_2, $\cdots$, A_n(可能有负数),求 $A_1 \sim A_n$ 的一个子序列 $A_i \sim A_j$,使得 A_i 到 A_j 的和最大。例如,整数序列 -2、11、-4、13、-5、2、-5、-3、12、-9 的最大子序列的和为 21(从 A_2 到 A_9)。

对于这个问题,最简单也是最容易想到的就是采用穷举所有子序列的方法。利用三重循环,依次求出所有子序列的和再取最大的那个。具体实现算法如下:

【算法 1.1】

```
1   public static int maxSub_1(int[] sequence) {
2       int max = 0;
3       int n = sequence.length;
4       int sum = 0;
5                           // 第一重循环执行一次则计算出长度为 i 的所有子序列和的最大值
6       for (int i = 1; i <= n; i++)
7          for (int j = 0; j < n; j++) {
8              sum = 0;
9              for (int k = j; k < j + i && k < n; k++)
10                 sum += sequence[k];
11             if (sum > max)
12                 max = sum;
13         }
14      return max;
15  } // 算法 1.1 结束
```

由于该算法中存在三重 for 循环,它的关键操作在于第 10 行,这行语句重复执行的次数为:

$$\sum_{i=1}^{n} i \times (n-i+1) = O(n^3)$$

因此,该算法的时间复杂度为 $O(n^3)$。显然这种方法当 n 较大时是不可行的。下面对上述穷举算法稍微做一些修改:子序列的和并不需要每次都重新计算一遍。假设 $\text{Sum}(i, j)$ 是 $A_i \cdots A_j$ 的和,那么 $\text{Sum}(i, j+1) = \text{Sum}(i, j) + A_{j+1}$。利用这一个递推,就可以撤除一个 for 循环从而得到下面的改进算法:

【算法 1.2】

```
1   public static int maxSub_2(int[] sequence) {
2       int max = 0;
3       int n = sequence.length;
4       int sum = 0;
5       for (int i = 0; i < n; i++) {
6          sum = 0;
7          for (int j = i; j < n; j++) {
8              sum += sequence[j];
9              if (sum > max)
```

```
10                    max = sum;
11            }
12        }
13     return max;
14 } // 算法 1.2 结束
```

该算法的关键操作是第 8 行和第 9 行,它们重复执行的次数为:

$$\sum_{i=1}^{n}(n-i) = \frac{n(n+1)}{2} = O(n^2)$$

因此,该算法的时间复杂度为 $O(n^2)$。下面采用一种"分治法"的策略来解决这个问题,其思想是把问题分成两个大致相等的子问题,然后递归地对它们求解,这是"分"的部分;"治"阶段将两个子问题的解合并到一起并做一些调整后得到整个问题的解。

最大子序列和可能在 3 种位置出现:或整个出现在输入数据的左半部;或整个出现在右半部;或跨越输入数据的中部,位于左右两半部分之中。前两种情况可以递归求解,第三种情况的最大和可以通过求出左半部分(包含左半部分最后一个元素)的最大和以及右半部分(包含右半部分第一个元素)的最大和,然后将这两个和相加而得到。例如,考虑如下输入:

左半部分	右半部分
−2 11 −4 13 −5	2 −5 −3 12 −9

其中左半部分的最大子序列和为 20(从 A_2 到 A_3),而右半部分的最大子序列为 12(A_9)。前半部分包含其最后一个元素的最大和是 15(从 A_2 到 A_5),而后半部分包含其第一个元素的最大是 6(从 A_6 到 A_9)。因此,跨越左、右两部分且通过中间的最大和为 15+6=21(从 A_2 到 A_9)。所以,在形成本例中的最大和子序列的 3 种方式中,最好的方式是包含两部分的元素,于是,答案为 21。下面是实现这种策略的一种算法。

【算法 1.3】

```
1  public static int maxSum(int[] sequence, int left, int right) {
2      if (left == right)
3          if (sequence [left] > 0)
4              return sequenece[left];
5          else
6              return 0;
7      int mid = (left + right)/2;
8      int maxLeftSum = maxSum(sequenece, left, mid);
9      int maxRightSum = maxSum(sequenece, mid + 1, right);
10     int maxLeftBorderSum = 0, leftBorderSum = 0;
11     for(int i = mid; i >= left; i--) {
12         leftBorderSum += sequence [i];
13         if(leftBorderSum > maxLeftBorderSum)
14             maxLeftBorderSum = leftBorderSum;
15     }
16     int maxRightBorderSum = 0, rightBorderSum = 0;
17     for(int i = mid + 1; i <= right; i++) {
18         rightBorderSum += sequence [i];
```

```
19        if(rightBorderSum > maxRightBorderSum)
20            maxRightBorderSum = rightBorderSum;
21        }
22    return max3(maxLeftSum,maxRightSum,maxLeftBorderSum + maxRightBorderSum);
23 }
24 public static int max3( int a, int b, int c){
25    int max = a > b?a:b;
26    max = max > c?max:c;
27    return max;
28 }
29 public static int maxSub_3( int[] sequence){
30    return maxSum(a,0, sequence.length - 1);
31 }// 算法 1.3 结束
```

假设 $T(n)$ 是求解大小为 n 的最大子序列和问题所花费的时间。若 $n=1$,则算法 1.3 执行程序的第 2~6 行,而第 2~6 行语句的执行次数为 1,于是 $T(1)=1$;否则,程序必须运行两个递归调用,即运行程序的第 8、9 行,这两行是求解大小为 $n/2$ 的最大子序列和问题(假设 n 是偶数),故它们共花费的时间是 $2T(n/2)$;算法 1.3 中的第 11~14、17~20 行是两个 for 循环,这两个 for 循环总共接触到从 $A_1 \sim A_n$ 的每一个数据元素,所以循环体共执行 n 次,而循环体内的每个语句循环一次只会执行 1 次,故共花费的时间为 $O(n)$;算法 1.3 中其他行的语句每次程序运行 1 次,它们的运行时间可以忽略。因此,整个算法花费的总时间为 $2T(n/2)+O(n)$。于是可得到方程组:

$$T(1)=1;\ T(n)=2T(n/2)+O(n)$$

为了简化计算,这里用 n 代替 $O(n)$ 项,由于 $T(n)$ 最终还是要用大 O 来表示,因而并不影响答案。这样 $T(n)=2T(n/2)+n$ 且 $T(1)=1$,则有 $T(2)=4=2\times2$,$T(4)=12=4\times3$,$T(8)=32=8\times4$ 以及 $T(16)=80=16\times5$,以此类推可以得到,若 $n=2^k$,则有 $T(n)=n\times(k+1)=n\log n+n=O(n\log n)$,故该算法的时间复杂度为 $O(n\log_2 n)$。这个分析当 n 为 2 的幂时结果才是合理的,但当 n 不为 2 的幂时,则需要更加复杂的分析,这里省略,但大 O 的结果是不变的。

显然,此算法比前面两个算法编程的难度要大得多,但当 n 较大时它的运行速度却比前两个算法要快得多。由此也可以明确:程序短并不总意味着程序好。

下面再运用动态规划的思想来解决此问题,能够使算法实现起来比递归算法更简单且更有效。算法实现的代码如下:

【算法 1.4】

```
1  public static int maxSub_4(int[] sequence) {
2      int max = 0;
3      int n = sequence.length;
4      int sum = 0;
5      for (int i = 0; i < n; i++) {
6          sum += sequence[i];
7          if (sum > max)
8              max = sum;
9          else if (sum < 0)
```

```
10              sum = 0;
11      }
12      return max;
13 } // 算法 1.4 结束
```

此算法的时间复杂度为 $O(n)$。整个算法只要对数组扫描一遍即可完成操作。它在从左到右扫描过程中记录当前子序列的和 sum，若这个和不断增加，那么最大子序列的和 max 也不断增加，则需不断更新 max；若往前扫描中遇到负数，那么当前子序列的和将会减小，此时 sum 将会小于 max，则 max 就不更新；若 sum 降到 0 时，说明前面已经扫描的那一段就可以抛弃了，这时将 sum 置为 0。然后，sum 将从后面开始对剩下的子序列进行分析，若有比当前 max 大的子序列和，继续更新 max。这样一趟扫描下来即可得到结果。

总而言之，对于一个具体问题的求解，要设计出效率良好的实现算法才是算法设计的根本任务，常用的算法设计方法有穷举法、动态规划法、回溯法、分治法、递归法和贪心法等。而算法分析的目的就在于从解决同一问题的不同算法中选择其中效率更优的、合适的某一个，或者是对原有算法进行改造，使其更优。

1.4 Java 提供的泛型方法

面向对象程序设计的重要目标之一是代码重用，泛型机制是 Java 5 以上版本提供的支持这一目标的方式之一。若除去数据对象的基本类型外，实现方法是相同的，则就可以用泛型方法来描述这种基本功能。例如，编写一个方法，将两个数置换，要求方法的逻辑关系与被置换的两个数据对象的类型无关。算法 1.5 给出的就是一个泛型方法。

【算法 1.5】 两个数的置换算法。

```
public static void swap(Object a, Object b){
    Object temp = a;
    a = b;
    b = tmep;
}                          // 算法 1.5 结束
```

在 Java 1.5 以前版本，它并不支持泛型实现，泛型编程的实现是通过使用继承的一些基本概念来完成的。本节仅介绍在本书中使用的在 Java 中如何使用继承的基本原则来实现泛型的方法

1. 使用 Object 表示泛型

Java 中的基本思想就是可以通过使用像 Object 这样适当的超类来实现泛型类。如下类就是一个这样的例子。

```
1  public class MemoryCell {
2      private Object storeValue;
3      public Object get( ) {
4          return storeValue;
5      }
6      public void set(Object x){
```

```
7          storeValue = x;
8       }
9    }// MemoryCell 类描述结束
```

说明:

(1) 为了访问这种对象的一个特定方法,必须首先要强制转换成正确的类型。例如,在下面的 TestMemoryCell 类中,它描述了一个 main 方法,该方法把串"123"写到 MemoryCell 对象中,然后又从 MemoryCell 对象中读出。当然,在这个例子中,也可以不必进行强制转换,可以在程序的第 6 行调用 toString()方法,这种调用对任意对象都是能够做到的。

```
1    public class TestMemoryCell() {
2       public static void main (String[] args){
3          MemoryCell m = new MemoryCell();
4          m.set("123");
5          String val = (String)m.get();
6          System.out.println("Contents are: " + val);
7       }
8    } // TestMemoryCell 类描述结束
```

(2) 基本类型不能作为 Object 类进行传递。这是因为只有引用类型能够与 Object 类相容,而 Java 中的 8 种基本类型都不能。这个问题的解决方法是利用 Java 为这 8 种基本类型的每一个所提供的对应包装类。例如,int 类型的包装类是 Integer。每一个包装类都是不可变的(也就是其状态绝不能改变),它存储一种当该对象被构建时所设置的原值,并提供了一种方法以重新获得该值。包装类也包含不少的静态实用方法。例如,下面的 WrapperExamp 类说明了如何使用 MemoryCell 类来存储整数。

```
1    public class WrapperExamp() {
2       public static void main (String[] args){
3          MemoryCell m = new MemoryCell();
4          m.set(new Interger( 123 ));
5          Integer wrapperVal = ( Integer)m.get();
6          Int val = wrapperVal.intValue();
7          System.out.println("Contents are: " + val);
8       }
9    } // WrapperExamp 类描述结束
```

2. 使用 Comparable 接口类型表示泛型

只有当使用 Object 类中已有的方法来表示所执行的操作时,才能使用 Object 类作为泛型类型来工作。

例如,考虑在由一些数据元素组成的数组中找出最大数的问题,要求基本代码与数据类型无关。要解决这个问题,最主要的操作是比较两个对象,并确定哪个是大的,哪个是小的。而 Object 类的数据元素是不能直接进行比较的,因而不能找出属于 Object 类的数组中的最大元素。最简单的解决办法是将数组说明成 Comparable 接口类型,然后去找出属于 Comparable 接口类型的数组中的最大者。要比较数组中的两个数据元素可以使用

compareTo 方法,它在实现 Comparable 接口的类中加以实现,故它对所有的 Comparable 接口都是现成可以用的。下面给出的 FindMaxExamp 类解决了求数组中最大数的问题。

```
1    public class FindMaxExamp{
2        public static Comparable findMax(Comparable[] a){
3            int k = 0;
4            for(int i = 1;i < a.length;i++)
5             if (a[i].compareTo(a[k])>0)
6               k = i;
7            return a[k];
8        }
9        public static void main(String[] args){
10           Shape[] sh1 = {new Circle(2.0),new Square(3.0),new Rectangle(3.0,4.0)};
11           String[] st1 = { "Joe", "Bob", "Bill", "Zeke"};
12           System.out.println(findMax(sh1));
13           System.out.println(findMax(st1));
14       }
15   }// FindMaxExamp 类描述结束
```

说明:

(1) 只有实现了 Comparable 接口的对象才能作为数组元素进行参数传递。仅有 compareTo 方法但未宣称实现 Comparable 接口的对象不是属于 Comparable 的,因为它不具有必要的 IS-A 关系。也许还会比较两个 Shape 的面积,在这里假设 Shape 实现了 Comparable 接口。这个程序告诉人们,Circle、Square、Rectangle 都是 Shape 的子类。

(2) 若属于 Comparable 接口类型的数组有两个不相容的对象(例如,一个 String 和一个 Shape),那么 compareTo 方法将抛出异常 ClassCastException。

(3) 基本类型是不能作为 Comparable 接口类型进行传递的,但包装类是可以的,因为它们实现了 Comparable 接口。

小结

运用计算机求解现实世界中的问题,最关键的是要考虑处理对象在计算机中的表示、处理方法和效率,这就是数据结构课程的研究内容,它涉及数据的逻辑结构、数据的存储结构和数据的操作 3 个方面。为了使读者能更快、更好地了解数据结构,适应本书的后述内容,我们在本章中介绍了数据类型、抽象数据类型等基本概念和术语,讨论了数据的逻辑结构和存储结构,并对算法的定义、描述和性能分析等做了详细的阐述。

本章开头以 3 个不同问题的求解实例来说明利用计算机求解问题的过程实质上是一个抽象出问题中数据的逻辑结构、建立数据的存储结构和设计求解问题的算法,最后选择某种编程语言来编写算法,并在计算机上测试运行的过程。

数据的逻辑结构其实就是从具体问题抽象出来的数学模型,它反映了事物的组成结构和组成结构中数据元素之间的逻辑关系。根据数据元素之间逻辑关系的特性来分,可将数据结构分为集合、线性结构、树型结构和图型结构四大类。

数据的存储结构是各种逻辑结构在计算机中的一种存储映射,它反映了具有某种逻辑关系的数据元素在计算机中是如何组织和实现的,是逻辑结构在计算机中的物理存储表示。同一种逻辑结构可以采用不同的映射方式来建立不同的存储结构。常用的映射方式有顺序映射、链式映射、索引映射和散列映射,所形成的存储结构分别称为顺序存储结构、链式存储结构、索引存储结构和散列存储结构。

数据的存储结构通常用程序设计语言中的数据类型来加以描述。对于简单数据可直接使用程序设计语言中内置的基本数据类型来描述;对于复杂数据则要根据实际情况,引用自定义的数据类型。在Java语言中,引入自定义的数据类型的手段是类的声明。

抽象数据类型是指一个数据值的集合和定义在这个集合上的一组操作。使用抽象数据类型可以很大程度上帮助用户独立于程序的实现细节,更好地理解问题的本质内容,从而达到数据抽象和信息隐藏的目的。本书中将全部采用Java接口来描述抽象数据类型,抽象数据类型的实现采用实现该接口的类来表示。

算法是对特定问题求解步骤的一种描述,它是由有限条指令序列所组成。算法应具备有穷性、确定性、有效性、输入和输出5个性质。

算法设计与算法分析是保证计算机能快速、高效地实现问题求解的两个重要环节。算法设计的根本任务是针对各类实际问题设计出高效率的算法并研究设计算法的规律和方法。常用的设计方法有穷举法、动态规划法、回溯法、分治法、贪心法和递归法,等等。算法分析的根本任务是利用某一种方法,对每一个算法讨论其各种复杂度,以探讨各种算法的效率和适用性,为从解决同一个问题的多个不同的算法中做出选择,或对原有算法进行改进使其性能更优提供依据。

算法的复杂度通常体现为时间复杂度和空间复杂度两个指标,对于时间复杂度和空间复杂的估算采用渐近分析法,时间复杂度和空间复杂度都是问题规模的某个函数。

本章讨论的都是一些基本概念,重点在于了解有关数据结构的各个名词和术语的含义,掌握用于确定算法时间复杂度和空间复杂度的方法。

习题 1

一、概念题

1. 试述数据结构研究的3个方面的内容。
2. 试述集合、线性结构、树型结构和图型结构4种常用数据结构的特性。
3. 设有数据的逻辑结构的二元组定义形式为 $B=(D,R)$,其中 $D=\{a_1,a_2,\cdots,a_n\}$,$R=\{<a_i,a_{i+1}>\mid i=1,2,\cdots,n-1\}$,请画出此逻辑结构对应的顺序存储结构和链式存储结构的示意图。
4. 设一个数据结构的逻辑结构如图1.9所示,请写出它的二元组定义形式。
5. 设有函数 $f(n)=3n^2-n+4$,请证明 $f(n)=O(n^2)$。
6. 请比较下列函数的增长率,并按增长率递增的顺序排列下列函数:

(1) 2^{100}　(2) $(3/2)^n$　(3) $(4/3)^n$　(4) n^n　(5) $n^{2/3}$　(6) $n^{3/2}$　(7) $n!$　(8) $\sqrt{n}$
(9) n　(10) $\log_2 n$　(11) $1/\log_2 n$　(12) $\log_2(\log_2 n)$　(13) $n\log_2 n$　(14) $n^{\log_2 n}$

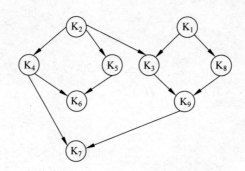

图 1.9 第 4 题的逻辑结构图

7. 试确定下列程序段中有标记符号"＊"的语句行的语句频度(其中 n 为正整数)。

(1)
```
i = 1; k = 0;
while ( i <= n - 1) {
    k += 10 * i;                    // *
    i++;
}
```

(2)
```
i = 1; k = 0;
do {
    k += 10 * i;                    // *
    i++;
} while(i <= n - 1);
```

(3)
```
i = 1; k = 0;
while (i <= n - 1) {
    i++;
    k += 10 * i;                    // *
}
```

(4)
```
k = 0;
for( i = 1; i <= n; i++) {
    for (j = 1 ; j <= i; j++)
        k++;                        // *
}
```

(5)
```
i = 1; j = 0;
while (i + j <= n) {
    if (i > j ) j++;                // *
    else i++;
}
```

(6)
```
x = n; y = 0;                       // n 是不小于 1 的常数
while (x >= (y + 1) * (y + 1)) {
    y++;                            // *
}
```

(7)
```
x = 91; y = 100;
while (y > 0 ) {
    if (x > 100 ) { x -= 10; y -- ; }    // *
```

```
            else x++;
(8) a = 1; m = 1;
    while(a < n)
        {
            m += a; a * = 3;        // *
        }
```

二、算法设计题

1. 有一个包括 100 个数据元素的数组,每个数据元素的值都是实数,试编写一个求最大数据元素的值及其下标的算法,并分析算法的时间复杂度。

2. 试编写一个求一元多项式 $P_n(x) = \sum_{i=0}^{n} a_i x^i$ 的值 $P_n(x_0)$ 的算法,并确定算法中每一条语句的执行次数和整个算法的时间复杂度(注意选择你认为较好的输入和输出方法)。输入是 $a_i (i = 0, 1, 2, \cdots, n)$,$x_0$ 和 n,输出结果为 $P_n(x_0)$。

三、上机实践题

1. 编写一个实现将整型数组中的数据元素按值递增的顺序进行排序的 Java 程序。

2. 设计一个复数类,要求:

(1) 在复数内部用双精度浮点数定义其实部和虚部。

(2) 实现 3 个构造函数:第 1 个构造函数没有参数;第 2 个构造函数将双精度浮点数赋给复数的实部,虚部为 0;第 3 个构造函数将两个双精度浮点数分别赋给复数的实部和虚部。

(3) 编写获取和修改复数的实部和虚部的成员函数。

(4) 编写实现复数的减法、乘法运算的成员函数。

(5) 设计一个测试主函数,使其实际运行验证类中各成员函数的正确性。

线性表

线性表是一种最常用、最简单，也是一种最基本的数据结构，它是学习其他数据结构的基础。线性表在计算机中可以用顺序存储和链式存储两种存储结构来表示。其中用顺序存储结构表示的线性表称为顺序表，用链式存储结构表示的线性表称为链表。链表又有单链表、双向链表、循环链表之分。

本章主要知识点：

- 线性表的定义；
- 线性表在计算机中的存储形式和表示方法；
- 顺序表的基本操作的实现；
- 单链表的基本操作的实现；
- 双向链表的插入和删除操作的实现；
- 循环单链表和循环双向链表的结构特点。

2.1 线性表及其基本操作

2.1.1 线性表的基本概念

线性表是由 $n(n \geqslant 0)$ 个数据元素所构成的有限序列，通常表示为 $(a_0, a_1, \cdots, a_i, \cdots, a_{n-1})$。其中下标 i 标识数据元素在线性表中的位序号，n 为线性表的表长，当 $n=0$ 时，此线性表为是空表。线性表中的数据元素 a_i 仅是一个抽象符号，在不同的场合下代表不同的含义，它可能是一个字母、数字、记录或更复杂的信息。例如，英文字母表（A，B，C，$\cdots$，Z）；某单位工资表中所有职工的工资按某种顺序排列得到表（4315.5，3523.4，2000，$\cdots$，5432.1），这两个表都可看成是一个线性表。前者的数据元素是字母，后者的数据元素是实数，并且这两者的数据元素都属于简单类型。又如表 2.1 所示的是某个班的成绩表，这个成绩表中的所有记录序列构成了一个线性表，此线性表中的每一个数据元素都是由学号、姓名、大学英语、高等数学、计算机文化基础和总分 6 个数据项所构成的记录。

表 2.1　成绩表

学号	姓名	大学英语	高等数学	计算机文化基础	总分
200853174101	王一	60	81	78	219
200853174102	刘二	94	76	82	252
200853174103	张三	90	78	72	240
200853174104	李四	85	73	71	229
⋮	⋮	⋮	⋮	⋮	⋮

由上述例子可以得到:对于同一个线性表,其每一个数据元素的值虽然不同,但必须具有相同的数据类型;同时,数据元素之间具有一种线性的或"一对一"的逻辑关系,即:

(1) 第一个数据元素没有前驱,这个数据元素也称为开始结点。

(2) 最后一个数据元素没有后继,这个数据元素也称为终端结点。

(3) 除第一个和最后一个数据元素之外,其他数据元素有且仅有一个前驱和一个后继。

具有上述逻辑关系的数据结构也称为线性结构。线性表就是一种线性结构。

2.1.2　线性表的抽象数据类型描述

线性表的结构简单,其长度可以动态地增长或收缩;可以对线性表中的任何数据元素进行访问和查找;数据元素的插入和删除操作可以在线性表中的任何位置上进行;求线性表中指定数据元素的前驱和后继;可以将两个线性表合并成一个线性表,或将一个线性表拆分成两个或多个线性子表等。下面说明几种主要的基本操作。

(1) clear():将一个已经存在的线性表置成空表。

(2) isEmpty():判断线性表是否为空,若为空,则返回 true;否则,返回 false。

(3) length():求线性表中的数据元素个数并返回其值。

(4) get(i):读取并返回线性表中的第 i 个数据元素的值。其中 i 的取值范围为 $0 \leqslant i \leqslant$ length()-1。

(5) insert(i,x):在线性表的第 i 个数据元素之前插入一个值为 x 的数据元素。其中 i 的取值范围为 $0 \leqslant i \leqslant$ length()。当 $i=0$ 时,在表头插入 x;当 $i=$ length()时,在表尾插入 x。

(6) remove(i):删除并返回线性表中第 i 个数据元素。其中 i 的取值范围为 $0 \leqslant i \leqslant$ length()-1。

(7) indexOf(x):返回线性表中首次出现指定数据元素的位序号,若线性表中不包含此数据元素,则返回-1。

(8) display():输出线性表中的各个数据元素的值。

线性表的抽象数据 Java 接口描述如下:

```
public interface Ilist{
    public void clear();
    public boolean isEmpty();
    public int length();
    public Object get(int i);
    public void insert(int i, Object x);
```

```
    public void remove(int i);
    public int indexOf(Object x);
    public void display();
}
```

要使用线性表的 Java 接口,还需要具体的类来实现该接口。下面就给出线性表的 Java 接口的两种实现方法:一种是基于顺序存储的实现;另一种是基于链式存储的实现。

2.2　线性表的顺序存储及其实现

2.2.1　线性表的顺序存储

1.顺序表的定义

所谓顺序表,就是顺序存储的线性表。顺序存储是用一组地址连续的存储单元依次存放线性表中各个数据元素的存储结构,如图2.1所示。

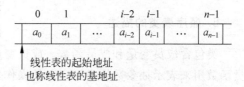

图 2.1　线性表的顺序存储结构

2.顺序表的地址计算公式

因为线性表中所有数据元素的类型是相同的,所以每一个数据元素在存储器中占用相同大小的空间。假设每一个数据元素占 c 个存储单元,且 a_0 的存储地址为 $\mathrm{Loc}(a_0)$(此地址也称为线性表的基地址),则第 i 个数据元素的地址可表示为:

$$\mathrm{Loc}(a_i) = \mathrm{Loc}(a_0) + i \times c \quad \text{其中}, 0 \leqslant i \leqslant n-1 \tag{2.1}$$

以上表明,只要知道顺序表的基地址和每一个数据元素所占存储空间大小,就可以计算出第 i 个数据元素的地址,即顺序表具有按数据元素的位序号随机存取的特点。

3.顺序表的特点

(1) 在线性表中逻辑上相邻的数据元素,在物理存储位置上也是相邻的。

(2) 存储密度高,但需要预先分配"足够应用"的存储空间,这可能将会造成存储空间的浪费;其中,存储密度 = $\dfrac{\text{数据元素本身值所需的存储空间}}{\text{该数据元素实际所占用的空间}}$。

(3) 便于随机存取。

(4) 不便于插入和删除操作,这是因为在顺序表上进行插入和删除操作会引起大量数据元素的移动。

4.顺序存储结构类的描述

高级程序设计语言在程序编译时会为数组类型的变量分配一片连续的存储区域,数组元素的值就能依次存储在这片存储区域中;其次,数组类型也具有随机存取的特点。因此,可以用数组来描述数据结构中的顺序存储结构,其中数组元素的个数对应存储区域的大小,且应根据实际需要定义为"足够大",假设为 maxSize。考虑到线性表的长度是可变的,故还需要用一个变量 curLen 来记录线性表的实际长度。线性表的顺序存储结构在线性表 Java 接口的实现类中描述如下：

```
public class SqList implements IList{
    private Object[] listElem;              // 线性表存储空间
    private int curLen;                     // 线性表的当前长度
       ⋮
}
```

根据上述描述，对于线性表(34,12,25,61,30,49)，其顺序存储结构可以用图 2.2 表示。

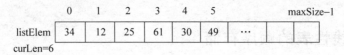

图 2.2   顺序表存储结构图

5. 顺序表类的描述

类包含成员变量和成员函数。成员变量用来表示抽象数据类型中定义的数据对象，成员函数用来表示抽象数据类型定义的操作集合。顺序表类实现接口 IList，类中的 public 成员函数主要是接口 IList 中定义的成员函数。下面是顺序表类的 Java 语言描述。

```
package ch02;
public class SqList implements IList {
    private Object[] listElem;              // 线性表存储空间
    private int curLen;                     // 线性表的当前长度

    // 顺序表类的构造函数,构造一个存储空间容量为 maxSize 的线性表
    public SqList(int maxSize) {
        curLen = 0;                         // 置顺序表的当前长度为 0
        listElem = new Object[maxSize];     // 为顺序表分配 maxSize 个存储单元
    }
    // 将一个已经存在的线性表置成空表
    public void clear() {
        curLen = 0;                         // 置顺序表的当前长度为 0
    }
    // 判断线性表中的数据元素的个数是否为 0,若为 0 则返回 true; 否则返回 false
    public boolean isEmpty() {
        return curLen == 0;
    }
    // 求线性表中的数据元素的个数并返回其值
    public int length() {
        return curLen;                      // 返回顺序表的当前长度
    }
    // 读取到线性表中的第 i 个数据元素并由函数返回其值,其中 i 的取值范围为: 0≤i≤length() -
    // 1,若 i 值不在此范围则抛出异常
    public Object get(int i) throws Exception {
        if (i < 0 || i > curLen - 1)        // i 小于 0 或者大于表长减1
            throw new Exception("第" + i + "个元素不存在");                          // 抛出异常
```

```
        return listElem[i];                // 返回顺序表中第 i 个数据元素
    }
    // 在线性表的第 i 个数据元素之前插入一个值为 x 的数据元素
    public void insert(int i, Object x)
        { … }
    // 删除并返回线性表中第 i 个数据元素
    public void remove(int i)
        { … }
    // 返回线性表中首次出现指定的数据元素的位序号,若线性表中不包含此数据元素,则返回 - 1
    public int indexOf(Object x)
        { … }
    // 输出线性表中的数据元素
    public void display() {
        for (int j = 0; j < curLen; j++)
            System.out.print(listElem[j] + " ");
        System.out.println();                // 换行
    }
}// 顺序表类的描述结束
```

说明:

(1) 顺序表类的构造函数完成对顺序表的初始化工作。

(2)"{ … }"表示其实现方法,将在后面章节中详细讲述并给出具体代码。

2.2.2 顺序表上基本操作的实现

从上述顺序表类的描述中可以看出,对顺序表的清空、判空、求长度和取元素操作都容易实现。因此,下面只介绍顺序表的插入、删除和查找操作的实现方法。

1. 顺序表上的插入操作

顺序表上进行插入操作的基本要求是在已知顺序表上的第 i 个数据元素 a_i 之前插入一个值为 x 的数据元素,其中 $0 \leqslant i \leqslant n$,$n$ 为顺序表的当前长度,当 $i=0$ 时,在表头插入 x;当 $i=n$ 时,在表尾插入 x。插入操作后顺序表的逻辑结构由原来的 $(a_0, a_1, \cdots, a_{i-1}, a_i, \cdots, a_{n-1})$ 变成了 $(a_0, a_1, \cdots, a_{i-1}, x, a_i \cdots, a_{n-1})$,且表长增加 1,如图 2.3 所示。

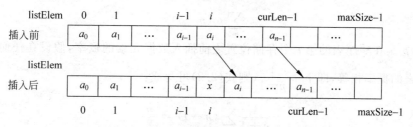

图 2.3 顺序表插入前后的存储结构状况图

根据顺序表的存储特点,逻辑上相邻的数据元素在物理上也是相邻的,要在数据元素 a_i 之前插入一个新的数据元素,则需将第 i 个数据元素 a_i 及之后所有的数据元素后移一个存储位置,再将待插入的数据元素插入到腾出的存储位置上。下面将顺序表上的插入操作的主要步骤归纳如下:

（1）判断当前顺序表的存储空间是否已满，若满则抛出异常。

思考：若存储空间满则要求为线性表扩充存储空间，扩充后再进行插入操作，算法应做何修改？

（2）判断参数 i 的合法性，若 i 不合法则抛出异常。

说明：当 $0 \leqslant i \leqslant curLen$ 时为合法值。

（3）确定插入位置。

说明：此操作的插入位置在已知条件中已明确规定是 i。若将操作要求改为在有序的顺序表中插入一个值为 x 的数据元素时，则插入位置必须经过一定次数的比较后才能确定。

（4）将插入位置及其之后的所有数据元素后移一个存储位置。

注意：必须先从最后一个数据元素开始依次逐个进行后移，直到第 i 个数据元素移动完毕为止。

（5）表长加 1。

【算法 2.1】 顺序表的插入操作算法。

```
1  public void insert( int i, Object x) throws Exception {
2      if (curLen == listElem.length)            // 判断顺序表是否已满
3          throw new Exception("顺序表已满");      // 抛出异常
4      if (i < 0 || i > curLen)                  // i不合法
5          throw new Exception("插入位置不合法"); // 抛出异常
6      for (int j = curLen; j > i; j--)
7          listElem[j] = listElem[j - 1];        // 插入位置及其之后的所有数据元素后移一位
8      listElem[i] = x;                          // 插入 x
9      curLen++;                                  // 表长加 1
10  }//算法 2.1 结束
```

算法 2.1 的执行时间主要花费在数据元素的移动操作上，即算法 2.1 中的第 7 行语句的执行时间上，所以此语句的操作是本算法的关键操作。若顺序表的表长为 n，要在顺序表的第 $i(0 \leqslant i \leqslant n)$ 个数据元素之前插入一个新的数据元素，则第 7 行语句的执行次数为 $n-i$，即会引起 $n-i$ 个数据元素向后移动一个存储位置，所以算法中数据元素移动的平均次数为：

$$\sum_{i=0}^{n} p_i(n-i) \tag{2.2}$$

其中，p_i 是在顺序表的第 i 个存储位置之前插入数据元素的概率，假设在任何位置上插入数据元素的概率相等，即 $p_i = \dfrac{1}{n+1}$，则式（2.2）可写成：

$$\frac{1}{n+1}\sum_{i=0}^{n}(n-i) = \frac{n}{2} \tag{2.3}$$

由公式（2.3）可知，算法 2.1 的时间复杂度为 $O(n)$。

2. 顺序表上的删除操作

顺序表上的删除操作的基本要求是将已知顺序表上的第 i 个数据元素 a_i 从顺序表中删除。其中，$0 \leqslant i \leqslant n-1$，$n$ 为顺序表的当前长度。

删除操作后会使顺序表的逻辑结构由原来的$(a_0,a_1,\cdots,a_{i-1},a_i,,a_{i+1},\cdots,a_{n-1})$变成$(a_0,a_1,\cdots,a_{i-1},a_{i+1},\cdots,a_{n-1})$,且表长减少1,如图2.4所示。

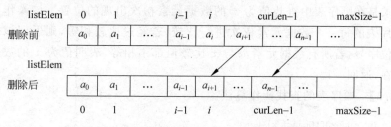

图2.4 顺序表删除前后的存储结构状况

删除操作后为保持逻辑上相邻的数据元素在存储位置上也相邻,就要将第i个数据元素a_i之后的所有数据元素都向前移动一个存储位置。下面将顺序表上的删除操作的主要步骤归纳如下:

(1)判断参数i的合法性,若i不合法则抛出异常。

说明:当$0\leqslant i\leqslant$curLen-1时为合法值。

(2)将第i个数据元素之后的所有数据元素向前移动一个存储位置。

(3)表长减1。

【**算法2.2**】 顺序表的删除操作算法。

```
1  public void remove( int i) throws Exception {
2      if ( i < 0 || i > curLen - 1)            // i 不合法
3        throw new Exception("删除位置不合法"); // 抛出异常
4      for ( int j = i; j < curLen - 1; j++)
5        listElem[j] = listElem[j + 1];
                                   // 被删除元素之后的所有数据元素左移一个存储位置
6      curLen -- ;                              // 表长减1
7  } // 算法 2.2 结束
```

在顺序表中删除一个数据元素,其执行时间仍然主要花费在数据元素的移动操作上,也就是算法2.2中第5行的语句的执行时间上。这里移动的数据元素的个数与插入操作中相似,取决于被删除元素的起始存储位置,在长度为n的顺序表上删除第$i(0\leqslant i\leqslant n-1)$个数据元素会引起$n-i-1$个数据元素发生移动,所以算法中数据元素移动的平均次数为:

$$\sum_{i=0}^{n-1} p_i(n-i-1) \tag{2.4}$$

假设在任何位置上删除元素的概率相等,即$p_i=\dfrac{1}{n}$,则公式2.4可写成:

$$\frac{1}{n}\sum_{i=0}^{n-1}(n-i-1)=\frac{n-1}{2} \tag{2.5}$$

由公式2.5可知,算法2.2的时间复杂度仍为$O(n)$。

3.顺序表上的查找操作

查找操作一般有两种情况:一种是查找指定位置上的数据元素的值,另一种是查找满足指定条件的数据元素初次出现的位置。前者在顺序表的实现简单,用随机存取的方式就可找到对应的数据元素,时间复杂度为 $O(1)$。这里主要讨论后者。设定顺序表上的查找操作的基本要求是在顺序表中查找值为 x 的数据元素初次出现的位置。该操作实现的方法是将 x 与顺序表的每一个数据元素依次进行比较,若经过比较相等,则返回该数据元素在顺序表中的位序号,若所有数据元素都与 x 比较但都不相等,表明值为 x 的数据元素在顺序表中不存在,返回 -1。

【算法 2.3】 顺序表的查找操作算法。

```
1  public int indexOf(Object x) {
2    int j = 0;        // j指示顺序表中待比较的数据元素,其初始值指示顺序表中第 0 个数据元素
3    while (j < curLen && !listElem[j].equals(x))  // 依次比较
4      j++;
5    if (j < curLen)                    // 判断 j 的位置是否位于顺序表中
6      return j;                        // 返回值为 x 的数据元素在顺序表中的位置
7    else
8      return -1;                       // 值为 x 的数据元素在顺序表中不存在
9  } // 算法 2.3 结束
```

说明:此算法中调用了 equals() 方法。Java.lang.Object 类中定义了 equals() 方法,listElem[j]·equals(x) 实现了比较 listElem[j] 与 x 值是否相等的操作,若相等则返回 true,否则返回 false。

此算法的执行时间主要体现在数据元素的比较操作上,即算法中第 3 行语句的执行时间,该执行时间取决于值为 x 的数据元素所在的存储位置。若顺序表中第 $i(0 \leqslant i \leqslant n-1)$ 个位置上的数据元素值为 x,则需比较 $i+1$ 次;若顺序表中不存在值为 x 的数据元素,则需将顺序表中所有的数据元素都比较一遍后才能确定,所以需要比较 n 次。因此,在等概率条件下,数据元素的平均比较次数为:

$$\sum_{i=0}^{n-1} p_i \times (i+1) = \frac{1}{n}\sum_{i=0}^{n-1}(i+1) = \frac{n+1}{2} \tag{2.6}$$

由公式 2.6 可知,算法 2.3 的时间复杂度为 $O(n)$。

2.2.3　顺序表应用举例

【例 2.1】 编程实现:建立一个顺序表('a', 'z', 'd', 'm', 'z'),然后查找顺序表中第一次出现值为字母'z'的数据元素,并输出其在顺序表中的位置。

【程序代码】

```
public class Example2_1 {
    public static void main(String[] args) throws Exception {
        SqList L = new SqList(10);        // 构造一个含有 10 个存储单元的存储空间的空顺序表
        L.insert(0, 'a');                 // 初始化顺序表中的前 5 个数据元素
        L.insert(1, 'z');
        L.insert(2, 'd');
        L.insert(3, 'm');
        L.insert(4, 'z');
        int order = L.indexOf('z');       // 在顺序表中查找值为'z'的数据元素
        if (order != -1)                  // 顺序表中是否包含值为'z'的数据元素
            System.out.println("顺序表中第一次出现的值为'z'的数据元素的位置为: " + order);
```

```
        else
            System.out.println("此顺序表中不包含值为'z'的数据元素!");
        }
    }
```

【运行结果】

运行结果如图 2.5 所示。

图 2.5　例 2.1 的程序运行结果

【例 2.2】　编程实现查找线性表$(0,1,2,\cdots,n-1)$中第 $i(1\leqslant i\leqslant n)$个数据元素的直接前驱,并输出其值。要求在顺序表上实现。

【程序代码】

```
public class Example2_2 {
    public static void main(String[] args) throws Exception {
        int n = 10;
        SqList L = new SqList(80);          // 构造一个含有 80 个存储单元的存储空间的空顺序表
        for (int i = 0; i < n; i++)         // 将 0,1,2,…,n-1 依次插入到顺序表的表尾
            L.insert(i, i);
        System.out.println("请输入 i 的值: ");
        int i = new Scanner(System.in).nextInt();
        if (0 < i && i <= n) {
            System.out.println("第" + i + "个元素的直接前驱是: " + L.get(i-1));
        }
        else
            System.out.println("第" + i + "个元素的直接前驱不存在!");
    }
}
```

【运行结果】

运行结果如图 2.6 所示。

图 2.6　例 2.2 的程序运行结果

2.3　线性表的链式存储及其实现

顺序存储虽然是一种很有用的存储结构,但它具有如下局限性:

(1) 若要为线性表扩充存储空间,则需重新创建一个地址连续的更大的存储空间,并把原有的数据元素都复制到新的存储空间中;

（2）因为顺序存储要求逻辑上相邻的数据元素,在物理存储位置上也是相邻的,这就使得要增删数据元素则会引起平均约一半的数据元素的移动。

所以,顺序表最适合于表示"静态"线性表,即线性表一旦形成以后,就很少进行插入与删除操作。对于需要频繁执行插入和删除操作的"动态"线性表,通常采用链式存储结构。链式存储结构不要求逻辑上相邻的数据元素在物理上也相邻,它是用一组地址任意的存储单元来存放数据元素的值。因此,链式存储结构没有顺序存储结构所具有的在某些操作上的局限性,但却失去了可随机存取的特点,在链式存储结构上只能进行顺序存取。

2.3.1　单链表的表示

采用链式存储方式存储的线性表称为链表,链表中每一个结点包含存放数据元素值的数据域和存放指向逻辑上相邻结点的指针域。若一个结点中只包含一个指针域,则称此链表为单链表(Single Linked List)。图 2.7 为线性表$(a_0,a_1,a_2,\cdots,a_{n-1})$的链式存储示意图。

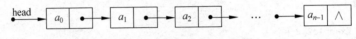

图 2.7　单链表的存储示意图

由图 2.7 可知,单链表是通过指向后继结点的指针把它的一串结点链接成一个链。以线性表中第一个数据元素的存储地址作为线性表的起始地址,称作线性表的头指针。一个单链表就是由它的头指针 head 来唯一标识它。单链表中的最后一个结点(也称为尾结点)没有后继,所以它的指针域的值为空指针 null。有时为了操作方便,在第一个结点之前虚加一个"头结点",头结点的数据域一般不存放具体的值,指针域存放指向第一个结点(也称为首结点)的指针,指向头结点的指针为单链表的头指针,如图 2.8(a)所示。若线性表为空表,则头结点的指针域为"空",如图 2.8(b)所示。

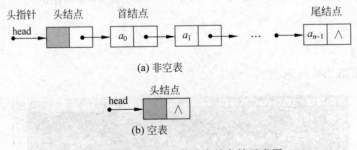

(a) 非空表

(b) 空表

图 2.8　带头结点的单链表的存储示意图

1. 结点类的描述

单链表是由若干个结点连接而成的。因此,要实现单链表,首先需要设计结点类。结点类由两部分构成,如图 2.9 所示。

其中,data 是数据域,用来存放数据元素的值；next 是指针域,用来存放后继结点的地址。以下是结点类的描述:

data	next

图 2.9　结点类的结构图

```
package ch02;
public class Node {
```

```
    public Object data;                      // 存放结点值
    public Node next;                        // 后继结点的引用
    // 无参数时的构造函数
    public Node() {
        this(null, null);
    }
    // 带一个参数时的构造函数
    public Node(Object data) {
        this(data, null);
    }
    // 带两个参数时的构造函数
    public Node(Object data, Node next) {
        this.data = data;
        this.next = next;
    }
}// 结点类的描述结束
```

结点类的描述中包含3个构造函数：第1个构造函数无参数，可实现初始化一个空的结点；第2个构造函数带有一个参数，可实现构造一个数据域值为指定参数值，而指针域为空的结点；第3个构造函数带有两个参数，可实现构造一个数据域和指针域值都为指定参数值的结点。

2. 单链表类的描述

由于单链表只需一个头指针就能唯一标识它，所以单链表类的成员变量只需设置一个头指针即可。以下是单链表类的描述：

```
package ch02;
import java.util.Scanner;
public class LinkList implements IList {
    public Node head;                        // 单链表的头指针

    public LinkList() {                      // 单链表的构造函数
        head = new Node();                   // 初始化头结点
    }
    public LinkList(int n, boolean Order) throws Exception {     // 构造一个长度为 n 的单链表
        this();                              // 初始化头结点
        if (Order)                           // 用尾插法顺序建立单链表
            create1(n);
        else                                 // 用头插法逆位序建立单链表

            create2(n);
    }
    // 用尾插法顺序建立单链表,其中 n 为单链表的结点个数
    public void create1(int n) throws Exception
        { … }
    //用头插法逆位序建立单链表,其中 n 为单链表的结点个数
    public void create2(int n) throws Exception
        { … }
    // 将一个已经存在的带头结点单链表置成空表
```

```
public void clear() {
    head.data = null;
    head.next = null;
}
// 判断带头结点的单链表是否为空
public boolean isEmpty() {
    return head.next == null;
}
// 求带头结点的单链表的长度
public int length() {
    Node p = head.next;                     // 初始化,p指向首结点,length 为计数器
    int length = 0;
    while (p != null) {                     // 从首结点开始向后查找,直到 p 为空
        p = p.next;                         // 指向后继结点
        ++length;                           // 长度增 1
    }
    return length;
}
// 读取带头结点的单链表中的第 i 个结点
public Object get(int i) throws Exception
    { … }
// 在带头结点的单链表中的第 i 个结点之前插入一个值为 x 的新结点
public void insert(int i, Object x) throws Exception
    { … }
// 删除带头结点的单链表中的第 i 个结点
public void remove(int i) throws Exception
    { … }
// 在带头结点的单链表中查找值为 x 的结点
public int indexOf(Object x)
    { … }
// 输出单链表中的所有结点
public void display() {
    Node node = head.next;                  // 取出带头结点的单链表中的首结点
    while (node != null) {
        System.out.print(node.data + " ");// 输出结点的值
        node = node.next;                   // 取下一个结点
    }
    System.out.println();                   // 换行
}
} //单链表类的描述结束
```

2.3.2 单链表上基本操作的实现

下面以查找、插入、删除和创建一个单链表为例,来介绍带头结点的单链表上基本操作的实现。

1. 单链表上的查找操作

单链表上的查找操作根据给定的查找条件不同,其实现方法也不相同。下面介绍两种

由于上面两种查找都是从单链表的表头开始沿着链依次进行比较,所以它们的时间复杂度都为 $O(n)$。

2. 单链表上的插入操作

单链表上的插入操作的基本要求是在带头结点的单链表的第 i 个结点之前插入一个数据域值为 x 的新结点,其中 i 的限制条件是:$0 \leqslant i \leqslant n$($n$ 为单链表的当前长度)。当 $i=0$ 时,在表头插入新结点;当 $i=n$ 时,在表尾插入新结点。

在单链表中要实现有序对 $<a_{i-1}, a_i>$ 到 $<a_{i-1}, x>$ 和 $<x, a_i>$ 的改变,并不会像顺序表那样需移动一批数据元素,而只要改变相关结点的后继指针值即可,如图 2.10 所示。

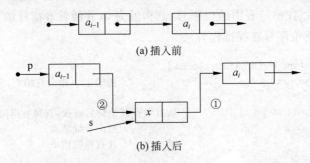

(a) 插入前

(b) 插入后

图 2.10   单链表上的插入

由图 2.10 可知,相关结点的后继指针值的改变主要涉及待插入位置的前驱结点和新插入结点的后继指针值的改变,需要将新结点的后继指针域的值置为前驱结点的指针域的值,而前驱结点的后继指针指向新结点。要实现这些指针值的修改,必须先确定第 i 个结点的前驱结点,即第 $i-1$ 个结点的位置。假设 p 指针指向第 $i-1$ 个结点,s 指针指向新结点,则图 2.10(b) 中标识①和②处的修改指针对应的语句序列分别为 s.next=p.next 和 p.next=s。

根据上述分析,在单链表上进行插入操作的主要步骤归纳如下:

(1) 查找到待插入位置的前驱结点(或确定待插入的位置)。

(2) 创建数据域值为 x 的新结点。

(3) 修改相关结点的指针域值从而使新结点插入到单链表中给定的位置上。

【算法 2.6】   带头结点的单链表上的插入操作算法。

```
1  public void insert(int i, Object x) throws Exception {
2      Node p = head;                         // 初始化 p 为头结点,j 为计数器
3      int j = -1;
4      while (p != null && j < i-1) {          // 寻找第 i 个结点的前驱
5          p = p.next;
6          ++j;                                // 计数器的值增 1
7      }
8      if (j > i-1 || p == null)               // i 不合法
9          throw new Exception("插入位置不合法"); // 抛出异常
10     Node s = new Node(x);                    // 生成新结点
11     s.next = p.next;                         // 修改链,使新结点插入单链表中
12     p.next = s;
13 } //算法 2.6 结束
```

注意：

（1）算法中对 i 合法性的判断与顺序表插入操作类似，i 的合法值仍为 $0 \leqslant i \leqslant \text{length}()$，但在单链表中表的长度是隐藏的，没有显式的值，所以只能通过算法中的第 8 行来进行判断，其中 if 中的第 1 个条件若为真，则说明参数 i 的值小于 0；若 if 中的第 2 个条件为真，则说明参数 i 的值大于表长。

（2）由于链式存储采用的是动态分配存储空间，所以在插入操作之前无须判断存储空间是否为满。

（3）算法中的第 11 行和第 12 行的语句执行顺序不能颠倒。

（4）此算法尽管可在常数时间内完成创建新结点和修改链的操作，但需要查找到第 $i-1$ 个结点，它的时间复杂度是 $O(n)$，所以插入算法的时间复杂度为 $O(n)$。

（5）在带头结点的单链表上进行插入操作，无论插入位置是表头、表尾还是在表的中间，其操作语句都是一致的，但在不带头结点的单链表上进行插入操作，在表头插入和在其他位置插入新结点的操作语句是不相同的，图 2.11 为在不带头结点的单链表的表头位置插入一个新结点的前后状况图。

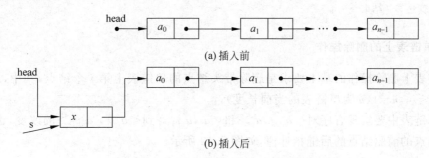

(a) 插入前

(b) 插入后

图 2.11　在表头位置进行插入操作前后的不带头结点的单链表

从图 2.11 中可见，新结点要插入到不带头结点的单链表的表头，需要将新结点 s 的后继指针指向原来单链表的第 1 个结点，并且将头指针指向新结点，使新结点成为插入后的单链表中的第 1 个结点。其对应语句为：

```
s. next = head;
head = s;
```

若是在不带头结点的单链表的中间位置或在表尾插入一个新结点，其修改链的语句与在带头结点的单链表上的插入操作相同，都为：

```
s. next = p.next;
p. next = s;
```

因此，若在不带头结点的单链上实现插入操作，需要分两种情况分别处理，这也是为什么在带头结点的单链表上进行插入和删除操作更为方便的原因。算法 2.7 给出了具体的实现过程。

【算法 2.7】　不带头结点的单链表上的插入操作算法。

```
// 在不带头结点的单链表的第 i 个结点之前插入一个数据域值为 x 的新结点
public void insert( int i, Object x) throws Exception {
```

```
    Node p = head;
    int j = 0;
    while (p != null && j < i-1) {                    // 请用 i = -1\0\1 去测试
        p = p.next;
        ++j;
    }
    if (j > i || p == null) {
        throw new Exception("插入位置不合理");
    }
    Node s = new Node(x);
      if (i == 0) {                                   // 插入位置为表头时
        s.next = head;
        head = s;
      }
      else {                                          // 插入位置为表的中间或表尾时
        s.next = p.next;
        p.next = s;
      }
} // 算法 2.7 结束
```

3. 单链表上的删除操作

单链表上删除操作的基本要求是删除带头结点的单链表上第 i 个结点,其中,i 的限制条件是 $0 \leqslant i \leqslant n-1$($n$ 为单链表的当前长度)。

在单链表中要实现有序对 $<a_{i-1}, a_i>$ 和 $<a_i, a_{i+1}>$ 到 $<a_{i-1}, a_{i+1}>$ 的改变,也只要改变被删结点的前驱结点的后继指针值,如图 2.12 所示。

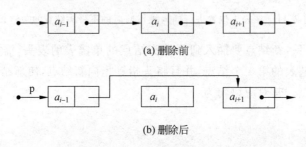

(a) 删除前

(b) 删除后

图 2.12　单链表上的删除操作

所以,与插入操作相同,从单链表中删除一个结点也需要先查找到被删除结点的前驱结点,然后通过修改它的前驱结点的后继指针值来实现线性表中逻辑关系的改变。在单链表上进行删除操作的主要步骤归纳如下:

(1) 判断单链表是否为空,若为空则结束操作,否则转(2)。

(2) 查找到待删除结点的前驱结点(或确定待删除结点的位置)。

(3) 修改链指针,使待删除结点从单链表中脱离出来。

【算法 2.8】　单链表上的删除操作算法。

```
1   public void remove(int i) throws Exception {
2       Node p = head;                               // 初始化 p 指向头结点,j 为计数器
```

```
3          int j = -1;
4          while (p.next!= null && j < i - 1) {      // 寻找第 i 个结点的前驱
5               p = p.next;
6               ++j;
7          }
8          if (j > i - 1 || p.next == null) {
9               throw new Exception("删除位置不合法");
10          p.next = p.next.next;                     // 修改链指针,使待删除结点从单链表中脱离出来
11  } // 算法 2.8 结束
```

注意：

(1) 在带头结点的单链表上的删除操作算法中,无须专门判断空表的情况,因为算法 2.8 中第 4～9 行语句的执行排除了空表的情况。

(2) 每种操作的基本条件都是可变的,只要条件稍作改变,实现方法就可能不同;但无论条件如何变化,其主要处理步骤还是一致的。例如:

① 删除操作的基本条件改为:在不带头结点的单链表上删除第 i 个结点,则也要像插入操作一样分成两种情况分别处理,一种情况是删除的是第一个结点,另一种是删除的是其他位置的结点。

② 删除操作的基本条件改为:在带头结点的单链表上删除数据域值为 x 的结点。要完成此操作,首先仍然需要查找到数据域值为 x 的结点的前驱结点,只不过实现语句就不再是用算法 2.8 中第 4～7 行的语句,而应将此部分改为:

```
while (p.next! = null&&p.next.data! = x)      //沿着链依次查找数据域值为 x 的结点
    P = p.next;
```

若待删除结点在单链表中不存在,则抛出异常的处理语句需改为:

```
if(p.next = null)
    throw new Exception("待删结点不存在");
```

若待删除结点在单链表中存在(查找成功),则后面的处理步骤与算法 2.8 中第 10 行的实现方法完全相同。

单链表上的删除操作与插入操作相同,它的时间代价也是花费在查找待删除结点的前驱结点上,所以时间复杂度仍为 $O(n)$。

4. 单链表的建立操作

单链表是一种动态存储结构,它不需要预先分配存储空间。因此,生成单链表的过程是一个结点"逐个插入"的过程。总体思想是从一个空表开始,依次将新结点插入到当前形成的单链表中。根据插入位置的不同,可将创建单链表的方法分成两种,一种叫头插法,另一种叫尾插法。

1) 头插法创建单链表

头插法创建单链表每次都是将创建的新结点插入到当前形成的单链表的表头,其插入过程如图 2.13 所示。

从图 2.13 可见,头插法是从表尾到表头的逆向创建单链表的过程,所以读入的数据顺

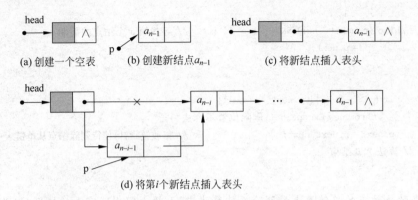

(a) 创建一个空表　　(b) 创建新结点a_{n-1}　　(c) 将新结点插入表头

(d) 将第i个新结点插入表头

图 2.13　用头插法创建单链表的过程示意图

序与创建成立的单链表的结点顺序相反,即若读入的数据顺序为$(a_{n-1}, a_{n-2}, \cdots, a_0)$,则创建的单链表的结点顺序为$(a_0, a_i, \cdots, a_{n-1})$。

【算法 2.9】　用头插法逆位序创建单链表的算法。

```
public void create2(int n) throws Exception {
        Scanner sc = new Scanner(System.in);    // 构造用于输入的对象
        for (int j = 0; j < n; j++)              // 逆序输入 n 个结点的数据域值
            insert(0, sc.next());                // 生成新结点,插入到表头
    } // 算法 2.9 结束
```

2) 尾插法创建单链表

尾插法创建单链表每次都是将创建的新结点插入到当前形成的单链表的表尾,其插入过程如图 2.14 所示。

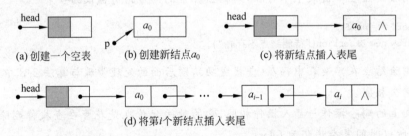

(a) 创建一个空表　　(b) 创建新结点a_0　　(c) 将新结点插入表尾

(d) 将第i个新结点插入表尾

图 2.14　用尾插法创建单链表的过程示意图

尾插法是从表头到表尾的创建过程,所以读入的数据顺序与创建成立的单链表的结点顺序相同。

【算法 2.10】　用尾插法创建单链表操作算法。

```
public void create1(int n) throws Exception {
        Scanner sc = new Scanner(System.in);    // 构造用于输入的对象
        for (int j = 0; j < n; j++)              // 输入 n 个结点的数据域值
            insert(length(), sc.next());         // 生成新结点,插入到表尾
    } // 算法 2.10 结束
```

2.3.3　单链表应用举例

【例 2.3】　编程实现查找线性表$(0,1,2,\cdots,n-1)$中第 $i(1\leqslant i\leqslant n)$个数据元素的直接前驱,并输出其值。要求在单链表上实现。

【程序代码】

```
package ch02;
import java.util.Scanner;
public class Example2_3 {
    public static void main(String[] args) throws Exception {
        int n = 10;
        LinkList L = new LinkList();          // 创建一个空的单链表
        for (int i = 0; i < n; i++)           // 将 0,1,2,…,n-1 依次插入到表尾
            L.insert(i, i);
        System.out.println("请输入 i 的值: ");
        int i = new Scanner(System.in).nextInt();
        if (0 < i && i < = n) {
            System.out.println("第" + i + "个元素的直接前驱是: " + L.get(i - 1));
        }
        else
            System.out.println("第" + i + "个元素的直接前驱不存在!");
    }
}
```

【运行结果】

运行结果如图 2.15 所示。

图 2.15　例 2.3 的程序运行结果

注意：对比例 2.2 的程序和例 2.3 的程序可以发现,两者非常相似,唯一的差别是：例 2.2 中是引用 SqList 类创建对象的,而例 2.3 中是引用 LinkList 类创建对象的。这是因为顺序表类型和单链表类型都实现了 IList 接口,而 IList 规定了线性表的外部接口。

【例 2.4】　编写程序实现：建立一个单链表,然后删除单链表中"重复"的结点,即使操作之后的单链表中只留下不相同的结点,最后输出删除后的单链表中所有结点。

【问题分析】　要删除单链表中相同的结点,只要从单链表的首结点开始依次将单链表中每一个结点与它后面的所有结点进行比较,若遇到相等的,则将此结点从链表中删除。当对单链表中的每一个结点都做完处理后,算法结束。

【程序代码】

```
package ch02;
```

```
public class Example2_4 {
    public static void main(String[] args) throws Exception {
        System.out.println("请输入单链表中的 10 个结点值：");
        LinkList L = new LinkList(10, true);   // 从表头到表尾顺序建立一个表长为 10 的单链表
        System.out.println("删除重复结点前单链表中的各个结点值为：");
        L.display();                           // 输出删除重复结点前的单链表中所有的结点
        removeRepeatElem(L);                   // 删除单链表中"重复"的结点
        System.out.println("删除重复结点后单链表中的各个结点值为：");   // 输出
        L.display();
    }

    // 删除单链表中"重复"的结点
    private static void removeRepeatElem(LinkList L) throws Exception {
        Node p = L.head.next, q;               // 初始化,p 指向首结点
        while (p != null) {                    // 从首结点向后查找,直到 p 为空
            int order = L.indexOf(p.data);     // 记录 p 在单链表中的位置
            q = p.next;
            while (q != null) {                // 与 p 的所有后继结点进行比较
                if ((p.data).equals(q.data))   // 删除重复的结点
                    L.remove(order + 1);
                else
                    ++order;
                q = q.next;
            }
            p = p.next;
        }
    }
}
```

【运行结果】

运行结果如图 2.16 所示。

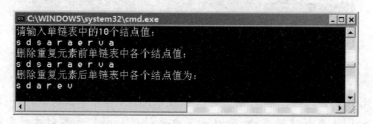

图 2.16　例 2.4 的程序运行结果

【例 2.5】　编程实现将两个有序的单链表 LA(含有 m 个结点)和 LB(含有 n 个结点)合并成一个新的有序的单链表 LA,原有单链表 LA 和 LB 中的结点都按数据域值以非递减排列。

【问题分析】　本题中要求利用原有的单链表 LA 和 LB 中的结点来产生一个新的单链表,新的单链表首先以 LA 的头结点为头结点构成一个空表,然后用尾插法将 LA 和 LB 中的各结点按某种恰当的顺序插入到新形成的单链表中。在插入过程中引进 3 个指针 pa、pb 和 pc,其中 pa 和 pb 分别指向 LA 和 LB 中当前待比较的结点,而 pc 指向新形成的单链表中当前的最后一个结点,pa 和 pb 的初始值分别指向 LA 和 LB 的第一个结点,pc 的初始值

指向 LA 的头结点。当 pa.data≤＝pb.data，则将 pa 所指的结点链接到 pc 所指的结点之后；否则，将 pb 所指的结点链接到 pc 所指的结点之后。当其中一个单链表为空表时，则只要将另一个单链表的剩余段链接在 pc 所指的结点之后即可。

【程序代码】

```java
package ch02;
import java.util.Scanner;
public class Example2_5 {
    public static void main(String[] args) throws Exception {
        Scanner sc = new Scanner(System.in);    // 构造用于输入的对象
        int m = 0, n = 0;                        // 初始化 LA 中结点的个数 m,LB 中结点的个数 n
        System.out.println("请输入 LA 中结点的个数：");
        m = sc.nextInt();
        System.out.println("请按非递减的方式输入" + m + "个数字：");
        LinkList LA = new LinkList(m, true);    // 从尾插法创建单链表 LA
        System.out.println("请输入 LB 中结点的个数：");
        n = sc.nextInt();
        System.out.println("请按非递减的方式输入" + n + "个数字：");
        LinkList LB = new LinkList(n, true);    // 从尾插法创建单链表 LB
        System.out.println("将单链表 LA 和 LB 归并后,新的单链表 LA 中的各个数据元素：");
        mergeList_L(LA, LB).display();
    }

    // 归并两个按数据域值非递减排列的带头结点的单链表 LA 和 LB,得到新的带头结点的单链表
    // LA,LA 中的结点也按值非递减排列,并返回 LA
    public static LinkList mergeList_L(LinkList LA, LinkList LB) {
        Node pa = LA.head.next;              // 初始化,pa 为 LA 的首结点
        Node pb = LB.head.next;              // 初始化,pb 为 LB 的首结点
        Node pc = LA.head;                    // 用 LA 的头结点,初始化 pc
        int da, db;                           // 结点值所对应的整数
        while (pa != null && pb != null) {   // pa 和 pb 同时非空
            da = Integer.valueOf(pa.data.toString());   // 把字符串转化成整数
            db = Integer.valueOf(pb.data.toString());   // 把字符串转化成整数
            if (da <= db) {
                pc.next = pa;                // 将 LA 中的结点加入新的 LA 中
                pc = pa;
                pa = pa.next;
            }
            else {
                pc.next = pb;                // 将 LB 中的结点加入新的 LA 中
                pc = pb;
                pb = pb.next;
            }
        }
        pc.next = (pa != null ? pa : pb);    // 插入剩余结点
        return LA;
    }
}
```

【运行结果】

运行结果如图 2.17 所示。

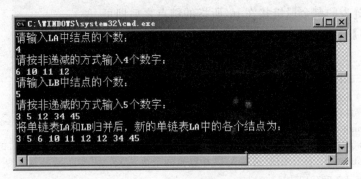

图 2.17　例 2.5 的程序运行结果

2.3.4　其他链表

在实际应用中，为了使程序代码更简洁、高效，可以对单链表的结构作调整或改进，常见的方法有循环链表、双向链表和双向循环链表等。特别需要指出的是名词"链表"有两种含义，一是指单链表，二是指各种形式的链式存储结构，所以"链表"的确切含义应取决于上下文，必须分清楚。

1. 循环链表

循环链表（Circular List）也称为环形链表，其结构与单链表相似，只是将单链表的首尾相连，即将单链表的最后一个结点的后继指针指向第一个结点，从而构成一个环状链表，如图 2.18 所示。

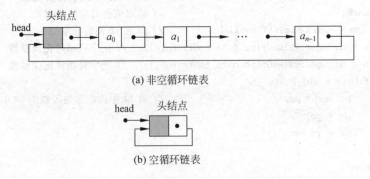

图 2.18　带头结点的循环链表的存储示意图

在循环链表中，每一个结点都有后继，所以从循环链表的任一个结点出发都可以访问到单链表中的所有结点。在某些情况下，需要利用这一特性将许多结点连接成循环链表。例如，在操作系统的资源管理中，当 n 个进程在同一段时间使用同一种资源时，任一进程在使用前必须确定没有进程访问该资源，所以这 n 个进程先都被放在一个循环链表中进行等待。系统则通过一个指针沿着循环链去一个一个结点（进程）进行检索并激活该进程。

循环链表的操作算法与单链表的操作算法基本一致，差别仅在于判定单链表中访问的是否是最后一个结点的条件不再是它的后继是否为空，而是它的后继是否为头结点。

实现循环链表时，既可以用头指针来标识它，也可以用尾指针来标识它，也可头、尾指针都用。若是仅用头指针标识循环链表，则访问第一个结点的时间复杂度为 $O(1)$，但访问最后一个结点的时间复杂度为 $O(n)$；若仅用尾指针标识的循环链表则不论是访问第一个结点还是访问最后一个结点其时间复杂度都是 $O(1)$，所以在实际应用中，往往仅使用尾指针来标识循环链表，这样可简化某些操作。例如，要合并两个循环链表仅需将一个表的表尾和另一个表的表头相接即可。在有表尾指针的情况下，可为这个操作设计出时间复杂度为 $O(1)$ 的算法；而在仅有表头指针的情况下，就不可能设计出时间复杂度为此级别的算法。如图 2.19 为仅用尾指针标识的两个循环链表的合并示意图。

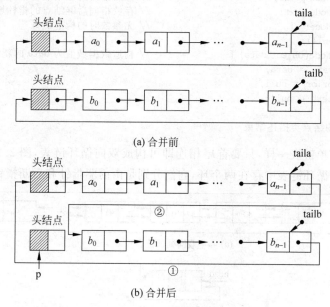

(a) 合并前

(b) 合并后

图 2.19　将两个循环链表合并示意图

合并过程中修改链的语句序列为：

① Node p = tailb.next;　　　　　　　　// p 指向第 2 个表的头结点
② tailb.next = taila.next;　　　　　　// 第 2 个表的表尾与第 1 个表的表头相连
③ taila.next = p.next;　　　　　　　　// 第 1 个表的表尾与第 2 个表的首结点相连

2. 双向链表

在单链表中的结点仅仅包含指向其后继结点的指针，所以要查找一个指定结点的后继结点，只要顺着它的后继指针即可一次找到，其时间复杂度为 $O(1)$。但若要查找一个指定结点的前驱结点，则要从单链表的表头开始顺着链依次进行查找，其时间复杂度为 $O(n)$，这是快速进行链表操作的一大障碍。为克服单链表这一单向性的缺点，可对单链表进行重新定义，使其结点具有两个指针域，一个指针指向前驱结点，另一个指针指向后继结点。这种类型的链表称为双向链表，如图 2.20 是一个带头结点的双向链表。

双向链表的结点类描述如下：

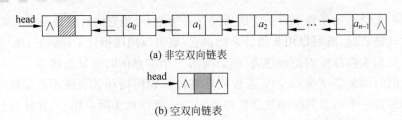

(a) 非空双向链表

(b) 空双向链表

图 2.20   带头结点的双向链表

```java
public class DuLNode {
    public Object data;                    // 存放结点值的数据域
    public DuLNode prior;                  // 存放指向前驱结点的指针域
    public DuLNode next;                   // 存放指向后继结点的指针域
    public DuLNode() {                     // 无参数时的构造函数
        this(null);
    public DuLNode(Object data) {          // 构造数据域值为 data 的新结点
        this.data = data;
        this.prior = null;
        this.next = null;
    }
} // 双向链表的结点类描述结束
```

双向链表也与单链表一样,只要首尾相连即可构成双向循环链表,图 2.21 为双向循环链表示意图。在双向循环链表中存在两个环,它们分别是由前驱指针和后断指针连接而成的。

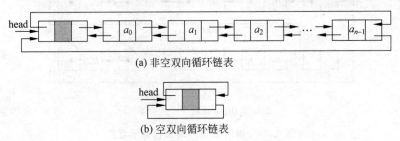

(a) 非空双向循环链表

(b) 空双向循环链表

图 2.21   带头结点的双向循环链表

双向链表中对于操作的实现若只涉及一个方向的指针,则它们的算法描述与单链表相应操作的算法一致,例如,length()、get(i)和 indexOf(x)等。但对于插入和删除操作的算法要比单链表相应操作的算法更复杂一些,因为它要涉及两个指针域值的修改。图 2.22 和图 2.23 分别显示了在双向链表中插入和删除结点时指针修改的情况。

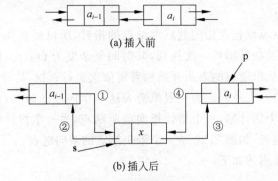

(a) 插入前

(b) 插入后

图 2.22   双向链表的插入

图 2.22 中修改指针对应的语句序列分别为：

① p. prior. next = s;

② s. prior = p. prior;

③ s. next = p;

④ p. prior = s;

注意：第④条语句必须放在第①和②语句之后执行，否则就不能通过 p 的前驱指针来访问到第 $i-1$ 个结点，其他语句的执行顺序可以改变。

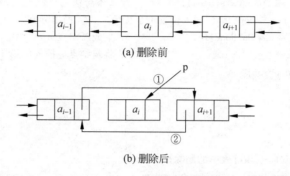

(a) 删除前

(b) 删除后

图 2.23　双向链表的删除

图 2.23 中修改指针对应的语句序列分别为：

① p. prior. next = p. next;

② p. next. prior = p. prior;

注意：这两条语句的执行顺序可以调换。

它们的操作算法分别见双向链表类中描述的 insert 和 remove 两个成员函数。双向循环链表类的具体描述如下：

```
package ch02;
import java.util.Scanner;
public class DuLinkList implements IList {
    public DuLNode head;                    // 双向循环链表的头结点
    // 双向循环链表的构造函数,构造只含 1 个头结点的双向循环链表
    public DuLinkList() {
        head = new DuLNode();               // 初始化头结点
        head. prior = head;                 // 初始化头结点的前驱和后继
        head. next = head;
    }
    // 从表尾到表头逆向创建双向循环链表的算法,其中 n 为该双向循环链表的结点个数
    public DuLinkList(int n) throws Exception {
        this();
        Scanner sc = new Scanner(System. in);  // 构造用于输入的对象
        for (int j = 0; j < n; j++)
            insert(0, sc. next());          // 生成新结点,插入到表头
    }
```

```java
// 在带头结点的双向循环链表中的插入操作
public void insert( int i, Object x) throws Exception {
    DuLNode p = head. next;               // 初始化,p指向首结点,j为计数器
    int j = 0;
    while (!p. equals(head) && j < i) {    // 寻找插入位置i
        p = p. next;                       // 指向后继结点
        ++j;                               // 计数器的值增1
    }
    if (j != i && !p. equals(head))        // i不合法
        throw new Exception("插入位置不合法");   // 抛出异常
    DuLNode s = new DuLNode(x);            // 生成新结点s
    p. prior. next = s;                    // 将新结点s插入的第i个结点p的前面
    s. prior = p. prior;
    s. next = p;
    p. prior = s;
}


// 带头结点的双向循环链表中的删除操作
public void remove( int i) throws Exception {
    DuLNode p = head. next;               // 初始化,p指向首结点,j为计数器
    int j = 0;
    while (!p. equals(head) && j < i) {    // 寻找删除位置i
        p = p. next;                       // 指向后继结点
        ++j;                               // 计数器的值增1
    }
    if (j != i)                            // i不合法
        throw new Exception("删除位置不合理");   // 抛出异常
    p. prior. next = p. next;              // 修改指针,使第i个结点p从链中脱离出来
    p. next. prior = p. prior;
}
// 未实现
public void clear() {
    // 略
}
// 未实现
public boolean isEmpty() {
    // 略
}
// 未实现
public Object get(int i) {
    // 略
}
// 未实现
public int length() {
    // 略
}
// 未实现
```

```
    public int indexOf(Object x) {
        // 略
    }
    public void display() {
        DuLNode node = head.next;              // 取出带头结点的双向循环链表的首结点
        while (!node.equals(head)) {
            System.out.print(node.data + " ");  // 输出结点的数据域值
            node = node.next;                    // 取下一个结点
        }
        System.out.println();                    // 换行
    }
```

} // 双向循环链表的类描述结束

说明：

（1）类中有"略"注释的地方，表示其方法的实现代码比较简单，不再具体给出。

（2）在带头结点的双向循环链表上的插入和删除操作的算法中，无须专门判断和处理空表的情况；无须查找待插入位置或待删除位置的前驱结点。

2.4 顺序表与链表的比较

顺序表和链表是线性表的两种基本实现形式（链表还有多种变化形式），在已经讨论过的方法和其他可能的未涉及的方法中，没有一种方法可以称是最好的，它们都有各自的特点和优缺点，适合于不同的应用场合。

与顺序表相比较，链表比较灵活，它既不要求在预先分配的一块连续的存储空间中存储线性表的所有数据元素，也不要求按其逻辑顺序来分配存储单元，可根据需要进行存储空间的动态分配。因此，当线性表的长度变化较大或长度难以估计时，宜用链表。但在线性表的长度基本可预计且变化较小的情况下，宜用顺序表，因为链表的存储密度较顺序表的低，且顺序表具有随机存取的优势。

在顺序表中按序号访问第 i 个数据元素时的时间复杂度为 $O(1)$，而在链表中做同样操作的时间复杂度为 $O(n)$。所以若要经常对线性表按序号访问数据元素时，顺序表要优先于链表；但在顺序表上做插入和删除操作时，需要平均移动一半的数据元素，而在链表上做插入和删除操作，不需要移动任何数据元素，虽然也要查找插入或删除数据元素的位置，但由于主要是比较操作，所以从这个角度考虑，链表要优先于顺序表。

总之，链表比较灵活，插入和删除操作的效率较高，但链表的空间利用率较低，适合于实现动态的线性表；顺序表实现比较简单，因为任何高级程序语言中都有数组类型，并且空间利用率也较高，可高效地进行随机存取，但顺序表不易扩充，插入和删除操作的效率较低，适合于实现相对"稳定"的静态线性表。两种存储结构各有所长，各种实现方法也不是一成不变的。在实际应用时，必须以这些基本方法和思想为基础，抓住两者各自的特点并结合具体情况，加以创造性地灵活应用和改造，用最合适的方法来解决问题。

2.5　线性表的应用举例

本节通过一元多项式加法的实现和学生成绩管理系统的设计与实现两个典型实例来进一步总结线性表的两种存储方式、运算实现技术等内容。

【例 2.6】　编程实现一元多项式的加法。

【问题分析】　在数学中,符号多项式就是形如 ax^e 的项之和,其中 a 为系数,e 为指数。换句话说,一个一元多项式可按升幂的形式写成:

$$A_n(x) = a_0 + a_1 x + a_2 x^2 + \cdots + a_n x^n \tag{2.7}$$

它由 $n+1$ 个系数唯一确定。因此,在计算机里,可以用一个线性表 A 来表示:

$$A = (a_0, a_1, a_2, \cdots, a_n) \tag{2.8}$$

每一项的指数隐含在其系数所在的位序号里。

假设 $B_m(x)$ 是一个一元 m 次多项式,同样可以用线性表 B 来表示:

$$B = (b_0, b_1, b_2, \cdots, b_m) \tag{2.9}$$

若 $m < n$,则 $S_n(x) = A_n(x) + B_m(x)$ 也可以用线性表 S 来表示:

$$S = (a_0 + b_0, a_1 + b_1, a_2 + b_2, \cdots, a_m + b_m, a_{m+1}, \cdots, a_n) \tag{2.10}$$

显然,可以在计算机内部对 A、B 和 S 采用顺序存储结构,从而使多项式的加法运算变得简单。但是在实际应用中,多项式的阶数可能很高,且相邻项之间的阶数相差很大。例如:$P(x) = 3 + 5x^{1002} - 8x^{20003}$,这样的多项式若按照上述的顺序存储方式,则需要用一长度为 20004 的线性表来表示,且表中仅有 3 项是非零元素,从而会造成大量的存储空间浪费。为避免这种情况,人们自然会想到只存储非零项,且在存储非零项系数时同时存储非零项的指数。一般情况下,一元多项式可写成

$$P_n(x) = p_1 x^{e_1} + p_2 x^{e_2} + \cdots + p_m x^{e_m} \tag{2.11}$$

其中,p_i 是指数为 e_i 的项的非零系数,且满足条件 $0 \leqslant e_1 < e_2 < \cdots < e_m = n$,一元多项式可以用以下线性表来表述:

$$((p_1, e_1), (p_2, e_2), \cdots, (p_m, e_m)) \tag{2.12}$$

虽然,对于一个非零项来说,其占用存储空间量比只存储系数要大,但对于 $P(x)$ 类的多项式则大大地节省了存储空间。但究竟是选择顺序存储还是链式存储呢? 这就要看多项式要作何种运算而定。因为多项式的加法运算规则是两个多项式中所有指数相同的项对应的系数相加,若和不为零,则构成"和多项式"中的一项,而所有指数不相同的那些项均复制到"和多项式"中。由于求解结果中多项式的项数是无法预知的,且从提高空间利用率方面考虑,显然应采用链式存储结构。多项式的链式存储结构中的每一个系数非零项对应一个结点,每个结点包含有两个域:一个是数据域,用来存放多项式非零项的系数和指数;另一个是指针域用来指向下一个非零项对应的结点。结点结构如图 2.24 所示。

图 2.24　多项式链表的结点结构图

由图 2.24 可知,多项式非零项的系数和指数仅作为链表(Node)中的数据域(data)部分,具体描述如下:

```
package ch02;
public class PolynNode {
    public double coef;                            // 系数
    public int expn;                               // 指数
    public PolynNode(double coef, int expn) {      // 构造函数
        this.coef = coef;
        this.expn = expn;
    }
} // 多项式结点的数据域的类描述结束
```

下面用带头结点的有序单链表来实现一元多项式的存储。例如,对于两个一元多项式
$A(x) = 3 + 4x + 7x^8 + 2x^{18} + x^{30}, B(x) = 5x + 6x^3 - 7x^8$,它们的链式存储结构如图 2.25 所
示,其中系数为 0、指数为 -1 的结点为链头的头结点。

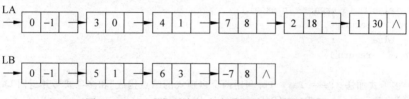

图 2.25 一元多项式的有序单链表的存储结构

两个多项式相加的结果可以用图 2.26 来描述,其中空白结点表示被合并后释放的
结点。

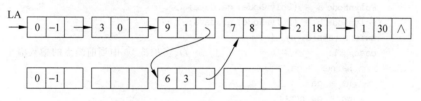

图 2.26 相加后得到的和多项式

【程序代码】

```
package ch02;
import java.util.Scanner;
//多项式类继承于单链表
public class PolynList extends LinkList {
    // 创建多项式有序链表
    public PolynList(int n) throws Exception {
        head.data = new PolynNode(0, -1);          // 初始化头结点
        Scanner sc = new Scanner(System.in);       // 构造用于输入的对象
        for (int i = 1; i <= n; i++) {             // 输入 n 个结点的数据域值
            double coef = sc.nextDouble();         // 系数值
            int expn = sc.nextInt();               // 指数值
            insert(new PolynNode(coef, expn));     // 插入到有序链表
        }
    }
    // 按指数递增顺序插入到多项式有序链表
```

```
public void insert(PolynNode e) throws Exception {
    int j = 0;
    while (j < length()) {                      // 与有序链表中的已有项进行指数比较
        PolynNode t = (PolynNode) get(j);
        if (t.expn > e.expn)
            break;
        j++;
    }
    insert(j, e);                               // 调用父类的插入函数
}
// 判定函数,比较多项式中两项的指数,按 a 的指数值小于、等于和大于 b 的指数值,分别返回
// -1、0 和 +1
public int cmp(PolynNode a, PolynNode b) {
    if (a.expn < b.expn)                        // a 和 b 的指数值相比较
        return -1;
    else if (a.expn == b.expn)
        return 0;
    else
        return 1;
}
// 多项式加法: Pa = Pa + Pb,利用两个多项式的结点构成"和多项式",并返回 LA
public PolynList addPolyn(PolynList LA, PolynList LB) {
    Node ha = LA.head;                          // ha 指向新形成链表的尾结点
    Node qa = LA.head.next;                     // qa 指向 LA 中需要计算的当前项
    Node qb = LB.head.next;                     // qb 指向 LB 中需要计算的当前项
    while (qa != null && qb != null) {          // qa 和 qb 同时非空
        PolynNode a = (PolynNode) qa.data;
        PolynNode b = (PolynNode) qb.data;
        switch (cmp(a, b)) {
        case -1:                                // 多项式 LA 中当前结点的指数值小
            ha.next = qa;
            ha = qa;
            qa = qa.next;
            break;
        case 0:                                 // 两者的指数值相等
            double sum = a.coef + b.coef;// 求系数的和
            if (sum != 0.0) {                   // 修改多项式 LA 中当前结点的系数值
                a.coef = sum;
                ha.next = qa;
                ha = qa;
                qa = qa.next;                   // 指向下一结点
                qb = qb.next;
            } else {                            // 删除多项式 LA 中的当前项
                qa = qa.next;                   // 指向下一结点
                qb = qb.next;
            }
            break;
        case 1:                                 // 多项式 LB 当前结点的指数值小
            ha.next = qb;
            ha = qb;
            qb = qb.next;
            break;
        }
```

```
            }
            ha.next = (qa != null ? qa : qb);          // 插入剩余结点
            return LA;
        }
        // 主函数
        public static void main(String[] args) throws Exception {
            Scanner sc = new Scanner(System.in);
            System.out.println("请输入 A 多项式的项数: ");
            int m = sc.nextInt();                        // 记录 A 多项式的项数
            System.out.println("请分别输入多项式 A 各项的系数和指数: ");
            PolynList LA = new PolynList(m);
            System.out.println("请输入 B 多项式的项数: ");
            int n = sc.nextInt();
            System.out.println("请分别输入多项式 B 各项的系数和指数: ");
            PolynList LB = new PolynList(n);             // 创建多项式 LB
            LA = LA.addPolyn(LA, LB);                    // 对多项式 LA、LB 求和, 并赋给 LA
            System.out.println("求和后的多项式各项为: ");
            LA.display();                                // 打印 LA 中的项
        }
        // 重载父类 display()方法
        public void display() {
            for (int i = 0; i < length(); i++) {
                try {
                    PolynNode e = (PolynNode) get(i);
                    System.out.println("系数为: " + e.coef + " 指数为: " + e.expn);
                } catch (Exception e) {
                    e.printStackTrace();
                }
            }
        }
    }
```

【运行结果】

运行结果如图 2.27 所示。

图 2.27 例 2.6 的程序运行结果

【例 2.7】　编程实现学生成绩管理系统。此系统具有查询、修改、删除、增加和求全班各门课平均分的功能。要求采用顺序存储结构。

学生成绩表如表 2.2 所示。

表 2.2　学生成绩表

学号	姓名	性别	大学英语	高等数学
2008001	Alan	F	93	88
2008002	Danie	M	75	69
2008003	Helen	M	56	77
2008004	Bill	F	87	90
2008005	Peter	M	79	86
2008006	Amy	F	68	75

【问题分析】　由于本题要求采用顺序存储结构,所以在进行学生成绩管理类的设计时,可将其设计成顺序表的子类,子类可继承父类的成员变量和成员函数,从而可简化类的描述。

对于学生成绩表中的数据元素是由学号、姓名、性别、大学英语和高等数学 5 个数据项所构成的,所以可将数据元素类描述为:

```
package ch02;
// 学生成绩表系统中的数据,作为顺序表的数据元素(listElem[i])
public class StudentNode {
    public int number;                      // 学号
    publicString name;                      // 姓名
    publicString sex;                       // 性别
    public double english;                  // 大学英语成绩
    public double math;                     // 高等数学成绩
    public StudentNode() {                  // 无参数时的构造函数
        this(0, null, null, 0.0, 0.0);
    }
    // 有参数时的构造函数
    public StudentNode(int number, String name, String sex, double english,double math) {
        this.number = number;
        this.name = name;
        this.sex = sex;
        this.english = english;
        this.math = math;
    }
    public StudentNode(Scanner sc) {
        this(sc.nextInt(), sc.next(), sc.next(), sc.nextDouble(), sc.nextDouble());
    }

} // 学生成绩信息结点类描述结束
```

【程序代码】

```
package ch02;
/*
```

学生成绩查询系统继承于顺序表,包含了查找、删除、插入以及创建学生管理系统,输出系统中学生信息的功能

```java
*/
import java.util.Scanner;
public class StudentManagSystem extends SqList {
    // 按顺序构造顺序表,其中参数 maxSize 指的是顺序表的最大存储空间容量
    public StudentManagSystem(int maxSize, int n) throws Exception {
        super(maxSize);
        Scanner sc = new Scanner(System.in);
        for (int i = 1; i <= n; i++) {          // 创建含有 n 个数据元素的顺序表
            StudentNode node = new StudentNode(sc);
            if (node != null)
                insert(node);                    // 将新的数据元素插入顺序表的表尾
            else
                i--;                             // 若不成功,则不计数
        }
    }
    // 覆盖父类的 get 方法,从顺序表中取出指定学号的学生信息,并返回一个 StudentNode 对象
    public StudentNode get(int number) throws Exception {
        for (int i = 0; i < length(); i++) {            // 遍历顺序表
            StudentNode node = (StudentNode) super.get(i);   // 调用父类的 get 方法
            if (node.number == number)
                return node;                      // 包含指定的学号,返回该学生的信息
        }
        throw new Exception("学号" + number + "不存在");  // 抛出异常
    }
    // 重载了父类 insert 方法,在顺序表的表尾插入一个学生信息
    public void insert(StudentNode node) throws Exception {
        super.insert(this.length(), node);                // 调用父类的 insert 方法
    }
    // 覆盖父类的 remove 方法
    public void remove(int number) throws Exception {
        for (int i = 0; i < length(); i++) {            // 遍历顺序表
            StudentNode node = (StudentNode) super.get(i);  // 取出第 i 项
            if (node.number == number) {
                super.remove(i);                           // 去除第 i 项
                return;
            }
        }
        throw new Exception("学号" + number + "不存在");  // 抛出异常
    }
    // 重载父类 display()方法,输出顺序表中的所有数据元素
    public void display() {
        for (int i = 0; i < length(); i++) {            // 遍历顺序表
            try {
                StudentNode node = (StudentNode) super.get(i);
                displayNode(node);
            } catch (Exception e) {}
        }
    }
    // 输出一个数据元素的信息
```

```java
public void displayNode(StudentNode node) {
    System.out.println("学号: " + node.number + " 姓名: " + node.name
            + " 性别: " + node.sex + " 大学英语成绩: " + node.english
            + " 高等数学成绩: " + node.math);
}
// 主函数,用于功能调试
public static void main(String[] args) throws Exception {
    int maxSize = 1000;                                   // 设定最大存储空间容量
    Scanner sc = new Scanner(System.in);
    System.out.println("请输入学生的总数: ");
    int n = sc.nextInt();
    System.out.println("请按学号、姓名、性别、大学英语和高等数学的顺序输入学生信息: ");
    StudentManagSystem L = new StudentManagSystem(maxSize, n); // 建立顺序表
    L.display();
    System.out.println("请输入需要查询学生的学号: ");
    L.displayNode(L.get(sc.nextInt()));                   // 取出成功,则输出该学生的信息
    System.out.println("请输入需要删除学生的学号: "); // 输出
    L.remove(sc.nextInt());                               // 删除指定学号的项
    System.out.println("删除成功!");
    L.display();

    System.out.println("请输入需要增加的学生信息:"); // 输入
    L.insert(new StudentNode(sc));                        // 在顺序表插入指定的项
    L.display();                                          // 输出
}
}
```

【运行结果】

运行结果如图 2.28 所示。

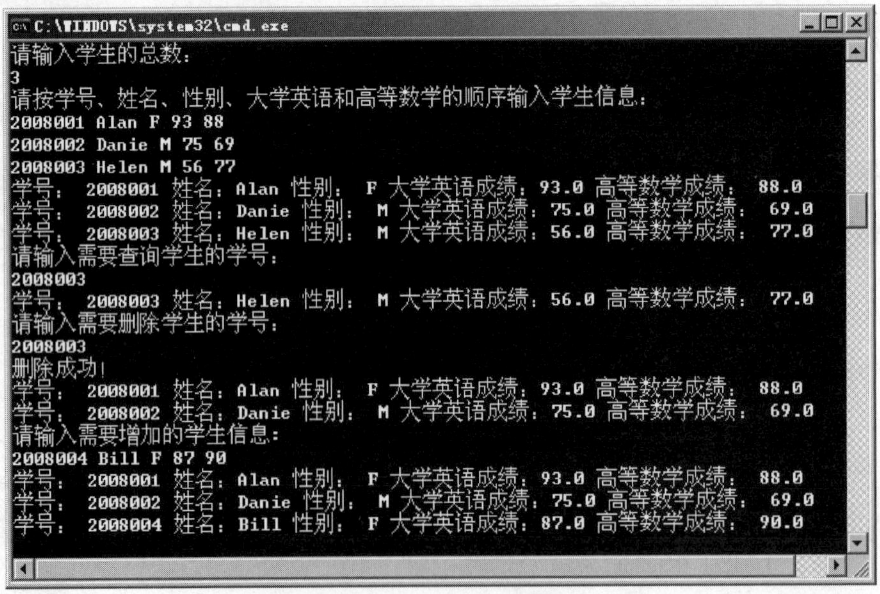

图 2.28　例 2.7 的程序运行结果

小结

本章在介绍线性表的基本概念和抽象数据类型的基础上,重点介绍了线性表及其操作在计算机中的两种表示和实现方法。

线性关系是数据元素之间最简单的一种关系,线性表就是具有这种简单关系的一种典型的数据结构。线性表通常采用顺序存储和链式存储两种不同的存储结构。用顺序存储的线性表称为顺序表,而用链式存储的线性表称为链表。

顺序表是最简单的数据组织方法,具有易用、空间开销小以及可对数据元素进行高效随机存取的优点,但也具有不便于进行插入和删除操作和需预先分配存储空间的缺点,它是静态数据存储方式的理想选择。

链表具有的优缺点正好与顺序表相反,链表适用于经常进行插入和删除操作的线性表,同样适用于无法确定长度或长度经常变化的线性表,但也具有不便于按位序号进行存取操作,只能进行顺序存取的缺点,它是动态数据存储方式的理想选择。

本章的重点和难点在于在线性结构的逻辑特性的基础上,熟练掌握它的两种不同存储方式和基于两种存储方式上的基本操作的实现。

习题 2

一、选择题

1. 链式存储结构的最大优点是(　　)。
   A. 便于随机存取　　　　　　　　　B. 存储密度高
   C. 无须预分配空间　　　　　　　　D. 便于进行插入和删除操作

2. 假设在顺序表 $\{a_0,a_1,\cdots,a_{n-1}\}$ 中,每一个数据元素所占的存储单元的数目为4,且第0个数据元素的存储地址为100,则第7个数据元素的存储地址是(　　)。
   A. 106　　　　　B. 107　　　　　C. 124　　　　　D. 128

3. 在线性表中若经常要存取第 i 个数据元素及其前趋,则宜采用(　　)存储方式。
   A. 顺序表　　　　　　　　　　　　B. 带头结点的单链表
   C. 不带头结点的单链表　　　　　　D. 循环单链表

4. 在链表中若经常要删除表中最后一个结点或在最后一个结点之后插入一个新结点,则宜采用(　　)存储方式。
   A. 顺序表　　　　　　　　　　　　B. 用头指针标识的循环单链表
   C. 用尾指针标识的循环单链表　　　D. 双向链表

5. 在一个单链表中的 p 和 q 两个结点之间插入一个新结点,假设新结点为 s,则修改链的 Java 语句序列是(　　)。
   A. s. next＝p; q. next＝s;　　　　　B. p. next＝s. next; s. next＝p;
   C. q. next＝s. next; s. next＝p;　　　D. p. next＝s; s. next＝q;

6. 在一个含有 n 个结点的有序单链表中插入一个新结点,使单链表仍然保持有序的算法的时间复杂度是(　　)。

  A. $O(1)$ B. $O(\log_2 n)$ C. $O(n)$ D. $O(n^2)$

  7. 要将一个顺序表$\{a_0,a_1,\cdots,a_{n-1}\}$中第 i 个数据元素 $a_i(0\leqslant i\leqslant n-1)$删除,需要移动(　　)个数据元素。

  A. i B. $n-i-1$ C. $n-i$ D. $n-i+1$

  8. 在带头结点的双向循环链表中的 p 结点之后插入一个新结点 s,其修改链的 Java 语句序列是(　　)。

    A. p. next=s; s. prior=p; p. next. prior=s; s. next=p. prior;

    B. p. next=s; p. next. prior=s; s. prior=p; s. next=p. next;

    C. s. prior=p; s. next=p. next; p. next=s; p. next. prior=s;

    D. s. next=p. next; s. prior=p; p. next. prior=s; p. next=s;

  9. 顺序表的存储密度是(　　),而单链表的存储密度是(　　)。

  A. 小于1   B. 等于1   C. 大于1   D. 不能确定

  10. 对于图 2.29 所示的单链表,下列值为真的表达式是(　　)。

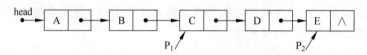

图 2.29　单链表的存储结构图

  A. head. next. data == 'C'   B. head. data == 'B'

  C. P_1. data == 'D'   D. P_2. next == null

二、填空题

  1. 线性表是由 $n(n\geqslant 0)$个数据元素所构成的_____,其中 n 为数据元素的个数,称为线性表的_____,$n=0$ 的线性表称为_____。

  2. 线性表中有且仅有一个开始结点和终端结点,除开始结点和终端结点之外,其他每一个数据元素有且仅有一个_____,有且仅有一个_____。

  3. 线性表通常采用_____和_____两种存储结构。若线性表的长度确定或变化不大,则适合采用_____存储结构进行存储。

  4. 在顺序表$\{a_0,a_1,\cdots,a_{n-1}\}$中的第 $i(0\leqslant i\leqslant n-1)$个位置之前插入一个新的数据元素,会引起_____个数据元素的移动操作。

  5. 在线性表的单链表存储结构中,每一个结点有两个域,一个是数据域,用于存储数据元素值本身,另一个是_____,用于存储后继结点的地址。

  6. 在线性表的顺序存储结构中可实现快速的随机存取,而在链式存储结构中则只能进行_____存取。

  7. 顺序表中逻辑上相邻的数据元素,其物理位置_____相邻,而在单链表中逻辑上相邻的数据元素,其物理位置_____相邻。

  8. 在仅设置了尾指针的循环链表中,访问第 1 个结点的时间复杂度是_____。

  9. 在含有 n 个结点的单链表中,若要删除一个指定的结点 p,则首先必须找到_____,

其时间复杂度为_____。

10. 若将单链表中的最后一个结点的指针域值改为单链表中头结点的地址值,则这个链表就构成了_____。

三、算法设计题

1. 编写一个顺序表类的成员函数,实现对顺序表就地逆置的操作。所谓逆置,就是把 $(a_1, a_2, \cdots, a_n)$ 变成 $(a_n, a_{n-1}, \cdots, a_1)$;所谓就地,就是指逆置后的数据元素仍存储在原来顺序表的存储空间中,即不为逆置后的顺序表另外分配存储空间。

2. 编写一个顺序表类的成员函数,实现对顺序表循环右移 k 位的操作。即原来顺序表为 $(a_1, a_2, \cdots, a_{n-k}, a_{n-k+1}, \cdots, a_n)$,循环向右移动 k 位后变成 $(a_{n-k+1}, \cdots, a_n, a_1, a_2, \cdots, a_{n-k})$。要求时间复杂度为 $O(n)$。

3. 编写一个单链表类的成员函数,实现在非递减的有序单链表中插入一个值为 x 的数据元素,并使单链表仍保持有序的操作。

4. 编写一个单链表类的成员函数,实现对带头结点的单链表就地逆置的操作。

5. 编写一个单链表类的成员函数,实现删除不带头结点的单链表中数据域值等于 x 的第 1 个结点的操作。若删除成功,则返回被删除结点的位置;否则,返回 -1。

6. 编写一个单链表类的成员函数,实现删除带头结点的单链表中数据域值等于 x 的所有结点的操作。要求函数返回被删除结点的个数。

7. 编写一个多项式类的成员函数,实现将一个用循环链表表示的稀疏多项式分解成两个多项式的操作,并使两个多项式中各自仅含奇次项或偶次项。要求利用原来循环链表中的存储空间构成这两个链表。

四、上机实践题

1. 设计一个测试类,使其实际运行来测试顺序表类中各操作函数的正确性。

2. 设计一个测试类,使其实际运行来测试单链表类中各操作函数的正确性。

3. 设计一个不带头结点的单链表类,要求:

(1) 编写不带头结点的单链表类中的成员函数,包括求线性表的长度、插入、删除和取结点值的操作函数。

(2) 设计一个测试主函数,使其实际运行来验证类中各成员函数的正确性。

4. 设计一个带头结点的双向循环链表类,要求:

(1) 类中包括求线性表的长度、插入、删除和取结点值的操作函数。

(2) 设计一个测试类,使其实际运行来验证类中各成员函数的正确性。

第 3 章

栈与队列

在各类数据结构中,栈(Stack)和队列(Queue)是除线性表以外,另外两种应用非常广泛且极为重要的线性结构。例如,递归函数调用之间的链接和信息交换、编译器对程序的语法分析过程,操作系统实现对各种进程的管理等,都要涉及栈或队列的应用。它们与线性表之间的不同之处在于:栈和队列可被看成是两种操作受限的特殊线性表,其特殊性体现在它们的插入和删除操作都是控制在线性表的一端或两端进行。

本章主要知识点:

- 栈的概念及其抽象数据类型描述;
- 顺序栈类和链栈类的描述与实现;
- 栈的应用;
- 队列的概念及其抽象数据类型描述;
- 顺序循环队列类和链队列类的描述与实现;
- 队列的应用。

3.1 栈

3.1.1 栈的概念

栈是一种特殊的线性表,栈中的数据元素以及数据元素间的逻辑关系和线性表相同,两者之间的差别在于:线性表的插入和删除操作可以在表的任意位置进行,而栈的插入和删除操作只允许在表的尾端进行。其中,栈中允许进行插入和删除操作的一端称为栈顶(top),另一端称为栈底(bottom)。假设栈中的数据元素序列为$\{a_0, a_1, a_2, \cdots, a_{n-1}\}$,则$a_0$称为栈底元素,$a_{n-1}$称为栈顶元素,$n$为栈中数据元素的个数(当$n=0$时,栈为空)。通常,人们将栈的插入操作称为入栈(push),而将删除操作称为出栈(pop),如图 3.1 所示。

从栈的概念可知,每次最先入栈的数据元素总是被放在栈的底部,成为栈底元素;而每次最先出栈的总是那个放在栈顶位置的数据元素,即栈顶元素。因此,栈是一种后进先出(Last In First Out,LIFO),或先进后出(First In Last Out,FILO)的线性表。

在现实生活中有许多具有栈的特性(运算受限)

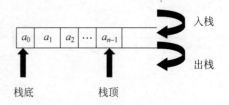

图 3.1 栈及其操作的示意图

的应用实例。例如,一叠盘子可被看作是一个栈,因为取出盘子和添加盘子的操作满足"后进先出"或"先进后出"的原则,还有火车调度也可被视为是一个栈的模型。

尽管栈的特性降低了栈的插入与删除操作的灵活性,但这种特性使栈的操作更为有效、更易实现。栈在计算机应用中也到处可见,例如,浏览器对用户当前访问过地址的管理、键盘缓冲区中对键盘输入信息的管理等都采用了栈式结构。

思考: 假设有编号为 a、b、c 和 d 的 4 辆列车,顺序进入一个栈式结构的站台,这 4 辆列车开出车站的所有可能的顺序有多少种?

3.1.2 栈的抽象数据类型描述

栈也是由 $n(n \geqslant 0)$ 个数据元素所构成的有限序列,其数据元素的类型可以任意,但只要是同一种类型即可。根据栈的特性,定义在栈的抽象数据类型中的基本操作如下。

(1) 置栈空操作 clear():将一个已经存在的栈置成空栈。

(2) 判栈空操作 isEmpty():判断一个栈是否为空,若栈为空,则返回 true;否则,返回 false。

(3) 求栈中数据元素个数操作 length():返回栈中数据元素的个数。

(4) 取栈顶元素操作 peek():读取栈顶元素并返回其值,若栈为空,则返回 null。

(5) 入栈操作 push(x):将数据元素 x 压入栈顶。

(6) 出栈操作 pop():删除并返回栈顶元素。

栈的抽象数据类型用 Java 接口描述如下:

```
public interface IStack {
    public void clear();
    public boolean isEmpty();
    public int length();
    public Object peek();
    public void push(Object x) throws Exception;
    public Object pop();
}
```

下面分别从顺序和链式两种不同的存储结构介绍栈的 Java 接口的两种实现方法,其中采用顺序存储结构的栈称为顺序栈,采用链式存储结构的栈称为链栈。

3.1.3 顺序栈及其基本操作的实现

1. 顺序栈类的描述

与顺序表一样,顺序栈也是用数组来实现的。假设数组名为 stackElem。由于入栈和出栈操作只能在栈顶进行,所以需再加上一个变量 top 来指示栈顶元素的位置。top 有两种定义方式,一种是将其设置为指向栈顶元素存储位置的下一个存储单元的位置,则空栈时,top=0;另一种是将 top 设置为指向栈顶元素的存储位置,则空栈时,top=-1。本书中采用前一种方式来表示栈顶。下面是实现接口 IStack 的顺序栈类的 Java 语言描述。

```
package ch03;
public class SqStack implements IStack {
```

```java
    private Object[] stackElem;              // 对象数组
    private int top; // 在非空栈中,top 始终指向栈顶元素的下一个存储位置; 当栈为空时,top 值为 0
    // 栈的构造函数,构造一个存储空间容量为 maxSize 的空栈
    public SqStack(int maxSize) {
        top = 0;                            // 初始化 top 为 0
        stackElem = new Object[maxSize]; // 为栈分配 maxSize 个存储单元
    }
    // 栈置空
    public void clear() {
        top = 0;
    }
    // 判栈是否为空
    public boolean isEmpty() {
        return top == 0;
    }
    // 求栈中数据元素个数
    public int length() {
        return top;
    }
    // 取栈顶元素
    public Object peek() {
        if (!isEmpty())                     // 栈非空
            return stackElem[top-1];        // 返回栈顶元素
        else
            return null;
    }
    // 入栈
    public void push(Object x) throws Exception
        { … }
    // 出栈
    public Object pop()
        { … }
    // 输出栈中所有数据元素(从栈顶元素到栈底元素)
    public void display() {
        for (int i = top - 1; i >= 0; i--)
            System.out.print(stackElem[i].toString() + " ");  // 输出
    }
} // 顺序栈类的描述结束
```

根据上述描述,对于栈(34,12,25,61,30,49)的顺序存储结构可以用图 3.2 表示。

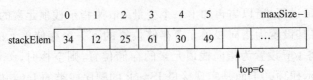

图 3.2 顺序栈的存储结构图

2．顺序栈基本操作的实现

上面的顺序栈类中已经给出了对顺序栈的置空、判空、求长度和取栈顶元素操作的实现方法。由于 top 指向的是栈顶元素存储位置的下一个存储单元的位置，其值就是栈顶元素在数组中的存储位置编号加 1（数组中位置的编号是从 0 开始），所以对于顺序栈的置空、判空、求长度和取栈顶元素操作的实现，只要抓住以下几个关键问题，理解起来就非常简单。

（1）顺序栈为空的条件是 top == 0。

（2）顺序栈为满的条件是 top == stackElem.length。

（3）栈的长度为 top。

（4）栈顶元素就是以 top-1 为下标的数组元素 stackElem[top-1]。

对于顺序栈的入栈和出栈操作的实现分析如下。

1）顺序栈的入栈操作

入栈操作的基本要求是将数据元素 x 插入顺序栈中，使其成为新的栈顶元素，其中 x 的类型为 Object。完成此处理的主要步骤归纳如下：

（1）判断顺序栈是否为满，若为满，则抛出异常后结束操作，否则转（2）。

（2）将新的数据元素 x 存入 top 所指向的存储单元，使其成为新的栈顶元素。

（3）栈顶指针 top 加 1。

完成（2）和（3）所对应的 Java 语句为：stackElem[top++] = x。

图 3.3 显示了在顺序栈上执行入栈操作时，栈顶元素和栈顶指针的变化情况。

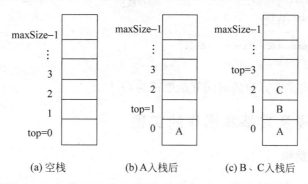

(a) 空栈　　　　(b) A 入栈后　　　　(c) B、C 入栈后

图 3.3　执行入栈操作时栈顶元素和栈顶指针的变化

【算法 3.1】　顺序栈的入栈操作算法。

```
public void push(Object x) throws Exception {
        if (top == stackElem.length)          // 栈满
            throw new Exception("栈已满"); // 抛出异常
        else
            stackElem[top++] = x;                 // 先将新的数据元素 x 压入栈顶,再 top 增 1
    } // 算法 3.1 结束
```

2）顺序栈的出栈操作

出栈操作的基本要求是将栈顶元素从栈中移去，并返回被移去的栈顶元素的值。完成此处理的主要步骤如下：

(1) 判断顺序栈是否为空,若为空,则返回 null,否则转(2)。

(2) 先将 top 减 1,再使栈顶指针指向栈顶元素。

(3) 返回 top 所指示的栈顶元素的值。

完成(2)和(3)所对应的 Java 语句为:

```
return stackElem[ -- top];
```

图 3.4 显示了图 3.3(c)中顺序栈的出栈操作时,栈顶元素和栈顶指针的变化情况。

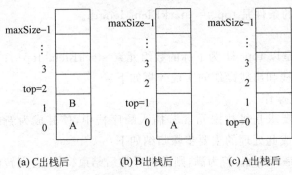

(a) C出栈后   (b) B出栈后   (c) A出栈后

图 3.4   执行出栈操作时栈顶元素和栈顶指针的变化

【算法 3.2】 顺序栈的出栈操作算法。

```
public Object pop() {
        if (isEmpty())                     // 栈空
            return null;
        else                               // 栈非空
            return stackElem[ -- top];
    } // 算法 3.2 结束
```

所有有关顺序栈操作算法的时间复杂度都为 $O(1)$。

3.1.4 链栈及其基本操作的实现

1. 链栈的存储结构

链栈的存储结构可以用不带表点结点的单链表来实现。由于在栈中,入栈和出栈操作只能在栈顶进行,不存在在单链表的任意位置进行插入和删除操作的情况,所以,在链栈中不需要设置头结点,直接将栈顶元素放在单链表的首部成为首结点。图 3.5 给出了链栈的存储结构的示意图,其中,指针 top 指向栈顶元素结点,每一个结点的 next 域存储指向其后继结点的指针。

图 3.5   链栈的存储结构示意图

2. 链栈类的描述

链栈中的结点类引用了前面第 2 章中所讨论过的 Node 类,下面是实现接口 IStack 的链栈类的 Java 语言描述。

```
package ch03;
import ch02.Node;
public class LinkStack implements IStack {
    private Node top;                          // 栈顶元素的引用
    // 将栈置空
    public void clear() {
        top = null;
    }
    // 判链栈是否为空
    public boolean isEmpty() {
        return top == null;
    }
    // 求链栈的长度
    public int length()
        { … }
    // 取栈顶元素并返回其值
    public Object peek() {
        if (!isEmpty())                        // 栈非空
            return top.data;                   // 返回栈顶元素的值
        else
            return null;
    }
     // 入栈
    public void push(Object x) {
        { … }
    // 出栈
    public Object pop()
        { … }
     // 输出栈中所有数据元素(从栈顶元素到栈底元素)
    public void display() {
        Node p = top;                          // 初始化,p指向栈顶元素
        while (p != null) {                    // 输出所有非空结点的数据元素值
            System.out.print((p.data.toString() + " "));
            p = p.next;                        // p指针向后移
        }
    }
} // 链栈类的描述结束
```

3. 链栈基本操作的实现

下面开始求链栈的长度、入栈和出栈操作的实现方法。

1) 求链栈的长度操作

求链栈长度操作的基本要求是计算出链栈中所包含的数据元素的个数并返回其值。此操作的基本思想与求单链表的长度相同:引进一个指针 p 和一个计数变量 length,p 的初始状态指向栈顶元素,length 的初始值为 0;然后逐个进行计数,即 p 沿着链栈中的后继指针进行逐个移动,同时 length 逐个加 1,直到 p 指向空为止,此时 length 值即为链栈的长度值。具体的实现算法描述如下:

【算法 3.3】 求链栈的长度操作算法。

```
public int length() {
        Node p = top;                      // 初始化,p指向栈顶元素,length 为计数器
        int length = 0;
        while (p != null) {                // 从栈顶元素开始向后查找,直到p指向空
            p = p.next;                    // p指向后继结点
            ++length;                      // 长度增加1
        }
        return length;
    } // 算法 3.3 结束
```

2) 链栈的入栈操作

链栈的入栈操作的基本要求是将数据域值为 x 的新结点插入到链栈的栈顶,使其成为新的栈顶元素,其中,x 的类型为 Object。此操作的基本思想与不带头结点的单链表上的插入操作类似,不相同的仅在于插入的位置对于链栈来说,是限制在表头(栈顶)进行的。链栈的入栈操作的主要步骤归纳如下:

(1) 构造数据域值为 x 的新结点。

(2) 将新结点直接链接到链栈的头部(栈顶),并使其成为新的首结点(栈顶结点)。

图 3.6 显示了链栈的入栈操作后状态的变化情况。

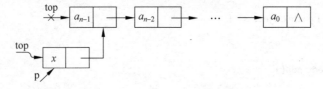

图 3.6 链栈的入栈操作示意图

【算法 3.4】 链栈的入栈操作算法。

```
public void push(Object x) {
        Node p = new Node(x);              // 构造一个新结点
        p.next = top;
        top = p;                           // 新结点成为当前的栈顶结点
    } // 算法 3.4 结束
```

3) 链栈的出栈操作

链栈的出栈操作的基本要求是将首结点(栈顶结点)从链栈中移去,并返回该结点的数据域的值。此操作的基本思想与不带头结点的单链表上的删除操作类似,不相同的在于待删除的结点仅限制为链栈的栈顶结点。链栈的出栈操作的主要步骤归纳如下:

(1) 判断链栈是否为空,若为空,则结束操作并返回 null;否则,转(2)。

(2) 确定被删结点为栈顶结点。

(3) 修改相关指针域的值,使栈顶结点从链栈中移去,并返回被删的栈顶结点的数据域的值。

图 3.7 显示了链栈出栈操作后状态的变化情况。

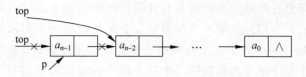

图 3.7　链栈的出栈操作示意图

【算法 3.5】　链栈的出栈操作算法。

```
public Object pop() {
        if (isEmpty()) {
            return null;
        }
        else {
            Node p = top;              // p指向被删结点(栈顶结点)
            top = top.next;            // 修改链指针,使栈顶结点从链栈中移去
            return p.data;             // 返回栈顶结点的数据域的值
        }
} // 算法 3.5 结束
```

说明：

(1) 链栈置空、判栈空、取栈顶元素、入栈与出栈操作的时间复杂度都为 $O(1)$，求栈的长度和栈的输出操作的时间复杂度为 $O(n)$，其中 n 为栈的长度。

(2) 顺序栈类与链栈类都实现了接口 IStack 接口，故链栈类的外部接口和顺序栈类的外部接口是完全一样的。

3.1.5　栈的应用

栈是各种软件系统中应用最广泛的数据结构之一，只要涉及先进后出处理特征的问题都可以使用栈式结构。例如：函数递归调用中的地址和参数值的保存、文本编辑器中 undo 序列的保存、网页访问历史的记录保存、在编译软件设计中的括号匹配及表达式求值等问题。下面通过讨论几个栈式结构的具体应用来说明栈在解决实际问题中的运用。

【例 3.1】　分隔符匹配问题：编写判断 Java 语句中分隔符是否匹配的程序。

【问题分析】　分隔符的匹配是任意编译器的一部分，若分隔符不匹配，则程序就不可能正确。Java 程序中有以下分隔符：圆括号"("和")"，方括号"["和"]"，大括号"{"和"}"以及注释分隔符"/ * "和" * /"。以下是一些正确使用分隔符的例子：

```
a = b + (c + d) * (e - f);
s[4] = t[a[2]] + u/((i + j) * k);
if (i != (n[8] + 1)) {p = 7; /* initialize p */ q = p + 2;}
```

以下是一些分隔符不匹配的例子：

```
a = (b + c/(d * e) * f;              // 左括号多余
s[4] = t[a[2]] + u/(i + j) * k);     // 右括号多余
while (i != (n[8] + 1)] {p = 7; /* initialize p */ q = p + 2;}  // 左右括号不匹配
```

一个分隔符和它所匹配的分隔符可以被其他的分隔符分开，即分隔符允许嵌套。因此，

一个给定的右分隔符只有在其前面的所有右分隔符都被匹配上后才可以进行匹配。例如：条件语句 if (i!＝(n[8]＋1))中,第一个左圆括号必须与最后一个右圆括号相匹配,而且这只有在第二个左圆括号与倒数第二个右圆括号相匹配后才能进行；依次地,第二个括号的匹配也只有在第三个左方括号与倒数第三个右方括号匹配后才能进行。可见,最先出现的左分隔符在最后才能进行匹配,这个处理与栈式结构的先进后出的特性相吻合。分隔符匹配的算法归纳如下：

从左到右扫描 Java 语句,从语句中不断地读取字符,每次读取一个字符,若发现它是左分隔符,则将它压入栈中；当从输入中读到一个右分隔符时,则弹出栈顶的左分隔符,并且查看它是否和右分隔符匹配,若它们不匹配,则匹配失败,程序报错；若栈中没有左分隔符与右分隔符匹配(即栈为空),或者一直存在没有被匹配的左分隔符,则匹配失败,程序报错,左分隔符没有被匹配,表现为把所有的字符都读入后,栈中仍留有左分隔符；若所有的字符读入结束后,栈为空(即所有左分隔符都已经匹配),则表示匹配成功。

【程序代码】

```java
package ch03;
import java.util.Scanner;
public class Example3_1 {
    private final int LEFT = 0;          // 记录分隔符为"左"分隔符
    private final int RIGHT = 1;         // 记录分隔符为"右"分隔符
    private final int OTHER = 2;         // 记录其他字符
    // 判断分隔符的类型,有 3 种:"左"、"右"、"非法"
    public int verifyFlag(String str) {
        if ("(".equals(str) || "[".equals(str) || "{".equals(str)
            || "/*".equals(str))          // 左分隔符
            return LEFT;
        else if (")".equals(str) || "]".equals(str) || "}".equals(str)
            || "*/".equals(str))          // 右分隔符
            return RIGHT;
        else                              // 其他的字符
            return OTHER;
    }
    // 检验左分隔符 str1 和右分隔符 str2 是否匹配
    public boolean matches(String str1, String str2) {
        if ((("(".equals(str1) && ")".equals(str2))
                || ("[".equals(str1) && "]".equals(str2))
                || ("{".equals(str1) && "}".equals(str2))
                || ("/*".equals(str1) && "*/".equals(str2))))  // 匹配规则
            return true;
        else
            return false;
    }
    private boolean isLegal(String str) throws Exception {
        if (!"".equals(str) && str != null) {
            SqStack S = new SqStack(100); // 新建最大存储空间为 100 的顺序栈
            int length = str.length();
            for (int i = 0; i < length; i++) {
                char c = str.charAt(i);   // 指定索引处的 char 值
                String t = String.valueOf(c);  // 转化成字符串型
                if (i != length) {        // c 不是最后一个字符
```

```
            if ((('/' == c && '*' == str.charAt(i + 1))|| ('*' == c &&
                  '/' == str.charAt(i + 1))) {   // 是分隔符"/*"或"*/"
                t = t.concat(String.valueOf(str.charAt(i + 1)));
                                             // 与后一个字符相连
                ++i;                         // 跳过一个字符
            }
        }
        if (LEFT == verifyFlag(t)) {         // 为左分隔符
            S.push(t);                       // 压入栈
        }
        else if (RIGHT == verifyFlag(t)) {   // 为右分隔符
            if (S.isEmpty() || !matches(S.pop().toString(), t)) {
                                             // 右分隔符与栈顶元素不匹配
                throw new Exception("错误: Java 语句不合法!");   // 抛出异常
            }
        }
    }
    if (!S.isEmpty())                        // 栈中存在没有匹配的字符
        throw new Exception("错误: Java 语句不合法!");        // 抛出异常
    return true;
    }
    else
        throw new Exception("错误: Java 语句为空!");          // 抛出异常
}

public static void main(String[] args) throws Exception {
    Example3_1 e = new Example3_1();
    System.out.println("请输入分 Java 语句: ");
    Scanner sc = new Scanner(System.in);
    if (e.isLegal(sc.nextLine()))
        System.out.println("Java 语句合法!");
    else
        System.out.println("错误: Java 语句不合法!");
    }
}
```

【运行结果】

运行结果分别如图 3.8 和图 3.9 所示。

图 3.8 例 3.1 程序的运行结果 I

图 3.9 例 3.1 程序的运行结果 II

【例 3.2】 大数加法问题：编程实现两个大数的加法运算。

【问题分析】 整数是有最大上限的。所谓大数是指超过整数最大上限的数，例如 18 452 543 389 943 209 752 345 473 和 8 123 542 678 432 986 899 334 就是两个大数，它们是无法用整型变量来保存的，更不用说保存它们相加的和了。为解决两个大数的求和问题，可以把两个加数看成是数字字符串，将这些数的相应数字存储在两个堆栈中，并从两个栈中弹出对应位的数字依次执行加法却可得到结果。图 3.10 显示了以 784 和 8465 为例进行加法的计算过程。

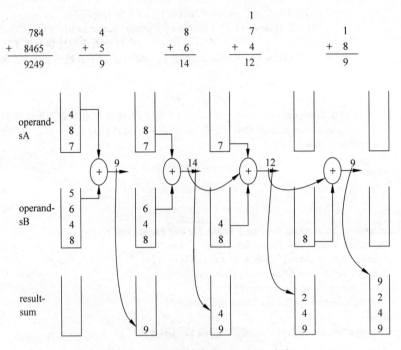

图 3.10　使用堆栈将 784 和 8465 相加

对于两个大数的加法，其操作步骤归纳如下：

（1）将两个加数的相应位从高位到低位依次压入栈 sA 和 sB 中。

（2）若两个加数栈都非空，则依次从栈中弹出栈顶数字相加，和存入变量 partialSum 中；若和有进位，则将和的个位数压入结果栈 sum 中，并将进位数加到下一位数字相加的和中；若和没有进位，则直接将和压入结果栈 sum 中。

（3）若某个加数堆栈为空，则将非空加数栈中的栈顶数字依次弹出与进位相加，和的个位数压入结果栈 sum 中，直到此该栈为空为止。若最高位有进位，则最后将 1 压入栈 sum 中。

（4）若两个加数栈都为空，则栈 sum 中保存的就是计算结果。注意栈顶是结果中的最高位数字。

【程序代码】

```
package ch03;
public class Example3_2 {
// 求两个大数的和,加数和被加数以字符串的形式输入(允许大数中出现空格),计算的结果也以字
```

```
// 符串的形式返回
    public String add(String a, String b) throws Exception {
        LinkStack sum = new LinkStack();            // 大数的和
        LinkStack sA = numSplit(a);                 // 加数字符串以单个字符的形式放入栈中
        LinkStack sB = numSplit(b);                 // 被加数字符串以单个字符的形式放入栈中
        int partialSum;                             // 对于两个位的求和
        boolean isCarry = false;                    // 进位标示
        while (!sA.isEmpty() && !sB.isEmpty()) {    // 加数和被加数栈同时非空
            partialSum = (Integer) sA.pop() + (Integer) sB.pop();
                        // 对于两个位求和,并在栈中去除加数和被加数中的该位
            if (isCarry) {                          // 低位进位
                partialSum++;                       // 进位加到此位上
                isCarry = false;                    // 重置进位标示
            }
            if (partialSum >= 10) {                 // 需要进位
                partialSum -= 10;
                sum.push(partialSum);
                isCarry = true;                     // 标示进位
            }
            else {                                  // 位和不需要进位
                sum.push(partialSum);               // 和放入栈中
            }
        }
        LinkStack temp = !sA.isEmpty() ? sA : sB;   // 引用指向加数和被加数中非空栈
        while (!temp.isEmpty()) {
            if (isCarry) {                          // 最后一次执行加法运算中需要进位
                int t = (Integer) temp.pop();       // 取出加数或被加数没有参加的位
                ++t; // 进位加到此位上
                if (t >= 10) {                      // 需要进位
                    t -= 10;
                    sum.push(t);
                }
                else {
                    sum.push(t);
                    isCarry = false;                // 重置进位标示
                }
            }
            else
                // 最后一次执行加法运算中不需要进位
                sum.push(temp.pop());               // 把加数或被加数中非空的值放入和中
        }
        if (isCarry) {                              // 最高位需要进位
            sum.push(1);                            // 进位放入栈中
        }
        String str = new String();
        while (!sum.isEmpty())
            // 把栈中元素转化成字符串
            str = str.concat(sum.pop().toString());
```

```
        return str;
    }
    // 字符串以单个字符的形式放入栈中,并去除字符串中空格,返回以单个字符为元素的栈
    public LinkStack numSplit(String str) throws Exception {
        LinkStack s = new LinkStack();
        for (int i = 0; i < str.length(); i++) {
            char c = str.charAt(i);              // 指定索引处的 char 值
            if (' ' == c)                        // 去除空格
                continue;
            else if ('0' <= c && '9' >= c)       // 数字放入栈中
                s.push(Integer.valueOf(String.valueOf(c)));
            else                                 // 非法数字字符
                throw new Exception("错误: 输入了非数字型字符!");
        }
        return s;
    }
    public static void main(String[] args) throws Exception {
        Example3_2 e = new Example3_2();
        System.out.println("两个大数的和为: "
                + e.add("18 452 543 389 943 209 752 345 473",
                        "8 123 542 678 432 986 899 334"));   // 输出运算结果
    }
}
```

【运行结果】

运行结果如图 3.11 所示。

图 3.11　例 3.2 程序的运行结果

【例 3.3】　表达式求值问题:编程实现算术表达式求值。

【问题分析】　算术表达式是由操作数、算术运算符和分隔符所组成的式子。为了方便,下面的讨论仅限于含有二元运算符且操作数是一位整数的算术表达式的运算。

表达式一般有中缀表达式、后缀表达式和前缀表达式共 3 种表示形式,其中,中缀表达式是将运算符放在两个操作数的中间,这正是人们平时书写算术表达式的一种描述形式;后缀表达式(也称逆波兰表达式)是将运算符放在两个操作数之后,而前缀表达式是将运算符放在两个操作数之前。例如:中缀表达式 A+(B-C/D)*E,对应的后缀表达式为 ABD/-E*+,对应的前缀表达式为+A*-B/CDE。

由于运算符有优先级,所以在计算机内部使用中缀表达式描述时,对计算是非常不方便的,特别是带括号时更麻烦。而后缀表达式中既无运算符优先级又无括号的约束问题,因为在后缀表达式中运算符出现的顺序正是计算的顺序,所以计算一个后缀表达式的值要比计算一个中缀表达式的值简单得多。由此,求算术表达式的值可以分成两步来进行,第一步先

将原算术表达式转换成后缀表达式,第二步再对后缀表达式求值。下面分别给出这两个步骤的实现方法。

1. 将原算术表达式转换成后缀表达式

由于原算术表达式与后缀表达式中的操作数所出现的先后次序是完全一样的,只是运算符出现的先后次序不一样,所以转换的重点放在运算符的处理上。首先设定运算符的优先级如表 3.1 所示。

表 3.1 运算符的优先级

运算符	((左括号)	+(加)、-(减)	*(乘)、/(除)、%(取模)	^(幂)
优先级	0	1	2	3

表 3.1 中的优先级别从高到低依次用 0～3 的数字来表示,数字越大,表示其运算符的优先级越高。

要使运算符出现的次序与真正的算术运算顺序一致,就要使优先数高的以及括号内的运算符出现在前,所以在把算术表达式转换成后缀表达式时,要使用一个栈来保留还未送往后缀表达式的运算符,此栈称为运算符栈。实现算法的基本思想如下:

(1) 初始化一个运算符栈。

(2) 从算术表达式输入的字符串中从左到右读取一个字符。

(3) 若当前字符是操作数,则直接送往后缀表达式。

(4) 若当前字符是左括号"("时,将其压进运算符栈。

(5) 若当前字符为运算符时,则:

① 当运算符栈为空,则将其压入运算符栈。

② 当此运算符的优先数高于栈顶运算符,则将此运算符压入运算符栈;否则,弹出栈顶运算符送往后缀式,并将当前运算符压栈,重复步骤(5)。

(6) 若当前字符是右括号")"时,反复将栈顶符号弹出,并送往后缀表达式,直到栈顶符号是左括号为止,再将左括号出栈并丢弃。

(7) 若读取还未完毕,则跳转到(2)。

(8) 若读取完毕,则将栈中剩余的所有运算符弹出并送往后缀表达式。

利用上述的转换规则,将算术表达式(A + B) * (C - D)/E^F + G%H,转换成后缀表达式的过程如表 3.2 所示。

表 3.2 算术表达式转换成后缀表达式的过程

步骤	算术表达式	运算符栈	后缀表达式	规　　则
1	(A+B) * (C−D)/E^F+G%H	(		是左括号,压栈
2	A+B) * (C−D)/E^F+G%H	(	A	是操作数,送往后缀表达式
3	+B) * (C−D)/E^F+G%H	(+	A	是运算符且优先级高于栈顶运算符,压栈
4	B) * (C−D)/E^F+G%H	(+	AB	是操作数,送往后缀表达式

步骤	算术表达式	运算符栈	后缀表达式	规　则
5	)*(C−D)/E^F+G%H		AB+	是右括号,将栈中左括号之前的所有运算符送往后缀表达式并将栈中左括号弹出
6	*(C−D)/E^F+G%H	*	AB+	是运算符且栈为空,压栈
7	(C−D)/E^F+G%H	*(	AB+	是左括号,压栈
8	C−D)/E^F+G%H	*(	AB+C	是操作数,送往后缀表达式
9	−D)/E^F+G%H	*(−	AB+C	是运算符且优先级高于栈顶运算符,压栈
10	D)/E^F+G%H	*(−	AB+CD	是操作数,送往后缀表达式
11	)/E^F+G%H	*	AB+CD−	是右括号,将栈中左括号之前的所有运算符弹出送往后缀表达式并将栈中左括号弹出
12	/E^F+G%H	/	AB+CD−*	是运算符且优先级等于栈顶运算符,则弹出栈顶运算符送往后缀式,并将当前运算符压栈
13	E^F+G%H	/	AB+CD−*E	是操作数,送往后缀表达式
14	^F+G%H	/^	AB+CD−*E	是运算符且优先级高于栈顶运算符,压栈
15	F+G%H	/^	AB+CD−*EF	是操作数,送往后缀表达式
16	+G%H	+	AB+CD−*EF^/	是运算符且优先级低于栈顶运算符,则重复弹出优先级更高的栈顶运算符送往后缀式,再将当前运算符压栈
17	G%H	+	AB+CD−*EF^/G	是操作数,送往后缀表达式
18	%H	+%	AB+CD−*EF^/G	是运算符且优先级高于栈顶运算符,压栈
19	H	+%	AB+CD−*EF^/GH	是操作数,送往后缀表达式
20	结束		AB+CD−*EF^/GH%+	弹出栈中剩余项并送往后缀表达式

2. 计算后缀表达式的值

要计算后缀表达式的值比较简单,只要先找到运算符,再去找前面最后出现的两个操作数,从而构成一个最小的算术表达式进行运算,在计算过程中也需利用一个栈来保留后缀表达式中还未参与运算的操作数,此栈也称为操作数栈。计算后缀表达式值的算法的基本思想如下:

(1) 初始化一个操作数栈。

(2) 从左到右依次读入后缀表达式中的字符:

① 若当前字符是操作数,则压入操作数栈。

② 若当前字符是运算符,则从栈顶弹出两个操作数并分别作为第 2 个操作数和第 1 个操作数参与运算,再将运算结果压入操作数栈内。

(3) 重复步骤(2)直到读入的后缀表达式结束为止,则操作数栈中的栈顶元素即为后缀表达式的计算结果。

按照以上的算法,可以在计算机内首先完成表达式的转换,然后计算表达式的值,这样计算机在计算时相对比较节省系统资源。

【程序代码】

```java
package ch03;
public class Example3_3 {
    //将算术表达式转换为后缀表达式的函数,结果以字符串的形式返回
    public String convertToPostfix(String expression) throws Exception {
        LinkStack st = new LinkStack();          // 初始化一个运算符栈
        String postfix = new String();           // 用于存放输出的后缀表达式
        for (int i = 0; expression != null && i < expression.length(); i++) {
            char c = expression.charAt(i); // 从算术表达式中读取一个字符
            if (' ' != c) {                       // 字符 c 不为空格
                if (isOpenParenthesis(c)) {
                    st.push(c);                   // 为开括号,压栈
                }
                else if (isCloseParenthesis(c)) {     // 为闭括号
                        char ac = (Character) st.pop();   // 弹出栈顶元素
                        while (!isOpenParenthesis(ac)) {   // 一直到为开括号为止
                            postfix = postfix.concat(String.valueOf(ac));
                                            // 串联到后缀表达式的结尾
                            ac = (Character) st.pop();
                        }
                else if (isOperator(c)) {  // 为运算符
                    if (!st.isEmpty()) { // 栈非空,取出栈顶优先级高的运算符送往后缀表达式
                        char ac = (Character) st.pop();
                        while (ac != null&& priority(ac.charValue()) >= priority(c)) {
                            postfix = postfix.concat(String.valueOf(ac));
                            ac = (Character) st.pop();
                        }
                        if (ac != null) {  // 若最后一次取出的优先级低的操作符,重新压栈
                            st.push(ac);
                        }
                    }
                    st.push(c);               // 压栈
                }
                else {                        // 为操作数,串联到后缀表达式的结尾
                    postfix = postfix.concat(String.valueOf(c));
                }
            }
        }
        while (!st.isEmpty())             // 栈中剩余的所有操作符串联到后缀表达式的结尾
            postfix = postfix.concat(String.valueOf(st.pop()));
        return postfix;
```

```
    }

    // 对后缀表达式进行求值计算的函数
    public double numberCalculate(String postfix) throws Exception {
        LinkStack st = new LinkStack();
        for (int i = 0; postfix != null && i < postfix.length(); i++) {
            char c = postfix.charAt(i);    // 从后缀表达式中读取一个字符
            if (isOperator(c)) {            // 当为操作符时
                // 取出两个操作数
                double d2 = Double.valueOf(st.pop().toString());
                double d1 = Double.valueOf(st.pop().toString());
                double d3 = 0;
                if ('+' == c) {             // 加法运算
                    d3 = d1 + d2;
                } else if ('-' == c) {      // 减法运算
                    d3 = d1 - d2;
                } else if ('*' == c) {      // 乘法运算
                    d3 = d1 * d2;
                } else if ('/' == c) {      // 除法运算
                    d3 = d1 / d2;
                } else if ('^' == c) {      // 幂运算
                    d3 = Math.pow(d1, d2);
                } else if ('%' == c) {
                    d3 = d1 % d2;
                }
                st.push(d3);
            } else {                        // 当为操作数时
                st.push(c);
            }
        }
        return (Double) st.pop();           // 返回运算结果
    }

    // 判断字符串是否为运算符
    public boolean isOperator(char c) {
        if ('+' == c || '-' == c || '*' == c || '/' == c || '^' == c
            || '%' == c) {
            return true;
        } else {
            return false;
        }
    }

    // 判断字符串是否为开括号
    public boolean isOpenParenthesis(char c) {
        return '(' == c;
    }
```

```java
// 判断字符串是否为闭括号
public boolean isCloseParenthesis(char c) {
    return ')' == c;
}


// 判断运算法的优先级
public int priority(char c) {
    if (c == '^') {                              // 为幂运算
        return 3;
    }
    if (c == '*' || c == '/' || c == '%') {// 为乘、除、取模运算
        return 2;
    }
    else if (c == '+' || c == '-') {             // 为加、减运算
        return 1;
    }
    else {                                       // 其他
        return 0;
    }
}
public static void main(String[] args) throws Exception {
    Example3_3 p = new Example3_3();
    String postfix = p.convertToPostfix("(1 + 2) * (5 - 2)/2^2 + 5%3");
                                                 // 转化为后缀表达式
    System.out.println("表达式的结果为: " + p.numberCalculate(postfix));
                                                 // 对后缀表达式求值后,并输出

    }
}
```

【运行结果】

运行结果如图 3.12 所示。

图 3.12　例 3.3 程序的运行结果

【例 3.4】　栈与递归问题:编程实现汉诺塔(Hanoi)问题的求解。

n 阶汉诺塔问题:假设有 3 个分别命名为 X、Y 和 Z 的塔座,在塔座 X 上插有 n 个直径大小各不相同,且从小到大编号为 1、2、……、n 的圆盘。现要求将塔座 X 上的 n 个圆盘借助塔座 Y 移至塔座 Z 上,并仍按同样顺序叠排。圆盘移动时必须遵循下列规则:

(1) 每次只能移动一个圆盘。

(2) 圆盘可以插在 X、Y 和 Z 中的任何一个塔座上。

(3) 任何时刻都不能将一个较大的圆盘压在较小的圆盘之上。

【问题分析】　当 $n=1$ 时,问题比较简单,只要将编号为 1 的圆盘从塔座 X 直接移动到

塔座 Z 上即可;当 $n>1$ 时,需利用塔座 Y 作辅助塔座,若能先设法将压在编号为 n 的圆盘上的 $n-1$ 个圆盘从塔座 X 移到塔座 Y 上,则可将编号为 n 的圆盘从塔座 X 移至塔座 Z 上,然后将塔座 Y 上的 $n-1$ 个圆盘移至塔座 Z 上。而如何将 $n-1$ 个圆盘从一个塔座移至另一个塔座是一个和原问题具有相同特征属性的问题,只是问题规模小于 1,因此可以用同样的方法求解。由此可知,求解 n 阶汉诺塔问题可以用递归分解的方法来进行。

【程序代码】

```java
package ch03;
public class Example3_4 {
    private int c = 0;                      // 全局变量,对搬动计数
    // 将塔座 x 上按直径由小到大且自上而下的编号为 1 至 n 的 n 个圆盘按规则移到塔座 z 上,y
    // 用作辅助塔座
    public void hanoi(int n, char x, char y, char z) {
        if (n == 1) {
            move(x, 1, z);                  // 将编号为 1 的圆盘从 x 移到 z
        }
        else {
            hanoi(n - 1, x, z, y);          // 将 x 上编号为 1 至 n-1 的圆盘移到 y,z 作辅助塔
            move(x, n, z);                  // 将编号为 n 的圆盘从 x 移到 z
            hanoi(n - 1, y, x, z);          // 将 y 上编号为 1 至 n-1 的圆盘移到 z,x 作辅助塔
        }
    }
    // 移动操作,将编号为 n 的圆盘从 x 移到 z
    public void move(char x, int n, char z) {
        System.out.println("第" + ++c + "次移动:" + n + "号圆盘," + x + "->" + z);
    }
    public static void main(String[] args) {
        Example3_4 h = new Example3_4();
        h.hanoi(3, 'x', 'y', 'z');          // 对于圆盘数量为 3 进行移动
    }
}
```

【运行结果】

运行结果如图 3.13 所示。

图 3.13　例 3.4 程序的运行结果

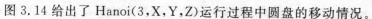

图 3.14 给出了 Hanoi(3,X,Y,Z)运行过程中圆盘的移动情况。

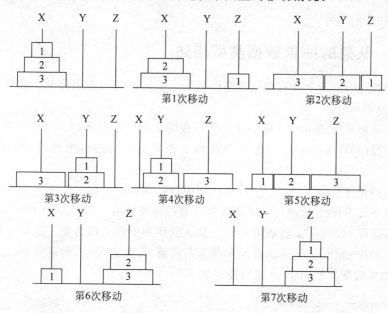

图 3.14　Hanoi(3,X,Y,Z)运行过程中圆盘的移动情况示意图

3.2　队列

3.2.1　队列的概念

队列是另一种特殊的线性表,它的特殊性体现在队列只允许在表尾插入数据元素,在表头删除数据元素,所以队列也是一种操作受限的特殊的线性表,它具有先进先出(First In First Out,FIFO)或后进后出(Last In Last Out,LILO)的特性。

允许进行插入的一端称为是队尾(rear),允许进行删除的一端称为是队首(front)。假设队列中的数据元素序列为 $\{a_0,a_1,a_2,\cdots,a_{n-1}\}$,则其中 a_0 称为队首元素,a_{n-1} 称为队尾元素,n 为队列中数据元素的个数,当 $n=0$ 时,称为空队列。队列的插入操作通常称为入队操作,而删除操作通常称为出队操作,如图 3.15 所示。

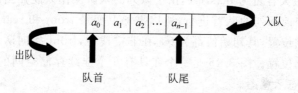

图 3.15　队列及其操作的示意图

队列在现实生活中处处可见,例如,人在食堂排队买饭、人在车站排队上车;汽车排队进站等。这些排队都有一个规则就是按先后顺序,后来的只能在队列的最后排队,先来的先处理再离开,不能插队。在生产建设中也有队列的应用,例如:生产计划的调度就是根据一

个任务队列进行。队列也经常应用于计算机领域中,例如:操作系统中存在各种队列,有资源等待队列、作业队列等。

3.2.2   队列的抽象数据类型描述

队列也是由 $n(n \geqslant 0)$ 个具有相同类型的数据元素所构成的有限序列。队列的基本操作与栈类似,有以下 6 种:

(1) 清空队列操作 clear():将一个已经存在的队列置成空队列。

(2) 判空操作 isEmpty():判断一个队列是否为空,若为空,则返回 true;否则,返回 false。

(3) 求队列长度操作 length():返回队列中数据元素的个数。

(4) 取队首元素操作 peek():读取队首元素并返回其值。

(5) 入队操作 offer(x):将数据元素 x 插入到队列中使其成为新的队尾元素。

(6) 出队操作 poll():删除队首元素并返回其值,若队列为空,则返回 null。

队列的抽象数据类型用 Java 接口描述如下:

```
public interface IQueue {
    public void clear();
    public boolean isEmpty();
    public int length();
    public Object peek();
    public void offer(Object x) throws Exception;
    public Object poll();
    }
```

同栈一样,队列也有顺序和链式两种存储结构。顺序存储结构的队列称为顺序队列,链式存储结构的队列称为链队列。

3.2.3   顺序队列及其基本操作的实现

1. 顺序队列的存储结构

与顺序栈类似,在顺序队列的存储结构中,需要分配一块地址连续的存储区域来依次存放队列中从队首到队尾的所有元素。这样也可以使用一维数组来表示,假设数组名为 queueElem,数组的最大容量为 maxSize,由于队列的入队操作只能在当前队列的队尾进行,而出队操作只能在当前队列的队首进行,所以需加上变量 front 和 rear 来分别指示队首和队尾元素在数组中的位置,其初始值都为 0。在非空栈中,front 指向队首元素,rear 指向队尾元素的下一个存储位置。图 3.16 是一个在具有 6 个连续存储空间的顺序队列上进行入队、出队操作后的动态示意图。

图 3.16 中描述了一个从空队列开始,先后经过 A、B、C 入队列;A、B 出队列;E、F、G 入队列操作后,队列的顺序存储结构状态。

初始化队列时,令 front=rear=0;入队时,直接将新的数据元素存入 rear 所指的存储单元中,然后将 rear 值加 1;出队时,直接取出 front 所指的存储单元中数据元素的值,然后将 front 值加 1。

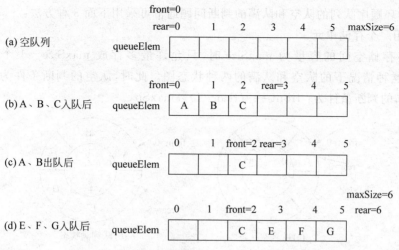

图 3.16　顺序队列的入队、出队操作的动态示意图

从图 3.16(d)可以看出,若此时还需要将数据元素 H 入队,H 应该存放于 rear=6 的位置处,顺序队列则会因数组下标越界而引起"溢出",但此时顺序队列的首部还空出了两个数据元素的存储空间。因此,这时的"溢出"并不是由于数组空间不够而产生的溢出。这种因顺序队列的多次入队和出队操作后出现有存储空间,但不能进行入队操作的溢出现象称为"假溢出"。

要解决"假溢出"问题,最好的办法就是把顺序队列所使用的存储空间看成是一个逻辑上首尾相连的循环队列。当 rear 或 front 到达 maxSize−1 后,再加 1 就自动到 0。这种转换可利用 Java 语言中对整型数据求模(或取余)运算来实现,即令 rear=(rear+1)%maxSize。显然,当 rear=maxSize−1 时,rear 加 1 后,rear 的值就为 0。这样,就不会出现顺序队列数组的头部有空的存储空间,而队尾却因数组下标越界而引起的假溢出现象。

2. 循环顺序队列类的描述

假设 maxSize=6,循环顺序队列的初始化状态如图 3.17(a)所示,此时有 front == rear == 0;当 A、B、C、D、E、F 分别入队后,循环顺序队列为满,如图 3.17(b)所示,此时有 front == rear;当 A、B、C、D、E 出队,而 G、H 又入队后,循环顺序队列的状态如图 3.17(c)所示,此时 front=5,rear=2;再将 F、G、H 出队后,循环顺序队列为空,如图 3.17(d)所示,此时有 front == rear。为此,在循环顺序队列中就引发出一个新的问题:无法区分队空和队满的状态,这是因为循环顺序队列的判空和判满的条件都是 front == rear。

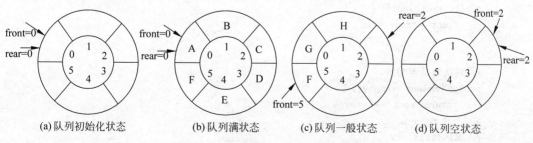

图 3.17　循环顺序队列的 4 种状态图

解决循环顺序队列的队空和队满的判断问题通常可采用下面 3 种方法：

1）少用一个存储单元

当顺序存储空间的容量为 maxSize 时，只允许最多存放 maxSize－1 个数据元素。图 3.18 为这种情况下的队空和队满的两种状态图。此时，队空的判断条件为：front == rear，而队满的判断条件为：front ==（rear＋1)％maxSize。

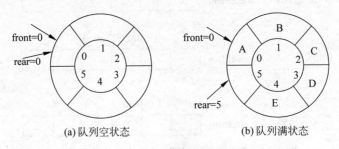

(a) 队列空状态   (b) 队列满状态

图 3.18 少用一个存储单元时循环顺序队列的两种状态图

2）设置一个标志变量

在程序设计过程中引进一个标志变量 flag，其初始值置为 0，每当入队操作成功后就置 flag＝1；每当出队操作成功后就置 flag＝0，则此时队空的判断条件为：front == rear && flag == 0，而队满的判断条件为：front == rear && flag == 1。

3）设置一个计数器

在程序设计过程中引进一个计数变量 num，其初始值置为 0，每当入队操作成功后就将计数变量 num 的值加 1；每当出队操作成功后就将计数变量 num 的值减 1，则此时队空的判断条件为：num == 0，而队满的判断条件为：num＞0 && front == rear。

本书中采用第一种方法来判断队空和队满的状态，下面是实现接口 IQueue 的循环顺序队列类的 Java 语言的描述。

```java
public class CircleSqQueue implements IQueue {
    private Object[] queueElem;          // 队列存储空间
    private int front;                   // 队首的引用,若队列不空,指向队首元素
    private int rear;                    // 队尾的引用,若队列不空,指向队尾元素的下一个存储位置
    // 循环队列类的构造函数
    public CircleSqQueue(int maxSize) {
        front = rear = 0;                // 队首、队尾初始化为 0
        queueElem = new Object[maxSize]; // 为队列分配 maxSize 个存储单元
    }
    // 队列置空
    public void clear() {
        front = rear = 0;

    }
    // 判队列是否为空
    public boolean isEmpty() {
        return front == rear;
    }
    // 求队列的长度
    public int length() {
```

```
            return (rear - front + queueElem.length) % queueElem.length;
        }
        // 读取队首元素
        public Object peek() {
            if (front == rear)              // 队列为空
                return null;
            else
                return queueElem[front];    // 返回队首元素
        }
        // 入队
        public void offer(Object x) throws Exception
            { … }
        // 出队
        public Object poll()
            { … }
        // 输出队列中的所有数据元素(从队首到队尾)
        public void display() {
            if (!isEmpty()) {
                for (int i = front; i != rear; i = (i + 1) % queueElem.length)
                    System.out.print(queueElem[i].toString() + " ");
            } else {
                System.out.println("此队列为空");
            }
        }
}  // 循环顺序队列类的描述结束
```

3. 循环顺序队列基本操作的实现

下面仅给出循环顺序队列的入队和出队操作的实现方法,其他操作的实现算法比较简单,所以在上述的类 CircleSqQueue 中已直接给出。

1) 循环顺序队列的入队操作

入队操作的基本要求是将新的数据元素 x 插入到循环顺序队列的尾部,使其成为新的队尾元素,其中 x 的类型为 Object。实现此操作的主要步骤归纳如下:

(1) 判断循环顺序队列是否为满,若满,则抛出异常后结束操作;否则转(2)。

(2) 先将新的数据元素 x 存入 rear 所指示的数组存储位置中,使其成为新的队尾元素,再将 rear 值循环加 1,使 rear 始终指向队尾元素的下一个存储位置。对应的 Java 语句为:

```
queueElem[rear] = x;               // 将 x 存入 rear 所指的数组存储位置中
rear = (rear + 1) % queueElem.length;   // rear 值循环加 1
```

【算法 3.6】 循环顺序队列的入队操作算法。

```
public void offer(Object x) throws Exception {
        if ((rear + 1) % queueElem.length == front)// 队列满
            throw new Exception("队列已满");             // 抛出异常
        else {
            queueElem[rear] = x;
                            // x 存入 rear 所指的数组存储位置中,使其成为新的队尾元素
        rear = (rear + 1) % queueElem.length;       // 修改队尾指针
```

```
    }
} // 算法 3.6 结束
```

2) 循环顺序队列的出队操作

出队操作的基本要求是将队首元素从循环顺序队列中移去,并返回被移去的队首元素的值。实现此操作的主要步骤归纳如下:

(1) 判断循环顺序队列是否为空,若为空,则返回空值;否则转(2)。

(2) 先取出 front 所指的队首元素的值,再将 front 值循环加 1。对应的 Java 语句为:

```
t = queueElem[front];              // 取出队首元素
front = (front + 1) % queueElem.length; // front 值循环加 1
```

【算法 3.7】　循环顺序队列的出队操作算法。

```
public Object poll() {
    if (front == rear)              // 队列为空
        return null;
    else {
        Object t = queueElem[front];
        front = (front + 1) % queueElem.length;
        return t;                   // 返回队列的队首元素
    }
} // 算法 3.7 结束
```

入队与出队操作算法的时间复杂度都为 $O(1)$,其他基本操作算法的时间复杂度也都为 $O(1)$。

3.2.4　链队列及其基本操作的实现

1. 链队列的存储结构

队列的链式存储结构也用不带头结点的单链表来实现。为了便于实现入队和出队操作,需要引进两个指针 front 和 rear 来分别指向队首元素和队尾元素的结点。图 3.19 为队列 $a_0,a_1,\cdots,a_{n-1}$ 的链式存储结构图。

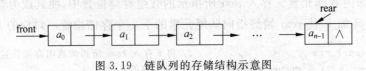

图 3.19　链队列的存储结构示意图

2. 链队列类的描述

链队列中的结点类也引用了前面所讨论过的 Node 类,下面是实现接口 IQueue 的链队列类的 Java 语言描述。

```
package ch03;
import cho2.Node;
public class LinkQueue implements IQueue {
```

```
    private Node front;                    // 队首指针
    private Node rear;                     // 队尾指针
    // 链队列类的构造函数
    public LinkQueue() {
        front = rear = null;
    }
    // 队列置空
    public void clear() {
        front = rear = null;
    }
    // 队列判空
    public boolean isEmpty() {
        return front == null;
    }
    // 求队列的长度
    public int length() {
        Node p = front;
        int length = 0;
        while (p != null) {
            p = p.next;                    // 指针下移
            ++length;                      // 计数器加 1
        } return length;
    }
    // 取队首元素
    public Object peek() {
        if (front != null)                 // 队列非空
            return front.data;             // 返回队首结点的数据域值
        else
            return null;
    }
    // 入队
    public void offer(Object x)
        { … }

    // 出队
    public Object poll() {
        if (front != null) {               // 队列非空
            Node p = front;                // p指向队首结点
            front = front.next;            // 队首结点出列
            if (p == rear)                 // 被删除的结点是队尾结点时
                    rear = null;
            return p.data;                 // 返回队首结点的数据域值
            }
        else
            return null;
    }
}
```

3. 链队列基本操作的实现

由于链队列的置空、判空、求长度和出队操作与链栈相应操作的实现方法相同,所以下面仅介绍链队列入队操作的实现方法。

链队列入队操作的基本要求是将数据元素 x 所对应的结点插入到链队列的尾部,使其成为新的队尾结点,其中 x 的类型为 Object。此操作的基本思想也与不带头结点的单链表上的插入操作类似,不相同之处为链队列的插入位置是限制在表尾进行。实现此操作的主要步骤归纳如下:

(1) 创建数据域值为 x 的新结点。

(2) 判断链队列是否为空,若为空,则直接将新结点置为队首和队尾结点,否则就将新结点链接到队列的尾部并使其成为新的队尾结点。

图 3.20 显示了链队列入队操作后状态的变化情况。

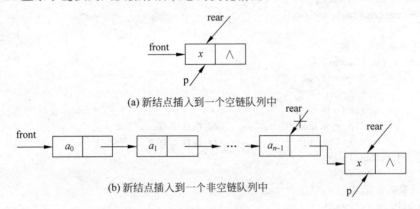

(a) 新结点插入到一个空链队列中

(b) 新结点插入到一个非空链队列中

图 3.20　链队列的入队操作示意图

【算法 3.8】　链队列的入队操作算法。

```java
public void offer(Object x) {
    Node p = new Node(x);              // 初始化新结点
    if (front != null) {               // 队列非空
        rear.next = p;
        rear = p;                      // 改变队尾的位置
    }
    else
        front = rear = p;
} // 算法 3.8 结束
```

3.2.5　队列的应用

由于队列是一种具有先进先出特性的线性表,所以在现实世界中,当求解具有先进先出特性的问题时可以使用队列。例如:操作系统中各种数据缓冲区的先进先出管理;应用系统中各种任务请求的排队管理;软件设计中对树的层次遍历和对图的广度遍历过程等,都需用使用队列。队列的应用非常广泛,下面只通过讨论求解素数环问题和实现键盘输入循环缓冲区的管理两个例子来说明队列在解决实际问题中的应用。

【例 3.5】　编程实现求解素数环问题。

【问题描述】　将 $1 \sim n$ 的 n 个自然数排列成环形,使得每相邻两数之和为素数,从而构成一个素数环。

【问题提示】

(1) 先引入顺序表类 Sqlist 和链队列类 LinkQueue,再创建 Sqlist 类的一个对象 L 作为顺序表,用于存放素数环的数据元素;创建 LinkQueue 类的一个对象 Q,作为队列用于存放还未加入到素数环中的自然数。

(2) 初始化顺序表 L 和队列 Q:将 1 加入到顺序表 L 中,将 2~n 的自然数全部加入到 Q 队列中。

(3) 将出队的队首元素 p 与素数环最后一个数据元素 q 相加,若两数之和是素数并且 p 不是队列中的最后一个数据元素(或队尾元素),则将 p 加入到素数环中;否则说明 p 暂时无法处理,必须再次入队等待,再重复此过程。若 p 为队尾元素,则还需要判断它与素数环的第一个数据元素相加的和数是否为素数,若是素数,则将 p 加入到素数环,求解结束;若不是素数,则重复(3),直到队列为空或已对队列中每一个数据元素都遍历了一次且未能加入到素数环为止。

【程序代码】

```java
package ch03;
import ch02.SqList;                       // 引入第2章中的顺序表类 SqList
public class Example3_5 {
    // 判断正整数是否为素数
    public boolean isPrime(int num) {
        if (num == 1)                      // 整数1返回false
            return false;
        Double n = Math.sqrt(num);         // 求平方根
        for (int i = 2; i <= n.intValue(); i++)
            if (num % i == 0 )             // 模为0返回false
                return false;
        return true;
    }
    // 求 n 个正整数的素数环,并以顺序表返回
    public SqList makePrimeRing(int n) throws Exception {
        if (n % 2 != 0)                    // n为奇数则素数环不存在
            throw new Exception("素数环不存在!");
        SqList L = new SqList(n);          // 构造一个顺序表
        L.insert(0, 1);                    // 初始化顺序表的首结点为1
        LinkQueue Q = new LinkQueue();     // 构造一个链队列
        for (int i = 2; i <= n; i++)       // 初始化链队列
            Q.offer(i);
        return insertRing(L, Q, 2, n);     // 返回素数环
    }
    // 在一个顺序表中插入第 m 个数,使其与顺序表中第 m - 1 个数的和为素数,若 m 等于n,则还
    // 要满足第 m 个数与 1 的和也为素数,程序返回顺序表
    public SqList insertRing(SqList L, LinkQueue Q, int m, int n)
            throws NumberFormatException, Exception {
        int count = 0;          // 记录遍历队列中的数据元素的个数,防止在一次循环中重复遍历
        while (!Q.isEmpty() && count <= n - m) {        // 队列非空,且未重复遍历队列
            int p = (Integer) Q.poll();
            int q = (Integer) L.get(L.length()-1);      // 取出顺序表中的最后一个数据元素
            if (m == n) {                  // 为队列中的最后一个元素
```

```
        if (isPrime(p + q) && isPrime(p + 1)) {   // 满足素数环的条件
            L.insert(L.length(),p);// 插入到顺序表尾
            return L;
        }
        else                              // 不满足素数环条件
            Q.offer(p);
    }
    else if (isPrime(p + q)) {// 未遍历到队列的最后一个数据元素,且满足素数环条件
        L.insert(L.length(),p);// 插入到顺序表尾
        if (insertRing(L, Q, m + 1, n) != null)// 递归调用函数,若返回值不为
                                          // 空,即已成功找到素数环,返回
            return L;
        L.remove(L.length() // 移除顺序表表尾位置的数据元素
        Q.offer(p);
    }
    else
        Q.offer(p);                       // 加入的队列尾部
    ++count;                              // 遍历次数增 1
    }
    return null;
}
public static void main(String[] args) throws Exception {
    Example3_5 r = new Example3_5(); // 构造素数环对象
    SqList L = r.makePrimeRing(6);   // 求素数环
    for (int i = 0; i < L.length(); i++)
        System.out.print(L.get(i) + " ");
}
} // 例 3.5 程序代码结束
```

【运行结果】

运行结果如图 3.21 所示。

图 3.21　例 3.5 程序的运行结果

3.2.6　优先级队列

优先级队列是一种带有优先级的队列,它是一种比栈和队列更为专用的数据结构。与普通队列一样,优先级队列有一个队首和一个队尾,并且也是从队首删除数据元素,但不同的是优先级队列中数据元素按关键字的值有序排列。由于在很多情况下,需要访问具有最小关键字值的数据元素(例如要寻找最便宜的方法或最短的路径去做某件事),因此,约定关键字最小的数据元素(或者在某些实现中是关键字最大的数据元素)具有最高的优先级,并且总是排在队首。在优先级队列中数据元素的插入也不仅仅限制在队尾进行,而是顺序插

入到队列的合适位置,以确保队列的优先级顺序。

优先级队列在很多情况下都很有用。一方面,程序员经常采用优先级队列。例如:在第 5 章中,构造哈夫曼树算法中就应用了优先级队列;另一方面,在某些计算机系统中优先级队列也有很多应用。例如:在抢先式多任务操作系统中,程序被排列在优先级队列中,这样优先级最高的程序就会先得到时间片并得以运行。

1. 优先级队列类的描述

优先级队列也可以采用顺序和链式两种存储结构。考虑到在优先级队列中,既要保证快速地访问到优先级高的数据元素,又要保证可以实现较快的插入操作,所以通常以链式存储结构实现优先级队列。数据元素的优先级别的高低依据优先数的大小来鉴定,优先数越小,优先级别就越大。优先队列中结点的 data 类描述如下:

```java
package ch03;
public class PriorityQData {
    public Object elem;                    // 结点的数据元素值
    public int priority;                   // 结点的优先数
    // 构造函数
    public PriorityQData(Object elem, int priority) {
        this.elem = elem;
        this.priority = priority;
    }

}                                          // 优先队列中结点的数据域 data 类描述结束
```

实现 IQueue 接口的类描述如下:

```java
import ch02.Node;
public class PriorityQueue implements IQueue {
    private Node front;                    // 队首的引用
    private Node rear;                     // 队尾的引用
    // 优先队列类的构造函数
    public PriorityQueue() {
        front = rear = null;
    }
    // 队列置空
    public void clear() {
        front = rear = null;
    }
    // 队列判空
    public boolean isEmpty() {
        return front == null;
    }
    // 求队列长度
    public int length() {
        Node p = front;
        int length = 0;                    // 队列的长度
        while (p != null) {                // 一直查找到队尾
            p = p.next;
```

```java
        ++length;                          // 长度增加 1
    }
    return length;
}
//入队
public void offer(Object x) {
    PriorityQData pn = (PriorityQData) x;
    Node s = new Node(pn);                 // 构造一个新结点
    if (front == null)                     // 队列为空
        front = rear = s;                  // 修改队列的首尾结点
    else {
        Node p = front, q = front;
        while (p != null&& pn.priority >= ((PriorityQData) p.data).priority) {
                                           // 新结点的数据域值与队列结点的数据域值相比较

            q = p;
            p = p.next;
        }
        if (p == null) {                   // p为空,表示遍历到了队列尾部
            rear.next = s;                 // 将新结点加入到队尾
            rear = s;                      // 修改队尾指针
        }
        else if (p == front) {             // p的优先级大于队首结点的优先级
            s.next = front;                // 将新结点加入到队首
            front = s;                     // 修改队首结点
        }
        else {                             // 新结点加入队列中部
            q.next = s;
            s.next = p;
        }
    }
}
// 读取队首元素
public Object peek() {
    if (front == null)                     // 队列为空
        return null;
    else                                   // 返回队首结点的数据域值
        return front.data;
}
// 出队
public Object poll() {
    if (front == null)                     // 队列为空
        return null;
    else {                                 // 返回队首结点的数据域值,并修改队首指针
        Node p = front;
        front = p.next;
        return p.data;
    }
}
// 输出所有队列中的所有数据元素(从队首到队尾)
public void display() {
    if (!isEmpty()) {
```

```
        Node p = front;
        while (p != rear.next) {          // 从队首到队尾
            PriorityQData q = (PriorityQData) p.data;
            System.out.println(q.elem + " " + q.priority);
            p = p.next;
        }
    }
    else {
        System.out.println("此队列为空");
    }
}
} // 优先队列类描述结束
```

2. 优先级队列的应用

优先级队列的应用也很广泛。例如,计算机操作系统用一个优先队列来实现进程的调度管理。在一系列等待执行的进程中,每一个进程可以用一个数值来表示它的优先级,优先级越高,这个值越小。优先级高的进程应该最先获得处理器。另一个例子是打印机的输出任务队列。对于先后到达的打印几百页和只有几页的任务,一个合理的方法是先打印页数少的任务,后打印页数多的任务,这样做就是按照文件的大小来排列打印任务的优先顺序。下面以第一个例子为例模拟优先级队列的实现过程。

【例 3.6】 设计一个程序模仿操作系统的进程管理问题。要求按进程服务优先级高的先服务、优先级相同的按先到先服务的原则进行管理。

【问题描述】 操作系统中采用一个优先队列来管理进程。当优先级队列中有多个进程排队等待系统响应时,只要 CPU 空闲,进程管理系统就会从优先队列中找出优先级最高的进程首先出队并占用 CPU 资源,即按进程服务的优先级,优先级高的先服务、优先级相同的按先到先服务的原则管理。

【问题提示】 操作系统中每个进程的模仿数据由进程号和进程优先级两部分组成,进程号是每个不同进程的唯一标识,优先级通常是一个 0 到 40 的数值,规定 0 为优先级最高,40 为优先级最低。下面为一组模拟数据:

进程号	进程优先级
1	20
2	40
3	0
4	10
5	40

此问题只要通过优先级队列的入队和出队操作即可得到解决,所以只要直接引用前面的优先级队列类 PriorityQueue 中的相应方法即可。

【程序代码】

```
package ch03;
public class Example3_6 {
    public static void main(String[] args) {
```

```
PriorityQueue pm = new PriorityQueue();        // 构造一个对象
pm.offer(new PriorityQData(1, 20));            // 插入优先级队列
pm.offer(new PriorityQData(2, 30));
pm.offer(new PriorityQData(3, 20));
pm.offer(new PriorityQData(4, 20));
pm.offer(new PriorityQData(5, 40));
pm.offer(new PriorityQData(6, 10));
System.out.println("进程服务的顺序: ");
System.out.println("进程 ID 进程优先级");
while (!pm.isEmpty()) {                         // 从队首到队尾,输出结点的数据域值和优先级
    PriorityQData p = (PriorityQData) pm.poll();    // 移除队首结点,并返回其数据域值
    System.out.println(" " + p.elem + "\t" + p.priority);  // 输出
    }
  }
}
```

【运行结果】

运行结果如图 3.22 所示。

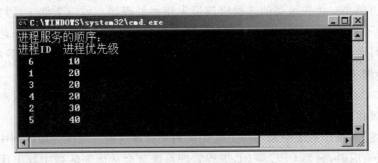

图 3.22   例 3.6 程序的运行结果

优先级队列可以用多种方法加以实现,例如采用无序线性表或有序线性表。上例中就是用有序线性表的链式存储结构来实现。虽然都是查找到优先级最小(或最大)的数据元素,但是插入或删除的时间代价很大。堆是一种很好的优先级队列的实现方法。因为最小堆建成之后,其堆顶元素满足了关键码最小的要求,这就为快速查找和删除优先级最高的数据元素创造了条件。有关堆的知识将在后面章节中进行介绍。

3.3   栈与队列的比较

栈与队列既是两种重要的线性结构,也是两种操作受限的特殊线性表。为了让读者能够更好地掌握它们的使用特点,在此对栈和队列做一个比较。

1. 栈与队列的相同点

(1) 都是线性结构,即数据元素之间具有"一对一"的逻辑关系。

(2) 插入操作都是限制在表尾进行。

(3) 都可在顺序存储结构和链式存储结构上实现。

(4) 在时间代价上,插入与删除操作都需常数时间;在空间代价上,情况也相同。

（5）多链栈和多链队列的管理模式可以相同。在计算机系统软件中,经常会出现同时管理和使用两个以上栈或队列的情况,若采用顺序存储结构实现栈和队列,将会给处理带来极大的不便,因而一般采用多个单链表来实现多个栈或队列。图 3.23、图 3.24 是多链栈和多链队列的存储结构的示意图。它们将多个链栈的栈顶指针或链队列的队首、队尾指针分别存放在一个一维数组中,从而很方便地实现了统一管理和使用多个栈或队列。

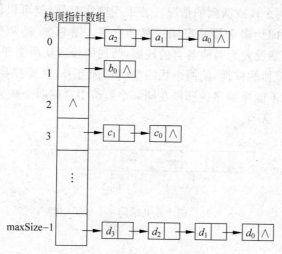

图 3.23　多链栈的存储结构示意图

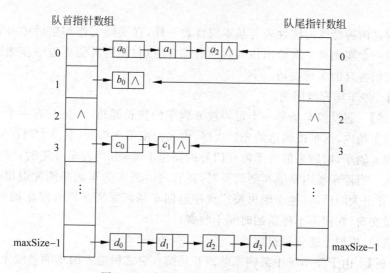

图 3.24　多链队列的存储结构示意图

2. 栈与队列的不同点

（1）删除数据元素操作的位置不同。栈的删除操作控制在表尾进行,而队列的删除操作控制在表头进行。

（2）两者的应用场合不相同。具有后进先出(或先进后出)特性的应用需求,可使用栈式结构进行管理。例如:递归调用中现场信息、计算的中间结果和参数值的保存;图与树的深度优先搜索遍历都采用栈式存储结构加以实现。而具有先进先出(后进后出)特性的应用需求,则要使用队列结构进行管理。例如:消息缓冲器的管理;操作系统中对内存、打印机等各种资源进行管理,都使用了队列,并且可以根据不同优先级别的服务请求,按优先类别把服务请求组成多个不同的队列;队列也是图和树在广度搜索遍历过程中采用的数据结构。

(3) 顺序栈可实现多栈空间共享,而顺序队列则不同。实际应用中经常会出现在一个程序中需要同时使用两个栈或队列的情况。若采用顺序存储,就可以使用一个足够大的数组空间来存储多个栈,即让多个栈共享同一存储空间。图 3.25 是两个栈共享空间的示意图。其中,把数组的两端设置为两栈各自的栈底,两栈的栈顶从两端开始向中间延伸。可以充分利用顺序栈单向延伸的特性,使两个栈的空间形成互补,从而提高存储空间的利用率。然而,对于顺序队列就不能像顺序栈那样在同一个数组中存储两个队列,除非总有数据元素从一个队列转入另一个队列。

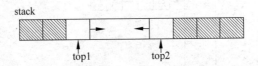

图 3.25 两个栈共享同一个数组空间

3.4 栈与队列的综合应用举例

栈和队列这两种特殊的线性表与基本线性表一样,在实际工作和生活中有着广泛的应用。本节通过一个实例再一次给出栈与队列的综合应用,使读者能更进一步地区分栈与队列的特性和它们各自的实现技巧。

【例 3.7】 停车场管理问题。

【问题描述】 假设停车场是一个可停放 n 辆车的狭长通道,并且只有一个大门可供汽车进出。在停车场内,汽车按到达的先后次序,由北向南依次排列(假设大门在最南端)。若车场内已停满 n 辆车,则后来的汽车需在门外的便道上等候,当有车开走时,便道上的第一辆车即可驶入。当停车场内某辆车要离开时,在它之后进入的车辆必须先退出车场为它让路,待该辆车开出大门后,其他车辆再按原次序返回车场。每辆车离开停车场时,应按其停留时间的长短交费(在便道上停留的时间不收费)。

试编写程序,模拟上述管理过程。

【问题分析】 由于停车场中某辆车的离开是按在它之后进入的车辆必须先退出车场为它让路的原则下进行,显然满足了"后进先出"的特性,所以可以用栈式结构来模拟停车场,而对于指定停车场,它的车位是相对固定的,因而本题采用顺序栈来加以实现。又由于便道上的车是按先到先开进停车场的原则进行,即满足"先进先出"的特性,所以可以用队列来模拟便道,而对于便道上停放车辆的数目是不固定的,因而本题采用链队列来加以实现。

为了能更好地模拟停车场管理,可以从终端读入汽车到达或离去的数据,每组数据应该包括三项:①是"到达"还是"离去";②汽车牌照号码;③"到达"或"离去"的时刻。与每组输入信息相应的输出信息为:若是到达的车辆,则输出其在停车场中或便道上的位置;若是离去的车辆,则输出其在停车场中停留的时间和应交纳的费用。

【程序代码】

```java
import java.text.DecimalFormat;
import java.util.GregorianCalendar;
import java.util.Scanner;
public class Example3_7 {
    private SqStack S = new SqStack(100);          // 顺序栈存放停车场内的车辆信息
    private LinkQueue Q = new LinkQueue();          // 链队列存放便道上的车辆信息
    private double fee = 2;                          // 每分钟停车费用
    public final static int DEPARTURE = 0;          // 标识车辆离开
    public final static int ARRIVAL = 1;            // 标识车辆到达
    // 内部类用于存放车辆信息
    public class CarInfo {
        public int state;                           // 车辆状态,离开/到达
        public GregorianCalendar arrTime;           // 车辆达到时间
        public GregorianCalendar depTime;           // 车辆离开时间
        public String license;                      // 车牌号
    }
    // 停车场管理,参数 license 表示车牌号码,action 表示此车辆的动作到达或离开
    public void parkingManag(String license, String action) throws Exception {
        if ("arrive".equals(action)) {              // 车辆到达
            CarInfo info = new CarInfo();           // 构造一个车辆信息实例
            info.license = license;                 // 修改车辆状态
            if (S.length() < 100) {                 // 停车场未满
                info.arrTime = (GregorianCalendar) GregorianCalendar
                    .getInstance();                 // 当前时间初始化到达时间
                info.state = ARRIVAL;
                S.push(info);
                System.out.println(info.license + "停放在停车场第" + S.length()
                    + "个位置!");
            }
            else {                                  // 停车场已满
                Q.offer(info);                      // 进入便道队列
                System.out.println(info.license + "停放在便道第" + Q.length()
                    + "个位置!");
            }
        }
        else if ("depart".equals(action)) {         // 车辆离开
            CarInfo info = null;
            int location = 0;                       // 车辆的位置
            SqStack S2 = new SqStack(S.length());
            // 构造一个新栈用于存放因车辆离开而导致的其他车辆暂时退出车场
            for (int i = S.length(); i > 0; i--) {
                info = (CarInfo) S.pop();
                if (info.license.equals(license)) {  // 将离开的车辆
                    info.depTime = (GregorianCalendar) GregorianCalendar.getInstance();
                    // 当前时间来初始化离开时间
                    info.state = DEPARTURE;
                    location = i;                   // 取得车辆位置信息
                    break;
                }
                else                                // 其他车辆暂时退出车场
                    S2.push(info);
            }
```

```
        while (!S2.isEmpty())                       // 其他车辆重新进入停车场
            S.push(S2.pop());
        if (location != 0) {                        // 停车场内存在指定车牌号码的车辆
            double time = (info.depTime.getTimeInMillis() - info.arrTime
                .getTimeInMillis())/ (1000 * 60); // 计算停放时间,并把毫秒换算成分钟
            DecimalFormat df = new DecimalFormat("0.0");   // 对 double 进行格式化,保留
                                                           // 两位有效小数
            System.out.println(info.license + "停放:" + df.format(time)
                  + "分钟,费用为:" + df.format(time * fee));    // 输出
        }
        if (!Q.isEmpty()) {                         // 便道上的第一辆车进入停车场
            info = (CarInfo) Q.poll();
            info.arrTime = (GregorianCalendar) GregorianCalendar
                .getInstance();                     // 当前时间来初始化离开时间
            info.state = ARRIVAL;
            S.push(info);
        }
    }
}

public static void main(String[] args) throws Exception {
    Example3_8 pm = new Example3_8();               // 构造对象
    for (int i = 1; i <= 12; i++)
    // 初始化 12 辆车,车牌号分别为 1、2、…、12,其中有 10 辆车停在停车场内,两辆车停放在便道上
        pm.parkingManag(String.valueOf(i), "arrive");
    Scanner sc = new Scanner(System.in);
    System.out.println("请输入车牌号: ");
    String license = sc.next();
    System.out.println("arrive or depart ?");
    String action = sc.next();
    pm.parkingManag(license, action);              // 调用停车场管理函数
    }
}
```

【运行结果】

运行结果如图 3.26 所示。

图 3.26　例 3.7 程序的运行结果

小结

本章介绍了两种特殊的线性表：栈和队列。栈是插入和删除操作限制在表尾一端进行，无论是在栈中插入数据元素还是删除栈中数据元素，都只能固定在线性表的表尾进行。通常将进行插入和删除操作的这一端称为"栈顶"；而另一端称为"栈底"，它是一种具有"后进先出"或"先进后出"特性的线性表。队列是插入操作只限制在表尾进行，而删除操作只限制在表头进行。通常将允许进行插入操作的一端称为"队尾"，而将允许进行删除操作的另一端称为"队首"，它是一种具有"先进先出"或"后进后出"的线性表。

栈的基本操作主要包括判栈是否为空、出栈、入栈和取栈顶元素等。队列的基本操作主要包括判队列是否为空、出队、入队和取队首元素等。这些操作的时间复杂度都是 $O(1)$。

栈与队列都可以用顺序和链式两种存储方式加以实现，为此有顺序栈和链栈、顺序队列和链队列之分。其中，顺序栈和顺序队列用数组实现；链栈和链队列则是用单链表进行存储，读者要注意的是，链栈结点中指针的指向是从栈顶开始依次向后链接的，也就是说链栈中结点的指针不像单链表那样是指向它在线性表中的后继，而是指向其在线性表中的前驱。链队列结点的链接方向与单链表相同，但为了便于实现插入和删除操作，链队列除了引进一个队首指针外，还引进了队尾指针来指向队尾元素，并将两者封装在一个类中。

顺序栈比链栈的使用更为广泛。在顺序栈中，注意掌握入栈和出栈操作，特别是在入栈操作前要进行的判满条件和在出栈操作前要进行的判空条件。在链栈中的操作与单链表操作类似，而且由于入栈与出栈操作都是固定在链栈的栈顶位置进行，所以实现起来比单链表相应操作更为简单。

循环队列比非循环队列使用更为广泛。在顺序存储方式下，也要注意掌握队列的入队和出队操作、队列判空与判满的条件以及队列"假溢出"的处理方法。循环顺序队列就是为了避免"假溢出"现象而提出的一种队列。它是一个假想的环，是通过模运算来使其首尾相连。特别要注意的是，在循环顺序队列中的入队和出队操作实现与在非循环顺序队列中的入队和出队操作实现的不同点在于队首和队尾指针的变化不再是简单的加1或减1，而需加1或减1后再取模运算。在循环顺序队列中为了区分队列的判空和判满条件，特别提出了3种解决方法：第一种是少用一个存储单元；第二种是设置一个标志变量；第三种是设置一个计数变量。链队列中的操作也与单链表中的操作类似，而且由于入队操作总是固定在链队列的队尾进行，而出队操作总是固定在链队列的队首进行，所以链队列的入队和出队操作实现起来非常简单。

栈与队列是两种十分重要的，并且应用非常广泛的数据结构。常见的栈的应用包括括号匹配问题的求解、表达式的转换和求值、函数调用和递归实现和深度优先搜索遍历等。凡是遇到对数据元素的读取顺序与处理顺序相反，都可考虑使用栈将读取到而又未处理的数据元素保存在栈中。常见队列的应用包括计算机系统中各种资源的管理、消息缓冲器的管理和广度优先搜索遍历等。凡是遇到对数据元素的读取顺序与处理顺序相同，都可考虑使用队列来保存读取到而未处理的数据元素。

优先级队列是带有优先级的队列。优先级队列中的每一个数据元素都有一个优先权，优先权可以比较大小，它既可以在数据元素被插入到优先级队列时被人为赋予，也可以是数据元素本身所具有的某一属性。优先权的大小决定着该对象接受服务的先后顺序,所以也将其称为优先级。优先级队列不同于一般的队列,优先级队列是按照数据元素优先级的高低来决定出队的次序,而不是按照数据元素进入队列的次序来决定的。一般队列也可以被看作是一种特殊的优先级队列。在一般的队列中,数据元素的优先级是由其进入队列的时间确定的,时间越长,优先级越高。优先级队列的实现方法可以采用有序、无序线性表或堆来实现。本章中只介绍了在有序线性表上实现的优先级队列。在这种情况下,入队操作是进行数据元素的有序插入,即将待插入的数据元素插入到队列中的适当位置,并使插入后的队列仍按照优先级从大到小的顺序排放。入队操作的时间复杂度为 $O(n)$。出队操作只要将队首元素(即优先级最高的元素)从队列中删除即可,其时间复杂度为 $O(1)$。在一些实际应用中,若需要采用一种数据结构来存储数据元素,对这种数据结构的要求是:数据元素加入的次序是无关紧要的,但每次取出的数据元素应是具有最高优先级的数据元素,这时就可以采用优先级队列来解决问题。

其实利用栈和队列的思想还可以设计出其他一些变种的栈和队列结构。例如:双端队列、双端栈、超队列和超栈等,这些都是根据插入与删除操作位置受限的不相同而得名的。双端队列是指插入和删除操作限制在线性表的两端进行;双栈是指两个底部相连的栈,它是一种添加限制的双端队列,并且规定从一端插入的数据元素只能从这一端删除;超队列是一种删除受限的双端队列,删除操作只允许在一端进行,而插入操作可在两端进行;超栈是一种插入受限的双端队列,插入操作只限制在一端,而删除操作允许在两端进行。这些变种的栈和队列在某些特定情况下具有很好的应用价值。

习题 3

一、选择题

1. 在栈中存取数据的原则是( )。
   A. 先进先出　　　　　　　　　B. 先进后出
   C. 后进后出　　　　　　　　　D. 没有限制
2. 若将整数 1、2、3、4 依次进栈,则不可能得到的出栈序列是( )。
   A. 1234　　　　B. 1324　　　　C. 4321　　　　D. 1423
3. 在链栈中,进行出栈操作时( )。
   A. 需要判断栈是否满　　　　　B. 需要判断栈是否为空
   C. 需要判断栈元素的类型　　　D. 无须对栈作任何差别
4. 在顺序栈中,若栈顶指针 top 指向栈顶元素的下一个存储单元,且顺序栈的最大容量是 maxSize,则顺序栈的判空条件是( )。
   A. top == 0　　　　　　　　　B. top == -1
   C. top == maxSize　　　　　　D. top == maxSize-1
5. 在顺序栈中,若栈顶指针 top 指向栈顶元素的下一个存储单元,且顺序栈的最大容量是 maxSize。则顺序栈的判满的条件是( )。
   A. top == 0　　　　　　　　　B. top == -1

C. top == maxSize　　　　　　　　　　D. top == maxSize−1

6. 在队列中存取数据元素的原则是（　　）。

A. 先进先出　　　B. 先进后出　　　C. 后进后出　　　D. 没有限制

7. 在循环顺序队列中,假设以少用一个存储单元的方法来区分队列判满和判空的条件,front 和 rear 分别为队首和队尾指针,它们分别指向队首元素和队尾元素的下一个存储单元,队列的最大存储容量为 maxSize,则队列的判空条件是（　　）。

A. front == rear　　　　　　　　　　B. front! ＝rear

C. front == rear＋1　　　　　　　　　D. front ==（rear＋1）% maxSize

8. 在循环顺序队列中,假设以少用一个存储单元的方法来区分队列判满和判空的条件,front 和 rear 分别为队首和队尾指针,它们分别指向队首元素和队尾元素的下一个存储单元,队列的最大存储容量为 maxSize,则队列的判满条件是（　　）。

A. front == rear　　　　　　　　　　B. front! ＝rear

C. front == rear＋1　　　　　　　　　D. front ==（rear＋1）% maxSize

9. 在循环顺序队列中,假设以少用一个存储单元的方法来区分队列判满和判空的条件,front 和 rear 分别为队首和队尾指针,它们分别指向队首元素和队尾元素的下一个存储单元,队列的最大存储容量为 maxSize,则队列的长度是（　　）。

A. rear−front

B. rear−front＋1

C.（rear−front＋maxSize）%maxSize

D.（rear−front＋1）%maxSize

10. 设长度为 n 的链队列采用单循环链表加以表示,若只设一个头指针指向队首元素,则入队操作的时间复杂度为（　　）。

A. $O(1)$　　　B. $O(n)$　　　C. $O(\log_2 n)$　　　D. $O(n^2)$

二、填空题

1. 栈是一种操作受限的特殊线性表,其特殊性体现在其插入和删除操作都限制在_____进行。允许插入和删除操作的一端称为_____,而另一端称为_____。栈具有_____的特点。

2. 栈也有两种存储结构,一种是_____,另一种是_____;以这两种存储结构存储的栈分别称为_____和_____。

3. 在顺序栈中,假设栈顶指针 top 是指向栈顶元素的下一个存储单元,则顺序栈判空的条件是_____;栈顶元素的访问形式是_____。

4. 在不带表头结点的链栈中,若栈顶指针 top 直接指向栈顶元素,则将一个新结点 p 入栈时修改链的两个对应语句为_____;_____。

5. 在不带表头结点的链栈中,若栈顶指针 top 直接指向栈顶元素,则栈顶元素出栈时的修改链的对应语句为_____。

6. 队列也是一种操作受限的线性表,它与栈不同的是,队列中所有的插入操作均限制在表的一端进行,而所有的删除操作都限制在表的另一端进行,允许插入的一端称为_____,允许删除的一端称为_____。队列具有_____的特点。

7. 由于队列的删除和插入操作分别在队首和队尾进行,因此,在链式存储结构描述中分别需要设置两个指针分别指向_____和_____,这两个指针又分别称为_____和_____。

8. 循环顺序队列是将顺序队列的存储区域看成是一个首尾相连的环,首尾相连的状态是通过数学上的_____运算来实现的。

9. 在循环顺序队列中,若规定当 front == rear 时,循环队列为空;当 front ==(rear+1)%maxSize 时,循环队列为满,则入队操作时的队尾指针变化的相应语句是_____;出队操作时的队首指针变化的相应语句是_____。

10. 无论是顺序栈还是顺序队列,插入元素时必须先进行_____判断,删除元素时必须先进行_____判断;而链栈或链队列中,插入元素无须进行栈或队列是否为满的判断,只要在删除元素时先进行_____判断。

三、算法设计题

1. 编写一个函数,要求借助一个栈把一个数组中的数据元素逆置。

2. 编写一个函数判断一个字符序列是否为回文序列,所谓回文序列就是正读与反读都相同的字符序列,例如,abba 和 abdba 均是回文序列。要求只使用栈来实现。

3. 假设以一个数组实现两个栈:一个栈以数组的第一个存储单元作为栈底,另一个栈以数组的最后一个存储单元作为栈底,这种栈称为顺序双向栈。试编写一个顺序双向栈类 DuSqStack,类中要求编写 3 个方法。一个是构造方法 DuDuSqStack(int maxSize),此方法实现构造一个容量为 maxSize 的顺序双向空栈;一个是实现入栈操作的方法 push(Object X,int i),此方法完成将数据元素 X 压入到第 i(i=0 或 1)号栈中的操作;一个是实现出栈操作的方法 pop(int i),此方法完成将第 i 号栈的栈顶元素出栈的操作。

4. 循环顺序队列类采用设置一个计数器的方法来区分循环队列的判空和判满。试分别编写顺序循环队列中入队和出队操作的函数。

5. 假设采用带头结点的循环链表来表示队列,并且只设一个指向队尾元素的指针(不设队首指针),试编写相应的队列置空、队列判空、入队和出队操作的函数。

四、上机实践题

1. 设计一个测试类,使其实际运行来测试顺序栈类中各成员函数的正确性。

2. 设计一个测试类,使其实际运行来测试链队列类中各成员函数的正确性。

3. 设计一个循环顺序队列类。要求:

(1) 循环顺序队列类采用设置标志位的方法来区分循环队列的判空和判满。

(2) 循环顺序队列类除构造函数外,成员函数还应包括入队、出队和判队列是否为空的函数。

(3) 设计一个测试程序进行测试,并给出测试结果。

4. 设计一个数制转换类。要求:

(1) 编写一个将十进制数转换成二进制数的方法。

(2) 设计一个测试程序进行测试,并给出测试结果。

第4章

串与数组

目前,计算机已被大量用来处理非数值计算问题,例如:信息检索、文字编辑、自然语言翻译等。这些问题中所涉及的处理对象大多数是字符串。字符串(串)是一种特殊的线性表。

在高级程序设计语言中,数组是一种重要的数据类型。从前几章讨论的线性结构可知,数组是线性结构及其他数据结构实现顺序存储的基础。本章主要介绍字符串和数组的基本概念、存储结构、常用操作以及矩阵的压缩存储方式。

本章主要知识点:

• 串的基本概念及其抽象数据类型描述;

• 串的存储结构;

• 串的基本操作实现;

• 数组的定义、操作和存储结构;

• 矩阵的压缩存储。

4.1 串概述

4.1.1 串的基本概念

字符串(串),是由 $n(n \geqslant 0)$ 个字符组成的有限序列。从逻辑结构来看,串也是一种特殊的线性表,即串可以看成是每个数据元素仅有一个字符组成的线性表。串一般记为:

$$s = "c_0 c_1 \cdots c_i \cdots c_{n-1}"$$

其中,s 是串名,也称为串变量;$i(0 \leqslant i \leqslant n-1)$ 称为字符 c_i 在串中的位序号。双引号内的字符序列称为串值,一个串中包含的字符个数 n 称为串的长度。长度 n 为 0 的串称为空串,即空串不包含任何字符。包含一个及以上空白字符的串称为空白串。需要说明的是,空串和空白串的区别。空串不包含任何字符,长度为 0;空白串是由一个或多个空白字符所组成的字符串,其长度是空白字符的个数。

串中任意个连续的字符组成的子序列称为该串的子串,包含子串的串称为该子串的主串。注意,空串是任意串的子串,任意串是其自身的子串。字符在串中的位置是指字符在串中的序号值。子串在主串中的位置是以子串在主串中首次出现时的第一个字符在主串中的位置来表示。例如,设有 s1、s2、s3、s4、s5 下面 5 个串:

```
s1 = "This is a string"
s2 = "string"
s3 = " "
s4 = ""
s5 = "string"
```

其中,s1、s2、s3、s4 的长度分别是 16、6、1、0。s2 是 s1 的子串,它在 s1 中的位置是 10;s3 是空白串,它是 s1 的子串,它在 s1 中的位置是 4;s4 是空串,它是 s1、s2、s3 的子串。

串相等是指两个串的长度相等,并且各个对应位置的字符相同。上面例中的 s2 和 s5 是相等的两个串。

4.1.2　串的抽象数据类型描述

按照串的定义,串实际上是线性表的一种。它与一般线性表的不同之处在于,其每个数据元素的类型一定为字符型,而不能为其他类型。根据串的特性及其在实际问题中的应用,可以抽象出串的一些基本操作,它们与串的定义一起构成了串的抽象数据类型。

串的基本操作主要有下面几种:

(1) 串的置空操作 clear():将一个已经存在的串置成空串。

(2) 串判空操作 isEmpty():判断当前串是否为空,若为空,则返回 true;否则返回 false。

(3) 求串长度操作 length():返回串中的字符个数。

(4) 取字符操作 charAt(index):读取并返回串中的第 index 个字符值。其中,index 取值范围为 $0 \leqslant index \leqslant length()-1$。

(5) 截取子串操作 substring(begin,end):返回值为当前串中从序号 begin 开始,到序号 end-1 为止的子串。其中,begin 和 end 的取值范围分别为 $0 \leqslant begin \leqslant length()-1$ 和 $1 \leqslant end \leqslant length()$。

(6) 插入操作 insert(offset, str):在当前串的第 offset 个字符之前插入串 str,其中,offset 的取值范围为 $0 \leqslant offset \leqslant length()$。

(7) 删除操作 delete(begin,end):删除当前串中从序号 begin 开始到序号 end-1 为止的子串。其中,begin 和 end 的取值范围分别为 $0 \leqslant begin \leqslant length()-1$ 和 $1 \leqslant end \leqslant length()$。

(8) 串的连接操作 concat(str):把 str 串连接到当前串的后面。

(9) 串的比较操作 compareTo(str):将当前串与目标串 str 进行比较,若当前串大于 str,则返回一个正整数;若当前串等于 str,则返回 0;若当前串小于 str,则返回一个负整数。

(10) 子串定位操作 indexOf(str, begin):在当前串中从 begin 位置开始搜索与 str 相等的子串,若搜索成功,则返回 str 在当前串中的位置;否则返回-1。注意:str 不能是空串。

串的抽象数据类型使用 Java 接口描述如下:

```java
package ch04;
public interface IString {
    public void clear();
    public boolean isEmpty();
    public int length();
```

```
    public char charAt(int index);
    public IString substring(int begin, int end);
    public IString insert(int offset, IString str);
    public IString delete(int begin, int end);
    public IString concat(IString str);
    public int compareTo(IString str);
    public int indexOf(IString str, int begin);
}
```

IString 接口的定义为串的使用提供了统一方式,但在实现时需要考虑串的具体存储结构。串的存储结构包括顺序存储结构和链式存储结构。

4.2　串的存储结构

4.2.1　串的顺序存储结构

串的顺序存储结构与线性表的顺序存储结构类似,可以采用一组地址连续的存储单元来存储串字符序列。在 Java 语言中,可以使用字符数组实现串的存储。用字符类型的数组存储串时,当定义了一个串变量后,这个串在内存中的开始地址就确定了。另外,还需要设置一个串的长度参数用来记录串中的字符个数。

顺序存储结构的串称为顺序串,顺序串的数据类型描述如下:

```
public class SeqString implements IString
{
    private char[] strvalue;              // 字符数组,存放串值
    private int curlen;                   // 串中字符个数,即串的长度
        ⋮
}
```

其中,字符数组 strvalue 用来存放字符串的串值;整型变量 curlen 用于存放字符串的当前长度。串的顺序存储结构如图 4.1 所示。其中,strvalue 是一个字符数组,数组元素的个数是 11,该数组中存放字符串"Hello",串的实际长度 curlen 的值是 5。

图 4.1　串的顺序存储结构

4.2.2　串的链式存储结构

串的链式存储结构和线性表的链式存储结构类似,可以采用单链表来存储串值,串的这种链式存储结构称为链串。图 4.2 显示的是串的链式存储结构示意图。在这种存储结构下,存储空间被分成一系列大小相同的结点,每个结点用 data 域存放字符值,用 next 域存放指向下一个结点的指针值。由于串结构的特殊性,采用链表存储串值时,每个结点存放的字符数可以是一个字符,也可以是多个字符。若每个结点只存放一个字符,则这种链表称为

单字符链表;否则称为块链表。例如:图 4.2(a)所示的是结点大小为 1 的单字符链表;图 4.2(b)所示的是结点大小为 4 的块链表。在图 4.2(b)中,由于结点的大小为 4,因而串所占用的结点中的最后一个结点的 data 域不一定全被串值占据。为了处理方便,通常补上空字符"ϕ"或其他的非串值字符。

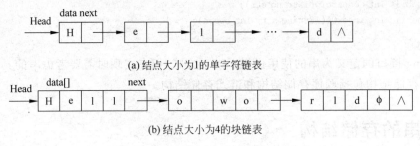

(a) 结点大小为1的单字符链表

(b) 结点大小为4的块链表

图 4.2　串的链式存储结构

在串的链式存储结构中,当每个结点只存储一个字符时,串的插入、删除等操作非常方便,但存储效率太低,因为每存储一个字符,需要搭配一个指向下一字符的指针,而指针所占空间是比较大的。而当每个结点存储多于一个字符时,虽然提高了存储效率,但插入、删除等操作需要移动字符,且实现不方便,效率较低。另外,当使用链式存储结构存储串时,若需要访问串中的某个字符,则要从链表的头部开始遍历直到相应位置才可以访问,时间效率也不高。

通常在不同的应用需求中所处理的串具有不同的特点,要有效地实现串的处理就必须根据具体情况选用合适的存储结构。

4.3　顺序串的实现

虽然串的逻辑结构与线性表的逻辑结构相同,但它们的存储结构不相同,而且在其上的操作也不相同。线性表只能对单个数据元素操作,而串既可以对单个字符操作,又可以对整个串操作,还可以对连续的一组字符(子串)操作。所以说,串是一种特殊的线性表,其上的操作也不同于对线性表的处理,串有自己的独特的处理方法。本节主要介绍在顺序存储结构上的串的基本操作实现。

4.3.1　顺序串的类定义

由于在串的实际应用中所需要的存储空间比较大,因此在大多数情况下,串值的存储采用顺序存储方式。以顺序存储结构实现串的类定义如下:

```java
package ch04;
public class SeqString implements IString {
    private char[] strvalue;                    // 字符数组,存放串值
    private int curlen;                         // 当前串的长度

    // 构造方法 1,构造一个空串
    public SeqString() {
```

```
        strvalue = new char[0];
        curlen = 0;
    }
// 构造方法 2,以字符串常量构造串对象
public SeqString(String str) {
        char[] tempchararray = str.toCharArray();
        strvalue = tempchararray;
        curlen = tempchararray.length;
    }
// 构造方法 3,以字符数组构造串对象
public SeqString(char[] value) {
        this.strvalue = new char[value.length];
        for (int i = 0; i < value.length; i++) {     // 复制数组
            this.strvalue[i] = value[i];
        }
        curlen = value.length;
    }
// 将一个已经存在的串置成空串
public void clear() {
        this.curlen = 0;
    }
// 判断当前串是否为空,若为空,则返回 true; 否则返回 false
public boolean isEmpty() {
        return curlen == 0;
    }
// 返回字符串长度
public int length() {
        return curlen;                               // 区别: strvalue.length 是数组容量的
    }
// 返回字符串中序号为 index 的字符
public char charAt(int index) {
        if ((index < 0) || (index >= curlen)) {
            throw new StringIndexOutOfBoundsException(index);
        }
        return strvalue[index];
    }
// 扩充字符串存储空间容量,参数指定容量
public void allocate(int newCapacity) {
        char[] temp = strvalue;
        strvalue = new char[newCapacity];            // 复制数组
        for(int i = 0; i < temp.length; i++)
            strvalue[i] = temp[i];
    }
// 返回串中序号从 begin 至 end - 1 的子串
public IString subString(int begin, int end)
        {…}
// 在当前串的第 offset 个字符之前插入串 str
public IString insert(int offset, IString str)
        {…}
// 删除当前串中从序号 begin 开始到序号 end - 1 为止的子串
public IString delete(int begin, int end)
```

```
    {…}
// 添加指定串 str 到当前串尾
public IString concat(IString str) {
    return insert(curlen,str);
}
// 将当前串与目标串 str 进行比较
public int compareTo(IString str);
    {…}
// 子串定位
public int indexOf(IString str,int begin)
    {…}
}
```

4.3.2　串的基本操作实现

1. 求子串操作

IString substring(int begin, int end)

求子串操作的功能是,返回当前串中序号从 begin 至 end－1 的子串。起始下标 begin 的范围是 0≤begin≤length()－1;结束下标 end 的范围是 1≤end≤length()。主要步骤归纳如下:

(1) 首先检查参数合法性,即当 begin＜0,或 end＞curlen,或 begin＞end 时,抛出异常。

(2) 若要截取整个串,则返回原串;否则截取从 begin 到 end－1 之间的子串。

【算法 4.1】　求子串操作算法。

```
// 返回串中序号从 begin 至 end－1 的子串
public IString substring(int begin, int end) {
    if (begin < 0) {
        throw new StringIndexOutOfBoundsException("起始位置不能小于 0");
    }
    if (end > curlen) {
        throw new StringIndexOutOfBoundsException("结束位置不能大于串的当前长度:" +
curlen);
    }
    if (begin > end) {
        throw new StringIndexOutOfBoundsException("开始位置不能大于结束位置");
    }
    if (begin == 0 && end == curlen) {
        return this;
    } else {
        char[] buffer = new char[end - begin];
        for (int i = 0; i < buffer.length; i++)      // 复制子串
        {
            buffer[i] = this.strvalue[i + begin];
        }
        return new SeqString(buffer);
    }
} // 算法 4.1 结束
```

2. 串的插入操作

```
public IString insert(int offset, IString str)
```

串的插入操作是指,在当前串中第 offset 个字符之前插入串 str,并返回结果串对象。其中,参数 offset 的有效范围是 0≤offset≤length()。当 offset＝0,表示在当前串的开始处插入串 str;当 offset＝ length(),表示在当前串的结尾处插入串 str。主要步骤归纳如下:

(1) 当插入位置超出合法范围,即当 offset ＜0 或 offset ＞ this.curlen 时,抛出异常。

(2) 若插入时存储空间不足,则调用 allocate(newCount),重新分配存储空间。

(3) 将 strvalue 中从 offset 开始的字符向后移动 len 个位置(len 为待插入串 str 的长度)。

注意:必须先从最后一个数据元素开始依次逐个进行后移,直到第 offset 个数据元素移动完为止。

(4) 将 str 串插入到 strvalue 中从 offset 开始的位置。

【算法 4.2】 串的插入操作算法。

```java
// 在当前串的第 offset 个字符之前插入串 str,0 <= offset <= curlen
public IString insert(int offset, IString str) {
    if ((offset < 0) || (offset > this.curlen)) {
        throw new StringIndexOutOfBoundsException("插入位置不合法");
    }
    int len = str.length();
    int newCount = this.curlen + len;
    if (newCount > strvalue.length) {
        allocate(newCount);                     // 插入存储空间不足,需扩充容量
    }
    for (int i = this.curlen - 1; i >= offset; i--) {
        strvalue[len + i] = strvalue[i];        // 从 offset 开始向后移动 len 个字符
    }
    for (int i = 0; i < len; i++)               // 复制串 str
    {
        strvalue[offset + i] = str.charAt(i);
    }
    this.curlen = newCount;
    return this;
} // 算法 4.2 结束
```

3. 串的删除操作

```
public IString delete(int begin, int end)
```

串的删除操作是指在当前串中删除从 begin 到 end−1 之间的子串,并返回当前串对象。参数 begin 和 end 的取值范围分别是 0≤begin≤length()−1 和 1≤end≤length()。主要步骤归纳如下:

(1) 检查参数合法性,即当 begin ＜0,或 end＞curlen,或 begin＞end 时,抛出异常。

(2) 将 strvalue 中从 end 开始到串尾的子串向前移动到从 begin 开始的位置。

(3) 当前串长度减去 end−begin。

【算法 4.3】　串的删除操作算法。

```
// 删除从 begin 到 end - 1 的子串, 0≤begin≤length() - 1,1≤end≤length()
public IString delete(int begin, int end)
{
    if (begin < 0) {
        throw new StringIndexOutOfBoundsException("起始位置不能小于 0");
    }
    if (end > curlen) {
        throw new StringIndexOutOfBoundsException("结束位置不能大于串的当前长度:" +
curlen);
    }
    if (begin > end) {
        throw new StringIndexOutOfBoundsException("开始位置不能大于结束位置");
    }
    for (int i = 0; i < curlen - end; i++)
                                // 从 end 开始至串尾的子串向前移动到从 begin 开始的位置
    {
        strvalue[begin + i] = strvalue[end + i];
    }
    curlen = curlen - (end - begin);            // 当前串长度减去(end - begin)
    return this;
} // 算法 4.3 结束
```

4. 串的比较操作

```
public int compareTo(SeqString str)
```

串的比较操作是指将当前串与参数 str 指定的串进行比较,若当前串的值大于 str 的串值,则返回一个正整数;若当前串的值等于 str 的串值,则返回 0;若当前串的值小于 str 的串值,则返回一个负整数。主要步骤归纳如下:

(1) 求出当前串与待比较串的长度,并把较小值赋值到 n。

(2) 从下标 0 到 $n-1$ 依次取出两个串中对应的字符进行比较,若不等,则返回第一个不相等的字符的数值差。

(3) 若下标从 0 到 $n-1$ 对应的字符均相等,则返回两个串长度的差。

【算法 4.4】　串的比较操作算法。

```
public int compareTo(SeqString str) {                // 比较串
    int len1 = curlen;
    int len2 = str.curlen;
    int n = Math.min(len1, len2);
    char[] s1 = strvalue;
    char[] s2 = str.strvalue;
    int k = 0;
    while (k < n) {
        char ch1 = s1[k];
        char ch2 = s2[k];
        if (ch1 != ch2) {
```

```
            return ch1 - ch2;              // 返回第一个不相等字符的数值差
        }
        k++;
    }
    return len1 - len2;                    // 返回两个串长度的差
} // 算法 4.4 结束
```

4.4 串的模式匹配操作

串的查找定位操作(也称为串的模式匹配操作)指的是在当前串(主串)中寻找子串(模式串)的过程。若在主串中找到了一个和模式串相同的子串,则查找成功;若在主串中找不到与模式串相同的子串,则查找失败。当模式匹配成功时,函数的返回值为模式串的首字符在主串中的位序号;当匹配失败时,函数的返回值为−1。

两种主要的模式匹配算法是 Brute-Force 算法和 KMP 算法。

4.4.1 Brute-Force 模式匹配算法

Brute-Force 算法是一种简单、直观的模式匹配算法。其实现方法是:设 s 为主串;t 为模式串;i 为主串当前比较字符的下标;j 为模式串当前比较字符的下标。令 i 的初值为 start,j 的初值为 0。从主串的第 start 个字符($i=$start)起和模式串的第一个字符($j=0$)比较,若相等,则继续逐个比较后续字符($i++$,$j++$);否则从主串的第二个字符起重新和模式串比较(i 返回到原位置加 1,j 返回到 0)依此类推,直至模式串 t 中的每一个字符依次和主串 s 的一个连续的字符序列相等,则称匹配成功,函数返回模式串 t 的第一个字符在主串 s 中的位置;否则称匹配失败,函数返回−1。

【算法 4.5】 Brute-Force 模式匹配算法。

```
// 返回模式串 t 在主串中从 start 开始的第一次匹配位置,匹配失败时返回 - 1
public int indexOf_BF(IString t, int start)
{ if (this!= null && t!= null && t.length()>0 && this.length() >= t.length())
    {                                       // 当主串比模式串长时进行比较
        int slen,tlen,i = start, j = 0;      // i 表示主串中某个子串的序号
        slen = this.length();
        tlen = t.length();
        while ((i<slen)&&(j<tlen))
        { if (this.charAt(i) == t.charAt(j))  // j 为模式串当前字符的下标
            { i++;
              j++;
            }                                // 继续比较后续字符
          else
            { i=i-j+1;                       // 继续比较主串中的下一个子串
              j=0;                           // 模式串下标退回到 0
            }
        }
        if (j>= t.length())
            return i - tlen;                 // 匹配成功,返回子串序号
```

```
        else
            return -1;
    }
    return -1;                                    // 匹配失败时返回-1
} // 算法 4.5 结束
```

例如主串 s 为"ababcabdabcabca",模式串 t 为"abcabc",匹配过程如图 4.3 所示。

图 4.3   串的 BF 模式匹配过程

上面所描述的算法中,假设从某一个 s[i]开始与 t[j]进行比较,开始时,$j=0$,若 s[i]==
t[j],则 i 和 j 后移;若 s[i]!=t[j],则 j 返回到原位置 0,而 i 返回到原位置加 1。j 已经
从原来的位置向后移动了 j 次,所以 i 也向后移动了 j 次,故 i 的原位置为 $i-j$,而原位置加
1 为 $i-j+1$。同样,当匹配成功时,函数值返回 i 的原位置,这时 j 从 0 移动到串 t 的结束
($j=$tlen),即 j 向后移动 tlen 次,同样 i 也应向后移动 tlen 次,所以,函数返回值是 $i-$tlen。

Brute-Force 模式匹配算法简单且易于理解,但在一些情况下,时间效率非常低,其原因是
主串 s 和模式串 t 中已有多个字符比较相等时,只要后面遇到一个字符比较不相等,就需将主
串的比较位置 i 回退。假设主串的长度为 n,子串的长度为 m,则模式匹配的 BF 算法在最好情
况下的时间复杂度为 $O(m)$,即主串的前 m 个字符刚好等于模式串的 m 个字符。BF 算法在
最坏情况下的时间复杂度为 $O(n \times m)$,分析如下:假设模式串的前 $m-1$ 个字符序列和主

串的相应字符序列比较总是相等，而模式串的第 m 个字符和主串的相应字符比较总是不相等，此时，模式串的 m 个字符序列必须和主串的相应字符序列块一共比较 $n-m+1$ 次，每次比较 m 个字符，总共需比较 $m\times(n-m+1)$ 次，因此，其时间复杂度为 $O(n\times m)$。例如：

主串 s = "aaaaaaaaaaaa"，串长为 $n=12$

模式串 t = "aaab"，串长为 $m=4$

这样，每趟比较 4 次后匹配失败，i 回到原位置加 1，j 返回到 0，继续下一趟匹配，共计需要 $n-m+1=12-4+1=9$ 趟，总共比较了 $4\times9=36$ 次。所以，最坏情况下的时间复杂度为 $O((n-m+1)*m)$，其原因是由于每次匹配失败，i 总是回退到原位置加 1 造成的。下面讨论改进后的一种模式匹配算法。

4.4.2 KMP 模式匹配算法

由 D. E. Knuth、J. H. Morris 和 V. R. Pratt 提出的模式匹配改进算法，简称为 KMP 算法。KMP 算法对 BF 算法做了很大的改进，模式匹配的效率较高。KMP 算法的主要思想是，每当某趟匹配失败时，i 指针不回退，而是利用已经得到的"部分匹配"的结果，将模式向右"滑动"尽可能远的一段距离后，继续进行比较。

1. KMP 模式匹配算法分析

从图 4.3 所示的 Brute-Force 模式匹配过程中可以发现，主串 s 中的比较位置指针 i 不必回退。以下分两种情况讨论。

设主串 s 为"ababcabdabcabca"，模式串 t 为"abcabc"。

（1）第一种情况如图 4.3 中的第一趟匹配过程所示。

匹配过程为：当 $s_0=t_0,s_1=t_1,s_2\ne t_2$ 时，指针 $i=2,j=2$。按照 Brute-Force 模式匹配算法，下一趟要比较 s_1 和 t_0，即指针 i 需回退到 1，j 回退到 0。但由于 $t_0\ne t_1$，而 $s_1=t_1$，故一定有 $s_1\ne t_0$。所以，此时不需比较 s_1 和 t_0，即指针 i 不回退，实际上是直接比较 s_2 和 t_0。

（2）第二种情况如图 4.3 中的第三趟匹配过程所示。

在该算法的第三趟匹配中，当下标为 $i=7$ 和 $j=5$ 对应的字符不等时（即 $s_i\ne t_j$），需要再次从下标为 $i=3$ 和 $j=0$ 的字符重新开始比较。但是，经仔细观察可以发现，s_3 和 t_0，s_4 和 t_0，s_5 和 t_0，s_6 和 t_1 这 4 次比较都是不必进行的。一方面，在模式匹配过程中，当 $s_7\ne t_5$，必有 $s_2s_3s_4s_5s_6 = t_0t_1t_2t_3t_4$；又因 $t_1\ne t_0,t_2\ne t_0$，所以一定有 $s_3\ne t_0,s_4\ne t_0$。也就是说，s_3 和 t_0，s_4 和 t_0 这两次比较不必进行。另一方面，在模式串 t = "abcabc"中，有 $t_0t_1 = t_3t_4$，又 $s_5s_6 = t_3t_4$，故 $s_5s_6 = t_0t_1$，所以 s_5 和 t_0，s_6 和 t_1 这两次比较也不必进行。

设主串 s 为" ababcabdabcabca"，模式串 t 为"abcabc"。KMP 模式匹配算法如图 4.4 所示。在这个模式匹配过程中，主串中的指针 i 没有回退，这个过程只需进行 5 趟匹配，有效地提高了模式匹

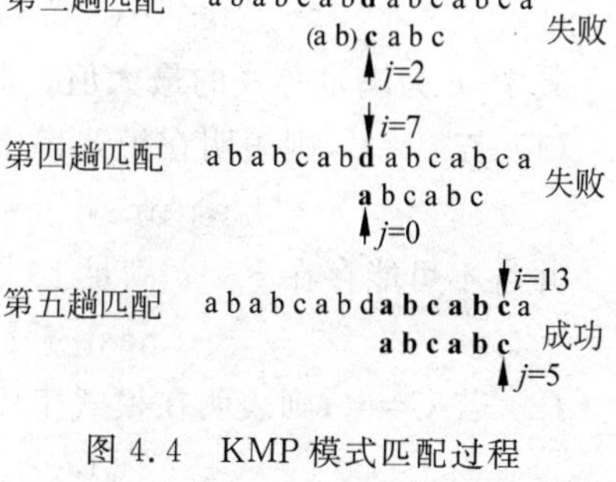

图 4.4 KMP 模式匹配过程

效率。

对以上两种情况进行分析可以发现,当某次匹配不成功($s_i \neq t_j$)时,主串 s 的当前比较位置 i 不必回退,此时主串中的 s_i 可直接和模式串中的某个 t_k($0 \leqslant k < j$)进行比较,此处下标 k 的确定与主串无关,只与模式串本身的构成有关,即从模式串本身就可计算出 k 的值。

现在讨论一般情况。假设主串 s="$s_0 s_1 \cdots s_{n-1}$",模式串 t="$t_0 t_1 \cdots t_{m-1}$",从主串 s 中某一个位置开始比较,当匹配不成功($s_i \neq t_j$)时,此时一定存在

$$"s_{i-j} s_{i-j+1} \cdots s_{i-1}" = "t_0 t_1 \cdots t_{j-1}" \tag{4.1}$$

(1) 若模式串中不存在任何满足式(4.2)的子串

$$"t_0 t_1 \cdots t_{k-1}" = "t_{j-k} t_{j-k+1} \cdots t_{j-1}" \quad (0 < k < j) \tag{4.2}$$

则说明在模式串"$t_0 t_1 \cdots t_{j-1}$"中不存在前缀子串"$t_0 t_1 \cdots t_{k-1}$"($0<k<j$)与主串"$s_{i-j} s_{i-j+1} \cdots s_{i-1}$"中的"$s_{i-k} s_{i-k+1} \cdots s_{i-1}$"子串相匹配,下一次可直接比较 s_i 和 t_0。

(2) 若模式串中存在满足式(4.2)的子串,则说明模式串"$t_0 t_1 \cdots t_{j-1}$"中的前缀子串"$t_0 t_1 \cdots t_{k-1}$"已与主串"$s_{i-j} s_{i-j+1} \cdots s_{i-1}$"中的"$s_{i-k} s_{i-k+1} \cdots s_{i-1}$"子串相匹配,下一次可直接比较 s_i 和 t_k。

综上所述,当主串中的 s_i 与模式串中的 t_j 不匹配时,需将 s_i 与 t_k 比较,此时选取 k 的原则是:模式串的前 k 个字符子串等于 t_j 之前的 k 个字符子串,并且是具有此性质的最大子串的串长,如图 4.5 所示。

$$\begin{array}{cccccccc}
 & & & t_0 & t_1 & \cdots & t_{k-1} \\
 & & & \| & \| & & \| \\
s_{i-j} & s_{i-j+1} & \cdots & s_{i-k} & s_{i-k+1} & \cdots & s_{i-1} \\
\| & \| & & \| & \| & & \| \\
t_0 & t_1 & \cdots & t_{j-k} & t_{j-k+1} & & t_{j-1}
\end{array}$$

图 4.5 选取模式串中前 k 个子串

2. next[j]函数

模式串中,每一个 t_j 都有一个 k 值对应,这个 k 值仅与模式串本身有关,而与主串 s 无关。一般用 next[j]函数来表示 t_j 对应的 k 值。

next[j]函数定义为:

$$\text{next}[j] = \begin{cases} -1 & (j = 0) \\ \max\{k \mid 0 < k < j, \text{且 } t_0 t_1 \cdots t_{k-1} = t_{j-k} t_{j-k+1} \cdots t_{j-1}\}, & (\text{集合非空时}) \\ 0 & (\text{其他情况}) \end{cases} \tag{4.3}$$

下面讨论求 next[j]函数值的问题。从 next[j]函数的定义可知,求解 next[j]函数值的过程是一个递推过程。

由定义可知,初始时:next[0]= −1,next[1]=0

若存在 next[j]=k,则表明在模式串 T 中有

$$"t_0 t_1 \cdots t_{k-1}" = "t_{j-k} t_{j-k+1} \cdots t_{j-1}" \quad (0 < k < j) \tag{4.4}$$

其中,k 为满足等式的最大值。此时,计算 next[$j+1$]的值存在以下两种情况:

(1) 若 $t_k = t_j$,则表明在模式串中存在

$$"t_0 t_1 \cdots t_{k-1} t_k" = "t_{j-k} t_{j-k+1} \cdots t_{j-1}\ t_j" \quad (0 < k < j) \tag{4.5}$$

并且不可能存在 $k' > k$ 满足上式,因此,可得到

$$\text{next}[j+1] = \text{next}[j] + 1 = k + 1 \tag{4.6}$$

(2) 若 $t_k \neq t_j$,则表明在模式串中存在

$$"t_0 t_1 \cdots t_{k-1}\ t_k" \neq "t_{j-k} t_{j-k+1} \cdots t_{j-1}\ t_j" \tag{4.7}$$

此时,可以把计算 next[j]函数值的问题看成是一个模式匹配过程。而整个模式串既是主串又是模式串,如图 4.6 所示。

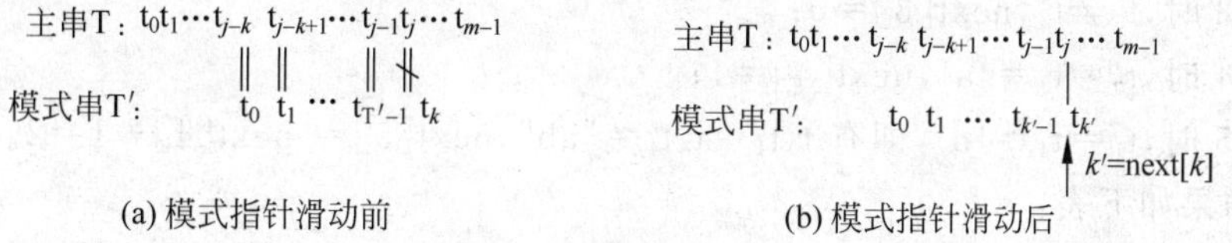

主串T: $t_0 t_1 \cdots t_{j-k}\ t_{j-k+1}\cdots t_{j-1} t_j \cdots t_{m-1}$ 主串T: $t_0 t_1 \cdots t_{j-k}\ t_{j-k+1}\cdots t_{j-1} t_j \cdots t_{m-1}$

模式串T′: $t_0\ t_1\ \cdots\ t_{T'-1}\ t_k$ 模式串T′: $t_0\ t_1\ \cdots\ t_{k'-1}\ t_{k'}$

                                                                        $k'=$next[k]

(a) 模式指针滑动前   (b) 模式指针滑动后

图 4.6   求 next[$j+1$]

在当前匹配过程中,已有"$t_0 t_1 \cdots t_{k-1}$"="$t_{j-k} t_{j-k+1} \cdots t_{j-1}$"成立,则当 $t_k \neq t_j$ 时,应将模式串 T′ 向右滑动至 $k'=$next[k] ($0 < k' < k < j$),并把 k' 位置上的字符与主串中第 j 位置上的字符做比较。

若此时 $t_{k'} = t_j$,则表明在"主串"T 中第 $j+1$ 个字符之前存在一个最大长度为 k' 的子串,使得

$$"t_0 t_1 \cdots t_{k'-1}\ t_{k'}" = "t_{j-k'} t_{j-k'+1} \cdots t_{j-1}\ t_j"\quad (0 < k' < k < j) \tag{4.8}$$

因此,有

$$next[j+1] = k'+1 = next[k]+1 \tag{4.9}$$

若此时 $t_{k'} \neq t_j$,则将模式串 T′ 向右滑动至 $k''=$next[k']后继续匹配。以此类推,直至某次比较有 $t_k = t_j$(此即为上述情况),或某次比较有 $t_k \neq t_j$ 且 $k=0$,此时有 next[$j+1$]=0。

【算法 4.6】 求 next[j]函数算法。

```
//计算模式串 T 的 next[]函数值
private int[] getNext(IString T) {
    int[] next = new int[T.length()];          //next[]数组
    int j = 1;                                 //主串指针
    int k = 0;                                 //模式串指针
    next[0] = -1;
    next[1] = 0;
    while (j < T.length() - 1) {
        if (T.charAt(j) == T.charAt(k)) {      //匹配
            next[j + 1] = k + 1;
            j++;
            k++;
        } else if (k == 0) {                   //失配
            next[j + 1] = 0;
            j++;
        } else
        {
            k = next[k];
        }
    }
    return (next);
} //算法 4.6 结束
```

【例 4.1】 求模式串 T="abcabc"的 next[j]函数值。

解:当 $j=0$ 时,next[0]=-1;

当 $j=1$ 时,next[1]=0;

当 $j=2$ 时,$t_0 \neq t_1$,next[2]=0;

当 $j=3$ 时,$t_0 \neq t_2$,next[3]=0;

当 $j=4$ 时,$t_0 = t_3 = $'a',next[4]=1;

当 $j=5$ 时,$t_1 = t_4 = $'b',即有 $t_0 t_1 = t_3 t_4 = $"ab",next[5] = next[4]+1=2。

计算结果如下表:

模式串	a	b	c	a	b	c
j	0	1	2	3	4	5
Next[j]	-1	0	0	0	1	2

【例 4.2】 求模式串 T="ababaaa"的 next[j]函数值。

解:当 $j=0$ 时,next[0]=-1;

当 $j=1$ 时,next[1]=0;

当 $j=2$ 时,$t_0 \neq t_1$,next[2]=0;

当 $j=3$ 时,$t_0 = t_2 = $'a',next[3]=1;

当 $j=4$ 时,$t_1 = t_3 = $'b',即有 $t_0 t_1 = t_2 t_3 = $"ab",next[4] = next[3]+1=2;

当 $j=5$ 时,$t_2 = t_4 = $'a',即有 $t_0 t_1 t_2 = t_2 t_3 t_4 = $"aba",next[5] = next[4]+1=3;

当 $j=6$ 时,因 $t_3 \neq t_5$,k=next[k]=next[3]=1; 因 $t_1 \neq t_5$,k=next[k]=next[1]=0;
因 $t_0 = t_5$,next[6] = next[1]+1=1。

计算结果如下表:

模式串	a	b	a	b	a	a	a
j	0	1	2	3	4	5	6
next[j]	-1	0	0	1	2	3	1

3. nextval[j]函数

以上定义的 next[j]函数在某些情况下还存在缺陷。例如,主串 s="bbbcbbbbc",模式串 t="bbbbc",在匹配时,当 $i=3$、$j=3$ 时,$s_3 \neq t_3$,则 j 向右滑动 next[j],接着还需要进行 s_3 与 t_2,s_3 与 t_1,s_3 与 t_0 3 次比较。实际上,因为模式串中的 t_0、t_1、t_2 这 3 个字符与 t_3 都相等,后 3 次比较结果与 s_3 和 t_3 的比较结果相同,因此,可以不必进行后 3 次的比较,而是直接将模式串向右滑动 4 个字符,比较 s_4 与 t_0。

一般来说,若模式串 t 中存在 $t_j = t_k$($k=$next[j]),且 $s_i \neq t_j$ 时,则下一次 s_i 不必与 t_k 进行比较,而直接与 $t_{next[k]}$ 进行比较。因此,修正 next[j]函数为 nextval[j]。

nextval[j]函数定义为:

$$
nextval[j] = \begin{cases} -1 & (j=0) \\ next[j] & (t_j \neq t_k) \\ next[k] & (t_j = t_k) \\ 0 & \text{其他} \end{cases}
$$

【算法 4.7】 求 nextval[j]函数算法。

```java
// 计算模式串 T 的 nextval[]函数值
private int[] getNextVal(IString T) {
    int[] nextval = new int[T.length()];              // nextval[]数组
    int j = 0;
    int k = -1;
    nextval[0] = -1;
    while (j < T.length() - 1) {
        if (k == -1 || T.charAt(j) == T.charAt(k)) {
            j++;
            k++;
            if (T.charAt(j) != T.charAt(k))
                nextval[j] = k;
            else
                nextval[j] = nextval[k];
        } else
            k = nextval[k];
    }
    return (nextval);
} // 算法 4.7 结束
```

4. KMP 算法

总结以上的讨论,KMP 算法可设计如下:设 s 为主串,t 为模式串,i 为主串当前比较字符的下标,j 为模式串当前比较字符的下标。令 i 的初值为 start,j 的初值为 0。当 $s_i = t_j$ 时,i 和 j 分别增加 1,再继续比较;否则,i 的值不变,j 的值改变为 next[j]值再继续比较。比较过程分为两种情况:一是 j 退回到某个 $j = $next[$j$]值时有 $s_i = t_j$,则此时 i 和 j 分别增加 1,再继续比较;二是 j 退回到 $j = -1$ 时,令主串和模式串的下标各增加 1,接着比较 s_{i+1} 和 t_0,这样的循环过程直到下标 i 大于等于主串 s 的长度或下标 j 大于等于模式串 t 的长度时为止。

【算法 4.8】 模式匹配的 KMP 算法。

```java
public int index_KMP(IString T, int start) {
    int[] next = getNext(T);                          // 计算模式串的 next[]函数值
    int i = start;                                    // 主串指针
    int j = 0;                                        // 模式串指针
    // 对两串从左到右逐个比较字符
    while (i < this.length() && j < T.length()) {
        // 若对应字符匹配
        if (j == -1 || this.charAt(i) == T.charAt(j)) { // j == -1 表示 S[i]!=T[0]
            i++;
            j++;                                      // 则转到下一对字符
        } else                                        // 当 S[i]不等于 T[j]时
        {
            j = next[j];                              // 模式串右移
        }
    }
    if (j < T.length()) {
```

```
        return - 1;                              // 匹配失败
    } else {
        return (i - T.length());                 // 匹配成功
    }
} // 算法 4.8 结束
```

设主串 s 的长度为 n，子串 t 的长度为 m，在 KMP 算法中求 next[] 数组的时间复杂度为 $O(m)$，在后面的匹配中因主串 s 的下标不需回退，比较次数为 n，所以 KMP 算法总的实际复杂度为 $O(n+m)$。

4.5　串的应用举例

【例 4.3】　编写一个字符串测试程序，测试顺序串类 SeqString 的新建串、插入串、删除串和取子串等操作。

【程序代码】

```
// 例 4.3 SeqString 串的建立、插入、删除和取子串操作的程序
package ch04;
public class Example4_3 {
    public static void main(String args[]) {
        char[] chararray = {'W', 'o', 'r', 'l', 'd'};
        SeqString s1 = new SeqString();            // 构造一个空串
        SeqString s2 = new SeqString("Hello");     // 以字符串常量构造串对象
        SeqString s3 = new SeqString(chararray);   // 以字符数组构造串对象
        System.out.println("串 s1 = " + s1 + ", s2 = " + s2 + ", s3 = " + s3);
        s1.insert(0, s2);
        System.out.println("串 s1 在第 0 个字符前插入串 s2 后，s1 = " + s1);
        s1.insert(1, s3);
        System.out.println("串 s1 在第 1 个字符前插入串 s3 后，s1 = " + s1);
        s1.delete(1, 4);
        System.out.println("串 s1 删除第 1 到第 3 个字符后，s1 = " + s1);
        System.out.println("串 s1 中从第 2 到第 5 个字符组成的子串是: " + s1.substring(2, 6));
    }
}
```

【运行结果】

运行结果如图 4.7 所示。

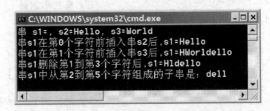

图 4.7　例 4.3 的程序运行结果

【例 4.4】　设计一个类，分别统计模式匹配的 BF 算法和 KMP 算法的比较次数。假设两个测试例子如下：

（1）主串 S = "cdbbacc"，模式串 T = "abcd"。

(2) 主串 S= "aaaaaaaaaa",模式串 T= "aaaab"。

【问题分析】 分别对模式匹配的 BF 算法和 KMP 算法进行修改,将返回值改为累计比较次数。具体修改方法是,定义一个临时变量 count,初值赋为 0,在循环比较中执行 count++。最后返回 count。

【程序代码】

```java
package ch04;
// 比较模式匹配的 Brute-Force 算法和 KMP 算法的比较次数
public class Example4_5 {
    // 返回模式匹配的 Brute－Force 算法的比较次数
    public int indexBFCount(SeqString s, SeqString t, int begin) {
        int slen, tlen, i = begin, j = 0;
        int count = 0;                      // 计数器清零
        slen = s.length();
        tlen = t.length();
        while ((i < slen) && (j < tlen)) {
            if (s.charAt(i) == t.charAt(j)) {
                i++;
                j++;
            } else {
                i = i - j + 1;              // 继续比较主串中的下一个子串
                j = 0;                      // 模式串下标退回到 0
            }
            count++;                        // 统计比较次数
        }
        return count;
    }

    // 返回模式匹配的 KMP 算法的比较次数
    public int indexKMPCount(SeqString s, SeqString t, int begin) {
        int[] next = getNext(t);            // 计算模式串的 next[]函数值
        int i = begin;                      // 主串指针
        int j = 0;                          // 模式串指针
        int count = 0;                      // 计数器
        while (i < s.length() && j < t.length()) {
            if (j == -1 || s.charAt(i) == t.charAt(j)) {
                i++;
                j++;
            } else if (j == 0) {
                i++;
            } else {
                j = next[j];
            }
            count++;
        }
        return count;
    }

    // 计算模式串 T 的 next[]函数值
    public int[] getNext(SeqString T) {
```

```
        int[ ] next = new int[T.length()];
        int j = 1;
        int k = 0;
        next[0] = -1;
        next[1] = 0;
        while (j < T.length() - 1) {
            if (T.charAt(j) == T.charAt(k)) {
                next[j + 1] = k + 1;
                j++;
                k++;
            } else if (k == 0) {
                next[j + 1] = 0;
                j++;
            } else {
                k = next[k];
            }
        }
        return (next);
    }
    public static void main(String[] args) {
        SeqString s1 = new SeqString("cdbbacc");
        SeqString t1 = new SeqString("abcd");
        Example4_5 c = new Example4_5();
        System.out.println("测试 1: 主串 S = " + s1.toString() + ", 模式串 T = " + t1.
toString());
        System.out.println("BF 算法比较次数: " + c.indexBFCount(s1, t1, 0));
        System.out.println("KMP 算法比较次数: " + c.indexKMPCount(s1, t1, 0));

        SeqString s2 = new SeqString("aaaaaaaaaa");
        SeqString t2 = new SeqString("aaaab");
        System.out.println("测试 2: 主串 S = " + s2.toString() + ", 模式串 T = " + t2.
toString());
        System.out.println("BF 算法比较次数: " + c.indexBFCount(s2, t2, 0));
        System.out.println("KMP 算法比较次数: " + c.indexKMPCount(s2, t2, 0));
    }
}
```

【运行结果】

运行结果如图 4.8 所示。

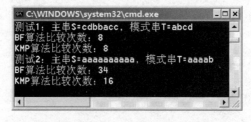

图 4.8　例 4.4 的程序运行结果

从程序的运行结果可见,一般情况下,模式匹配的 BF 算法与 KMP 算法的比较次数非常接近,例如测试例子 1 的情况。若模式串中有部分子串与主串匹配(例如测试例子 2),则

KMP 算法的比较次数少于 BF 算法的比较次数。

【例 4.5】 编程实现文本文件加密解密程序。该程序一方面可以对指定的文本文件按照指定的密钥进行加密处理,加密后生成密码文件;另一方面,程序也可对指定的加密后的密码文件按照密钥进行解密处理,还原成明码文件。

【问题分析】 对文本文件加密的方法很多,一种简单的方法就是采用异或运算。假设 a 是需要加密的字符的编码,k 是密钥,加密时,执行 b=a^k,则 b 就是 a 加密后的编码。解密时,只需将密码 b 与密钥 k 再执行一次异或运算,即 b^k 的结果就是原来字符 a 的编码。对一个文本文件加密的方法就是将文件中的每个字符的 Unicode 编码与密钥 k 进行异或运算后保存到一个密码文件中。解密时,将密码文件中的每个字符的 Unicode 编码与同样的密钥 k 进行异或运算后,就可得到原来的明码文件。

【程序代码】

```java
package ch04;
import java.util.Scanner;
import java.io. * ;

class TextFileEncryption extends SqString {
    // 对明码文件按照密钥加密后形成密码文件
    public void encryptFile(SqString originalfilename, SqString encryptedfilename, int key)
    throws IOException                        // 从指定文本文件中读取字符串
    {
        FileReader fin = new FileReader(originalfilename.toString());
        BufferedReader bin = new BufferedReader(fin);
        FileWriter fout = new FileWriter(encryptedfilename.toString());
        SqString encryptedline;
        String aline;
        SqString textline;                    // 一行文本
        do {
            aline = bin.readLine();           // 读取一行字符串,输入流结束时返回 null
            if (aline != null) {
                textline = new SqString(aline);
                encryptedline = jiaMi(textline, key);   // 加密当前行
                fout.write(encryptedline.toString() + "\r\n"); // 写入文件
            }
        } while (aline != null);
        bin.close();
        fin.close();
        fout.close();
    }
    // 对密码文件按照密钥解密后形成明码文件
    public void decryptFile(SqString encryptedfilename, SqString originalfilename, int key)
    throws IOException                              // 从指定文本文件中读取字符串
    {
        FileReader fin = new FileReader(encryptedfilename.toString());
        BufferedReader bin = new BufferedReader(fin);
        FileWriter fout = new FileWriter(originalfilename.toString());
        SqString decryptedline;
        String aline;
```

```java
        SqString textline;                              // 一行文本
        do {
            aline = bin.readLine();                     // 读取一行字符串,输入流结束时返回null
            if (aline != null) {
                textline = new SqString(aline);
                decryptedline = jieMi(textline, key);   // 解密当前行
                fout.write(decryptedline.toString() + "\r\n"); // 写入文件
            }
        } while (aline != null);
        bin.close();
        fin.close();
        fout.close();
    }

    // 加密一个字符串
    public SqString jiaMi(SqString s, int key) {
        SqString str = new SqString();
        int ch;
        for (int i = 0; i < s.length(); i++) {
            ch = s.charAt(i) ^ (((int) Math.sqrt(key)) % 126 + 1);  // 加密
            if (ch == 13) {
                ch = ch + 1;                            // "Enter"符特殊处理
            }
            if (ch == 10) {
                ch = ch + 1;                            // 换行符特殊处理
            }
            str.concat((char) ch);
        }
        return str;

    }
    // 解密一个字符串
    public SqString jieMi(SqString s, int key) {
        SqString str = new SqString();
        int ch, temp;
        for (int i = 0; i < s.length(); i++) {
            temp = s.charAt(i);
            if (temp == 14) {
                temp = temp - 1;                        // "Enter"符特殊处理
            }
            if (temp == 11) {
                temp = temp - 1;                        // 换行符特殊处理
            }
            ch = temp ^ (((int) Math.sqrt(key)) % 126 + 1); // 解密
            str.concat((char) ch);
        }
        return str;
    }
}

public class Example4_5 {
    public static void main(String[] args) throws IOException {
        Scanner scanner = new Scanner(System.in);
```

```
        SqString originalfilename, encryptedfilename;
        int key;                                        // 密钥
        TextFileEncryption textfile = new TextFileEncryption();
        System.out.println("文本文件加密解密演示程序");
        System.out.println("请选择?(1- 加密 2-解密):");
        int select = scanner.nextInt();
        if (select == 1) {                              // 加密
            System.out.println("请输入需要被加密的文本文件名:");
            originalfilename = new SqString(scanner.next());
            System.out.println("请输入加密后的文本文件名:");
            encryptedfilename = new SqString(scanner.next());
            System.out.println("请输入加密密钥:");
            key = scanner.nextInt();
            textfile.encryptFile(originalfilename, encryptedfilename, key);
            System.out.println("加密成功!文件: " + originalfilename + " 已被加密为: " +
encryptedfilename);
        } else {                                        // 解密
            System.out.println("请输入需要被解密的文本文件名:");
            encryptedfilename = new SqString(scanner.next());
            System.out.println("请输入解密后的文本文件名:");
            originalfilename = new SqString(scanner.next());
            System.out.println("请输入解密密钥:");
            key = scanner.nextInt();
            textfile.decryptFile(encryptedfilename, originalfilename, key);
            System.out.println("解密成功!文件: " + encryptedfilename + " 已被解密为: " +
originalfilename);
        }
    }
}
```

【运行结果】

运行过程如图 4.9 所示。

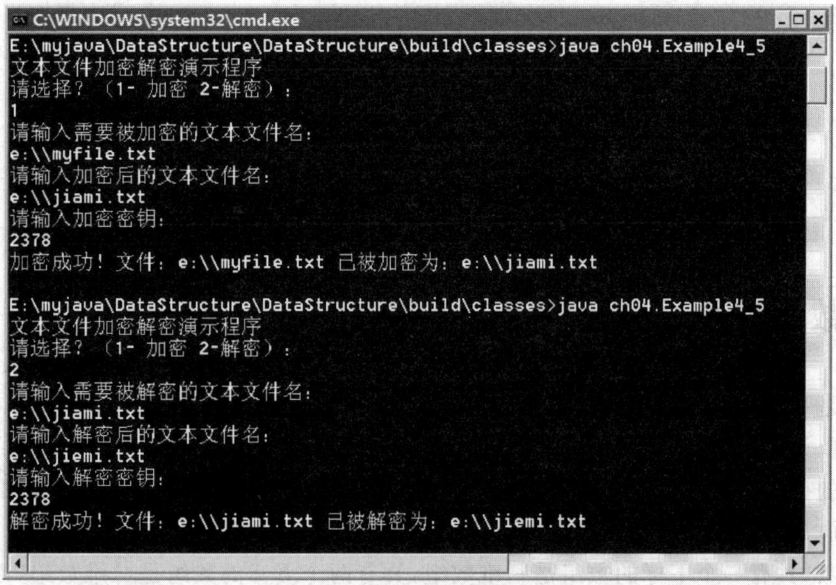

图 4.9 例 4.5 的程序运行结果

图 4.10(a)是明码文件 myfile.txt 的内容,图 4.10(b)是加密后的密码文件 jiami.txt 的内容,图 4.10(c)是密码文件经解密后的文件 jiemi.txt 的内容,从图中看出,解密后的文件 jiemi.txt 的内容与原来的明码文件 myfile.txt 的内容是一致的。

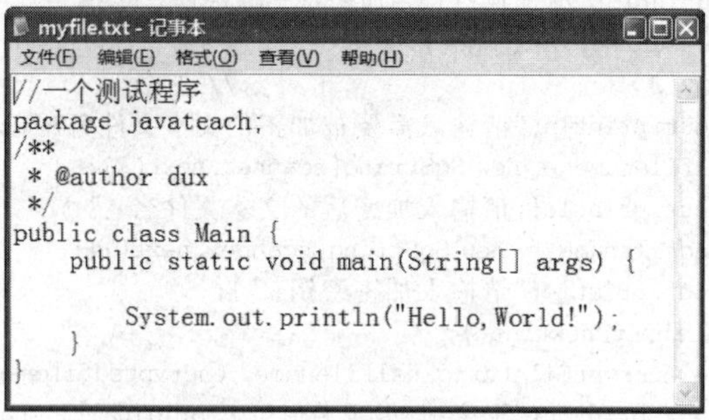

```
myfile.txt - 记事本
文件(F) 编辑(E) 格式(O) 查看(V) 帮助(H)
//一个测试程序
package javateach;
/**
 * @author dux
 */
public class Main {
    public static void main(String[] args) {

        System.out.println("Hello,World!");
    }
}
```

(a) 例 4.5 中的明码文件myfile.txt

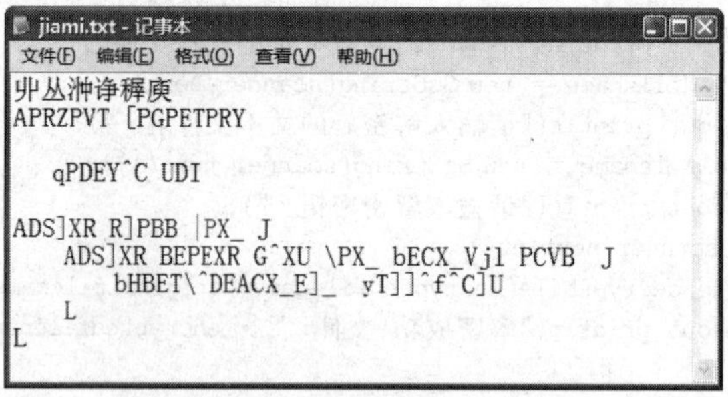

```
jiami.txt - 记事本
文件(F) 编辑(E) 格式(O) 查看(V) 帮助(H)
卟丛泎诤稺庚
APRZPVT [PGPETPRY

   qPDEY^C UDI

ADS]XR R]PBB |PX_ J
    ADS]XR BEPEXR G^XU \PX_ bECX_Vjl PCVB  J
        bHBET\^DEACX_E]_  yT]]^f^C]U
    L
L
```

(b) 例 4.5 中的密码文件jiami.txt

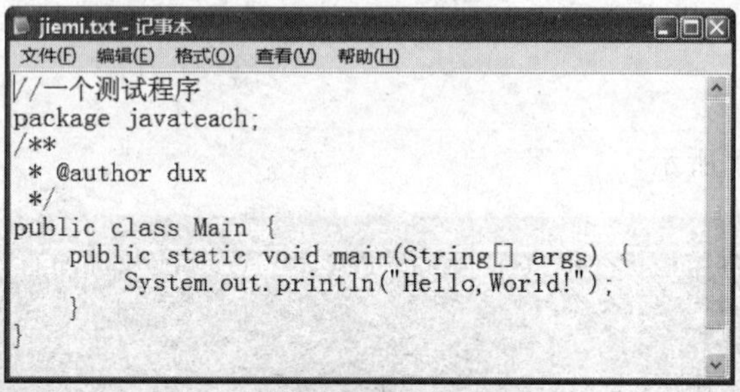

```
jiemi.txt - 记事本
文件(F) 编辑(E) 格式(O) 查看(V) 帮助(H)
//一个测试程序
package javateach;
/**
 * @author dux
 */
public class Main {
    public static void main(String[] args) {
        System.out.println("Hello,World!");
    }
}
```

(c) 例 4.5 中的解密后的文件jiemi.txt

图 4.10 例 4.5 中的文件

4.6 数组的概念及顺序存储结构

数组是一组具有相同类型的数据元素的集合,数组元素按某种次序存储在一个地址连续的内存单元空间中,其中每个内存单元空间中的数据元素类型完全相同。数组可以看作是线性表的推广。数组元素在数组中的位置称为数组元素的下标,通过数组元素的下标,可以找到存放该数组元素的存储地址,从而可以访问该数组元素的值。数组下标的个数就是数组的维数,具有一个下标的数组是一维数组,具有两个下标的数组是二维数组,以此类推。

4.6.1 数组的基本概念

数组是 $n(n \geqslant 1)$ 个具有相同类型的数据元素 $a_0, a_1, \cdots, a_{n-1}$ 构成的有限序列,并且这些数据元素占用一片地址连续的内存单元。其中,n 称为数组的长度。

一维数组可以看成一个顺序存储结构的线性表,第 2 章的顺序表就是一维数组。

扩展一维数组的概念,可以定义多维数组。数组元素是一维数组的数组称为二维数组,数组元素是二维数组的数组称为三维数组,以此类推。二维数组和三维数组都属于多维数组。多维数组实际上是用一维数组实现的。

以下介绍二维数组。

二维数组(又称为矩阵)定义为"其数据元素为一维数组"的线性表。图 4.11 为一个二维数组的矩阵表示形式。

$$A_{m \times n} = \begin{bmatrix} a_{0,0} & a_{0,1} & \cdots & a_{0,n-1} \\ a_{1,0} & a_{1,1} & \cdots & a_{1,n-1} \\ \vdots & \vdots & & \vdots \\ a_{m-1,0} & a_{m-1,1} & \cdots & a_{m-1,n-1} \end{bmatrix}$$

图 4.11 二维数组的矩阵表示

二维数组中的每一个数据元素 $a_{i,j}$ 都受到两个关系的约束:行关系和列关系。$a_{i,j+1}$ 是 $a_{i,j}$ 在行关系中的直接后续元素;而 $a_{i+1,j}$ 是 $a_{i,j}$ 在列关系中的直接后续元素。和线性表一样,数组中所有的数据元素属于同一数据类型。每一个数据元素对应于一组下标 (i,j)。将这个概念依此类推,可以写出 n 维数组的逻辑结构,但最常用的是二维数组。

也可以从另一个角度来定义二维数组,即将二维数组看成这样一个线性表:它的每一个数据元素是一个线性表(一维数组)。例如,图 4.11 所示的是一个二维数组,以 m 行 n 列的矩阵形式表示。二维数组也可以看成是一个线性表。

$$A = (a_0, a_1, a_2, \cdots, a_p) \quad (p \text{ 为 } m-1 \text{ 或 } n-1)$$

其中,每一个数据元素 a_j 是一个列向量的线性表:

$$a_j = (a_{0j}, a_{1j}, a_{2j}, \cdots, a_{m-1j})$$

或者 a_i 是一个行向量的线性表:

$$a_i = (a_{i0}, a_{i1}, a_{i2}, \cdots, a_{in-1})$$

以上定义二维数组的方法也可推广到 n 维数组,即认为 n 维数组是一个线性表,它的每一个数据元素都是一个 $n-1$ 维的数组。

4.6.2 数组的抽象数据类型描述

根据数组的特性及其在实际问题中的应用,可以抽象出数组的一些基本操作,它们与数组的定义一起构成了数组的抽象数据类型。

数组的基本操作主要有下面 3 种:

(1) 求数组长度操作 Length():返回数组元素的个数。

(2) 取值操作 getValue($index_1$, $index_2$, $\cdots$, $index_n$):取下标为 $index_1$, $index_2$, $\cdots$, $index_n$

的 n 维数组元素的值。

（3）赋值操作 assign(value, index$_1$, index$_2$, $\cdots$, index$_n$)：将参数 value 的值赋值给下标为 index$_1$, index$_2$, $\cdots$, index$_n$ 的 n 维数组元素。

4.6.3　数组的顺序存储结构

顺序存储结构即是用一组连续的存储单元来存放数组元素。由于数组一般不作插入或删除操作。也就是说，一旦建立了数组，则数组中的数据元素的个数和数组元素之间的关系就不再发生变动。因此，一般采用顺序存储结构表示数组。

为了将多维数组存入一维的地址空间中，一般有两种存储方式。一种是以行序为主序列的存储方式(行优先顺序)；另一种是以列序为主序的存储方式(列优先顺序)。所谓行序即在内存的一维空间中，首先存放数组的第一行，然后，按顺序存放数组的其他各行；而列优先顺序是，首先，存放数组的第一列，然后，按顺序存放数组的其他各列。

对于图 4.11 中的二维数组 A，若按行序排列，则第 $i+1$ 行紧跟在第 i 行后面，可以得到如下线性序列：

$$a_{0,0}, a_{0,1}, \cdots, a_{0,n-1}, a_{1,0}, a_{1,1}, \cdots, a_{1,n-1}, \cdots, a_{m-1,0}, a_{m-1,1}, \cdots, a_{m-1,n-1}$$

若按列序排列，则第 $i+1$ 列紧跟在第 i 列后面，可以得到如下线性序列：

$$a_{0,0}, a_{1,0}, \cdots, a_{m-1,0}, a_{0,1}, a_{1,1}, \cdots, a_{m-1,1}, \cdots, a_{0,n-1}, a_{1,n-1}, \cdots, a_{m-1,n-1}$$

大多数程序设计语言是按行序为主序来排列数组元素的。

数组的顺序存储方式，为数组元素随机存取带来了方便。因为数组是同类型数据元素的集合，所以每一个数据元素所占用的内存空间的单元数是相同的，故只要给出首地址，就可以使用统一的存储地址公式，求出数组中任意数据元素的存储地址。

对于一个具有 n 个数据元素的一维数组 a，设 a_0 是下标为 0 的数组元素，Loc(0) 是 a_0 的内存单元地址(即数组的首地址)，每一个数据元素占用 L 字节，则数组中任一数据元素 a_i 的内存单元地址 Loc(i) 为：

$$\text{Loc}(i) = \text{Loc}(0) + i \times L \quad (0 \leqslant i < n)$$

由上式可知，已知数组元素的下标，就可计算出该数组元素的存储地址，即数组是一种随机存储结构。由于一个下标能够唯一确定数组中的一个数据元素，因而计算数组元素的存储地址的时间复杂度是 $O(1)$。

下面按照行优先顺序讨论数组元素的存储地址的计算公式。

对于一个 $n \times m$ 的二维数组，设 Loc(0,0) 为二维数组的首地址，L 为每一个数据元素占用的字节数，数组元素 a_{ij} 的存储地址计算公式为：

$$\text{Loc}(i,j) = \text{Loc}(0,0) + (i \times m + j) \times L \quad (0 \leqslant i \leqslant n-1, 0 \leqslant j \leqslant m-1)$$

上式说明，在二维数组的第 i 行前有 i 行(行号从 0 到 $i-1$)，每行有 m 个数据元素，总共有 $i \times m$ 个数据元素。第 i 行第 j 个数据元素前有 j 个数据元素(列号从 0 到 $j-1$)，则在数据元素 a_{ij} 前面总共有 $i \times m + j$ 个数据元素，每个数据元素占用 L 个字节，总共占用 $(i \times m + j) \times L$ 个字节，再加上数组的首地址 Loc(0,0)，可得到二维数组中数据元素 a_{ij} 在相应的一维数组中的存储地址为：Loc(i,j) = Loc(0,0) + ($i \times m + j$) × L。

将上述计算数组元素的存储地址的推导公式推广到一般情况，可得到 n 维数组

$A[m_1][m_2]\cdots[m_n]$ 的数据元素 $a[i_1][i_2]\cdots[i_n]$ 存储位置的计算公式为：

$$\text{Loc}(i_1,i_2,\cdots,i_n)$$
$$=\text{Loc}(0,0,\cdots,0)+(i_1\times m_2\times\cdots\times m_n+i_2\times m_3\times\cdots\times m_n+\cdots+i_{n-1}\times m_n+i_n)\times L$$
$$=\text{Loc}(0,0,\cdots,0)+\left(\sum_{j=1}^{n-1}i_j\prod_{k=j+1}^{n}m_k+i_n\right)\times L$$

所以，一旦确定了 n 维数组的首地址，系统就可计算出任意一个数据元素的内存地址。由于计算数组中各个数据元素的存储地址的时间相等，所以存取数组中任意数据元素的时间也相等，即 n 维数组也是一种随机存取结构。

4.7 特殊矩阵的压缩存储

在许多的科学技术和工程计算中，矩阵常常是数值分析问题研究的对象。在数值分析中，常常会出现一些拥有许多相同数据元素或零元素的高阶矩阵。人们称具有许多相同数据元素或者零元素，且数据元素分布具有一定规律的矩阵为特殊矩阵，例如：对称矩阵、三角矩阵和对角矩阵。为了节省存储空间，需要对这类矩阵进行压缩存储。压缩存储的原则是：多个值相同的矩阵元素分配同一个存储空间，零元素不分配存储空间。本节讨论特殊矩阵的压缩存储问题。

4.7.1 对称矩阵的压缩存储

若一个 n 阶方阵 $\boldsymbol{A}$ 中的元素满足 $a_{ij}=a_{ji}(0\leqslant i,j\leqslant n-1)$，则称 $\boldsymbol{A}$ 为 n 阶对称矩阵。即在对称矩阵中，以主对角线 $a_{00},a_{11},\cdots,a_{n-1n-1}$ 为轴线的对称位置上的元素值相等。因此，只需为每一对对称元素分配一个存储单元即可，这样 n 阶矩阵中的 $n\times n$ 个元素就可以被压缩到 $n(n+1)/2$ 个元素的存储空间中去。

若以行优先顺序存储的对称矩阵为例。假设以一维数组 $S[n(n+1)/2]$ 作为 n 阶对称矩阵 $\boldsymbol{A}$ 的存储结构，$\boldsymbol{A}$ 中的任意一个元素 $A[i][j]$ 与一维数组中的第 k 个元素 $S[k]$ 相对应。其中 k 与 i、j 的对应公式如下。

$$k=\begin{cases}\dfrac{i(i+1)}{2}+j & (i\geqslant j)\\[2mm]\dfrac{j(j+1)}{2}+i & (i<j)\end{cases}$$

对于任意一组下标 (i,j)，均可在一维数组 S 中找到其相应的矩阵元素 a_{ij}；反之，对所有的 $k=0,1,2,\cdots,n(n+1)/2-1$，都能确定在 $S[k]$ 中的元素在对称矩阵中的下标位置 (i,j)。因此，$S[n(n+1)/2]$ 可以实现 n 阶对称矩阵的压缩存储。其压缩存储的结构如图 4.12 所示。

a_{00}	a_{10}	a_{11}	a_{20}	a_{21}	a_{22}	a_{30}	$\cdots$	a_{n1}	$\cdots$	a_{n-1n-1}
0	1	2	3	4	5	6	$\cdots$		$\cdots$	$n(n+1)/2-1$

图 4.12 对称矩阵的压缩存储

4.7.2　三角矩阵的压缩存储

三角矩阵分为上三角矩阵和下三角矩阵。下三角矩阵是指矩阵的主对角线(不包括主对角线)上方的元素的值均为0;上三角矩阵是指矩阵的主对角线(不包括主对角线)下方的元素的值均为0,如图4.13所示。

$$
\begin{bmatrix}
a_{0,0} & 0 & \cdots & 0 \\
a_{1,0} & a_{1,1} & \cdots & 0 \\
\vdots & \vdots & & \vdots \\
a_{n-1,0} & a_{n-1,1} & \cdots & a_{n-1,n-1}
\end{bmatrix}
\qquad
\begin{bmatrix}
a_{0,0} & a_{0,1} & \cdots & a_{0,n-1} \\
0 & a_{1,1} & \cdots & a_{1,n-1} \\
\vdots & \vdots & & \vdots \\
0 & 0 & \cdots & a_{n-1,n-1}
\end{bmatrix}
$$

$$\text{(a) 下三角矩阵} \qquad\qquad \text{(b) 上三角矩阵}$$

图 4.13　三角矩阵

1. 下三角矩阵的压缩存储

与对称矩阵的压缩存储类似,利用下三角矩阵的规律,用一维数组 B 存放下三角矩阵中的元素。

假设 A 为一个下三角矩阵,A 中任意一个元素 a_{ij} 经过压缩存储后,与一维数组 B 的下标 k 之间的关系为:

$$
k =
\begin{cases}
\dfrac{i \times (i+1)}{2} + j & (i \geqslant j; i,j = 0,1,\cdots,n-1) \\
\text{空} & (i < j; i,j = 0,1,\cdots,n-1)
\end{cases}
$$

其中,i 为行下标,j 为列下标。

2. 上三角矩阵压缩存储

对于上三角矩阵,采用以列为主序存放上三角矩阵元素的方法比较方便。

假设 A 是一个上三角矩阵,A 中任意一个元素 a_{ij} 经过压缩存储后,与一维数组 B 的下标 k 之间的关系为:

$$
k =
\begin{cases}
\dfrac{1}{2} j \times (j+1) + i & (i \leqslant j; i,j = 0,1,\cdots,n-1) \\
\text{空} & (i > j; i,j = 0,1,\cdots,n-1)
\end{cases}
$$

其中,i 为行下标,j 为列下标。

4.7.3　对角矩阵的压缩存储

对角矩阵是指矩阵的所有非零元素都集中在以主对角线为中心的带状区域中,即除主对角线上和直接在主对角线上、下方若干条对角线上的元素之外,其余元素皆为零。这样的矩阵称为半带宽为 d 的带状矩阵(带宽为 $2d+1$),d 为直接在对角线上、下方不为0的对角线数。对于 n 阶 $2d+1$ 对角矩阵,只需存放对角区域内 $n(2d+1)-d(d+1)$ 个非零元素。为了计算方便,认为每一行都有 $2d+1$ 个元素,若少于 $2d+1$ 个元素,则添零补足。假设以一维数组 $S[n(2d+1)]$ 作为对角矩阵的存储结构,则对角矩阵中每一个元素的存储地址计算公式如下:

$$LOC(i,j) = LOC(0,0) + [i(2d+1) + d + (j-i)] \times L$$

其中，$0 \leqslant i \leqslant n-1$，$0 \leqslant j \leqslant n-1$，$|i-j| \leqslant d$。$L$ 是每个矩阵元素所占存储单元的个数。

例如，已知三对角带状矩阵 A 为

$$A = \begin{bmatrix} a_{00} & a_{01} & 0 & 0 & 0 \\ a_{10} & a_{11} & a_{12} & 0 & 0 \\ 0 & a_{21} & a_{22} & a_{23} & 0 \\ 0 & 0 & a_{32} & a_{33} & a_{34} \\ 0 & 0 & 0 & a_{43} & a_{44} \end{bmatrix}$$

若以一维数组进行存储，则存储形式如图 4.14 所示：

0	a_{00}	a_{01}	a_{10}	a_{11}	a_{12}	a_{21}	a_{22}	a_{23}	a_{32}	a_{33}	a_{34}	a_{43}	a_{44}	0
0	1	2	3	4	5	6	7	8	9	10	11	12	13	14

图 4.14 对角矩阵的压缩存储

4.8 稀疏矩阵的压缩存储

人们称具有较多零元素且非零元素的分布无规律的矩阵为稀疏矩阵。例如，在图 4.15 中，矩阵 A 是 5×6 的矩阵，共有 30 个元素，但只有 5 个非零元素，且分布无规律，因此，矩阵 A 可认为是稀疏矩阵。由于稀疏矩阵中非零元素的分布无规律，因此，不能像上述特殊矩阵那样只存放非零元素值。下面介绍稀疏矩阵的两种常用的存储结构。

$$A = \begin{bmatrix} 0 & 0 & 8 & 0 & 0 & 0 \\ 0 & 0 & 0 & 0 & 0 & 0 \\ 5 & 0 & 0 & 0 & 16 & 0 \\ 0 & 0 & 18 & 0 & 0 & 0 \\ 0 & 0 & 0 & 9 & 0 & 0 \end{bmatrix}$$

图 4.15 稀疏矩阵

4.8.1 稀疏矩阵的三元组表存储

1. 定义

对于稀疏矩阵中的任意一个非零元素，除了存放非零元素的值(value)外，还需要同时存储它所在的行(row)、列(column)的位置；反之，用一个三元组(row,column,value)可以唯一确定一个非零元素。由此，稀疏矩阵可由表示非零元的三元组及其行列数唯一确定。

稀疏矩阵中的所有非零元素组成一个三元组表，按照行优先顺序，将稀疏矩阵中的非零元素存放在一个由三元组组成的数组中。对于图 4.15 的稀疏矩阵，其相应的三元组表如表 4.1 所示。

表 4.1　稀疏矩阵 A 的三元组表

数组下标	行下标	列下标	元素值
0	0	2	8
1	2	0	5
2	2	4	16
3	3	2	18
4	4	3	9

在 Java 语言中,人们可以将稀疏矩阵的三元组表示的结点结构定义为如下的类:

```
class TripleNode                          // 三元组结点类
{
    publicint row;                        // 行号
    publicint column;                     // 列号
    publicint value;                      // 元素值

    public TripleNode(int row, int column, int value)  // 有参构造方法
    {
        this.row = row;
        this.column = column;
        this.value = value;
    }
    public TripleNode()                   // 无参构造方法
    {
        this(0, 0, 0);
    }
}
```

采用三元组顺序表存储稀疏矩阵,除了使用一个 TripleNode 类型的数组 data 存储稀疏矩阵的所有三元组外,还需要 3 个整型变量 rows、cols、nums 分别表示稀疏矩阵的行数、列数和非零元素个数。

稀疏矩阵三元组顺序表类定义如下:

```
public class SparseMatrix {
    publicTripleNode data[];              // 三元组表
    public int rows;                      // 行数
    public int cols;                      // 列数
    public int nums;                      // 非零元素个数
    public SparseMatrix(int maxSize){     // 构造方法
        data = new TripleNode[maxSize];   // 为顺序表分配 maxSize 个存储单元
        for(int i = 0;i < data.length;i++){
            data[i] = new TripleNode();
        }
        rows = 0;
        cols = 0;
        nums = 0;
    }
    public void printMatrix() {            // 打印输出稀疏矩阵
        int i;
```

```
        System.out.println("稀疏矩阵的三元组存储结构:");
        System.out.println("行数: " + rows + ", 列数: " + cols + ", 非零元素个数: " +
nums);
        System.out.println("行下标 列下标 元素值");
        for (i = 0; i < nums; i++) {
            System.out.println(data[i].row + "\t" + data[i].column + "\t" + data[i].
value);
        }
    }
    ⋮
}
```

2. 基本操作

1) 初始化三元组顺序表

该操作按先行序后列序的原则依次扫描已知稀疏矩阵的所有元素,并把非零元素插入到三元组顺序表中。

【算法 4.9】 初始化三元组顺序表。

```
// 从一个稀疏矩阵创建三元组表,mat 为稀疏矩阵
public SparseMatrix(int mat[][])
    {
        int i,j,k = 0,count = 0;
        rows = mat.length;                      // 行数
        cols = mat[0].length;                   // 列数
        for(i = 0;i < mat.length;i++)           // 统计非零元素的个数
        {
            for(j = 0;j < mat[i].length;j++)
            {
                if(mat[i][j]!= 0){
                    count++;
                }
            }
        }
        nums = count;                           // 非零元素的个数
        data = new TripleNode[nums];            // 申请三元组结点空间
        for(i = 0;i < mat.length;i++)
        {
            for(j = 0;j < mat[i].length;j++)
            {
                if(mat[i][j]!= 0){
                    data[k] = new TripleNode(i,j,mat[i][j]); // 建立三元组
                    k++;
                }
            }
        }
    }
} //算法 4.9 结束
```

2) 矩阵转置

矩阵转置是一种简单的矩阵运算,指的是将矩阵中每个元素的行列序号互换。对于一

个 $m \times n$ 的矩阵 N,它的转置矩阵 M 是一个 $n \times m$ 的矩阵,且 $M(i,j) = N(j,i)$。当稀疏矩阵用三元组顺序表来表示时,是以先行序、后列序的原则存放非零元素的,这样存放有利于稀疏矩阵的运算。然而,若按行列序号直接互换进行转置,则所得的三元组顺序表就不再满足先行序、后列序的原则。例如,图 4.16(a)中的三元组所表示的矩阵,转置后如图 4.16(b)所示,不再满足先行序、后列序的原则。为解决此问题,可按照以下方法进行矩阵转置:扫描转置前的三元组,并按先列序、后行序的原则转置三元组。例如,对图 4.16(a)中的三元组,从第 0 行开始向下搜索列序号为 0 的元素,找到三元组(2,0,5),则转置为(0,2,5),并存入转置后的三元组顺序表中。接着搜索列序号为 1 的元素,没找到。再搜索列序号为 2 的元素,找到(0,2,8),转置为(2,0,8),并存入转置后的三元组顺序表中。以此类推,直到扫描完三元组,即可完成矩阵转置,并且转置后的三元组表应满足先行序、后列序的原则。转置后的三元组如图 4.16(c)所示。

	row	column	value		row	column	value		row	column	value
0	0	2	8	0	2	0	8	0	0	2	5
1	2	0	5	1	0	2	5	1	2	0	8
2	2	4	16	2	4	2	16	2	2	3	18
3	2	3	18	3	2	2	18	3	3	4	9
4	4	3	9	4	3	4	9	4	4	2	16
	(a) 三元组			(b) 行列互换转置后的三元组				(c) 转置后的三元组(按行有序)			

图 4.16　矩阵转置

【算法 4.10】　矩阵转置算法。

```java
public SparseMatrix transpose() {
    SparseMatrix tm = new SparseMatrix(nums);      // 创建矩阵对象
    tm.cols = rows;                                // 行数变为列数
    tm.rows = cols;                                // 列数变为行数
    tm.nums = nums;                                // 非零元素个数不变
    int q = 0;
    for (int col = 0; col < cols; col++) {
        for (int p = 0; p < nums; p++) {
            if (data[p].column == col) {
                tm.data[q].row = data[p].column;
                tm.data[q].column = data[p].row;
                tm.data[q].value = data[p].value;
                q++;
            }
        }
    }
    return tm;
} // 算法 4.10 结束
```

此算法中为实现一列元素的转置需对原矩阵的三元组表扫描一遍,在整个转置过程中共对三元组表扫描了 n 遍。所以,此算法的时间复杂度为 $O(n \times t)$,其中,n 为稀疏矩阵的列数,t 为稀疏矩阵的非零元素个数。

3) 矩阵快速转置

上面给出的矩阵转置算法效率较低,为了提高矩阵转置效率,下面给出另一种矩阵转置算法,称为矩阵快速转置算法。假设原稀疏矩阵为 N,其三元组顺序表为 TN,N 的转置矩阵为 M,其对应的三元组顺序表为 TM。矩阵快速转置算法的基本思想是:求出 N 的每一列的第一个非零元素在转置后的 TM 中的行号,然后扫描转置前的 TN,把该列上的元素依次存放于 TM 的相应位置上。由于 N 中第一列的第一个非零元素一定存储在 TM 的第一行位置上,若还知道第一列的非零元素个数,则第二列的第一个非零元素在 TM 中的位置就等于第一列的第一个非零元素在 TM 中的位置加上第一列的非零元素个数,以此类推。因为原矩阵中三元组存放顺序是先行后列,故对于同一行来说,必定先遇到列号小的元素,这样只需扫描一遍原矩阵 N 的 TN 即可。

根据这个想法,需要引入两个数组:num[]和 cpot[]。其中,num[col]表示 N 中第 col 列的非零元素个数;cpot[col]初始值表示 N 中的第 col 列的第一个非零元素在 TM 中的位置,于是有:

cpot[0] = 0
cpot[col] = cpot[col − 1] + num[col − 1] $(1 \leqslant col \leqslant TN.cols − 1)$

对于图 4.15 的矩阵 A 的 num 和 cpot 的取值如表 4.2 所示。

表 4.2 矩阵 A 的 num 和 cpot 取值

col	0	1	2	3	4	5
num	1	0	2	1	1	0
cpot	0	1	1	3	4	5

依次扫描原矩阵 N 的三元组顺序表 TN,当扫描到一个第 col 列非零元素时,直接将其存放到 TM 的 cpot[col]位置上,cpot[col]加 1,即 cpot[col]始终是下一个 col 列非零元素在 TM 中的位置。相应的矩阵快速转置算法如下:

【算法 4.11】 矩阵快速转置算法。

```
public SparseMatrix fasttranspose() {
    SparseMatrix tm = new SparseMatrix(nums);        // 创建矩阵对象
    tm.cols = rows;                                   // 行数变为列数
    tm.rows = cols;                                   // 列数变为行数
    tm.nums = nums;                                   // 非零元素个数不变
    int i, j = 0, k = 0;
    int[] num, cpot;
    if (nums > 0) {
        num = new int[cols ];
        cpot = new int[cols ];
        for (i = 0; i < cols; i++)                    // 每列非零元素个数数组 num 初始化
        {
            num[i] = 0;
        }
        for (i = 0; i < nums; i++)                    // 计算每列非零元素个数
        {
```

```
            j = data[i].column;
            num[j]++;
        }
        cpot[0] = 0;
        for (i = 1; i < cols; i++)                    // 计算每列第 1 个非零元素在 tm 中的位置
        {
            cpot[i] = cpot[i - 1] + num[i - 1];
        }
        // 执行转置操作
        for (i = 0; i < nums; i++) {                  // 扫描整个三元组顺序表
            j = data[i].column;
            k = cpot[j];                              // 该元素在 tm 中的位置
            tm.data[k].row = data[i].column;          // 转置
            tm.data[k].column = data[i].row;
            tm.data[k].value = data[i].value;
            cpot[j]++;                                // 该列下一个非零元的存放位置
        }
    }
    return tm;
} // 算法 4.11 结束
```

算法的时间复杂度分析：假设 n 为稀疏矩阵的列数，t 为稀疏矩阵的非零元素个数。上述算法中有 4 个循环，分别执行 n、t、$n-1$ 和 t 次，在每个循环中，每次迭代的时间是一个常量，因此总的计算量是 $O(n+t)$。此算法所需要的存储空间比前一个算法多了两个数组，故其空间复杂度为 $O(t)$。

【例 4.6】　设计测试程序。针对图 4.16(a)的三元组顺序存储结构的稀疏矩阵进行转置。

```java
package ch04;
public class Example4_6 {
    public static void main(String args[]) {
        int m[][] = {{0, 0, 8, 0, 0, 0}, {0, 0, 0, 0, 0, 0}, {5, 0, 0, 0, 16, 0}, {0, 0, 18, 0, 0, 0}, {0, 0, 0, 9, 0, 0}};
        SparseMatrix sm = new SparseMatrix(m);
        SparseMatrix tm = sm.transpose();
        sm.printMatrix();
        tm.printMatrix();
    }
}
```

【运行结果】

运行结果如图 4.17 所示。

用三元组的顺序存储结构来表示稀疏矩阵，可节省存储空间，并加快运算速度，但在运算过程中，若稀疏矩阵的非零元素位置发生变化，必将会引起数组中元素的移动，这时，对数组元素进行插入或删除操作就不太方便。针对该问题，可以采用链式存储结构来表示稀疏矩阵，则进行插入或删除操作会更加方便一些。

图 4.17　例 4.6 的程序运行结果

4.8.2　稀疏矩阵的十字链表存储

当稀疏矩阵中非零元素的位置或个数经常发生变化时,就不宜采用三元组顺序表存储结构,而应该采用链式存储结构表示。十字链表是稀疏矩阵的另一种存储结构。在十字链表中稀疏矩阵的非零元素用一个结点来表示,每个结点由 5 个域组成,如图 4.18(a)所示。其中,row 域存放该非零元素所在行的位置;column 域存放该非零元素所在列的位置;value 域存放该非零元素的值;right 域存放与该非零元素同行的下一个非零元素结点指针;down 域存放与该非零元素同列的下一个非零元素结点指针。同一行的非零元素结点通过 right 域链接成一个线性链表,同一列的非零元素结点通过 down 域链接成一个线性链表,每个非零元素结点既是某个行链表中的一个结点,又是某个列链表中的结点,整个稀疏矩阵构成了一个十字交叉的链表,因此称这样的链表为十字链表。这里用两个一维数组分别存储行链表的头指针和列链表的头指针。整个十字链表用一个包含 5 个域的结点表示,如图 4.18(b)所示。其中,mu 域存放稀疏矩阵的行数;nu 域存放稀疏矩阵的列数;tu 域存放稀疏矩阵的非零元素个数;rhead 域存放行链表头指针数组的基地址;chead 域存放列链表头指针数组的基地址。图 4.15 中的稀疏矩阵 **A** 的十字链表如图 4.19 所示。

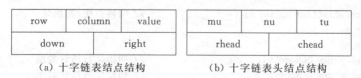

（a）十字链表结点结构　　（b）十字链表头结点结构

图 4.18　十字链表结点结构

在 Java 语言中,可以将稀疏矩阵的十字链表表示的结点结构定义为如下的类:

```
class OLNode {                              // 十字链表结点类
    public int row, col;                   // 元素的行号、列号
    public int e;                          // 元素值
    public OLNode right;                   // 行链表指针
    public OLNode down;                    // 列链表指针
```

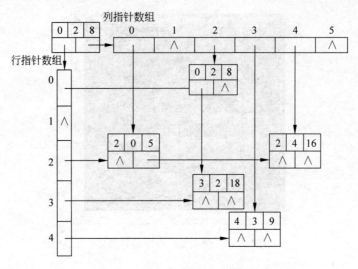

图 4.19　稀疏矩阵的十字链表

```
OLNode() {                                    // 无参构造方法
    this(0, 0, 0);
}
OLNode(int row, int col, int e) {             // 有参构造方法
    this.row = row;
    this.col = col;
    this.e = e;
    right = null;
    down = null;
}
}
```

稀疏矩阵十字链表类定义如下:

```
class CrossList {                             // 十字链表
    public int mu, nu, tu;                    // 行数、列数、非零元素个数
    public OLNode[] rhead, chead;             // 行、列指针数组


    public CrossList(int m, int n) {          // 构造方法,初始化
        mu = m;
        nu = n;
        rhead = new OLNode[m];                // 初始化行指针数组
        chead = new OLNode[n];                // 初始化列指针数组
        tu = 0;
        for (int i = 0; i < m; i++) {
            rhead[i] = new OLNode();
        }
        for (int i = 0; i < n; i++) {
            chead[i] = new OLNode();
        }
    }
    ⋮
}
```

4.9 数组的应用举例

数组是在程序设计中使用较多的数据结构。通过数组,可以用相同的名字去引用一系列变量,并用数字索引来识别它们。由于可以利用索引值来设计循环,因而在许多场合,使用数组可缩短和简化程序。下面,通过一个实例来说明数组的使用。

【例 4.7】 输出 n 阶魔方阵。

【问题描述】

由 $1 \sim n^2$ 个数字所组成的 $n \times n$ 阶方阵,若具有每条对角线,每行与每列的数字和都相等的性质,称为 n 阶魔方阵。它的每行、每列和每条对角线之和为 $n(n^2+1)/2$。图 4.20 是一个 3 阶魔方阵。

8	1	6
3	5	7
4	9	2

图 4.20 3 阶魔方阵

本题要求设计一个程序,输出 n 阶魔方阵。

【问题分析】

首先定义一个 $n \times n$ 的二维数组,作为 n 阶魔方阵的数据结构,然后,按以下步骤将 $1 \sim n^2$ 个数字顺序填入方阵。

(1) 将数字 1 放在第一行的中间位置上,即 $(0, n/2)$ 位置;

(2) 下一个数放在当前位置 (i, j) 的上一行 $(i-1)$、下一列 $(j-1)$,即当前位置的右上方。如果出现以下情况,则修改填充位置:

① 若当前位置是第一行,下一个数放在最后一行,即把 $i-1$ 修改为 $n-1$;

② 若当前位置是最后一列,下一个数放在第一列,即把 $j-1$ 修改为 $n-1$;

③ 若下一个数要放的位置上已经有了数字,则下一个数字放在当前位置的下一行,相同列。

(3) 重复以上过程,直至将 n^2 个数字不重复地填入方阵中。

【程序代码】

```java
// 例 4.7  显示 n 阶魔方阵
package ch04;
import java.util.Scanner;
class Magic {
    public Magic(int n) {
        int mat[][] = new int[n][n];
        int i = 0, j = n / 2;              // 第 1 个数放在第 1 行中间位置
        for (int k = 1; k <= n * n; k++)
        {
            mat[i][j] = k;                 // 当前位置取值
            if (k % n == 0)                // 下一位置已有数字
            {
                i = (i + 1) % n;           // 下一数的位置在下一行
            } else {
                i = (i - 1 + n) % n;       // 下一数的位置在右上方
                j = (j + 1) % n;
```

```
            }
        }
        for (i = 0; i < mat.length; i++)              // 输出二维数组
        {
            for (j = 0; j < mat[i].length; j++) {
                System.out.print(mat[i][j] + "\t");
            }
            System.out.println();
        }
    }
}
public class Example4_7{
    public static void main(String args[]) {
        int n;                                        // 阶数
        Scanner scanner = new Scanner(System.in);
        System.out.println("请输入魔方阵的阶数 n(奇数):");
        n = scanner.nextInt();
        System.out.println(n + " 阶魔方阵: ");
        new Magic(n);
    }
}
```

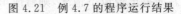

【运行结果】

运行结果如图 4.21 所示。

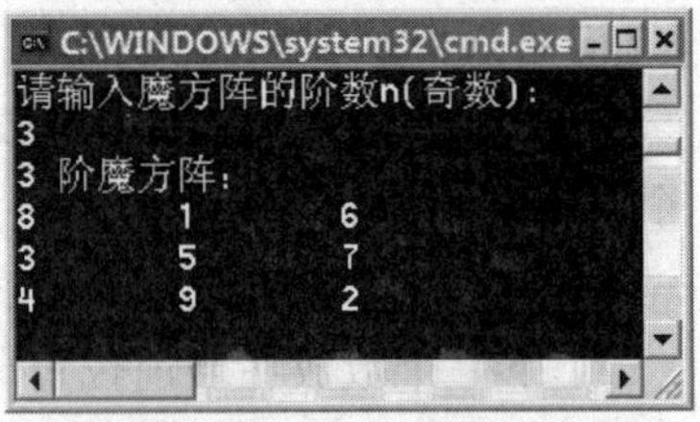

图 4.21　例 4.7 的程序运行结果

小结

本章主要介绍了字符串、数组、特殊矩阵和稀疏矩阵的定义、存储结构和基本算法的实现。字符串(串)是由零个或多个字符的顺序排列所组成的数据结构,其基本构成元素是单个字符(char)。串中字符的个数叫做串的长度。长度为零的串称为空串。

字符串的存储结构包括顺序存储结构和链式存储结构。顺序存储结构指的是用一组地址连续的存储单元来存储字符串中的字符序列,可以使用字符数组来实现。链式存储结构指的是用线性链表存储字符串值。

串的基本操作包括插入、删除、连接、查找、比较和模式匹配等。

在一个串中查找是否存在与另一个串相等的子串操作称作模式匹配。当串使用顺序存储结构时,模式匹配操作主要有 Brute-Force 算法和 KMP 算法。Brute-Force 算法简单并易于理解,但效率不高。KMP 算法是在 Brute-Force 算法基础上的改进算法。

数组是一组相同数据类型的数据元素的集合,数组元素按次序存储在一个地址连续的内存单元空间中,其中的每一个内存单元空间中的数据元素的类型完全相同。数组的顺序存储结构就是采用一组连续的存储单元来存放数组元素。为了将多维数组存入一维的存储地址空间中,一般有两种存储方式,一种是以行序为主序的存储方式(行优先顺序);另一种是以列序为主序的存储方式(列优先顺序)。

具有许多相同元素或零元素、并且这些相同元素或零元素的分布有一定规律性的矩阵称作特殊矩阵。特殊矩阵都是行数和列数相等的方阵。常见的特殊矩阵有对称矩阵、上(下)三角矩阵和对角矩阵等。

为了节省存储空间,需要对高阶的特殊矩阵进行压缩存储。特殊矩阵的压缩存储方法是找出特殊矩阵中值相同的矩阵元素的分布规律,把那些呈现规律性分布的、值相同的多个矩阵元素压缩存储到一个存储空间中。

具有较多零元素,并且非零元素的分布无规律的矩阵称为稀疏矩阵。稀疏矩阵的压缩存储的原则是非零元素分配存储空间,零元素不分配存储空间。稀疏矩阵的压缩存储方式主要有三元组的数组存储结构和十字链表存储结构两种类型。

习题 4

一、选择题

1. 下面关于串的叙述中,哪一个是不正确的?( )。
   A. 串是字符的有限序列
   B. 空串是由空格构成的串
   C. 模式匹配是串的一种重要运算
   D. 串既可以采用顺序存储,也可以采用链式存储

2. 串的长度是指( )。
   A. 串中包含的字符个数
   B. 串中包含的不同字符个数
   C. 串中除空格以外的字符个数
   D. 串中包含的不同字母个数

3. 设有两个串 p 和 q,其中 q 是 p 的子串,求 q 在 p 中首次出现的位置的算法称为( )。
   A. 求子串　　　　B. 连接　　　　C. 模式匹配　　　　D. 求串长

4. 设主串的长度为 n,模式串的长度为 m,则串匹配的 KMP 算法时间复杂度是( )。
   A. $O(m)$　　　　B. $O(n)$　　　　C. $O(n+m)$　　　　D. $O(n\times m)$

5. 串也是一种线性表,只不过( )。
   A. 数据元素均为字符　　　　　　B. 数据元素是子串
   C. 数据元素数据类型不受限制　　D. 表长受到限制

6. 设有一个 10 阶的对称矩阵 A,采用压缩存储方式,以行序为主进行存储,a_{11} 为第一元素,其存储地址为 1,每个元素占一个地址空间,则 a_{85} 的地址为( )。
   A. 13　　　　B. 33　　　　C. 18　　　　D. 40

7. 有一个二维数组 A[1..6, 0..7],每个数组元素用相邻的 6 个字节存储,存储器按字节编址,那么这个数组占用的存储空间大小是( )个字节。
   A. 48　　　　B. 96　　　　C. 252　　　　D. 288

8. 设有数组 A[1..8, 1..10],数组的每个元素占 3 字节,数组从内存首地址 BA 开始以列序为主序顺序存放,则数组元素 A[5,8] 的存储首地址为( )。
   A. BA+141　　　　B. BA+180　　　　C. BA+222　　　　D. BA+225

9. 稀疏矩阵的三元组存储表示方法(　　)。

    A. 实现转置操作很简单,只需将每个三元组中行下标和列下标交换即可

    B. 矩阵的非零元素个数和位置在操作过程中变化不大时较有效

    C. 是一种链式存储方法

    D. 比十字链表更高效

10. 用十字链表表示一个稀疏矩阵,每个非零元素一般用一个含有(　　)域的结点表示。

    A. 5　　　　　　　　B. 4　　　　　　　　C. 3　　　　　　　　D. 2

二、填空题

1. 一个串的任意连续字符组成的子序列称为串的_____,该串称为_____。

2. 串长度为 0 的串称为_____,只包含空格的串称为_____。

3. 若两个串的长度相等且对应位置上的字符也相等,则称两个串_____。

4. 寻找子串在主串中的位置,称为_____。其中,子串又称为_____。

5. 模式串 t="ababaab"的 next[]数组值为_____,nextval[]数组值为_____。

6. 设数组 A[1..5,1..6]的基地址为 1000,每个元素占 5 个存储单元,若以行序为主序顺序存储,则元素 A[5,5]的存储地址为_____。

7. 在稀疏矩阵的三元组顺序表存储结构中,除表示非零元的三元组表以外,还需要表示矩阵的行数、列数和_____。

8. 一个 $n \times n$ 的对称矩阵,如果以相同的元素只存储一次的原则进行压缩存储,则其元素压缩后所需要的存储容量为_____。

9. 对矩阵压缩的目的是为了_____。

10. 稀疏矩阵一般采用的压缩存储方法有两种,即_____和_____。

三、算法设计题

1. 编写基于 SeqString 类的成员函数 count(),统计当前字符串中的单词个数。

2. 编写基于 SeqString 类的成员函数 replace(begin,s1,s2)。要求在当前对象串中,从下标 begin 开始,将所有的 s1 子串替换为 s2 串。

3. 编写基于 SeqString 类的成员函数 reverse()。要求将当前对象中的字符反序存放。

4. 编写基于 SeqString 类的成员函数 deleteallchar(ch)。要求从当前对象串中删除其值等于 ch 的所有字符。

5. 编写基于 SeqString 类的成员函数 stringcount(str)。要求统计子串 str 在当前对象串中出现的次数,若不出现则返回 0。

6. 鞍点是指矩阵中的元素 a_{ij} 是第 i 行中值最小的元素,同时又是第 j 列中值最大的元素。试设计一个算法求矩阵 A 的所有鞍点。

7. 设计算法,求出二维数组 A[n,n]的两条对角线元素之和。

四、上机实践题

1. 在顺序串类 SeqString 中增加一个主函数,测试各成员函数的正确性。

2. 已知两个稀疏矩阵 A 和 B,试基于三元组顺序表或十字链表的存储结构,编程实现 $A+B$ 的运算。

3. 基于十字链表类 CrossList,设计插入非零元素结点的成员函数 insert(row, col, val),并编程测试。

4. 编写程序实现以三元组形式输出用十字链表表示的稀疏矩阵中的非零元素及其下标。

第5章

树与二叉树

前面章节中介绍的数据结构都属于线性结构,从这一章节开始将阐述非线性结构。树形结构就是一种非常重要的非线性结构。在线性结构中数据元素之间的逻辑关系为一对一的线性关系,而在树形结构中数据元素之间具有一对多的逻辑关系,它反映了数据元素之间的层次关系,和一个数据元素可以有多个后继但最多只有一个前驱的特点。树形结构在现实世界广泛存在,它是很多事物与关系的抽象模型,例如,人类社会的亲属关系可以按层次表示成家谱树,公司、学校等社会机构按层次化方式形成的单位组织机构图,文件系统中用树形结构表示的目录树等。在计算机领域中,树形结构也得到了广泛的应用,例如,操作系统中的文件管理;编译程序中的语法分析;系统设计时对系统功能的划分等。此外,在对数据进行排序或查找操作时若采用某种树形结构来组织待查找或待排序的数据,则能有效地提高操作效率。

本章主要知识点:

- 树的定义及常用术语;
- 树的存储表示;
- 二叉树、满二叉树和完全二叉树的定义;
- 二叉树的性质和存储表示;
- 二叉树的遍历操作实现及其应用;
- 哈夫曼树的构造方法及其实现;
- 树、森林与二叉树之间的转换;
- 树、森林的遍历操作实现。

5.1 树的基本概念

本章讲解的重点是一种特殊的树——二叉树,但在讲解二叉树之前,有必要先从广义上介绍树的概念及相关的基本术语。

1. 树的定义

树是由 $n(n \geqslant 0)$ 个结点所构成的有限集合,当 $n=0$ 时,称为空树。当 $n>0$ 时,n 个结点满足以下条件:

(1) 有且仅有一个称为根的结点;

（2）其余结点可分为 $m(m \geqslant 0)$ 个互不相交的有限集合,且每一个集合又构成一棵树,这棵树称为根结点的子树。

上述定义采用的是递归方式,即在树的定义中又用到了树这一概念。事实上,树的层次结构体现了数据元素之间具有的层次关系,即对于一棵非空树,其中有且仅有一个没有前驱的结点,这个结点就是根结点,其余结点有且仅有一个前驱,但可以有多个后继。图 5.1 给出了 3 棵树的逻辑结构示例图,图 5.1(a)是一棵只有一个根结点的树;图 5.1(b)是一棵只含有一棵子树的树;图 5.1(c)是一棵含有 3 棵子树的树。

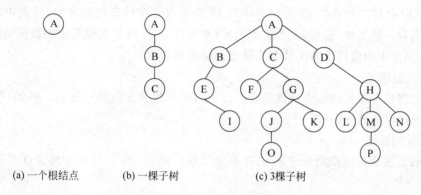

(a) 一个根结点   (b) 一棵子树   (c) 3棵子树

图 5.1 树的示例图

由图 5.1 可知,树是由边连接的结点构成的。在树中用圆代表结点,连接圆的直线代表边。在非空树的顶层总是只有一个结点,它通过边连接到第二层的多个结点,然后第二层结点再连向第三层的多个结点,以此类推,从而形成了一棵颠倒过来的树。

树的表示方法可以有多种。常见的有树形表示法、文氏图表示法、凹入图表示法和广义表(括号)表示法等。图 5.1 所示的就是树形表示法,图 5.2(a)、图 5.2(b)和图 5.2(c)分别是用文氏图表示法、凹入图表示法和广义表(括号)表示法表示图 5.1(c)中树的形式。

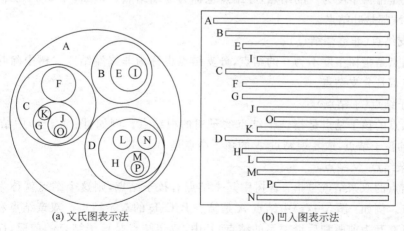

(a) 文氏图表示法   (b) 凹入图表示法

(A,B(E(I)),C(F,G(J(O),K),D(H(L,M(P),N))

(c) 广义表表示法

图 5.2 树的不同表示方法

2. 树的常用术语

为了使读者更易理解后续内容,需要首先知道一些有关树的常用术语。树的常用术语中大部分都是以现实世界中树的相关名词或以家谱中的成员关系命名,所以它们记忆起来并不难。

1) 树的结点

树的结点是由一个数据元素及关联其子树的边所组成。例如,图 5.1(a)中只有 1 个结点,图 5.1(b)中有 3 个结点,图 5.1(c)中有 16 个结点。在计算机程序里,结点中的数据元素一般代表着一些实体,诸如人、单位部门、汽车零件等,这就是其他常用的数据结构中存储的数据项,结点中的边代表着实体与实体之间的逻辑关系。

2) 结点的路径

结点的路径是指从根结点到该结点所经历的结点和分支的顺序排列。例如,图 5.1(c)中结点 J 的路径是 A→C→G→J。

3) 路径的长度

路径的长度是指结点路径中所包含的分支数。例如,图 5.1(c)中结点 J 的路径长度为 3。

4) 结点的度

结点的度是指该结点所拥有子树的数目。例如,图 5.1(c)中结点 A 的度为 3,B 的度为 1,C 的度为 2,结点 I、O、P 的度都为 0。

5) 树的度

树的度是指树中所有结点的度的最大值。例如,图 5.1(a)树的度为 0,图 5.1(b)树的度为 1, 图 5.1(c)树的度为 3。

6) 叶结点(终端结点)

叶结点是指树中度为 0 的结点,叶结点也称为终端结点。例如,图 5.1(c)中结点 I、F、O、K、L、P、N 都是叶结点。

7) 分支结点(非终端结点)

分支结点是指树中度不为 0 的结点,分支结点也称为非终端结点。树中除叶结点之外的所有结点都是分支结点。

8) 孩子结点(子结点)

一个结点的孩子结点是指这个结点的子树的根结点。例如,图 5.1(c)中结点 B、C、D是结点 A 的孩子结点,或者说结点 A 的孩子结点是 B、C、D。

9) 双亲结点(父结点)

一个结点的双亲结点是指:若树中某个结点有孩子结点,则这个结点就称为孩子结点的双亲结点。例如:图 5.1(c)中结点 A 是结点 B、C、D 的双亲结点。双亲结点和孩子结点也称为是具有互为前驱和后继关系的结点,其中,双亲结点是孩子结点的前驱,而孩子结点是双亲结点的后继。

10) 子孙结点

一个结点的子孙结点是指这个结点的所有子树中的任意结点。例如,图 5.1(c)中结点H 的子孙结点有 L、M、N、P 结点。

11）祖先结点

一个结点的祖先结点是指该结点的路径中除此结点之外的所有结点。例如，图 5.1(c) 中结点 P 的祖先结点有 A、D、H、M 结点。

12）兄弟结点

兄弟结点是指具有同一双亲的结点。例如，图 5.1(c) 中 B、C、D 是兄弟结点，它们的双亲都是结点 A；L、M、N 也是兄弟结点，它们的双亲都是结点 H。

13）结点的层次

规定树中根结点的层次为 0，则其他结点的层次是其双亲结点的层次数加 1。例如，图 5.1(c) 中结点 P 的层次数为 4，也可称结点 P 在树中处于第 4 层上。

14）树的深度

树的深度是指树中所有结点的层次数的最大值加 1。例如，图 5.1(a) 中树的深度为 1，图 5.1(b) 中树的深度为 3，图 5.1(c) 中树的深度为 5。

15）有序树

有序树是指树中各结点的所有子树之间从左到右有严格的次序关系，不能互换。也就是说，如果子树的次序不同则对应着不同的有序树。后面将讨论的二叉树就是一种有序树。图 5.3 所示的是两棵不同的二叉树，它们的不同点在于结点 A 的两棵子树的左右次序不相同。

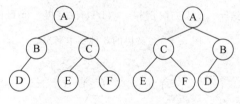

图 5.3 两棵不同的二叉树

16）无序树

与有序树相反，无序树是指树中各结点的所有子树之间没有严格的次序关系。按前面树的定义可知，树是无序树，即树中的结点从左到右没有次序之分，其次序可以任意颠倒。

17）森林

森林是指由 $m(m \geqslant 0)$ 棵互不相交的树所构成的集合。

5.2 二叉树概述

5.2.1 二叉树的基本概念

二叉树是一种特殊的树，它的每个结点最多只有两棵子树，并且这两棵子树也是二叉树。由于二叉树中的两棵子树有左、右之分，所以二叉树是有序树。下面给出二叉树的具体定义。

1. 二叉树的定义

二叉树是由 $n(n \geqslant 0)$ 个结点所构成的有限集合。当 $n=0$ 时,这个集合为空,此时的二叉树为空树;当 $n>0$ 时,这个集合是由一个根结点和两个互不相交的分别称为左子树和右子树的二叉树构成。

从二叉树的定义可以看出,二叉树与树有很大的不同,它们的区别在于:

(1) 树中的每个结点可以有多棵子树,而二叉树中的每个结点最多有两棵子树;

(2) 树中的子树是不分顺序的,而二叉树中的子树有严格的左、右之分,图 5.4 给出了二叉树的 5 种基本形态;

(3) 二叉树与度小于等于 2 的树也不同。在二叉树中允许某些结点只有右子树而没有左子树,而在树中,一个结点若没有第一棵子树,则它就不可能有第二棵子树存在。图 5.5 和图 5.6 给出了只含有 3 个结点的二叉树和树的不同形态。

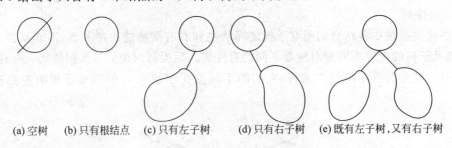

(a) 空树   (b) 只有根结点   (c) 只有左子树   (d) 只有右子树   (e) 既有左子树,又有右子树

图 5.4   二叉树的 5 种基本形态

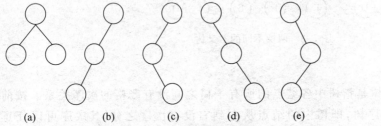

(a)   (b)   (c)   (d)   (e)

图 5.5   具有 3 个结点的二叉树的 5 种形态

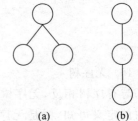

(a)   (b)

图 5.6   具有 3 个结点的树的 2 种形态

2. 满二叉树的定义

满二叉树是二叉树的一种特殊形态。如果在一棵二叉树中,它的所有结点或者是叶结点,或者是左、右子树都非空,并且所有叶结点都在同一层上,则称这棵二叉树为满二叉树,如图 5.7(a)所示。

3. 完全二叉树的定义

完全二叉树也是二叉树的一种特殊形态。如果在一棵具有 n 个结点的二叉树中,它的逻辑结构与满二叉树的前 n 个结点的逻辑结构相同,则称这样的二叉树为完全二叉树,如图 5.7(b)所示。

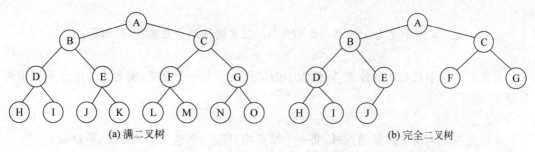

(a) 满二叉树　　　　　　　　(b) 完全二叉树

图 5.7　满二叉树和完全二叉树

4. 单分支树的定义

若二叉树的所有结点都没有右孩子或没有左孩子,则称此二叉树为单分支树。单分支树又可分为左支树和右支树,其中所有结点都没有右孩子的二叉树称为左支树,所有结点都没有左孩子的树称为右支树,图 5.8 所示的分别是含有 5 个结点的左支树和右支树。特别注意,具有 n 个结点的单分支树的深度为 n。

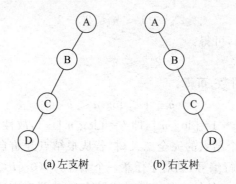

(a) 左支树　　　　　(b) 右支树

图 5.8　单分支树

5.2.2　二叉树的性质

性质 1　二叉树中第 $i(i \geqslant 0)$ 层上的结点数最多为 2^i。

证明:用数学归纳法证明如下:

当 $i=0$ 时,$2^i=2^0=1$,因为二叉树中的第 0 层只有一个根结点,所以命题正确。

假设对所有的 $j(0 \leqslant j < i)$ 命题成立,即第 j 层上最多有 2^j 个结点。下面需要证明:当 $j=i$ 时,命题成立。根据归纳假设,第 $i-1$ 层上的结点数最多为 2^{i-1}。由于二叉树中的每个结点最多有两个孩子结点,所以第 i 层上的结点数最多是 2^{i-1} 的 2 倍,即当 $j=i$ 时,第 j 层上的结点个数最多为 $2 \times 2^{i-1}=2^i$ 个,故命题成立。

性质 2　深度为 $h(h \geqslant 1)$ 的二叉树中最多有 2^h-1 个结点。

证明:由性质 1 可知,第 i 层的最大结点数为 2^i,再将二叉树中各层的结点数相加,即可得到:深度为 h 的二叉树中结点的总数最多为 $2^0+2^1+2^2+\cdots+2^{h-1}=2^h-1$ 个,故性质 2 得证。

性质 3　对于任何一棵二叉树,若其叶结点的个数为 n_0,度为 2 的结点个数为 n_2,则有

$n_0 = n_2 + 1$。

证明：设二叉树中度为 1 的结点个数为 n_1，二叉树的结点总数为 n，则有：

$$n = n_0 + n_1 + n_2 \tag{5.1}$$

再设二叉树中具有 e 个分支，而度为 1 的结点是引出一个分支，度为 2 的结点是引出两个分支，则有：

$$e = n_1 + 2 \times n_2 \tag{5.2}$$

又因为在二叉树中除根结点外，每一个结点均对应一个进入它的分支，所以有：

$$n = e + 1 \tag{5.3}$$

最后根据式(5.1)、(5.2)和(5.3)，并整理后得到：

$$n_0 = n_2 + 1 \tag{5.4}$$

故性质 3 得证。

性质 4　具有 n 个结点的完全二叉树，其深度为 $\lfloor \log_2 n \rfloor + 1$ 或者 $\lceil \log_2(n+1) \rceil$。

证明：假设具有 n 个结点的完全二叉树的深度为 h，由性质 2 可知：深度为 $h-1$ 的满二叉树的结点总数 $2^{h-1}-1$，深度为 h 的满二叉树的结点总数 2^h-1；再根据完全二叉树的定义可得：

$$2^{h-1} - 1 < n \leqslant 2^h - 1 \tag{5.5}$$

在式(5.5)的两边加 1，可得：

$$2^{h-1} \leqslant n < 2^h \tag{5.6}$$

对式(5.6)的各项取对数，可得：

$$h - 1 \leqslant \log_2 n < h \tag{5.7}$$

因为 h 为整数，所以 $h-1=\lfloor \log_2 n \rfloor$，即 $h=\lfloor \log_2 n \rfloor + 1$，故性质 4 得证。

性质 5　对于具有 n 个结点的完全二叉树，若从根结点开始自上到下并且按照层次由左向右对结点从 0 开始进行编号，则对于任意一个编号为 $i(0 \leqslant i < n)$ 的结点有：

(1) 若 $i=0$，则编号为 i 的结点是二叉树的根结点，它没有双亲；若 $i>1$，则编号为 i 的结点其双亲的编号为 $\lfloor (i-1)/2 \rfloor$。

(2) 若 $2i+1 \geqslant n$，则编号为 i 的结点无左孩子，否则编号为 $2i+1$ 的结点就是其左孩子。

(3) 若 $2i+2 \geqslant n$，则编号为 i 的结点无右孩子，否则编号为 $2i+2$ 的结点就是其右孩子。

证明：下面用数学归纳法来证明(2)和(3)，(1)可由结论(2)和(3)推导得到。

当 $i=0$ 时，由完全二叉树的定义可知，若其左孩子存在，则左孩子结点的编号 $2i+1=1$；若其右孩子存在，则右孩子结点的编号为 2。若 $2i+1>n$，则说明不存在编号为 $2i+1$ 的结点，即编号为 i 的结点没有左孩子。同理，若 $2i+2>n$，则说明不存在编号为 $2i+2$ 的结点，即编号为 i 的结点没有右孩子。所以命题成立。

假设当 $i=j(j \geqslant 0)$ 时，命题成立，即若 $2j+1 \geqslant n$，则编号为 j 的结点无左孩子，否则编号为 $2j+1$ 的结点就是其左孩子结点；若 $2j+2 \geqslant n$，则编号为 i 的结点无右孩子，否则编号为 $2j+2$ 的结点就是其右孩子结点。下面需证明当 $i=j+1$ 时命题成立。

当 $i=j+1$ 时，由完全二叉树的定义，若其左孩子存在，则左孩子结点的编号一定是编号为 j 的右孩子结点的编号加 1，即为 $(2j+2)+1=2(j+1)+1=2i+1$，且有 $2i+1<n$，若 $2i+1 \geqslant n$，则说明其左孩子不存在；若其右孩子存在，则右孩子结点的编号一定是其左孩子结点的编号加 1，即 $2i+1+1=2i+2$，且有 $2i+2<n$；若 $2i+2 \geqslant n$，则说明其右孩子不存在。

故(2)和(3)得证。

5.2.3 二叉树的存储结构

二叉树的存储实现方法有多种,但归纳起来主要分为顺序存储和链式存储两大类。下面详细介绍二叉树的顺序存储结构和链式存储结构。

1. 二叉树的顺序存储结构

二叉树的顺序存储是指按照某种顺序依次将二叉树中的各个结点的值存放在一组地址连续的存储单元中。由于二叉树是非线性结构的,所以需要将二叉树中的各个结点先按照一定的顺序排列成一个线性序列,再通过这些结点在线性序列中的相对位置,确定二叉树中的各个结点之间的逻辑关系。由二叉树的性质 5 可知,对于一棵完全二叉树,可以从根结点开始自上而下并按照层次由左向右对结点依次进行编号,然后按照编号顺序依次将其存放在一维数组中,其结点之间的逻辑关系可由性质 5 中父结点与孩子结点编号之间的关系式计算得到,如图 5.9(a)所示。对于一棵非完全二叉树来说,可以先在此树中增加一些并不存在的虚结点并使其成为一棵完全二叉树,然后用与完全二叉树相同的方法对结点进行编号,再将编号为 i 的结点的值存放到数组下标为 i 的数组单元中,虚结点不存放任何值,如图 5.9(b)所示。

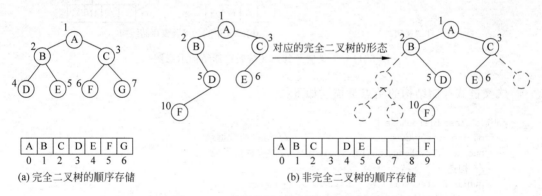

(a) 完全二叉树的顺序存储　　　　(b) 非完全二叉树的顺序存储

图 5.9　二叉树的顺序存储结构示意图

对于满二叉树和完全二叉树,顺序存储是一种最简单、最节省空间的存储方式,而且能使操作简单,所以顺序存储方式非常适合用于满二叉树和完全二叉树。但对于非完全二叉树,由于有"虚结点"的存在从而造成了存储空间的浪费,特别是对右支树来说,若其深度为 h,则此右支树只有 h 个结点,却要为此分配 2^h-1 个存储单元,这种情况下的存储空间浪费最大。

2. 二叉树的链式存储结构

二叉树的链式存储是指将二叉树的各个结点随机地存放在位置任意的内存空间中,各个结点之间的逻辑关系通过指针来反映。由于二叉树中的任意一个结点至多只有一个双亲结点和两个孩子结点,所以在用链式存储方式来实现二叉树的存储时,可以有两种形式,一种是二叉链表存储结构;另一种是三叉链表存储结构。在二叉链表结构中,二叉树中的每一个结点设置有 3 个域:数据域、左孩子域和右孩子域,其中,数据域用来存放结点的值;

左、右孩子域分别用来存放该结点的左、右孩子结点的存储地址,其结点的结构如图 5.10(a)所示。三叉链表结构是指在二叉链表的结点结构中增加一个父结点域,该域用来存放此结点的父结点的存储地址,其结点的结构如图 5.10(b)所示。

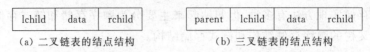

| lchild | data | rchild |

(a) 二叉链表的结点结构

| parent | lchild | data | rchild |

(b) 三叉链表的结点结构

图 5.10 二叉树链式存储的结点结构

图 5.11 所示的是一棵二叉树及其三叉链表的存储结构示意图。由此可见,三叉链式存储结构既便于查找孩子结点,又便于查找双亲结点,但它相对二叉链式存储结构来说,增加了存储空间的开销。因此,在实际应用中,二叉链式存储结构是二叉树最常用的存储结构。后面有关二叉树的算法都在以二叉链表为存储结构的前提下设计。

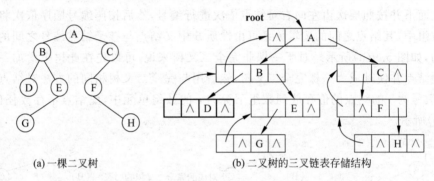

(a)一棵二叉树 (b) 二叉树的三叉链表存储结构

图 5.11 二叉树及其三叉链表存储结构示意图

二叉链式存储结构的结点类描述如下:

```java
public class BiTreeNode {
    public Object data;                 // 结点的数据域
    public BiTreeNode lchild, rchild;   // 左、右孩子域
    // 构造一个空结点
    public BiTreeNode() {
        this(null);
    }
    // 构造一棵左、右孩子域为空的二叉树
    public BiTreeNode(Object data) {
        this(data, null, null);
    }
    // 构造一棵数据域和左、右孩子域都不为空的二叉树
    public BiTreeNode(Object data, BiTreeNode lchild, BiTreeNode rchild) {
        this.data = data;
        this.lchild = lchild;
        this.rchild = rchild;
    }

} // 结点类定义结束
```

二叉树的二叉链式存储结构与单链表一样,也可分不带头结点和带头结点两种情况,图 5.12 所示是图 5.11(a)中二叉树的不带头结点和带头结点的二叉链表存储结构示意图。

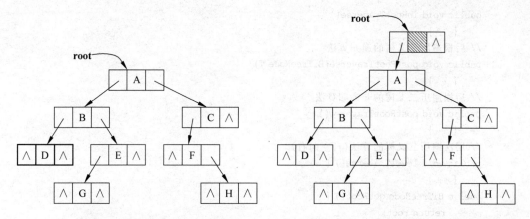

(a) 二叉树的不带头结点的二叉链表存储结构　　(b) 二叉树的带头结点的二叉链表存储结构

图 5.12　图 5.11(a)中二叉树的不带头结点和带头结点的二叉链表存储结构示意图

3．二叉链式存储结构下二叉树类的描述

为简单起见,这里设计的二叉树类中只实现最基本的创建二叉树操作和遍历二叉树操作。下面是基于二叉链式存储结构的二叉树类的描述。

```
package ch05;
import ch03.LinkQueue;
import ch03.LinkStack;
public class BiTree {
    private BiTreeNode root;          // 树的根结点
    public BiTree() {                 // 构造一棵空树
        this.root = null;
    }
    public BiTree(BiTreeNode root) {  // 构造一棵树
        this.root = root;
    }
    // 由先根遍历和中根遍历序列创建一棵二叉树的算法
    public BiTree(String preOrder, String inOrder, int preIndex, int inIndex,int count)
        { … }
    // 由标明空子树的先根遍历序列创建一棵二叉树的算法
    private static int index = 0;     // 用于记录 preStr 的索引值
    public BiTree(String preStr)
        { … }
    // 先根遍历二叉树的递归算法
    public void preRootTraverse(BiTreeNode T)
        { … }
    // 先根遍历二叉树的非递归算法
    public void preRootTraverse()
        { … }
    // 中根遍历二叉树的递归算法
    public void inRootTraverse(BiTreeNode T)
        { … }
    // 中根遍历二叉树的非递归算法
```

```
public void inRootTraverse()
    { … }
// 后根遍历二叉树的递归算法
public void postRootTraverse(BiTreeNode T)
    { … }
// 后根遍历二叉树的非递归算法
public void postRootTraverse()
    { … }
// 层次遍历二叉树的算法(自左向右)
public void levelTraverse() {
    { … }
public BiTreeNode getRoot() {
    return root;
}
public void setRoot(BiTreeNode root) {
    this.root = root;
}
} // 二叉链式存储结构下二叉树类的描述结束
```

5.3 二叉树的遍历

二叉树的遍历是指沿着某条搜索路径对二叉树中的结点进行访问,使得每个结点均被访问一次,而且仅被访问一次。其中"访问"的含义较为广泛,它可以是输出二叉树中的结点信息,也可以是对结点进行任何其他处理。

二叉树的遍历操作是二叉树中最基本的操作,下面分别介绍二叉树的遍历方法及其实现,还有几个二叉树遍历算法的典型应用。

5.3.1 二叉树的遍历方法及其实现

1. 二叉树的遍历方法

根据二叉树的结构特点,可以将一棵二叉树划分成 3 个部分: 根结点、左子树和右子树; 其次,二叉树中的所有结点都是有层次之分。因此,对于一棵二叉树来说,它有 3 条搜索路径,分别是: 先上后下、先左(子树)后右(子树)和先右(子树)后左(子树)。如果规定用 D、L 和 R 分别表示访问根结点、处理左子树和处理右子树,则可得到二叉树的 7 种遍历方法: 层次遍历、DLR、LDR、LRD、DRL、RDL 和 RLD,其中第 1 种方法是按先上后下且同一层次按先左后右的路径顺序得到; 第 2 至 4 种方式是按先左后右的路径顺序得到; 第 5 至 7 种方法则是按先右后左的路径顺序得到。由于先左后右和先右后左的遍历操作在算法设计上没有本质的区别,并且通常对子树的处理也总是按照先左后右的顺序进行,所以下面只给出前面4种遍历方法的定义。

1) 层次遍历操作

若二叉树为空,则为空操作;否则,先访问第 0 层的根结点,然后从左到右依次访问第 1 层的每一个结点,依次类推,当第 i 层的所有结点访问完后,再从左到右依次访问第 $i+1$ 层的每一结点,直到最后一层的所有结点都访问完为止。

根据根的访问的先后次序不同,这里将 DLR 称为先根或先序遍历;LDR 称为中根或中序遍历;LRD 称为后根或后序遍历。由于二叉树是递归定义的,所以 DLR、LDR、LRD 3 种遍历方法给出的定义也都是递归定义的。

2) 先根遍历(DLR)操作

若二叉树为空,则为空操作;否则

(1) 访问根结点。

(2) 先根遍历左子树。

(3) 先根遍历右子树。

3) 中根遍历(LDR)操作

若二叉树为空,则为空操作;否则

(1) 中根遍历左子树。

(2) 访问根结点。

(3) 中根遍历右子树。

4) 后根遍历(LRD)操作

若二叉树为空,则为空操作;否则

(1) 后根遍历左子树。

(2) 后根遍历右子树。

(3) 访问根结点。

采用不同方法对二叉树进行遍历可以得到二叉树结点的不同线性序列。例如:对于图 5.11(a)所示的二叉树,其层次遍历序列为 ABCDEFGH;先根遍历序列为 ABDEGCFH;中根遍历序列为 DBGEAFHC;后根遍历序列为 DGEBHFCA。

可见,经过二叉树的遍历后可将非线性结构的二叉树转变成线性序列,从而可以确定二叉树中某个指定结点在某种遍历序列中的前驱和后继。例如,对于图 5.11(a)所示的二叉树中的结点 B,它在层次遍历序列中的前驱是 A,后继是 C;在先根遍历序列中的前驱是 A,后继是 D;在中根遍历序列中的前驱是 D,后继是 G;在后根遍历序列中的前驱是 E,后继是 H。

2. 二叉树遍历的一个应用

针对二叉树进行不同的遍历后得到的不同的线性序列,往往具有特定的实际意义。例如,图 5.13 是表达式(A+B) * C−D/E 所对应的语法树,当对此语法树分别进行先根、中根和后根遍历后得到的遍历序列为 − * +ABC/DE、A+B * C−D/E 和 AB+C * DE/−,它们就是这个表达式所对应的前缀表达式、去掉括号的中缀表达式和后缀表达式。关于由源表达式如何转换成后缀表达式,再由后缀表达式如何计算表达式的值的问题在前面 3.1.5 节中已有讨论。

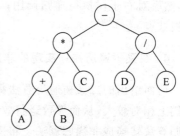

图 5.13 表达式(A+B) * C−D/E 的语法树

3. 二叉树遍历操作实现的递归算法

根据二叉树遍历的递归定义,很容易给出实现二叉树遍历操作的递归算法。下面以二叉链表作为二叉树的存储结构,并规定访问结点的操作就是输出结点的值,分别给出二叉树的3种遍历的递归算法描述。

【算法 5.1】 先根遍历操作实现的递归算法。

```
public void preRootTraverse(BiTreeNode T) {
        if (T != null) {
            System.out.print(T.data);  // 访问根结点
            preRootTraverse(T.lchild); // 先根遍历左子树
            preRootTraverse(T.rchild); // 先根遍历右子树
        }
    } // 算法 5.1 结束
```

【算法 5.2】 中根遍历操作实现的递归算法。

```
public void inRootTraverse(BiTreeNode T) {
    if (T != null) {
        inRootTraverse(T.lchild);      // 中根遍历左子树
        System.out.print(T.data);      // 访问根结点
        inRootTraverse(T.rchild);      // 中根遍历右子树
    }
} // 算法 5.2 结束
```

【算法 5.3】 后根遍历操作实现的递归算法。

```
public void postRootTraverse(BiTreeNode T) {
    if (T != null) {
        postRootTraverse(T.lchild);    // 后根遍历左子树
        postRootTraverse(T.rchild);    // 后根遍历右子树
        System.out.print(T.data);      // 访问根结点
    }
} // 算法 5.3 结束
```

从上面给出的3种遍历二叉树的递归算法可知,它们只是访问根结点及遍历左子树和右子树的先后次序不同。先根遍历是指每次进入一层递归调用时先访问根结点,然后依次对它的左、右子树执行递归调用;中根遍历是指在执行完左子树的递归调用后再访问根结点,然后对右子树执行递归调用;后根遍历则是指执行完左、右子树的递归调用后,最后访问根结点。

4. 二叉树遍历操作实现的非递归算法

前面给出的二叉树遍历算法都采用的是递归算法。递归算法虽然结构简洁,但在时空开销上相对较大,从而导致运行效率较低,并且有些程序设计环境不支持递归,这就要求将递归算法转换成非递归算法。将递归算法转换为非递归算法有两种方式:一种是直接转换法,不需要回溯;另一种是间接转换法,需要回溯。前者使用一些变量保存中间结果,递归过程用循环结构来替代;后者需要利用栈保存中间结果,故引入一个栈结构,并依照递归算法执行过程中编译栈的工作原理,得到相应的非递归算法。二叉树遍历操作的非递归实现采用的就是间接转换法。

1) 先根遍历操作的实现

先根遍历的递归过程是指先访问根结点,再沿着该结点的左子树向下依次访问其左子树的根结点,直到最后访问的结点都无左子树为止,再继续依次向上先根遍历根结点的右子树。

先根遍历的非递归过程则要借助一个栈来记载当前被访问结点的右孩子结点,以便遍历完一个结点的左子树后能顺利地进入这个结点的右子树继续进行遍历。

实现先根遍历操作的非递归算法的主要思想是:从二叉树的根结点出发,沿着该结点的左子树向下搜索,在搜索过程中每遇到一个结点就先访问该结点,并将该结点的非空右孩子结点压栈。当左子树结点访问完成后,从栈顶弹出结点的右孩子结点,然后用上述同样的方法去遍历该结点的右子树,依此类推,直到二叉树中所有的结点都被访问为止。其主要操作过程可描述如下:

(1) 创建一个栈对象,根结点入栈。

(2) 当栈为非空时,将栈顶结点弹出栈内并访问该结点。

(3) 对当前访问结点的非空左孩子结点相继依次访问,并将当前访问结点的非空右孩子结点压入栈内。

(4) 重复执行步骤(2)和(3),直到栈为空为止。

【算法 5.4】 先根遍历操作实现的非递归算法。

```
public void preRootTraverse() {
    BiTreeNode T = root;
    if (T != null) {
        LinkStack S = new LinkStack();              // 构造栈
        S.push(T);                                  // 根结点入栈
        while (!S.isEmpty()) {
            T = (BiTreeNode) S.pop();               // 移除栈顶结点,并返回其值
            System.out.print(T.data);               // 访问结点
            while (T != null) {
                if (T.lchild != null)               // 访问左孩子
                    System.out.print(T.lchild.data); // 访问结点
                if (T.rchild != null)               // 右孩子非空入栈
                    S.push(T.rchild);
                T = T.lchild;
            }
        }
    }
} // 算法 5.4 结束
```

2) 中根遍历操作的实现

中根遍历的非递归过程也要借助一个栈来记载遍历过程中所经历的而未被访问的所有结点,以便遍历完一个结点的左子树后能顺利地返回到它的父结点。

实现中根遍历操作的非递归算法的主要思想是:从二叉树的根结点出发,沿着该结点的左子树向下搜索,在搜索过程中将所遇到的每一个结点依次压栈,直到二叉树中最左下的

结点压栈为止,然后从栈中弹出栈顶结点并对其进行访问,访问完后再进入该结点的右子树并用上述同样的方法去遍历该结点的右子树,依此类推,直到二叉树中所有的结点都被访问为止。其操作的实现过程描述如下:

(1) 创建一个栈对象,根结点进栈。

(2) 若栈非空,则将栈顶结点的非空左孩子相继进栈。

(3) 栈顶结点出栈并访问非空栈顶结点,并使该栈顶结点的非空右孩子结点入栈。

(4) 重复执行步骤(2)和(3)直到栈为空为止。

【算法 5.5】 中根遍历操作实现的非递归算法。

```java
public void inRootTraverse() {
    BiTreeNode T = root;
    if (T != null) {
        LinkStack S = new LinkStack();              // 构造链栈
        S.push(T);                                  // 根结点入栈
        while (!S.isEmpty()) {
            while (S.peek() != null)                // 将栈顶结点的左孩子结点相继入栈
                S.push(((BiTreeNode) S.peek()).lchild);
            S.pop();                                // 空结点退栈
            if (!S.isEmpty()) {
                T = (BiTreeNode) S.pop();           // 移除栈顶结点,并返回其值
                System.out.print(T.data);           // 访问结点
                S.push(T.rchild);                   // 结点的右孩子入栈
            }
        }
    }
} // 算法 5.5 结束
```

3) 后根遍历操作的实现

由于后根遍历是先处理左子树,后处理右子树,最后才访问根结点,所以在遍历搜索过程中也是从二叉树的根结点出发,沿着该结点的左子树向下搜索,在搜索过程中每遇到一个结点判断该结点是否第一次经过,若是,则不立即访问,而是将该结点入栈保存,遍历该结点的左子树;当左子树遍历完毕后再返回到该结点,这时还不能访问该结点,而是应继续进入该结点的右子树进行遍历;当左、右子树均遍历完毕后,才能从栈顶弹出该结点并访问它。由于在决定栈顶结点是否能访问时,需要知道该结点的右子树是否被遍历完毕,因此为解决这个问题,在算法中引入一个布尔型的访问标记变量 flag 和一个结点指针 p。其中,flag 用来标记当前栈顶结点是否被访问,当值为 true 时,表示栈顶结点已被访问;当值为 false 时,表示当前栈顶结点未被访问,指针 p 指向当前遍历过程中最后一个被访问的结点。若当前栈顶结点的右孩子结点是空,或者就是 p 指向的结点,则表明当前结点的右子树已遍历完毕,此时就可以访问当前栈顶结点。其操作的实现过程描述如下:

(1) 创建一个栈对象,根结点进栈,p 赋初始值 null。

(2) 若栈非空,则栈顶结点的非空左孩子相继进栈。

(3) 若栈非空,查看栈顶结点,若栈顶结点的右孩子为空,或者与 p 相等,则将栈顶结点弹出栈并访问它,同时使 p 指向该结点,并置 flag 值为 true;否则,将栈顶结点的右孩子压

入栈,并置 flag 值为 false。

(4) 若 flag 值为 true,则重复执行步骤(3);否则,重复执行步骤(2)和(3),直到栈为空为止。

【算法 5.6】 后根遍历操作实现的非递归算法。

```java
public void postRootTraverse() {
    BiTreeNode T = root;
    if (T != null) {
        LinkStack S = new LinkStack();              // 构造链栈
        S.push(T);                                  // 根结点进栈
        Boolean flag;                               // 访问标记
        BiTreeNode p = null;                        // p 指向刚被访问的结点
        while (!S.isEmpty()) {
            while (S.peek() != null)                // 将栈顶结点的左孩子相继入栈
                S.push(((BiTreeNode) S.peek()).lchild);
            S.pop();                                // 空结点退栈
            while (!S.isEmpty()) {
                T = (BiTreeNode) S.peek();          // 查看栈顶元素
                if (T.rchild == null || T.rchild == p) {
                    System.out.print(T.data);       // 访问结点
                    S.pop();                        // 移除栈顶元素
                    p = T;                          // p 指向刚被访问的结点
                    flag = true;                    // 设置访问标记
                } else {
                    S.push(T.rchild);               // 右孩子结点入栈
                    flag = false;                   // 设置未被访问标记
                }
                if (!flag)
                    break;
            }
        }
    }
} // 算法 5.6 结束
```

对于有 n 个结点的二叉树,上面 3 种遍历算法的时间复杂度都为 $O(n)$。如果对每个结点的处理时间是一个常数,那么遍历二叉树就可以在线性时间内完成。不管采用哪种算法,遍历二叉树操作的实现过程中所需要的辅助空间为遍历过程中栈的最大容量,即树的高度。最坏情况下,具有 n 个结点的树的高度为 n,因此,3 种遍历算法的空间复杂度为 $O(n)$。

4) 层次遍历操作实现

层次遍历操作的实现过程中需要使用一个队列作为辅助的存储结构,这里使用了链队列类 LinkQueue 来创建一个队列对象 L。在遍历开始时,首先将根结点入队,然后每次从队列中取出队首元素进行处理,每处理一个结点,都是先访问该结点,再按从左到右的顺序把它的孩子结点依次入队。这样,上一层的结点总排在下一层结点的前面,从而实现了二叉树的层次遍历。其操作的实现过程描述如下:

(1) 创建一个队列对象,根结点入队。

(2) 若队列非空,则将队首结点出队并访问该结点,再将该结点的非空左、右孩子结点依次入队。

(3) 重复执行步骤(2),直到队列为空为止。

【算法 5.7】 层次遍历操作实现的非递归算法。

```java
public void levelTraverse() {
    BiTreeNode T = root;
    if (T != null) {
        LinkQueue L = new LinkQueue();          // 构造队列
        L.offer(T);                             // 根结点入队列
        while (!L.isEmpty()) {
            T = (BiTreeNode) L.poll();
            System.out.print(T.data);           // 访问结点
            if (T.lchild != null)               // 左孩子非空,入队列
                L.offer(T.lchild);
            if (T.rchild != null)               // 右孩子非空,入队列
                L.offer(T.rchild);
        }
    }
} // 算法 5.7 结束
```

对于有 n 个结点的二叉树,层次遍历算法的时间复杂度为 $O(n)$。所需要的辅助空间为遍历过程中队列所需要的最大容量,而队列的最大容量是由二叉树中相邻两层的最大结点总数所决定的,相邻两层的最大结点总数与 n 只是一个线性关系,所以层次遍历算法的空间复杂度也为 $O(n)$。

下面给出测试二叉树 BiTree 类的程序代码,此程序完成的功能是先建立图 5.11(a)所示的二叉树的不带头结点的二叉链式存储结构,然后分别输出先根、中根、后根和层次遍历该二叉树所得到的遍历序列。

【程序代码】

```java
public class DebugBiTree {
    // 构建如图 5.11(a)所示的二叉树
    public BiTree createBiTree() {
        BiTreeNode d = new BiTreeNode('D');
        BiTreeNode g = new BiTreeNode('G');
        BiTreeNode h = new BiTreeNode('H');
        BiTreeNode e = new BiTreeNode('E', g, null);
        BiTreeNode b = new BiTreeNode('B', d, e);
        BiTreeNode f = new BiTreeNode('F', null, h);
        BiTreeNode c = new BiTreeNode('C', f, null);
        BiTreeNode a = new BiTreeNode('A', b, c);
        return new BiTree(a);                    // 创建根结点为 a 的二叉树
    }
    public static void main(String[] args) {
        DebugBiTree debugBiTree = new DebugBiTree();
        BiTree biTree = debugBiTree.createBiTree();
        BiTreeNode root = biTree.root;           // 取得树的根结点
        // 调试先根遍历
        System.out.print("(递归)先根遍历序列为:");
        biTree.preRootTraverse(root);
```

```
        System.out.println();                        // 输出换行
        System.out.print("(非递归)先根遍历序列为:");
        biTree.preRootTraverse();
        System.out.println();
        // 调试中根遍历
        System.out.print("(递归)中根遍历序列为:");
        biTree.inRootTraverse(root);
        System.out.println();
        System.out.print("(非递归)中根遍历序列为:");
        biTree.inRootTraverse();
        System.out.println();
        // 调试后根遍历
        System.out.print("(递归)后根遍历序列为:");
        biTree.postRootTraverse(root);
        System.out.println();
        System.out.print("(非递归)后根遍历序列为:");
        biTree.postRootTraverse();
        System.out.println();
        // 调试层次遍历
        System.out.print("层次遍历序列为:");
        biTree.levelTraverse();
        System.out.println();
    }
}
```

【运行结果】

运行结果如图 5.14 所示。

图 5.14 测试 BiTree 类的程序运行结果

5.3.2 二叉树遍历算法的应用举例

二叉树的遍历操作是实现对二叉树其他操作的一个重要基础,利用二叉树的遍历方法可以解决二叉树的许多应用问题。下面给出几个典型的二叉树遍历操作应用问题及其实现方法。下面的不同应用举例,可以更好地说明二叉树的遍历操作中的访问根结点是可以根据实际情况,对根结点进行各种不同的操作。

【例 5.1】 二叉树上的查找:编写算法完成在二叉树中查找值为 x 的结点的操作。

【问题分析】 在二叉树中查找结点的操作要求是:在以 T 为根结点的二叉树中查找值为 x 的结点,若找到,则返回该结点;否则,返回空值。

要实现该查找操作,可在二叉树的先根遍历过程中进行,并且在遍历时将访问根结点的操作视为是将根结点的值与 x 进行比较的操作。其主要操作步骤描述如下:

(1) 若二叉树为空,则不存在这个结点,返回空值;否则,将根结点的值与 x 进行比较,若相等,则返回该结点。

(2) 若根结点的值与 x 不相等,则在左子树中进行查找,若找到,则返回找到的结点。

(3) 若在左子树中没找到值为 x 的结点,则继续在右子树中进行查找,并返回查找结果。

说明: 此操作的实现过程在描述时要注意其程序结构与先根遍历递归算法的不同之处。因为在二叉树上按先根遍历搜索时,只要找到了值为 x 的结点就不必继续进行搜索。也就是说,只有当根结点不是值为 x 的结点时,才需进入左子树进行查找,而且也只有当左子树仍未查找到值为 x 的结点时,才需要进入右子树继续查找。

【算法 5.8】 二叉树上的查找算法。

```java
public BiTreeNode searchNode(BiTreeNode T, Object x) {
    if (T != null) {
        if (T.data.equals(x))                         // 对根结点进行判断
            return T;
        else {
            BiTreeNode lresult = searchNode(T.lchild, x); // 查找左子树
            return lresult != null ? lresult : searchNode(T.rchild, x);
            // 若在左子树中查找到值为 x 的结点,则返回该结点;否则,在右子树中查找该结点,
            // 并返回结果
        }
    }
    return null;
} // 算法 5.8 结束
```

【例 5.2】 计算二叉树中结点的个数:编写算法实现统计二叉树中结点的个数的操作。

【问题分析】 由于二叉树中结点的个数等于 1 个根结点再分别加上它的左、右子树中结点的个数,所以可以运用不同的遍历递归算法的思想来统计出二叉树中结点的个数。这里以先根遍历为例。在二叉树的先根遍历递归算法中,引入一个计数变量 count,count 的初值为 0;将访问根结点的操作视为对结点计数变量加 1 的操作;将遍历左、右子树的操作视为统计左、右子树的结点个数并将其值分别加到结点的计数变量中的操作。其主要操作步骤描述如下。

(1) 计数变量 count 赋初值 0。

(2) 若二叉树非空,则:

① count 值加 1;

② 统计根结点的左子树的结点个数,并加入到 count 变量中;

③ 统计根结点的右子树的结点个数,并加入到 count 变量中。

(3) 返回 count 值。

【算法 5.9】 统计二叉树中结点个数的算法。

```java
public int countNode(BiTreeNode T) {
    // 采用先根遍历的方式对二叉树进行遍历,计算其结点的个数
```

```
        int count = 0;
        if (T != null) {
            ++count;                              // 根结点增加 1
            count += countNode(T.lchild);         // 加上左子树上结点数
            count += countNode(T.rchild);         // 加上右子树上的结点数
        }
        return count;
    } // 算法 5.9 结束
```

说明：针对这个问题，最容易想到的解决办法是：引入一个计数变量，其初值为 0，在二叉树的遍历过程中，访问一个结点就对该结点进行计数，即计数变量加 1，当整个二叉树都遍历完毕后，计数变量的值就是二叉树的结点的个数值。按照这种思想，统计二叉树的结点个数也可以使用不同遍历的非递归算法来实现。下面给出在层次遍历过程中对二叉树的结点进行计数的程序代码，在其他遍历过程中对二叉树的结点进行计数的算法可依照同样的方法进行设计。

【算法 5.10】 统计二叉树中结点个数的算法。

```
public int countNode1(BiTreeNode T) {
    // 采用层次遍历的方式在对二叉树进行遍历，并计算结点的个数
    int count = 0;
    if (T != null) {
        LinkQueue L = new LinkQueue();        // 构造队列
        L.offer(T);                           // 根结点入队列
        while (!L.isEmpty()) {
            T = (BiTreeNode) L.poll();
            ++count;                          // 结点数目增加 1
            if (T.lchild != null)             // 左孩子非空，入队列
                L.offer(T.lchild);
            if (T.rchild != null)             // 右孩子非空，入队列
                L.offer(T.rchild);
        }
    }
    return count;
} // 算法 5.10 结束
```

思考：如果需要统计二叉树中叶结点的个数，算法应如何设计？

【例 5.3】 求二叉树的深度：编写算法完成求二叉树的深度的操作。

【问题分析】 要求二叉树的深度，方法是先求出左子树的深度，再求出右子树的深度，二叉树的深度就是左子树的深度和右子树的深度中的最大值加 1。按照这种思路，自然就会想到使用后根遍历的递归算法来解决求二叉树的深度问题。

其主要操作步骤描述如下：

若二叉树为空，则返回 0 值，否则

（1）求左子树的深度；

（2）求右子树的深度；

（3）将左、右子树深度的最大值加 1 并返回其值。

【算法 5.11】 求二叉树深度的算法。

```java
public int getDepth(BiTreeNode T) {
    if (T != null) {
        int lDepth = getDepth(T.lchild);           // 左子树的深度
        int rDepth = getDepth(T.rchild);           // 右子树的深度
        return 1 + (lDepth > rDepth ? lDepth : rDepth);  // 返回左子树的深度和右子树的深
                                                   // 度中的最大值加 1

    }
    return 0;
} // 算法 5.11 结束
```

【例 5.4】 判断两棵树是否相等：编写算法完成判断两棵二叉树是否相等,若相等,则返回 true；否则,返回 false。

【问题分析】 由于一棵二叉树可以看成是由根结点、左子树和右子树 3 个基本单元所组成的树形结构,所以若两棵树相等,则只有两种情况：一种情况是这两棵二叉树都为空；另一种情况则是当两棵二叉树都为非空时,两棵树的根结点、左子树和右子树都分别对应相等。所谓根结点相等就是指两棵树的根结点的数据值相等,而左、右子树的相等判断可以用对二叉树相等判断的同样方法来实现,即可以用递归调用。下面用模拟先根遍历的思路来描述算法的操作步骤：

(1) 若两棵二叉树都为空,则两棵二叉树相等,返回 true。

(2) 若两棵二叉树都非空,则

① 若根结点的值相等,则继续判断它们的左子树是否相等。

② 若左子树相等,则再继续判断它们的右子树是否相等。

③ 若右子树也相等,则两棵二叉树相等,返回 true。

(3) 其他任何情况都返回 false。

【算法 5.12】 判断两棵二叉树是否相等的算法。

```java
public boolean isEqual(BiTreeNode T1, BiTreeNode T2) {
    if (T1 == null && T2 == null)                  // 同时为空
        return true;
    if (T1 != null && T2 != null)                  // 同时非空进行比较
        if (T1.data.equals(T2.data))               // 根结点的值是否相等
            if (isEqual(T1.lchild, T2.lchild))     // 左子树是否相等
                if (isEqual(T1.rchild, T2.rchild)) // 右子树是否相等
                    return true;
    return false;
} // 算法 5.12 结束
```

说明：此问题可以运用先根、中根和后根中的任何一种遍历思想来实现,描述过程中不相同之处仅在于对根结点、左子树和右子树判断的次序不同而已,读者可以自行完成用中根和后根遍历的代码设计。

注意：递归是算法设计中一种有效的解决策略,它能够将问题转化为规模缩小了的同类问题的子问题,因而采用递归编写的算法具有描述清晰、易于理解的优点。一般地,

构造一个递归模型来反映一个递归问题的递归结构，然后根据递归模型将更易于写出对应的递归算法。递归模型包括两个要素，一是递归终止条件（又称递归出口），是所描述问题的最简单情况，本身不再使用递归的定义；二是递归体，是问题向终止条件转化的规则，能够使"大问题"分解成"小问题"，直到找到递归终止条件。例如，阶乘问题的递归模型构造如下：

$$f(n)=\begin{cases}0 & (n=0)\\1 & (n=1)\\f(n-1)*n & (n>1)\end{cases}$$

如前所述，二叉树的许多应用问题都是递归问题，故可以利用二叉树遍历算法的特点进一步拓展得到递归模型。下面分别构造例 5.2 至例 5.4 的递归模型，并给出相应的算法。

例 5.2 中构造的递归模型如下：

$$f(T)=\begin{cases}0 & (T\ 为空)\\f(T.lchild)+f(T.rchild)+1 & (其他情况)\end{cases}$$

【算法 5.13】　统计二叉树中结点个数的算法（采用递归模型方法）。

```
public int countNode1(BiTreeNode T){
    if (T == null)
        return 0;
    else
        return countNode1(T.lchild) + countNode1(T.rchild) + 1;
} // 算法 5.13 结束
```

例 5.3 中构造的递归模型如下：

$$f(T)=\begin{cases}0 & (T\ 为空)\\1 & (T\ 为叶结点)\\\max(f(T.lchild),f(T.rchild))+1 & (其他情况)\end{cases}$$

【算法 5.14】　求二叉树深度的算法（采用递归模型方法）。

```
public int getDepth1(BiTreeNode T) {
    if (T == null)
        return 0;
    else if (T.lchild == null&&T.rchild == null)
        return 1;
    else
        return 1 + (getDepth1(T.lchild)> getDepth1(T.rchild)? getDepth1(T.lchild) :
getDepth1(T.rchild));
}// 算法 5.14 结束
```

例 5.4 中构造的递归模型如下：

$$f(T_1,T_2)=\begin{cases}TRUE & (T_1\ 和\ T_2\ 都为空)\\T_1.data==T_2.data\&\&f(T_1.lchild,T_2.lchild)\&\&f(T_1.rchild,T_2.rchild) & (T_1\ 和\ T_2\ 都非空)\\FALSE & (其他情况)\end{cases}$$

【算法 5.15】 判断两棵二叉树是否相等的算法(采用递归模型方法)。

```java
public boolean isEqual1(BiTreeNode T1, BiTreeNode T2) {
    if (T1 == null && T2 == null)
        return true;
    else if (T1 != null && T2 != null)
        return (T1.data.equals(T2.data))&&(isEqual1(T1.lchild, T2.lchild))&&(isEqual(T1.
            rchild, T2.rchild));
    else
        return false;
}// 算法 5.15 结束
```

5.3.3　建立二叉树

前面已经提到,二叉树的遍历操作的结果可将已知的一棵二叉树的非线性结构转换成由二叉树所有结点所组成的一个线性遍历序列。反过来,是否可以根据一棵二叉树结点的线性遍历序列来建立一棵二叉树呢?

先从先根遍历序列、中根遍历序列和后根遍历序列的结点排列规律进行分析。它们的排列规律可通过图 5.15 来描述。

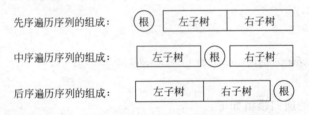

图 5.15　二叉树遍历序列的结点排列规律图

从图 5.15 可知,先根遍历序列或后根遍历序列能反映双亲与孩子结点之间的层次关系,而中根遍历序列能反映兄弟结点之间的左右次序关系。所以,已知一种二叉树的遍历序列是不能唯一确定一棵二叉树的。只有已知先根和中根遍历序列,或中根和后根遍历序列,才能唯一确定一棵二叉树。而已知先根和后根遍历序列也无法唯一确定一棵二叉树(读者可以通过反例说明此结论的正确性)。下面仅给出由先根和中根遍历序列建立一棵二叉树的实现方法。

1. 由先根和中根遍历序列建立一棵二叉树

由于二叉树是由具有层次关系的结点所构成的非线性结构,而且二叉树中的每个结点的两棵子树具有左、右次序之分,所以要建立一棵二叉树,就必须明确:结点与双亲结点和孩子结点之间的层次关系;兄弟结点的左右次序关系。由前面分析可知,根据先根和中根遍历序列就能确定结点之间的这两种关系。下面给出根据已知一棵二叉树的先根和中根遍历序列来唯一确定一棵二叉树的主要步骤:

(1)取先根遍历序列中的第一个结点作为根结点;

(2)在中根遍历序列中寻找根结点,确定根结点在中根遍历序列中的位置,假设为

$i(0 \leqslant i \leqslant \text{count}-1)$，其中 count 为二叉树遍历序列中结点的个数；

（3）在中根遍历序列中确定：根结点之前的 i 个结点序列构成左子树的中根遍历序列，根结点之后的 count$-i-1$ 个结点序列构成右子树的中根遍历序列；

（4）在先根遍历序列中确定：根结点之后 i 个结点序列构成左子树的先根遍历序列，剩下的 count$-i-1$ 个结点序列构成右子树的先根遍历序列；

（5）由步骤（3）和（4）又确定了左、右子树的先根和中根遍历序列，接下来可以用上述同样的方法来确定左、右子树的根结点，以此递归就可建立唯一的一棵二叉树。

例如：已知先根遍历序列为"ABDEGCFH"，中根遍历序列为"DBGEAFHC"，则按照上述步骤建立一棵二叉树的过程如图 5.16 所示。

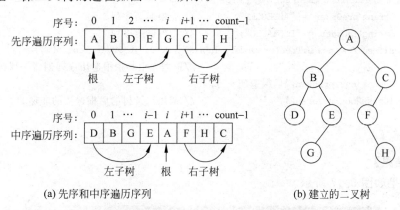

(a) 先序和中序遍历序列 (b) 建立的二叉树

图 5.16 由已知先序和中序遍历序列建立一棵二叉树的过程示意图

要实现上述建立二叉树的算法，需要引入 5 个参数：preOrder、inOrder、preIndex、inIndex 和 count。其中，参数 preOrder 是整棵树的先根遍历序列；inOrder 是整棵树的中根遍历序列；preIndex 是先根遍历序列在 preOrder 中的开始位置；inIndex 是中根遍历序列在 inOrder 中的开始位置；count 表示树中结点的个数。

【算法 5.16】 由先根遍历序列和中根遍历序列建立一棵二叉树的算法。

```
public BiTree(String preOrder, String inOrder, int preIndex, int inIndex, int count) {
    if (count > 0) {                        // 先根和中根非空
        char r = preOrder.charAt(preIndex); // 取先根遍历序列中的第一个结点作为根结点
        int i = 0;
        for (; i < count; i++)              // 寻找根结点在中根遍历序列中的位置
            if (r == inOrder.charAt(i + inIndex))
                break;
        root = new BiTreeNode(r);           // 建立树的根结点
        root.lchild = new BiTree(preOrder, inOrder, preIndex + 1, inIndex, i).root;
                                            // 建立树的左子树
        root.rchild = new BiTree(preOrder, inOrder, preIndex + i + 1, inIndex + i + 1,
count - i - 1).root;                        // 建立树的右子树
    }
} // 算法 5.16 结束
```

说明：此算法是 BiTree 类的一个构造函数。

【例 5.5】 编写程序完成：首先由先根和中根遍历序列建立一棵二叉树，然后输出该二叉树的后根遍历序列。

【问题分析】 由于在 BiTree 类中已经给出了由先根和中根遍历序列建立一棵二叉树的构造函数和后根遍历已知一棵二叉树操作的实现方法，所以只要通过创建一个 BiTree 类的对象来创建一棵树，然后通过对象引用后根遍历方法就能实现该例中指定的操作。具体的程序代码如下：

【程序代码】

```
public class Example5_5 {
    public static void main(String[] args) {
        String preOrder = "ABDEGCFH";          // 先根遍历序列
        String inOrder = "DBGEAFHC";           // 中根遍历序列
        BiTree T = new BiTree(preOrder, inOrder, 0, 0, preOrder.length());
                                        //根据先根和中根遍历序列创建一棵树
        System.out.println("后根遍历: ");
        T.postRootTraverse();                  // 调用二叉树的后根遍历的非递归算法
    }
}
```

【运行结果】
运行结果如图 5.17 所示。

图 5.17　例 5.5 程序的运行结果

2．由标明空子树的先根遍历序列建立一棵二叉树

由前面的分析可知，已知二叉树的先根遍历序列是不能唯一确定一棵二叉树的。例如：先根遍历序列为"AB"所对应到的就有两棵不同的二叉树，如图 5.18 所示。

如果能够在先根遍历序列中加入每一个结点的空子树信息，则可明确二叉树中结点与双亲、孩子与兄弟间的关系，因此就可以唯一确定一棵二叉树。例如，图 5.19 所示的是 3 棵标明空子树"♯"的二叉树及其对应的先根遍历序列。

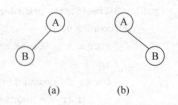

图 5.18　先序序列为 AB 的两棵不同的二叉树图

按标明空子树"♯"的先根遍历序列来建立一棵二叉树的主要操作步骤描述如下：

从标明空子树信息的先根遍历序列中依次读入字符，若读入的字符是"♯"，则建立空树；否则

（1）建立根结点。
（2）继续建立树的左子树。
（3）继续建立树的右子树。

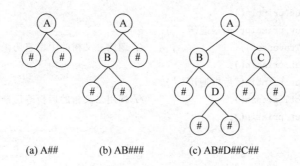

(a) A##   (b) AB###   (c) AB#D##C##

图 5.19　标明空子树的二叉树及其先序遍历序列

【算法 5.17】　由标明空子树的先根遍历序列建立一棵二叉树的操作算法。

```
// 由标明空子树的先根遍历序列建立一棵二叉树,并返回其根结点
 private int index = 0;                          // 用于记录 preStr 的索引值
public BiTree(String preStr) {
    char c = preStr.charAt(index++);            // 取出字符串索引为 index 的字符,且 index 增 1
    if (c != '#') {                             // 字符不为 #
        root = new BiTreeNode(c);               // 建立树的根结点
        root.lchild = new BiTree(preStr).root;  // 建立树的左子树
        root.rchild = new BiTree(preStr).root;  // 建立树的右子树
    } else
        root = null;
} // 算法 5.17 结束
```

说明:此算法也是将其作为 BiTree 类的一个构造函数。

【例 5.6】　编写一个程序:首先由标明空子树的先根遍历序列建立一棵二叉树,然后输出该二叉树的先根、中根和后根遍历序列。

【问题分析】　这个问题的要求是先输入一个标明空子树信息的二叉树的先根遍历序列,如 AB##CD###　,其代表的二叉树如图 5.20 所示。然后根据标明空子树的先根遍历序列建立一棵它所对应的二叉树并输出此二叉树的先根、中根和后根遍历序列。

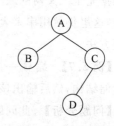

图 5.20　标明空子树的先序遍历序列为 AB##CD### 的二叉树

这个问题实现的程序代码编写方法类似例 5.5,只要通过一个 BiTree 类的对象就可创建一棵树,然后通过对象引用其他的 3 种遍历方法,就可完成相关操作。具体的程序代码如下:

【程序代码】

```
public class Exam5_6 {
    public static void main(String[] args) {
        String preStr = "AB##CD###";             // 标明空子树的先根遍历序列
        BiTree T = new BiTree(preStr);           // 根据标明空子树的先根遍历序列创建一棵树
        System.out.println("先根遍历: ");
        T.preRootTraverse();                     // 调用二叉树的先根遍历函数
```

```
        System.out.println();
        System.out.println("中根遍历：");
        T.inRootTraverse();                    // 调用二叉树的中根遍历函数
        System.out.println();
        System.out.println("后根遍历：");
        T.postRootTraverse();                  // 调用二叉树的后根遍历函数
        System.out.println();
    }
```

【运行结果】

运行结果如图 5.21 所示。

图 5.21   例 5.6 程序的运行结果

3. 由完全二叉树的顺序存储结构建立其二叉链式存储结构

对于一棵顺序存储结构的完全二叉树(如图 5.9(a)所示)，由二叉树的性质 5 可知，第 0 个字符是根结点，对于第 i 个字符，它的双亲是第 $[(i-1)/2]$ 个字符，若它有左孩子，则它的左孩子是第 $2i+1$ 个字符；若它有右孩子，则它的右孩子为第 $2i+2$ 个字符。所以利用性质 5，根据完全二叉树的顺序存储结构，可以建立完全二叉树的二叉链式存储结构。为了简化算法，这里仍然用串来表示顺序存储结构的完全二叉树。下面通过一个例子说明此操作的实现方法。

【例 5.7】   编写一个程序：首先根据完全二叉树的顺序存储结构建立一棵二叉树的链式存储结构，然后输出该二叉树的中根遍历序列和该二叉树的深度。

【问题分析】   此问题中所涉及的操作主要有 3 种，包括根据完全二叉树的顺序存储结构建立一棵二叉树的链式存储结构、对二叉树进行遍历和计算二叉树的深度。这3种操作中后两种操作的实现方法前面都已经给出，所有只要引用前面所定义的相应方法即可。至于第一种操作在下面的程序代码中给出了具体的实现方法，其中特别要注意的是：完全二叉树中编号为 i 的结点其左、右孩子的编号分别为 $2i+1$、$2i+2$。

【程序代码】

```
public class Exam5_7 {
    // 由顺序存储的完全二叉树建立一棵二叉树.其中 index 标识根结点在顺序存储结构中的位置
    public BiTreeNode createBiTree(String sqBiTree, int index) {
        BiTreeNode root = null;              // 根结点
        if (index < sqBiTree.length()) {     // 位置不越界
```

```
            root = new BiTreeNode(sqBiTree.charAt(index));  // 建立树的根结点,存储二叉
                                                            // 树使用了 0 号单元
            root.lchild = createBiTree(sqBiTree, 2 * index + 1);  // 建立树的左子树
            root.rchild = createBiTree(sqBiTree, 2 * index + 2);  // 建立树的右子树
        }
        return root;
    }
    public static void main(String[] args) {
        Example5_7 e = new Example5_7();
        String sqBiTree = "ABCDEFGH";                    // 顺序存储的完全二叉树
        BiTreeNode root = e.createBiTree(sqBiTree, 0);
        BiTree T = new BiTree(root);
        System.out.println("中根遍历: ");
        T.inRootTraverse();
        System.out.println();
        Example5_3 e3 = new Example5_3();
        System.out.println("树的深度为:" + e3.getDepth(root));  // 调用例 5.3 中的求深度
                                                            // 函数,输出深度
    }
}
```

【运行结果】

运行结果如图 5.22 所示。

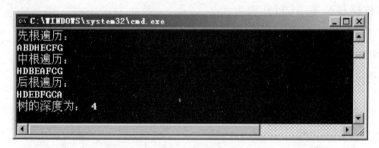

图 5.22　例 5.7 程序的运行结果

5.4　哈夫曼树及哈夫曼编码

树形结构除了应用于查找和排序操作时能提高效率外(第 7 章和第 8 章中将介绍相关内容),它在信息通信领域也有着广泛的应用。哈夫曼(Huffman)树就是一种在编码技术方面得到广泛应用的二叉树,它也是一种最优二叉树。

5.4.1　哈夫曼树的基本概念

为了给出哈夫曼树的定义,需要从以下几个基本概念出发进行描述。

1. 结点间的路径和结点的路径长度

所谓结点间的路径是指从一个结点到另一个结点所经历的结点和分支序列。结点的路

径长度是指从根结点到该结点间的路径上的分支数目。

2. 结点的权和结点的带权路径长度

在实际应用中,人们往往会给树中的每一个结点赋予一个具有某种实际意义的数值,这个数值称为该结点的权值。结点的带权路径长度就是该结点的路径长度与该结点的权值的乘积。

3. 树的带权路径长度

树的带权路径长度就是树中所有叶结点的带权路径长度之和,通常记为:

$$WPL = \sum_{i=1}^{n} W_i \times L_i \qquad (5.8)$$

其中,n 为叶结点的个数,W_i 为第 i 个叶结点的权值,L_i 为第 i 个叶结点的路径长度。

4. 最优二叉树

给定 n 个权值并作为 n 个叶结点按一定规则构造一棵二叉树,使其带权路径长度达到最小值,则这棵二叉树被称为最优二叉树。由于哈夫曼给出了构造这种树的规则,因此,最优二叉树也称为哈夫曼树。

例如,图 5.23 所示的 3 棵二叉树,它们都具有 5 个叶结点,并带有相同权值 5、4、3、2 和 1,但它们的带权路径长度不同,分别为:

(a) $WPL = 5 \times 3 + 4 \times 3 + 3 \times 2 + 2 \times 2 + 1 \times 2 = 39$

(b) $WPL = 5 \times 2 + 4 \times 2 + 3 \times 3 + 2 \times 3 + 1 \times 2 = 35$

(c) $WPL = 5 \times 2 + 4 \times 2 + 3 \times 2 + 2 \times 3 + 1 \times 3 = 33$

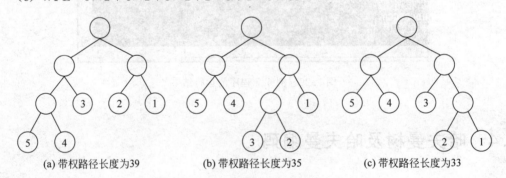

(a) 带权路径长度为39　　(b) 带权路径长度为35　　(c) 带权路径长度为33

图 5.23　具有不同带权路径长度的二叉树

其中,图 5.23(c)中所示的二叉树带权路径长度值最小,它就是一棵最优二叉树或哈夫曼树。

5.4.2　哈夫曼树和哈夫曼编码的构造方法

1. 哈夫曼树的构造

从图 5.23 可以看出,若叶结点个数相同且对应权值也相同,而对应权值的叶结点所处的层次不相同,则二叉树的带权路径长度可能不相同。但是在所有含 n 个叶结点,并且带有相同权值的二叉树中，必定存在一棵其带权路径长度值为最小的二叉树，也就是最优二叉树或哈夫曼树。如何才能构造出哈夫曼树呢？哈夫曼最早于 1952 年提出了构造规则，其算法的主要步骤描述如下：

假设 n 个叶结点的权值分别为 $\{w_1, w_2, \cdots, w_n\}$，则

（1）由已知给定的 n 个权值 $\{w_1, w_2, \cdots, w_n\}$，构造一个由 n 棵二叉树所构成的森林 $F = \{T_1, T_2, \cdots, T_n\}$，其中每一棵二叉树只有一个根结点，并且根结点的权值分别为 w_1、w_2、$\cdots$、w_n。

（2）在二叉树森林 F 中选取根结点的权值最小和次小的两棵二叉树，分别把它们作为左子树和右子树去构造一棵新二叉树，新二叉树的根结点权值为其左、右子树根结点的权值之和。

（3）作为新二叉树的左、右子树的两棵二叉树从森林 F 中删除，将新产生的二叉树加入到森林 F 中。

（4）重复步骤（2）和（3），直到森林中只剩下一棵二叉树为止，则这棵二叉树就是所构造成的哈夫曼树。

例如，对于一组给定的权值 $\{5, 4, 3, 2, 1\}$，图 5.24 给出了图 5.23(c) 中哈夫曼树的构造过程。

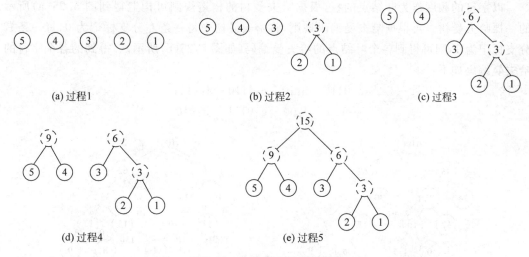

图 5.24　构造哈夫曼树的过程

2．用哈夫曼树进行编码

在信息通信领域里，信息传送的速度至关重要，而传送速度又与传送的信息量有关。在信息传送时需要将信息符号转换成二进制组成的符号串，这就需要进行二进制的编码。假设要传送的是由 A、B、C 和 D 4 个字符组成的电报文 ABCAABCAD，在计算机中每个字符在没有压缩的文本文件中由一个字节（例如常见的 ASCII 码）或两个字节（例如 Unicode 码）表示。如果是用这种方案，每个字符都需要 8 个或 16 个位数。但是为了提高存储和传输效率，在信息存储和传送时总是希望传输信息的总长度尽可能短，这就需要设计一套对字符集进行二进制编码的方法，使得采用这种编码方式对信息进行编码时，信息的传输量最

小。如果能对每一个字符用不同长度的二进制编码,并且尽可能减少出现次数最多的字符的编码位数,则信息传送的总长度便可以达到最小。

　　假设将 A、B、C 和 D 分别编码为 0、1、01 和 10,则电报文 ABCAABCAD 的编码长度只有 12 才能达到最短。然而,在编码序列中,若用起始位组合(或前缀)相同的代码来表示不同的字符,则在不同字符的编码之间必须用分隔符隔开,否则就会产生二义性,电文也就无法译码了。为了在字符间省去不必要的分隔符号,这就要求给出的每一个字符的编码必须是前缀编码。所谓前缀编码是指在所有字符的编码中,任何一个字符都不是另一个字符的前缀。

　　利用哈夫曼树可以构造一种不等长的二进制编码,并且构造所得的哈夫曼编码是一种最优前缀编码。

　　哈夫曼编码的构造过程是:用电文中各个字符使用的频度作为叶结点的权,构造一棵具有最小带权路径长度的哈夫曼树,若对树中的每个左分支赋予标记 0,右分支赋予标记 1,则从根结点到每个叶结点的路径上的标记连接起来就构成一个二进制串,该二进制串被称为哈夫曼编码。

　　【例 5.8】　已知在一个信息通信联络中使用了 8 个字符:a、b、c、d、e、f、g 和 h,每个字符的使用频度分别为:6、30、8、9、15、24、4 和 12,试设计各个字符的哈夫曼编码。

　　以字符的频度作为叶结点的权,根据哈夫曼树的构造规则可构造得到图 5.25(a)所示的一棵哈夫曼树。再根据哈夫曼编码规则,将哈夫曼树中每一条左分支标记为 0,每一条右分支标记为 1,则可得到各个叶结点的哈夫曼编码(如图 5.25(b)所示)。得到的各个字符的哈夫曼编码如下:

a:0110　　b:10　　c:1110　　d:1111

e:110　　f:00　　g:0111　　h:010

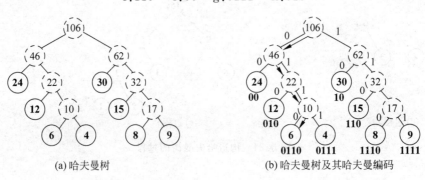

(a)哈夫曼树　　　　　　　　(b)哈夫曼树及其哈夫曼编码

图 5.25　例 5.8 的哈夫曼树和哈夫曼编码

3.用哈夫曼树进行译码

　　当在通信过程中接收到一条用二进制编码串(哈夫曼编码)表示的信息时,怎么才能把它转回字符呢?这就涉及译码过程是如何实现的。所谓译码就是分解代表信息的二进制编码串,并从左到右逐位判别编码串,直至确定每一个字符。

　　由于哈夫曼编码是一种前缀码,因此译码过程不会产生二义性。利用哈夫曼树进行译码其过程可以用哈夫曼编码过程的逆过程来实现:从哈夫曼树的根开始,从左到右把二进制编码的每一位进行判别,若遇到 0,则选择左分支走向下一个结点;若遇到 1,则选择右分支走向下一个结点,直至到达一个树叶结点。因为信息中出现的字符在哈夫曼树中是叶结点,所以确定了一条从根到树叶的路径,就意味着译出了一个字符,然后继续用这棵哈夫曼树并用同样的方法去译出其他的二进制编码。如图 5.25(b)所示,对于编码为 0110 的译码过程就是从根开始的,先左、再右、再右、再左,最后到达使用频度为 6 的字符 a。这个过程如图 5.25(b)中的箭头所示。

5.4.3　构造哈夫曼树和哈夫曼编码类的描述

在构造哈夫曼树之后,在进行译码时要求能方便地实现从双亲结点到左、右孩子结点的操作,而在进行哈夫曼编码时又要求能方便地从孩子结点到双亲结点的操作,因此,需要将哈夫曼树的结点存储结构设计为三叉链式存储结构。此外,每一个结点还要设置权值域。为了判断一个结点是否已加入到哈夫曼树中,每一个结点还要设置一个标志域 flag,当flag=0 时,表示该结点尚未加入到哈夫曼树中;当 flag=1 时,表示该结点已加入到哈夫曼树中。这样,每一个结点应包含 5 个域,其存储结构如图 5.26 所示。

weight	flag	parent	rchild	lchild

图 5.26　哈夫曼树的结点存储结构示意图

哈夫曼树的结点类描述如下:

```
public class HuffmanNode {
    public int weight;                              // 结点的权值
    public int flag;                                // 结点是否加入哈夫曼树的标志
    public HuffmanNode parent, lchild, rchild;      // 父结点及左、右孩子结点
    public HuffmanNode() {                          // 构造一个空结点
        this(0);
    }
    public HuffmanNode(int weight) {                // 构造一个具有权值的结点
        this.weight = weight;
        flag = 0;
        parent = lchild = rchild = null;
    }

}                                                   // 哈夫曼树的结点类描述结束
```

在哈夫曼树中求叶结点的哈夫曼编码,实际上是从叶结点到根结点的路径分支的逐个遍历,每经过一个分支就得到一位哈夫曼编码值。因此,哈夫曼编码需要保存在一个整型数组中,并且由于求每一个字符的哈夫曼编码是从叶结点到根结点的一个逆向处理过程,所以对获取到的哈夫曼编码,应该按位从数组的结尾位置开始进行存放。又由于是不等长的编码,所以还需要设置一个标识来表示每个哈夫曼编码在数组中的起始位置,假设标识值为−1,则每个叶结点的哈夫曼编码就是从数组中值为−1 之后的所有 0 和 1 序列。

构造哈夫曼树和哈夫曼编码的类描述如下:

```
public class HuffmanTree {
```

```java
// 求哈夫曼编码的算法,W存放 n 个字符的权值(均>0)
public int[][] huffmanCoding(int[] W) {
    int n = W.length;                                    // 字符个数
    int m = 2 * n - 1;                                   // 哈夫曼树的结点数
    HuffmanNode[] HN = new HuffmanNode[m];
    int i;
    for (i = 0; i < n; i++)
        HN[i] = new HuffmanNode(W[i]);                   // 构造 n 个具有权值的结点
    for (i = n; i < m; i++) {                            // 建哈夫曼树
        // 在 HN[0..i - 1]选择不在哈夫曼树中且 weight 最小的两个结点 min1 和 min2
        HuffmanNode min1 = selectMin(HN, i - 1);
        min1.flag = 1;
        HuffmanNode min2 = selectMin(HN, i - 1);
        min2.flag = 1;
        // 构造 min1 和 min2 的父结点,并修改其父结点的权值
        HN[i] = new HuffmanNode();
        min1.parent = HN[i];
        min2.parent = HN[i];
        HN[i].lchild = min1;
        HN[i].rchild = min2;
        HN[i].weight = min1.weight + min2.weight;
    }
    // 从叶子到根逆向求每个字符的哈夫曼编码
    int[][] HuffCode = new int[n][n];                    // 分配 n 个字符编码存储空间
    for (int j = 0; j < n; j++) {
        int start = n - 1;                               // 编码的开始位置,初始化为数组的结尾
        for (HuffmanNode c = HN[j], p = c.parent; p != null; c = p, p = p.parent)
                                                         // 从叶子到根逆向求编码
            if (p.lchild.equals(c))                      // 左孩子编码为 0
                HuffCode[j][start--] = 0;
            else                                         // 右孩子编码为 1
                HuffCode[j][start--] = 1;
        HuffCode[j][start] = -1;  // 编码的开始标志为 -1,编码是 -1 之后的 0、1 序列
    }
    return HuffCode;
}
// 在 HN[0..i - 1]选择不在哈夫曼树中且 weight 最小的结点
private HuffmanNode selectMin(HuffmanNode[] HN, int end) {
    HuffmanNode min = HN[end];
    for (int i = 0; i <= end; i++) {
        HuffmanNode h = HN[i];
        if (h.flag == 0 && h.weight < min.weight)  // 不在哈夫曼树中且 weight 最小的结点
            min = h;
    }
    return min;
}
public static void main(String[] args) {
    int[] W = { 23, 11, 5, 3, 29, 14, 7, 8 };            // 初始化权值
    HuffmanTree T = new HuffmanTree();                   // 构造哈夫曼树
```

```
        int[][] HN = T.huffmanCoding(W);                // 求哈夫曼编码
        System.out.println("哈夫曼编码为: ");
        for (int i = 0; i < HN.length; i++) {            // 输出哈夫曼编码
            System.out.print(W[i] + " ");
            for (int j = 0; j < HN[i].length; j++) {
                if (HN[i][j] == -1) {                    // 开始标志符读到数组结尾
                    for (int k = j + 1; k < HN[i].length; k++)
                        System.out.print(HN[i][k]);      // 输出
                    break;
                }
            }
            System.out.println();                        // 输出换行
        }
    } // 构造哈夫曼树和哈夫曼编码的类描述
```

以例 5.8 为例,根据上述算法可构造如图 5.25(a) 所示的哈夫曼树,并可得到 a、b、c、d、e、f、g 和 h 这 8 个字符的哈夫曼编码。哈夫曼编码在数组中的存储形式如图 5.27 所示。

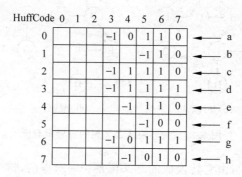

图 5.27　哈夫曼编码在数组中的存储形式

5.5　树与森林

二叉树是树的一种特殊形态,在二叉树中一个结点至多有左、右两个子结点,而在树中一个结点可以包括任意数目的子结点。本节将讨论树、森林与二叉树之间的对应关系,树的存储结构及其遍历操作。

5.5.1　树、森林与二叉树之间的转换

树与二叉树之间、森林与二叉树之间可以相互转换,而且这种转换是一一对应的。树与森林转化成二叉树后,森林或树的相关操作都转换成二叉树的操作。

1. 树转换成二叉树

二叉树中的结点有左孩子和右孩子之分,而在无序树中结点的各个孩子之间是无次序之分的。为了操作方便,假设树是一棵有序树,树中每一个结点的孩子按从左到右的顺序进

行编号,依次定义为第 1 个孩子、第 2 个孩子、……、第 i 个孩子。图 5.28 所示的一棵树中, A 结点有 3 个孩子,其中 B 是它的第 1 个孩子,C 是它的第 2 个孩子,D 是它的第 3 个孩子。

将树转换二叉树的方法可归纳为"加线"、"删线"和"旋转"3 个步骤,具体描述如下。

(1) 加线:将树中所有相邻的兄弟之间加一条连线。

(2) 删线:对树中的每一个结点,只保留它与第 1 个孩子(长子)结点之间的连线,删去它与其他孩子结点之间的连线。

(3) 旋转:以树的根结点为轴心,将树平面顺时针旋转一定的角度并做适当的调整,使得转化后所得的二叉树看起来比较规整。

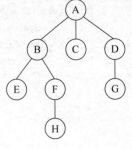

图 5.28　一棵树

图 5.29 给出了将图 5.28 中树转换成二叉树的过程示意图。

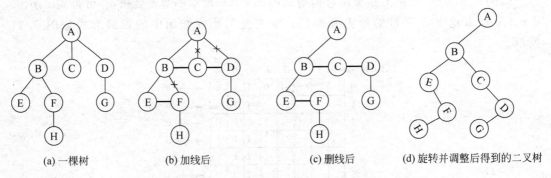

(a) 一棵树　　　　(b) 加线后　　　　(c) 删线后　　　　(d) 旋转并调整后得到的二叉树

图 5.29　树转换成二叉树的过程示意图

由转换过程可知,树与由它转换成的二叉树是一一对应的,树中的任意一个结点都对应着二叉树中的一个结点,树中每一个结点的第 1 个孩子结点在二叉树中是对应结点的左孩子,而树中每一结点的右邻兄弟在二叉树中是对应结点的右孩子(简言之,左孩子右兄弟)。也就是说,在二叉树中,左分支上的各个结点在原来的树中是父子关系,而右分支上的各个结点在原来的树中是兄弟关系。由于树中的根结点没有兄弟,所以由树转换成的二叉树永远都是一棵根结点的右子树为空的二叉树。

2. 二叉树转换成树

二叉树转换成树是由树转换二叉树的一个逆过程,也就是一个由二叉树还原成它原来所对应的树的过程。具体操作方法归纳如下。

(1) 加线:若某结点是其双亲结点的左孩子,则将该结点沿着右分支向下的所有结点与该结点的双亲结点用线连接。

(2) 删线:将树中所有双亲结点与右孩子结点的连线删除。

(3) 旋转:对经过(1)、(2)两步后所得的树以根结点为轴心,按逆时针方向旋转一定的角度并做适当调整,使得转化后所得的树看起来比较规整。

图 5.30 给出了将图 5.29(d)中的二叉树还原成图 5.29(a)中的树的过程示意图。

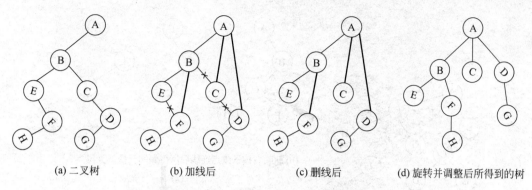

(a) 二叉树　　　　　(b) 加线后　　　　　(c) 删线后　　　　　(d) 旋转并调整后所得到的树

图 5.30　二叉树转换成树的过程示意图

3. 森林与二叉树的转换

森林是若干棵树的集合,而任何一棵和树对应的二叉树其右子树一定为空,因而可得到将森林转换成二叉树的方法如下:

(1) 将森林中的每棵树转换成相应的二叉树。

(2) 按照森林中树的先后顺序,将后一棵二叉树视为前一棵二叉树的右子树依次连接起来,从而构成一棵二叉树。

图 5.31 给出了一个森林转换成二叉树的过程示意图。从这个转换过程中可以得出森林与二叉树之间的一一对应关系:森林中第一棵树的根结点对应着二叉树中的根结点;森林中第一棵树的根结点的子树所构成的森林对应着二叉树的左子树;森林中除第一棵树之外的其他树所构成的森林对应着二叉树的右子树。根据这种对应关系及森林转换成二叉树的逆操作,就可将一棵二叉树转换成其对应的森林。图 5.32 给出了一棵二叉树转换成森林的过程示意图。

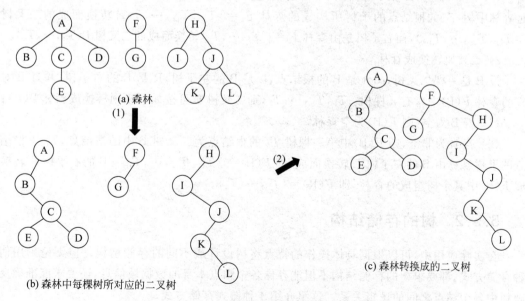

图 5.31　森林转换成二叉树的过程示意图

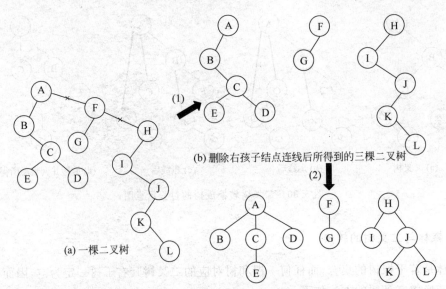

(a) 一棵二叉树

(b) 删除右孩子结点连线后所得到的三棵二叉树

(c) 每棵二叉树转换成对应的树后所构成的森林

图 5.32   二叉树转换成森林的过程示意图

森林与二叉树之间的转换规则也可以用递归方法来进行描述,下面分别给出森林与二叉树之间相互转换的递归形式定义。

1) 森林转换成二叉树

假设有序集合 $F=\{T_1,T_2,\cdots,T_n\}$ 表示由 n 棵树 $T_1,T_2,\cdots,T_n$ 所组成的森林,则森林 F 可按如下规则转换成二叉树 B(F):

(1) 若 F 为空,即 $n=0$ 时,则 B(F) 为空。

(2) 若 F 非空,即 $n>0$ 时,则 B(F) 的根是森林中第一棵树 T_1 的根,B(F) 中的左子树是森林中树 T_1 的根结点的子树所构成的森林 $F_1=\{T_{11},T_{12},\cdots,T_{1m}\}$ 转换而成的二叉树 B($T_{11},T_{12},\cdots,T_{1m}$),而右子树是由森林 $F'=\{T_2,\cdots,T_n\}$ 转换而成的二叉树 B($T_2,\cdots,T_n$)。

2) 二叉树转换成森林

设 B 是一棵二叉树,root 是 B 的根结点,L 是 B 的左子树,R 是 B 的右子树,并且 B 对应的森林 F(B) 中含有 n 棵树:$T_1,T_2,\cdots,T_n$,则二叉树 B 可按如下规则转换成森林 B(F):

(1) 若 B 为空,则 F(B) 为空森林。

(2) 若 B 为非空,则 F(B) 中第一棵树 T_1 的根结点为二叉树 B 中的根结点,T_1 中根结点的子树森林由 B 的左子树 L 转换而成,即 F(L) = $\{T_{11},T_{12},\cdots,T_{1m}\}$,B 的右子树 R 转换成 F(B) 中其余树组成的森林,即 F(R) = $\{T_2,\cdots,T_n\}$。

5.5.2   树的存储结构

在实际应用中,可以根据具体操作的特点将树设计成不同的存储结构。但无论采用何种存储方式,都要求树的存储结构不但能存储各个结点本身的数据域信息,还要求能准确反映树中各个结点之间的逻辑关系。这里介绍 4 种链式存储方式。

1. 双亲链表存储结构

双亲链表存储结构中的每一个结点存放的信息既包含结点本身的数据域信息,又包含指示双亲结点在存储结构中的位置信息,所以这种存储结构可以设计成:以一组地址连续的存储单元来存放树中的各个结点,每一个结点有两个域,一个是数据域,用来存储树中该结点本身的值;另一个是指针域,用来存储该结点的双亲结点在存储结构中的位置信息。图 5.33 所示的是一棵树及其双亲链表存储结构示意图。其中,5.32(b)中的 data 域是数据域,parent 是指针域。parent 域值为−1,表示该结点无双亲,即是根结点,例如:A 结点 parent 域值为 2,表示该结点的双亲结点是数组下标序号为 2 的结点,例如:G 结点的双亲结点是 C 结点。

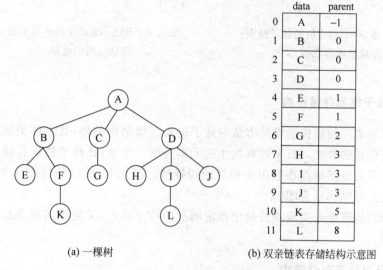

	data	parent
0	A	−1
1	B	0
2	C	0
3	D	0
4	E	1
5	F	1
6	G	2
7	H	3
8	I	3
9	J	3
10	K	5
11	L	8

(a) 一棵树　　　　　　　　　(b) 双亲链表存储结构示意图

图 5.33　树及其双亲链表存储结构示意图

采用双亲链表存储方式实现查找一个指定结点的双亲结点非常容易,但需要实现查找一个指定结点的孩子结点却不是那么容易,需要对整个链表扫描一遍。

2. 孩子链表存储结构

在孩子链表存储结构中除了存放结点本身的数据域信息外,还存放了其所有孩子结点在存储结构中的位置信息。由于每一个结点的子结点数不同,则可将一个结点的所有孩子的位置信息按从左到右的顺序链接成一个单链表,称此单链表为该结点的孩子链表,因此,这种存储结构可以设计为:以一组地址连续的存储单元来存放树中的各个结点,每一个结点有两个域,一个是数据域,用来存储树中该结点的值;另一个是指针域,用来存放该结点的孩子链表的头指针。图 5.34 所示的是图 5.33(a)中树的孩子链表存储结构示意图,其中,data 域是数据域,firstChild 是指针域。孩子链表中的每一个结点也有两个域,一个是 child 域,用来存放孩子结点在数组中的位置;另一个是 next 域,用来存放指向孩子链表中下一个结点的指针值。

这种存储结构与双亲链表存储结构正好相反,它便于实现查找树中指定结点的孩子结点,但不便于实现查找树中指定结点的双亲结点。

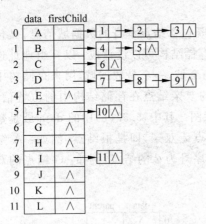

图 5.34　图 5.33(a)中树的孩子链表
　　　　存储结构示意图

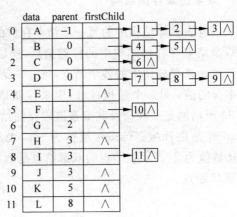

图 5.35　图 5.33(a)中树的双亲孩子链表
　　　　存储结构示意图

3. 双亲孩子链表存储结构

双亲孩子链表存储结构的设计方法与孩子链表存储结构类似,其主体仍然是一个存储树中各个结点信息的数组。只不过数组中的元素包括 3 个域,比孩子链表存储结构中多了一个存放该结点的双亲结点在数组中位置的指针域。图 5.35 所示的是图 5.33(a)中树的双亲孩子链表存储结构示意图。

这种存储结构既便于实现查找树中指定结点的孩子结点,又便于实现查找树中指定结点的双亲结点。

4. 孩子兄弟链表存储结构

孩子兄弟链表存储结构又称为"左子/右兄"二叉链式存储结构,它类似于二叉树的二叉链式存储结构,不同点在于链表中每个结点的左指针是指向该结点的第一个孩子,而右指针是指向该结点的右邻兄弟。结点的存储结构如图 5.36 所示。图 5.37 给出了图 5.33(a)中树的孩子兄弟链表存储结构示意图。

firstchild	data	nextsibling

图 5.36　孩子兄弟链表中
　　　　的结点结构

下面给出对孩子兄弟链表中结点类的描述:

```
public class CSTreeNode {
    public Object data;                            // 结点的数据域
    public CSTreeNode firstchild, nextsibling;     // 左孩子、右兄弟
    // 构造一个空结点
    public CSTreeNode() {
        this(null);
    }
    // 构造一个孩子及兄弟为空的结点
    public CSTreeNode(Object data) {
        this(data, null, null);
    }
```

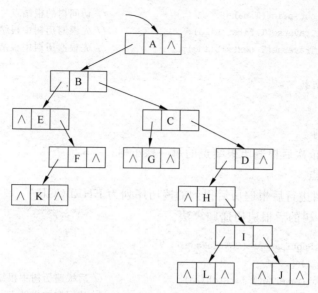

图 5.37　图 5.33(a)中树的孩子兄弟链表存储结构示意图

```java
// 构造一棵数据域和孩子及兄弟都不为空的结点
public CSTreeNode(Object data, CSTreeNode firstchild, CSTreeNode nextsibling) {
    this.data = data;
    this.firstchild = firstchild;
    this.nextsibling = nextsibling;
}

} // 孩子兄弟链表中结点的类描述结束
```

这种存储结构与树所对应的二叉树的二叉链式存储结构相同。一切对树的操作都通过这种方式转换成对二叉树的操作,所以这种存储方式应用最为广泛。

5.5.3　树和森林的遍历

1. 树的遍历

树可被看成是由树的根结点和根结点的所有子树所构成的森林两部分构成,因此树的遍历操作主要有先根遍历、后根遍历和层次遍历 3 种方式,下面分别给出它们的定义和它们在孩子兄弟链表存储结构下的实现算法。

1) 先根遍历

若树为非空,则

(1) 访问根结点;

(2) 从左到右依次先根遍历根结点的每一棵子树。

对图 5.28 中的树进行先根遍历后得到的遍历序列为 ABEFHCDG。

【算法 5.18】　树的先根遍历递归算法。

```java
public void preRootTraverse(CSTreeNode T) {
    if (T != null) {
```

```
            System.out.print(T.data);                    // 访问树的根结点
            preRootTraverse(T.firstchild);               // 先根遍历树中根结点的第一棵子树
            preRootTraverse(T.nextsibling);              // 先根遍历树中根结点的其他子树
        }
} // 算法 5.18 结束
```

2) 后根遍历

若树为非空,则

(1) 从左到右依次后根遍历根结点的每一棵子树;

(2) 访问根结点。

对图 5.28 中树进行后根遍历后得到的遍历序列为 EHFBCGDA。

【算法 5.19】　树的后根遍历递归算法。

```
public void postRootTraverse(CSTreeNode T) {
    if (T != null) {
        postRootTraverse(T.firstchild);              // 后根遍历树中根结点的第一棵子树
        System.out.print(T.data);                    // 访问树的根结点
        postRootTraverse(T.nextsibling);             // 后根遍历树中根结点的其他子树
    }
} // 算法 5.19 结束
```

3) 层次遍历

若树为非空,则从根结点开始,从上到下依次访问每一层的各个结点,在同一层中的结点,则按从左到右的顺序依次进行访问。

对图 5.28 中树进行层次遍历后得到的遍历序列为:ABCDEFGH。

【算法 5.20】　树的层次遍历算法。

```
public void levelTraverse(CSTreeNode T) {
    if (T != null) {
        LinkQueue L = new LinkQueue();               // 构造队列
        L.offer(T);                                  // 根结点入队列
        while (!L.isEmpty())
            for (T = (CSTreeNode) L.poll(); T != null; T = T.nextsibling) {
                                                     // 访问结点及其所有兄弟结点
                System.out.print(T.data + " ");      // 访问结点
                if (T.firstchild!= null)             // 第一个孩子结点非空入队列
                    L.offer(T.firstchild);
            }
    }
} // 算法 5.20 结束
```

2. 森林的遍历

按照森林与树的定义,森林也可被看成是由第一棵树的根结点、第一棵树的根结点的子树所构成的森林和除第一棵树之外的其余树所构成的森林三部分构成。为此,可以推出森林的 3 种遍历方法:先根遍历、后根遍历和层次遍历。

1）先根遍历

若森林为非空，则

（1）访问森林中第一棵树的根结点；

（2）先根遍历第一棵树中根结点的子树所构成的森林；

（3）先根遍历森林中除第一棵树之外的其他树所构成的森林。

对图 5.31(a)中的森林进行先根遍历后得到的遍历序列为 ABCEDFGHIJKL。

说明：对森林进行先根遍历操作等同于从左到右对森林中的每一棵树进行先根遍历操作，并且对森林的先根遍历序列和对森林所对应的二叉树的先根遍历序列相同。

2）后根遍历

若森林为非空，则

（1）后根遍历森林中第一棵树的根结点的子树所构成的森林；

（2）访问森林中第一棵树的根结点；

（3）后根遍历森林中除第一棵树之外的其他树所构成的森林。

对图 5.31(a)中的森林进行后根遍历后得到的遍历序列为 BECDAGFIKLJH。

说明：对森林进行后根遍历操作等同于从左到右对森林中的每一棵树进行后根遍历操作，并且对森林的后根遍历序列和对森林所对应的二叉树的中根遍历序列相同。

3）层次遍历

若森林为非空，则按从左到右的顺序对森林中的每一棵树进行层次遍历。

对图 5.31(a)中的森林进行层次遍历后得到的遍历序列为 ABCDEFGHIJKL。

说明：对森林进行层次遍历操作等同于从左到右对森林中的每一棵树进行层次遍历操作。

小结

本章首先介绍了树与二叉树的概念，读者要领会这两个概念的递归定义，并注意树与二叉树的结构差别，明确二叉树是一种应用非常广泛的重要的树结构，在二叉树中每个结点至多只有两棵子树，这两棵子树仍然是二叉树而且这两棵子树有明确的左、右之分。同时要注意树结构与线性结构之间的差别，树结构是一种具有层次关系的非线性结构，在树结构中除根结点之外的其他结点只有一个前驱（或父结点），而每一结点的后继（或孩子结点）可能有零个或多个。

完全二叉树和满二叉树是二叉树中的两种特殊形态，要注意这两者的概念和它们之间的关系。二叉树具有的 5 个重要性质，其中性质 4 是针对完全二叉树或满二叉树的，它说明了一个具有 n 个结点的二叉树其深度至少为 $\lfloor \log_2 n \rfloor + 1$。

树与二叉树的遍历是树与二叉树各种操作的基础，要求在掌握各种遍历递归算法的基础上，学会灵活运用遍历算法来实现树与二叉树的其他操作，特别是二叉树的遍历算法，它是本章需要掌握的重点。对于二叉树，主要介绍了二叉树的先根遍历、中根遍历、后根遍历和层次遍历 4 种遍历方式；对于树，主要介绍了树的先根、后根及层次遍历 3 种方式。实现树与二叉树遍历的具体算法与所采用的存储结构有关，二叉树的存储结构分为顺序存储和链式存储两种，顺序存储比较适合于满二叉树和完全二叉树。对于一般的二叉树，常用的存储结构是二叉链表存储结构；对于一般的树,在双亲链表、孩子链表、双亲孩子链表和孩子兄弟链表存储结构中常用的是孩子兄弟链表存储结构。树与二叉树之间的转换最简单直接的方法就是通过树的孩子兄弟链表与二叉树的二叉链表的存储方法实现转换。转换规则是：二叉树中结点的左孩子就是对应树中该结点的第1个孩子,而二叉树中结点的右孩子就是对应树中该结点相邻的右兄弟,也就是说树的孩子兄弟链表存储结构与该树对应的二叉树的二叉链表存储结构是完全相同的。正因为它们之间的转换实现起来非常容易,所以对树的所有操作都可以转换成对它所对应的二叉树的相关操作来实现。例如：对树的先根遍历操作可以转化成对其相应的二叉树进行先根遍历操作；对树的后根遍历操作可以转化成对其相应的二叉树进行中根遍历操作。

二叉树的一种重要应用是哈夫曼树,利用哈夫曼树构造哈夫曼编码在通信领域有着广泛的应用,它为数据的压缩问题提供了解决方法。哈夫曼树的概念及构造方法也是本章的重点介绍内容。

习题 5

一、选择题

1. 对一棵树进行后根遍历操作与对这棵树所对应的二叉树进行(　　)遍历操作相同。

A. 先根　　　　　　B. 中根　　　　　　C. 后根　　　　　　D. 层次

2. 在哈夫曼树中,任何一个结点它的度都是(　　)。

A. 0或1　　　　　　B. 1或2　　　　　　C. 0或2　　　　　　D. 0或1或2

3. 对一棵深度为 h 的二叉树,其结点的个数最多为(　　)。

A. $2h$　　　　　　B. $2h-1$　　　　　　C. 2^{h-1}　　　　　　D. 2^h-1

4. 一棵非空二叉树的先根遍历与中根遍历正好相同,则该二叉树满足(　　)。

A. 所有结点无左孩子　　　　　　B. 所有结点无右孩子

C. 只有一个根结点　　　　　　D. 任意一棵二叉树

5. 一棵非空二叉树的先根遍历与中根遍历正好相反,则该二叉树满足(　　)。

A. 所有结点无左孩子　　　　　　B. 所有结点无右孩子

C. 只有一个根结点　　　　　　D. 任意一棵二叉树

6. 假设一棵二叉树中度为1的结点个数为5,度为2的结点个数为3,则这棵二叉树的叶结点的个数是(　　)。

A. 2　　　　　　B. 3　　　　　　C. 4　　　　　　D. 5

7. 若某棵二叉树的先根遍历序列为ABCDEF,中根遍历序列为CBDAEF,则这棵二叉树的后根遍历序列为(　　)。

A. FEDCBA　　　　B. CDBFEA　　　　C. CDBEFA　　　　D. DCBEFA

8. 若某棵二叉树的后根遍历序列为DBEFCA,中根遍历序列为DBAECF,则这棵二叉树的先根遍历序列为(　　)。

A. ABCDEF　　　　B. ABDCEF　　　　C. ABCDFE　　　　D. ABDECF

9. 根据以权值为 $\{2,5,7,9,12\}$ 构造的哈夫曼树所构造的哈夫曼编码中最大的长度为（　　）。

    A. 2　　　　　　　　B. 3　　　　　　　　C. 4　　　　　　　　D. 5

10. 在有 n 个结点的二叉树的二叉链表存储结构中有（　　）个空的指针域。

    A. $n-1$　　　　　　B. n　　　　　　　C. $n+1$　　　　　　D. 0

二、填空题

1. 在一棵度为 m 的树中，若度为 1 的结点有 n_1 个，度为 2 的结点有 n_2 个，……，度为 m 的结点有 n_m 个，则这棵树中的叶结点的个数为_____。

2. 一棵具有 n 个结点的二叉树，其深度最多为_____，最少为_____。

3. 一棵具有 100 个结点的完全二叉树，其叶结点的个数为_____。

4. 以 $\{5,9,12,13,20,30\}$ 为叶结点的权值所构造的哈夫曼树的带权路径长度是_____。

5. 有 m 个叶结点的哈夫曼树中，结点的总数是_____。

6. 若一棵完全二叉树的第 4 层有 7 个结点（假设根结点在第 0 层），则这棵完全二叉树的结点总数是_____。

7. 在深度为 k 的完全二叉树中至_____少有个结点，至多有_____个结点。

8. 对一棵树转换成的二叉树进行先根遍历所得的遍历序列为 ABCDEFGH，则对这棵树进行先根遍历所得的遍历序列为_____。

9. 二叉树常用的存储结构是_____，树常用的存储结构是_____。

10. 对森林进行后根遍历操作等同于从左到右对森林中的每一棵树进行_____遍历操作，并且对森林的后根遍历序列与对森林所对应的二叉树的_____遍历序列相同。

三、算法设计题

1. 编写一个基于二叉树类的统计叶结点数目的成员函数。

2. 编写算法求一棵二叉树的根结点 root 到一个指定结点 p 之间的路径并输出。

3. 编写算法统计树（基于孩子兄弟链表存储结构）的叶子数目。

4. 编写算法计算树（基于孩子兄弟链表存储结构）的深度。

四、上机实践题

1. 编写一个程序实现：先建立两棵以二叉链表存储结构表示的二叉树，然后判断这两棵二叉树是否相等并输出测试结果。

2. 编写一个程序实现：先建立一棵以孩子兄弟链表存储结构表示的树，然后输出这棵树的先根遍历序列和后根遍历序列。

3. 编写一个基于构造哈夫曼树和哈夫曼编码的 HuffmanCoding 类的测试程序，使其实现先建立一棵哈夫曼树，然后根据这棵哈夫曼树来构造并输出其哈夫曼编码。

第6章 图

与线性结构和树形结构相比,图(Graph)是一种更为复杂的数据结构。在线性结构中,数据元素之间仅存在线性关系,即除了首元素和尾元素外,每一个数据元素只有一个前驱和一个后继;在树形结构中,数据元素之间存在着明显的层次关系,并且每一层上的数据元素可能和下一层中多个数据元素(其子结点)相关,但只能和上一层中的一个数据元素(其父结点)相关;而在图形结构中,每一个数据元素都可以和其他任意的数据元素相关。

本章主要知识点:

- 图的概述;
- 图的存储结构;
- 图的遍历;
- 最小生成树;
- 最短路径;
- 拓扑排序;
- 关键路径。

6.1 图概述

在实际生活中,图的应用极为广泛,它已渗透到诸如语言学、逻辑学、物理、系统工程、计算机学科和控制论等众多领域中。

6.1.1 图的基本概念

图是由顶点(Vertex)集 V 和边(Edge)集 E 组成,记为 $G=(V,E)$。V 是有穷非空集合,称为顶点集,$v \in V$ 称为顶点。E 是有穷集合,称为边集,$e \in E$ 称为边。$e=(u,v)$ 或 $e=\langle u,v \rangle$;$u,v \in V$,其中,(u,v) 表示顶点 u 与顶点 v 的一条无向边,简称为边,即 (u,v) 没有方向,这时 (u,v) 和 (v,u) 是等同的;而 $\langle u,v \rangle$ 表示从顶点 u 到顶点 v 的一条有向边,简称为弧(Arc),u 为始点(Initial Node)或弧尾(Tail),v 为终点(Terminal Node)或弧头(Head)。由于 $\langle u,v \rangle$ 是有方向的,故 $\langle u,v \rangle$ 和 $\langle v,u \rangle$ 是不同的。需要说明的是,E 可以是空集,此时图 G 只有顶点没有边,称为零图。

本章将要用到的图论中的一些基本概念介绍如下。

1. 无向图

全部由无向边构成的图称为无向图（Undirected Graph）。图 6.1(a)所示的是无向图 G_1，G_1 的顶点集 V_1 和边集 E_1 分别为：

$$V_1 = \{0,1,2,3,4\}$$
$$E_1 = \{(0,1),(1,2),(1,4),(2,3),(3,4)\}$$

2. 有向图

全部由有向边构成的图称为有向图（Directed Graph）。图 6.1(b)所示的是无向图 G_2，G_2 的顶点集 V_2 和边集 E_2 分别为

$$V_2 = \{v_0, v_1, v_2, v_3, v_4\}$$
$$E_2 = \{\langle v_0,v_1\rangle, \langle v_0,v_2\rangle, \langle v_2,v_3\rangle, \langle v_3,v_0\rangle, \langle v_3,v_4\rangle\}$$

3. 权和网

在一个图中，每条边可以标上具有某种含义的数值，此数值称为该边上的权（Weight），通常权是一个非负实数。权可以表示从一个顶点到另一个顶点的距离、时间或代价等含义。边上标识权的图称为网（Network），如图 6.2 所示。

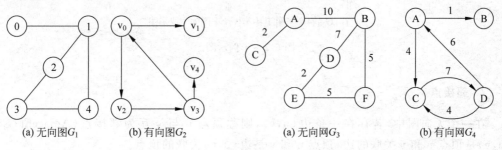

(a) 无向图G_1 (b) 有向图G_2 (a) 无向网G_3 (b) 有向网G_4

图 6.1　图的示例　　　　　　　图 6.2　网的示例

4. 完全图

在具有 n 个顶点的无向图 G 中，当边数达到最大值 $\dfrac{n(n-1)}{2}$ 时，称图 G 为无向完全图（Undirected Complete Graph）。

在具有 n 个顶点的有向图 G 中，当边数达到最大值 $n(n-1)$ 时，称图 G 为有向完全图（Directed Complete Graph）。

5. 稠密图和稀疏图

在具有 n 个顶点、e 条边的图 G 中，若含有较少的边（例如 $e < n\log_2 n$），则称图 G 为稀疏图（Sparse Graph），反之则称为稠密图（Dense Graph）。

6. 子图

设有两个图 $G=(V,E)$ 和 $G'=(V',E')$，若 V' 是 V 的子集，即 $V' \subseteq V$，并且 E' 是 E 的

子集,即 $E' \subseteq E$,则称 G' 为 G 的子图(Subgraph),记为 $G' \subseteq G$。若 G' 为 G 的子图,并且 $V' = V$,则称 G' 为 G 的生成子图(Spanning Subgraph)。例如:图 6.3 所示的是无向图 G_1 和有向图 G_2 的几个子图。

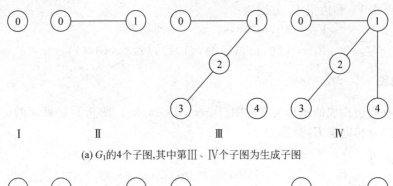

(a) G_1 的4个子图,其中第Ⅲ、Ⅳ个子图为生成子图

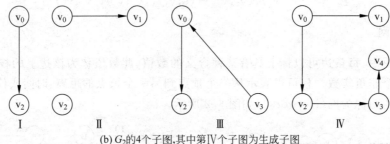

(b) G_2 的4个子图,其中第Ⅳ个子图为生成子图

图 6.3　子例示图

7. 邻接点

在一个无向图中,若存在一条边(u,v),则称顶点 u 与 v 互为邻接点(Adjacent)。边 (u,v)是顶点 u 和 v 关联的边,顶点 u 和 v 是边(u,v)关联的顶点。

在一个有向图中,若存在一条弧〈u,v〉,则称顶点 u 邻接到 v,顶点 v 邻接自 u。弧〈u,v〉和顶点 u、v 关联。

8. 顶点的度

顶点的度(Degree)是图中与该顶点相关联边的数目。顶点 v 的度记为 $D(v)$。例如:在图 6.1(a)所示的无向图 G_1 中,顶点 1 的度为 3,记为 $D(1) = 3$。

在有向图中,顶点 v 的度有入度和出度之分,以 v 为终点的弧的数目称为入度 (In Degree),记为 $ID(v)$;以 v 为起点的弧的数目称为出度(Out Degree),记为 $OD(v)$。顶点的度等于它的入度和出度之和,即 $D(v) = ID(v) + OD(v)$。例如:在图 6.1(b)所示的有向图 G_2 中,顶点 v_0 的入度 $ID(v_0) = 1$,出度 $OD(v_0) = 2$,顶点 v_0 的度 $D(v_0) = 3$。

若一个图有 n 个顶点和 e 条边,则该图所有顶点的度之和与边数 e 满足如下关系:

$$e = \frac{1}{2} \sum_{i=0}^{n-1} D(v_i)$$

该式表示度与边的关系。每条边关联两个顶点,对顶点的度贡献为 2,所以全部顶点的度之和为所有边数的 2 倍。

9. 路径与回路

在一个图中,路径(Path)是从顶点 u 到顶点 v 所经过的顶点序列,即($u=v_{i_0}, v_{i_1}, \cdots, v_{i_m}=v$)。路径长度是指该路径上边的数目。第一个顶点和最后一个顶点相同的路径称为回路或环。序列中顶点不重复出现的路径称为初等路径。除了第一个顶点和最后一个顶点之外,其余顶点不重复出现的回路,称为初等回路。

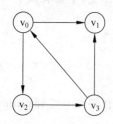

在图 6.4 所示的有向图 G_5 中,从顶点 v_0 到顶点 v_1 的一条路径(v_0, v_2, v_3, v_1)是初等路径,其路径长度为 3。从顶点 v_0 到顶点 v_1 的另一条路径(v_0, v_2, v_3, v_0, v_1)不是初等路径,因为顶点 v_0 重复出现,其路径长度为 4。路径(v_0, v_2, v_3, v_0)是初等回路,其路径长度为 3。

此外,在网中,从始点到终点的路径上各边的权值之和,称为路径长度。在图 6.2(a)所示的无向网 G_3 中,从顶点 A 到顶点 E 的一条路径(A,B,D,E)的路径长度为 $10+7+2=19$。

图 6.4 有向图 G_5

10. 连通图和连通分量

在无向图中,若从顶点 u 到顶点 v 有路径,则称 u 和 v 是连通的。若图中的任意两个顶点均是连通的,则称该图是连通图(Connected Graph),否则称为非连通图。无向图中的极大连通子图称为连通分量(Connected Component)。图 6.1(a)所示的无向图 G_1 是连通图;图 6.5(a)所示的无向图 G_6 是非连通图,它有 3 个连通分量,如图 6.5(b)所示。

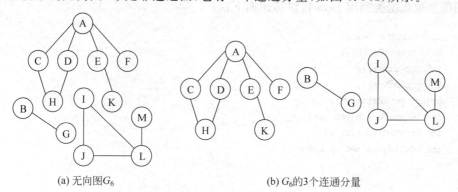

(a) 无向图G_6　　　　　　　　　(b) G_6的3个连通分量

图 6.5 非连通图及其连通分量

11. 强连通图和强连通分量

在有向图中,若任意两个顶点均连通,则称该图是强连通图。有向图中的极大强连通子图称为强连通分量,强连通图只有一个强连通分量,即其本身;非强连通图有多个强连通分量。图 6.4 所示的有向图 G_5 不是强连通图,它有两个强连通分量,如图 6.6 所示。

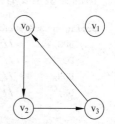

12. 生成树和生成森林

生成树是一种特殊的生成子图,它包含图中的全部顶点,但只有构成一棵树的 $n-1$ 条边。如图 6.3(a)的第 Ⅳ 个生成子图即为生

图 6.6 G_5 的两个强连通分量

成树。

对于非连通图,每个连通分量可形成一棵生成树,这些生成树组成了该非连通图的生成森林。

6.1.2　图的抽象数据类型描述

图由顶点集和边集组成,因此对图的操作也集中在对顶点和边的操作上,主要有以下一些操作。

(1) createGraph():创建一个图。

(2) getVexNum():返回图中的顶点数。

(3) getArcNum():返回图中的边数。

(4) getVex(v):给定顶点的位置 v,返回其对应的顶点值,其中,$0 \leqslant v < vexNum$(vexNum 为顶点数)。

(5) locateVex(vex):给定顶点的值 vex,返回其在图中的位置,如果图中不包含此顶点,则返回 -1。

(6) firstAdjVex(v):返回 v 的第一个邻接点,若 v 没有邻接点,则返回 -1,其中,$0 \leqslant v < vexNum$。

(7) nextAdjVex(v,w):返回 v 相对于 w 的下一个邻接点,若 w 是 v 的最后一个邻接点,则返回 -1,其中,$0 \leqslant v$, $w < vexNum$。

图的抽象数据类型用 Java 接口描述如下:

```java
public interface IGraph{
    void createGraph();
    int getVexNum();
    int getArcNum();
    Object getVex(int v);
    int locateVex(Object vex);
    int firstAdjVex(int v);
    int nextAdjVex(int v, int w);
}
```

6.2　图的存储结构

图的类型主要有 4 种:无向图、有向图、无向网和有向网。可以用枚举表示如下:

```java
public enum GraphKind{
    UDG,        //无向图(UnDirected Graph)
    DG,         //有向图(Directed Graph)
    UDN,        //无向网(UnDirected Network)
    DN;         //有向网(Directed Network)
}
```

图的存储结构除了存储图中各个顶点的信息外,还要存储与顶点相关联的边的信息。图的常见存储结构有邻接矩阵、邻接表、邻接多重表、十字链表等,每种存储结构都能表示上面所讲的 4 种类型的图,下面主要介绍邻接矩阵和邻接表。

6.2.1 邻接矩阵

1. 图的邻接矩阵存储结构

图的邻接矩阵(Adjacency Matrix)是用来表示顶点之间相邻关系的矩阵。假设图 $G=(V,E)$ 具有 $n(n{\geqslant}1)$ 个顶点,顶点的顺序依次为 $\{v_0,v_1,\cdots,v_{n-1}\}$,则图 G 的邻接矩阵 A 是一个 n 阶方阵,定义如下:

$$A[i][j]=\begin{cases} 1 & \langle v_i,v_j\rangle\in E \text{ 或 }(v_i,v_j)\in E \\ 0 & \langle v_i,v_j\rangle\notin E \text{ 或 }(v_i,v_j)\notin E \end{cases}$$

其中,$0{\leqslant}i,j{\leqslant}n-1$。

例如:图 6.1 所示的无向图 G_1 和有向图 G_2,对应的邻接矩阵分别为 A_1 和 A_2。

$$A_1 = \begin{array}{c} \\ 0 \\ 1 \\ 2 \\ 3 \\ 4 \end{array} \begin{array}{c} \begin{array}{ccccc} 0 & 1 & 2 & 3 & 4 \end{array} \\ \begin{bmatrix} 0 & 1 & 0 & 0 & 0 \\ 1 & 0 & 1 & 0 & 1 \\ 0 & 1 & 0 & 1 & 0 \\ 0 & 0 & 1 & 0 & 1 \\ 0 & 1 & 0 & 1 & 0 \end{bmatrix} \end{array}, \quad A_2 = \begin{array}{c} \\ v_0 \\ v_1 \\ v_2 \\ v_3 \\ v_4 \end{array} \begin{array}{c} \begin{array}{ccccc} v_0 & v_1 & v_2 & v_3 & v_4 \end{array} \\ \begin{bmatrix} 0 & 1 & 1 & 0 & 0 \\ 0 & 0 & 0 & 0 & 0 \\ 0 & 0 & 0 & 1 & 0 \\ 1 & 0 & 0 & 0 & 1 \\ 0 & 0 & 0 & 0 & 0 \end{bmatrix} \end{array}。$$

从邻接矩阵 A_1 和 A_2 中不难看出,无向图的邻接矩阵是对称阵,因此一般可以采用压缩存储;有向图的邻接矩阵一般不对称。用邻接矩阵存储图,所需要的存储空间只与顶点数有关。

对于网 G,假设 w_{ij} 代表边 (v_i,v_j) 或 $\langle v_i,v_j\rangle$ 上的权值,则图 G 的邻接矩阵 A 定义如下:

$$A[i][j]=\begin{cases} w_{ij} & \langle v_i,v_j\rangle\in E \text{ 或 }(v_i,v_j)\in E \\ \infty & \langle v_i,v_j\rangle\notin E \text{ 或 }(v_i,v_j)\notin E \end{cases}$$

其中,$0{\leqslant}i,j{\leqslant}n-1$。

例如:图 6.2 所示的网 G_3 和 G_4,对应的邻接矩阵分别为 A_3 和 A_4:

$$A_3 = \begin{array}{c} A \\ B \\ C \\ D \\ E \\ F \end{array} \begin{array}{c} \begin{array}{cccccc} A & B & C & D & E & F \end{array} \\ \begin{bmatrix} \infty & 10 & 2 & \infty & \infty & \infty \\ 10 & \infty & \infty & 7 & \infty & 5 \\ 2 & \infty & \infty & \infty & \infty & \infty \\ \infty & 7 & \infty & \infty & 2 & \infty \\ \infty & \infty & \infty & 2 & \infty & 5 \\ \infty & 5 & \infty & \infty & 5 & \infty \end{bmatrix} \end{array}, \quad A_4 = \begin{array}{c} A \\ B \\ C \\ D \end{array} \begin{array}{c} \begin{array}{cccc} A & B & C & D \end{array} \\ \begin{bmatrix} \infty & 1 & 4 & \infty \\ \infty & \infty & \infty & \infty \\ \infty & \infty & \infty & 7 \\ 6 & \infty & 4 & \infty \end{bmatrix} \end{array}$$

用邻接矩阵表示图,很容易判断任意两个顶点之间是否有边,同样很容易求出各个顶点的度。对于无向图,邻接矩阵的第 i 行或第 i 列的非零元素的个数正好是第 i 个顶点 v_i 的度;对于有向图,邻接矩阵的第 i 行的非零元素的个数正好是第 i 个顶点 v_i 的出度,第 i 列的非零元素的个数正好是第 i 个顶点 v_i 的入度。

2. 图的邻接矩阵类的描述

对于一个具有 n 个顶点的图 G，可以将图 G 的邻接矩阵存储在一个二维数组中，图的邻接矩阵类 MGraph 的描述如下：

```java
package ch06;
import java.util.Scanner;
public class MGraph implements IGraph{
    public final static int INFINITY = Integer.MAX_VALUE;
    private GraphKind kind;          // 图的种类标志
    private int vexNum, arcNum;      // 图的当前顶点数和边数
    private Object[] vexs;           // 顶点
    private int[][] arcs;            // 邻接矩阵
    public MGraph(){
        this(null, 0, 0, null, null);
    }
    public MGraph(GraphKind kind, int vexNum, int arcNum, Object[] vexs, int[][] arcs){
        this.kind = kind;
        this.vexNum = vexNum;
        this.arcNum = arcNum;
        this.vexs = vexs;
        this.arcs = arcs;
    }
    // 创建图
    public void createGraph()
        { … }
    // 创建无向图
    private void createUDG() {
        // 略
    };
    // 创建有向图
    private void createDG() {
        // 略
    };
    // 创建无向网
    private void createUDN()
        { … }
    // 创建有向网
    private void createDN()
        { … }
    // 返回顶点数
    public int getVexNum(){
        return vexNum;
    }
    // 返回边数
    public int getArcNum(){
        return arcNum;
    }
    // 给定顶点的值 vex,返回其在图中的位置,如果图中不包含此顶点,则返回-1
    public int locateVex(Object vex)
```

```
    { … }
    // 返回 v 表示结点的值,0 ≤ v < vexNum
    public Object getVex(int v) throws Exception{
        if (v < 0 && v >= vexNum)
            throw new Exception("第" + v + "个顶点不存在!");
        return vexs[v];
    }
    // 返回 v 的第一个邻接点,若 v 没有邻接点则返回 -1,0 ≤ v < vexNum
    public int firstAdjVex(int v) throws Exception
        { … }
    // 返回 v 相对于 w 的下一个邻接点,若 w 是 v 的最后一个邻接点,则返回 -1,其中 0 ≤ v, w
< vexNum
    public int nextAdjVex(int v, int w) throws Exception
        { … }
    public GraphKind getKind() {
        return kind;
    }
    public int[][] getArcs() {
        return arcs;
    }
    public Object[] getVexs() {
        return vexs;
    }
}
```

3. 图的邻接矩阵类基本操作的实现

下面主要介绍采用图的邻接矩阵作为存储结构时图的创建、顶点定位、查找第一个邻接点、查找下一个邻接点操作的实现方法。

1)图的创建

图的类型共有 4 种,算法 6.1 是在邻接矩阵类 MGraph 上对图的创建操作的实现框架,它根据图的种类调用具体的创建算法。若 G 是无向网,则调用算法 6.2;若 G 是有向网,则调用算法 6.3。具体的实现算法描述如下:

【算法 6.1】 图的创建算法。

```
public void createGraph() {
    Scanner sc = new Scanner(System.in);
    System.out.println("请输入图的类型: ");
    GraphKind kind = GraphKind.valueOf(sc.next());
    switch (kind) {
    case UDG:
        createUDG();            // 构造无向图
        return;
    case DG:
        createDG();             // 构造有向图
        return;
    case UDN:
        createUDN();            // 构造无向网
        return;
```

```
    case DN:
        createDN();                   // 构造有向网
        return;

}
}// 算法 6.1 结束
```

【算法 6.2】 无向网的创建算法。

```
private void createUDN() {
    Scanner sc = new Scanner(System.in);
    System.out.println("请分别输入图的顶点数、图的边数:");
    vexNum = sc.nextInt();
    arcNum = sc.nextInt();
    vexs = new Object[vexNum];
    System.out.println("请分别输入图的各个顶点:");
    for (int v = 0; v < vexNum; v++)        // 构造顶点向量
        vexs[v] = sc.next();
    arcs = new int[vexNum][vexNum];
    for (int v = 0; v < vexNum; v++)        // 初始化邻接矩阵
        for (int u = 0; u < vexNum; u++)
            arcs[v][u] = INFINITY;
    System.out.println("请输入各个边的两个顶点及其权值:");
    for (int k = 0; k < arcNum; k++) {
        int v = locateVex(sc.next());
        int u = locateVex(sc.next());
        arcs[v][u] = arcs[u][v] = sc.nextInt();
    }
}// 算法 6.2 结束
```

【算法 6.3】 有向网的创建算法。

```
private void createDN() {
    Scanner sc = new Scanner(System.in);
    System.out.println("请分别输入图的顶点数、图的边数:");
    vexNum = sc.nextInt();
    arcNum = sc.nextInt();
    vexs = new Object[vexNum];
    System.out.println("请分别输入图的各个顶点:");
    for (int v = 0; v < vexNum; v++)        // 构造顶点向量
        vexs[v] = sc.next();
    arcs = new int[vexNum][vexNum];
    for (int v = 0; v < vexNum; v++)        // 初始化邻接矩阵
        for (int u = 0; u < vexNum; u++)
            arcs[v][u] = INFINITY;
    System.out.println("请输入各个边的两个顶点及其权值:");
    for (int k = 0; k < arcNum; k++) {
        int v = locateVex(sc.next());
        int u = locateVex(sc.next());
        arcs[v][u] = sc.nextInt();
    }
}// 算法 6.3 结束
```

构造一个具有 n 个顶点和 e 条边的网 G 的时间复杂度是 $O(n^2+en)$,其中邻接矩阵 arcs 的初始化耗费了 $O(n^2)$ 的时间。

2) 顶点定位

顶点定位的基本要求是:根据顶点信息 vex,取得其在顶点数组中的位置,若图中无此顶点,则返回 -1。具体的实现算法描述如下:

【算法 6.4】 顶点定位算法。

```
public int locateVex(Object vex) {
    for (int v = 0; v < vexNum; v++)
        if (vexs[v].equals(vex))
            return v;
    return -1;
}// 算法 6.4 结束
```

该算法需遍历顶点数组。具有 n 个顶点的图 G,其时间复杂度是 $O(n)$。

3) 查找第一个邻接点

查找第一个邻接点的基本要求是:已知图中的一个顶点 v,返回 v 的第一个邻接点,若 v 没有邻接点,则返回 -1,其中,$0 \leqslant v < vexNum$。具体的实现算法描述如下:

【算法 6.5】 查找第一个邻接点的算法。

```
public int firstAdjVex(int v) throws Exception{
    if (v < 0 && v >= vexNum)
        throw new Exception("第" + v + "个顶点不存在!");
    for (int j = 0; j < vexNum; j++)
        if (arcs[v][j] != 0 && arcs[v][j] < INFINITY)
            return j;
    return -1;
} 算法 6.5 结束
```

该算法需遍历邻接矩阵 arcs 的第 v 行。具有 n 个顶点的图 G,其时间复杂度是 $O(n)$。

4) 查找下一个邻接点

查找下一个邻接点的基本要求是:已知图中的一个顶点 v 以及 v 的一个邻接点 w,返回 v 相对于 w 的下一个邻接点,若 w 是 v 最后一个邻接点,则返回 -1,其中,$0 \leqslant v, w < vexNum$。具体的实现算法描述如下:

【算法 6.6】 查找下一个邻接点的算法。

```
public int nextAdjVex(int v, int w) throws Exception {
    if (v < 0 && v >= vexNum)
        throw new Exception("第" + v + "个顶点不存在!");
    for (int j = w + 1; j < vexNum; j++)
        if (arcs[v][j] != 0 && arcs[v][j] < INFINITY)
            return j;
    return -1;
} 算法 6.6 结束
```

该算法需要从 $w+1$ 处遍历邻接矩阵 G.arcs 的第 v 行。有 n 个顶点的图 G,其时间复杂度是 $O(n)$。

    用邻接矩阵存储图,虽然能很好地确定图中的任意两个顶点之间是否有边,但是不论是求任一顶点的度,还是查找任一顶点的邻接点,都需要访问对应的一行或一列中的所有的数据元素,其时间复杂度为 $O(n)$。而要确定图中有多少条边,则必须按行对每个数据元素进行检测,花费的时间代价较大,其时间复杂度为 $O(n^2)$。从空间上看,不论图中的顶点之间是否有边,都要在邻接矩阵中保留存储空间,其空间复杂度为 $O(n^2)$,空间效率较低,这也是邻接矩阵的局限性。

6.2.2   邻接表

1. 图的邻接表存储结构

    邻接表(Adjacency List)是图的一种链式存储方法,邻接表表示类似于树的孩子链表表示。邻接表是由一个顺序存储的顶点表和 n 个链式存储的边表组成的。其中,顶点表由顶点结点组成;边表是由边(或弧)结点组成的一个单链表,表示所有依附于顶点 v_i 的边(对于有向图就是所有以 v_i 为始点的弧)。

    顶点结点和边(或弧)结点的结构分别如下:

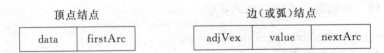

    顶点结点包括 data 和 firstArc 两个域。data 表示顶点信息;firstArc 表示指向边表中的第一个边(或弧)结点。顶点结点类 VNode 的描述如下:

```java
package ch06;
//图的邻接表存储表示中的顶点结点类
public class VNode {
    public Object data;                          // 顶点信息
    public ArcNode firstArc;                     // 指向第一条依附于该顶点的弧
    public VNode() {
        this(null, null);
    }
    public VNode(Object data) {
        this(data, null);
    }
    public VNode(Object data, ArcNode firstArc) {
        this.data = data;
        this.firstArc = firstArc;
    }

}
```

    边结点包括 adjVex、nextArc 和 value 共 3 个域,其中,adjVex 指示与顶点 v_i 邻接的顶点在图中的位置;nextArc 指向下一个边结点;value 存储与边相关的信息,例如权值等,边结点对应与该顶点相关联的一条边。边结点类 ArcNode 的描述如下:

```
package ch06;
//图的邻接表存储表示中的边(或弧)结点类
public class ArcNode {
    public int adjVex;                              // 该弧所指向的顶点位置
    public int value;                               // 边(或弧)的权值
    private ArcNode nextArc;                        // 指向下一条弧
    public ArcNode() {
        this(-1, 0, null);
    }
    public ArcNode(int adjVex) {
        this(adjVex, 0, null);
    }
    public ArcNode(int adjVex, int value) {
        this(adjVex, value, null);
    }
    public ArcNode(int adjVex, int value, ArcNode nextArc) {
        this.value = value;
        this.adjVex = adjVex;
        this.nextArc = nextArc;
    }

}
```

例如,图 6.7(a)、6.7(b)和 6.7(c)所示的分别为无向图 G_1、有向图 G_2 和有向网 G_4 的邻接表。

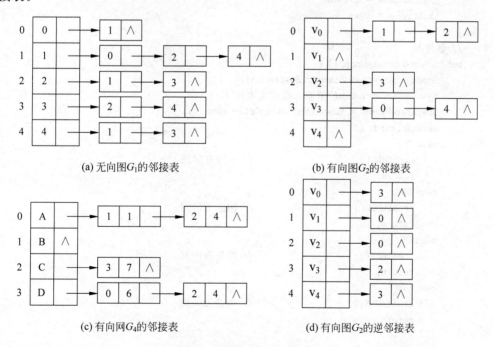

(a) 无向图G_1的邻接表

(b) 有向图G_2的邻接表

(c) 有向网G_4的邻接表

(d) 有向图G_2的逆邻接表

图 6.7 邻接表和逆邻接表

邻接表具有以下特点:

(1) 在无向图的邻接表中,顶点 v_i 的度恰好等于该顶点的邻接表中边结点的个数;而在有向图中,顶点 v_i 的邻接表中边结点的个数仅为该顶点的出度,若要求顶点的入度,则需遍历整个邻接表。有时为了便于求有向图中顶点的入度,可以通过建立一个有向图的逆邻接表得到。所谓逆邻接表,就是对图中的每个顶点 v_i 建立一个链接以 v_i 为终点的弧的边表,如图 6.7(d)所示是有向图 G_2 的逆邻接表。

(2) 对于有 n 个顶点和 e 条边的无向图,其邻接表有 n 个顶点结点和 $2e$ 个边结点,而对于有 n 个顶点和 e 条弧的有向图,其邻接表有 n 个顶点结点和 e 个弧结点。显然,对于稀疏图,邻接表比邻接矩阵节省存储空间。

2. 图的邻接表类的描述

```java
package ch06;
import java.util.Scanner;
public class ALGraph implements IGraph{
    private GraphKind kind;              // 图的种类标志
    private int vexNum, arcNum;          // 图的当前顶点数和边数
    private VNode[] vexs;                // 顶点
    public ALGraph() {
        this(null, 0, 0, null);
    }
    public ALGraph(GraphKind kind , int vexNum, int arcNum, VNode[] vexs) {
        this.kind = kind;
        this.vexNum = vexNum;
        this.arcNum = arcNum;
        this.vexs = vexs;
    }
    // 创建图
    public void createGraph() {
        Scanner sc = new Scanner(System.in);
        System.out.println("请输入图的类型: ");
        GraphKind kind = GraphKind.valueOf(sc.next());
        switch (kind) {
        case DG:
            createDG();                  // 构造有向图
            return;
        case UDG:
            createUDG();                 // 构造无向图
            return;
        case DN:
            createDN();                  // 构造有向网
            return;
        case UDN:
            createUDN();                 // 构造无向网
            return;
        }
    }
    // 创建无向图
    private void createUDG(){
        // 略
    };
    // 创建有向图
```

```java
private void createDG(){
    // 略
};
// 创建无向网
private void createUDN()
{ … }
// 创建有向网
private void createDN() {
    Scanner sc = new Scanner(System.in);
    System.out.println("请分别输入图的顶点数、图的边数:");
    vexNum = sc.nextInt();
    arcNum = sc.nextInt();
    vexs = new VNode[vexNum];
    System.out.println("请分别输入图的各顶点:");
    for (int v = 0; v < vexNum; v++)  // 构造顶点向量
        vexs[v] = new VNode(sc.next());
    System.out.println("请输入各边的顶点及其权值:");
    for (int k = 0; k < arcNum; k++) {
        int v = locateVex(sc.next()); // 弧尾
        int u = locateVex(sc.next()); // 弧头
        int value = sc.nextInt();
        addArc(v, u, value)
    }
}
// 在位置为 v、u 的顶点之间,添加一条弧,其权值为 value
public void addArc(int v, int u, int value)
{ … }


public int getVexNum() {                 // 返回顶点数
    return vexNum;
}
public int getArcNum() {                 // 返回边数
    return arcNum;
}
// 给定顶点的值 vex,返回其在图中的位置,若图中不包含此顶点,则返回 -1
public int locateVex(Object vex) {
    for (int v = 0; v < vexNum; v++)
        if (vexs[v].data.equals(vex))
            return v;
    return -1;
}
public VNode[] getVexs() {
    return vexs;
}
public GraphKind getKind() {
    return kind;
}
public Object getVex(int v) throws Exception {// 返回 v 表示结点的值,0≤v<vexnum
    if (v < 0 && v >= vexNum)
        throw new Exception("第" + v + "个顶点不存在!");
    return vexs[v].getData();
```

```
    }
    // 返回 v 的第一个邻接点,若 v 没有邻接点,则返回 - 1,0≤v < vexnum
    public int firstAdjVex(int v) throws Exception {
        if (v < 0 && v >= vexNum)
            throw new Exception("第" + v + "个顶点不存在!");
        VNode vex = vexs[v];
        if (vex.firstArc != null)
            return vex.firstArc.adjVex;
        else
            return - 1;
    }
    // 返回 v 相对于 w 的下一个邻接点,若 w 是 v 的最后一个邻接点,则返回 - 1,其中,0≤v, w < vexNum
    public int nextAdjVex(int v, int w) throws Exception
        { … }
}
```

3. 图的邻接表类基本操作的实现

下面主要介绍采用图的邻接表作为存储结构时图的创建、在图中插入边(或弧)结点和查找下一个邻接点操作的实现方法。

1) 图的创建

与邻接矩阵相似,图的邻接表类 ALGraph 也实现了对图的创建操作的框架,它根据图的种类调用具体的创建算法。为防赘述,这里只分析无向网的创建算法,其余算法可类似分析。无向网的创建算法描述如下:

【算法 6.7】 无向网的创建算法。

```
private void createUDN() {
    Scanner sc = new Scanner(System.in);
    System.out.println("请分别输入图的顶点数、图的边数:");
    vexNum = sc.nextInt();
    arcNum = sc.nextInt();
    vexs = new VNode[vexNum];
    System.out.println("请分别输入图的各顶点:");
    for (int v = 0; v < vexNum; v++)        // 构造顶点向量
        vexs[v] = new VNode(sc.next());
    System.out.println("请输入各边的顶点及其权值:");
    for (int k = 0; k < arcNum; k++) {
        int v = locateVex(sc.next());    // 弧尾
        int u = locateVex(sc.next());    // 弧头
        int value = sc.nextInt();
        addArc(v, u, value);
        addArc(u, v, value);
    }
}// 算法 6.7 结束
```

该算法在建立边结点时,输入的都是边依附的顶点值,而不是顶点的位置,因此在建立每个边结点时,先要通过定位操作 locateVex() 确定顶点的位置,其时间复杂度是 $O(n)$。因此,构造一个有 n 个顶点和 e 条边的图时,该算法的时间复杂度是 $O(n \cdot e)$。

2）在图中插入边（或弧）结点

图由顶点集和边集组成，因此创建图必须先建立图的顶点集和边集，当图采用邻接表实现时，建立边（或弧）就是在对应的边表中插入边（或弧）结点。在图中插入边（或弧）结点的算法描述如下：

【算法 6.8】　在图中插入边（或弧）结点的算法。

```
public void addArc(int v, int u, int value) {
        ArcNode arc = new ArcNode(u, value);
        arc.nextArc = vexs[v].firstArc;
        vexs[v].firstArc = arc;
}// 算法 6.8 结束
```

该算法用头插法将边（或弧）结点插入对应边表，时间复杂度是 $O(1)$。

3）查找下一个邻接点

要在图的邻接表中查找 v 相对于 w 的下一个邻接点（其中，$0 \leqslant v, w < vexNum$），则只需在依附于顶点 v 的边表中沿着边结点的后继指针依次去查找 v 的邻接顶点 w，若找到，则该边结点的后继即为顶点 v 相对于顶点 w 的下一个邻接点。查找下一个邻接点的算法描述如下：

【算法 6.9】　查找下一个邻接点的算法。

```
public int nextAdjVex(int v, int w) throws Exception {
    if (v < 0 && v >= vexNum)
        throw new Exception("第" + v + "个顶点不存在!");
    VNode vex = vexs[v];
    ArcNode arcvw = null;
    for (ArcNode arc = vex.firstArc; arc != null; arc = arc.nextArc)
        if (arc.adjVex == w) {
            arcvw = arc;
            break;
        }
    if (arcvw != null && arcvw.nextArc != null)
        return arcvw.nextArc.adjVex;
    else
        return -1;
}// 算法 6.9 结束
```

该算法需要通过访问邻接表的第 v 个单链表去寻找弧结点 w 的下一个弧结点，其时间复杂度为 $O(e/n)$。

在邻接表上很容易找到任意一个顶点的第一个邻接点和下一个邻接点，但若要判定任意两个顶点是否有边相连，则需遍历单链表，不如邻接矩阵方便。

6.3　图的遍历

与树的遍历类似，遍历也是图的一种基本操作。图的遍历（Traversing Graph）是指从图中的某个顶点出发，对图中的所有顶点访问且仅访问一次的过程。图的遍历算法是图的基本操作，是求拓扑排序和关键路径等算法的基础。

然而,图的遍历要比树的遍历复杂,因为图中一般存在回路,也就是,在访问了某个顶点后,可能会沿着某条路径再次回到该顶点。为了避免顶点的重复访问,在遍历图的过程中,必须记下已访问过的顶点。为此,需要增设一个辅助数组 visited[0..n-1],其初始值为"假",一旦访问了顶点 v_i,置 visited[i]为"真"。

常见的遍历有广度优先搜索(Breadth First Search,BFS)和深度优先搜索(Depth First Search,DFS)两种方式,它们对无向图和有向图都适用。

6.3.1 广度优先搜索

广度优先搜索类似于树的层次遍历,是树的层次遍历的推广。

1. 算法描述

从图中的某个顶点 v 开始,先访问该顶点,再依次访问该顶点的每一个未被访问过的邻接点 w_1、w_2、…;然后按此顺序访问顶点 w_1、w_2……的各个还未被访问过的邻接点。重复上述过程,直到图中的所有顶点都被访问过为止。也就是说,广度优先搜索遍历的过程是一个以顶点 v 为起始点,由近及远,依次访问和顶点 v 有路径相通且路径长度为 1、2、3……的顶点,并且遵循"先被访问的顶点,其邻接点就先被访问"。广度优先搜索是一种分层的搜索过程,每向前走一步就可能访问一批顶点。广度优先搜索不是一个递归的过程。例如:在图 6.8(a)所示的无向图 G_7 中,从顶点 v_0 出发,进行广度优先搜索遍历的过程如图 6.8(b)所示。

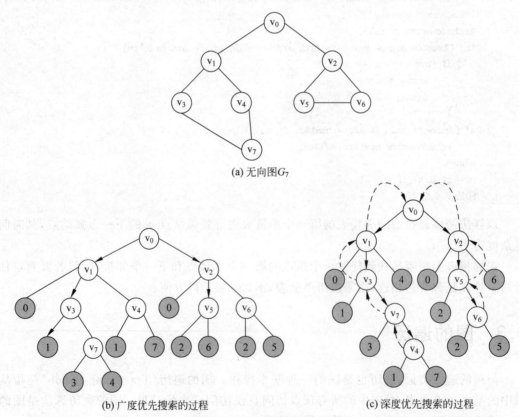

(a) 无向图G_7

(b) 广度优先搜索的过程　　　　(c) 深度优先搜索的过程

图 6.8　遍历图的过程

假设 v_0 是出发点,首先访问起始点 v_0,顶点 v_0 有两个未被访问的邻接点 v_1 和 v_2,先访问顶点 v_1,再访问顶点 v_2;然后,访问顶点 v_1 未被访问过的邻接点 v_3、v_4 及顶点 v_2 未被访问过的邻接点 v_5 和 v_6;最后访问顶点 v_3 未被访问过的邻接点 v_7。至此,图中所有顶点均已被访问过,得到的顶点访问序列为 $\{v_0,v_1,v_2,v_3,v_4,v_5,v_6,v_7\}$。

广度优先搜索遍历图得到的顶点序列,定义为图的广度优先遍历序列,简称为 BFS 序列。一个图的 BFS 序列不是唯一的。因为在执行广度优先搜索时,一个顶点可以从多个邻接点中任意选择一个邻接点进行访问。但是在给定了起始点及图的存储结构时,BFS 算法所给出的 BFS 序列是唯一的。

2. 图的广度优先搜索算法的实现

在广度优先搜索遍历中,需要使用队列,依次记住被访问过的顶点。因此,算法开始时,访问起始点 v,并将其插入队列中,以后每次从队列中删除一个数据元素,就依次访问它的每一个未被访问过的邻接点,并将其插入队列中。这样,当队列为空时,表明所有与起始点相通的顶点都已被访问完毕,算法结束。

在访问过程中,队列的状态及操作过程如表 6.1 所示。广度优先搜索算法的实现如算法 6.10 所示。

表 6.1　队列的状态及操作过程

步骤	队列的状态	队列的操作过程
1	v_0	从顶点 v_0 开始执行广度优先搜索,将顶点 v_0 入队
2	v_1,v_2	将顶点 v_0 从队列中取出,将顶点 v_0 的邻接点 v_1 和 v_2 依次入队
3	v_2,v_3,v_4	将顶点 v_1 从队列中取出,然后,按照先访问顶点 v_1 未被访问过的邻接点,再访问顶点 v_2 未被访问过的邻接点的次序,将 v_1 的邻接点 v_3 和 v_4 依次入队
4	v_3,v_4,v_5,v_6	将顶点 v_2 从队列中取出,再将顶点 v_2 未被访问过的邻接点 v_5 和 v_6 入队
5	v_4,v_5,v_6,v_7	将顶点 v_3 从队列中取出,再将顶点 v_3 未被访问过的邻接点 v_7 入队
6	v_5,v_6,v_7	将顶点 v_4 从队列中取出,访问顶点 v_4 的邻接点,由于顶点 v_4 的邻接点 v_1 和 v_7 已被访问过,故不必入队
7		按照先访问顶点 v_5 未被访问过的邻接点,再访问顶点 v_6 未被访问过的邻接点,最后访问顶点 v_7 未被访问过的邻接点的次序,由于顶点 v_5、v_6 和 v_7 的邻接点都被访问过。将顶点 v_5、v_6 和 v_7 依次从队列中取出。此时队列为空,广度优先搜索遍历结束,顶点出队的顺序,就是广度优先搜索遍历的序列,即 $\{v_0,v_1,v_2,v_3,v_4,v_5,v_6,v_7\}$

【算法 6.10】　图的广度优先搜索算法。

```
private static boolean[] visited;              // 访问标志数组
// 对图 G 做广度优先遍历
public static void BFSTraverse(IGraph G) throws Exception {
    visited = new boolean[G.getVexNum()];// 访问标志数组
    for (int v = 0; v < G.getVexNum(); v++)
        // 访问标志数组初始化
        visited[v] = false;
    for (int v = 0; v < G.getVexNum(); v++)
        if (!visited[v])                       // v 尚未访问
```

```
                BFS(G, v);
    }

    private static void BFS(IGraph G, int v) throws Exception {
        visited[v] = true;
        System.out.print(G.getVex(v).toString() + " ");
        LinkQueue Q = new LinkQueue();          // 辅助队列 Q
        Q.offer(v);                             // v 入队列
        while (!Q.isEmpty()) {
            int u = (Integer) Q.poll();         // 队头元素出队列并赋值给 u
            for (int w = G.firstAdjVex(u); w >= 0; w = G.nextAdjVex(u, w))
                if (!visited[w]) {              // w 为 u 的尚未访问的邻接顶点
                    visited[w] = true;
                    System.out.print(G.getVex(w).toString() + " ");
                    Q.offer(w);
                }
        }
    }// 算法 6.10 结束
```

在上述算法中，每一个顶点最多入队、出队一次。广度优先搜索遍历图的过程实际上就是寻找队列中顶点的邻接点的过程。假设图 G 有 n 个顶点和 e 条边，当图的存储结构采用邻接矩阵时，需要扫描邻接矩阵中的每一个顶点，其时间复杂度为 $O(n^2)$；当图的存储结构采用邻接表时，需要扫描邻接表中的每一个单链表，其时间复杂度为 $O(e)$。

6.3.2　深度优先搜索

深度优先搜索类似于树的先根遍历，是树的先根遍历的推广。

1. 算法描述

从图的某个顶点 v 开始访问，然后访问它的任意一个邻接点 w_1；再从 w_1 出发，访问与 w_1 邻接但未被访问的顶点 w_2；然后从 w_2 出发，进行类似访问，如此进行下去，直至所有的邻接点都被访问过为止。接着，退回一步，退到前一次刚访问过的顶点，看是否还有其他未被访问的邻接点。如果有，则访问此顶点，之后再从此顶点出发，进行与前述类似的访问。重复上述过程，直到连通图中的所有顶点都被访问过为止。该遍历的过程是一个递归的过程。

例如，在图 6.8(a)所示的无向图 G_7 中，从顶点 v_0 出发进行深度优先搜索遍历的过程如图 6.8(c)所示[①]。

假设 v_0 是起始点，首先访问起始点 v_0，由于 v_0 有两个邻接点 v_1、v_2 均未被访问过，选择访问顶点 v_1；再找 v_1 的未被访问过的邻接点 v_3、v_4，选择访问顶点 v_3。重复上述搜索过程，依次访问顶点 v_7、v_4。当 v_4 被访问过后，由于与 v_4 相邻的顶点均已被访问过，搜索退回到顶点 v_7。顶点 v_7 的邻接点 v_3、v_4 也被访问过；同理，依次退回到顶点 v_3、v_1，最后退回到

① 图中以带箭头的实线表示遍历时的访问路径，以带箭头的虚线表示递归函数的返回路径。灰色小圆圈表示已被访问过的邻接点，白圆圈表示访问的邻接点。

顶点 v_0。这时选择顶点 v_0 的未被访问过的邻接点 v_2，继续搜索，依次访问顶点 v_2、v_5、v_6，从而遍历图中全部顶点。这就是深度优先搜索遍历的整个过程，得到的顶点的深度遍历序列为 $\{v_0, v_1, v_3, v_7, v_4, v_2, v_5, v_6\}$。

图的深度优先搜索遍历的过程是递归的。深度优先搜索遍历图所得的顶点序列，定义为图的深度优先遍历序列，简称为 DFS 序列。一个图的 DFS 序列一般不是唯一的，一个顶点可以从多个邻接点中选择一个邻接点执行深度优先搜索遍历。但是在给定了起始点及图的存储结构时，DFS 算法所给出的 DFS 序列是唯一的。

2. 图的深度优先搜索算法的实现

从某个顶点 v 出发的深度优先搜索过程是一个递归的搜索过程，因此可简单地使用递归算法实现。在遍历的过程中，必须对访问过的顶点做标记，避免同一顶点被多次访问。深度优先搜索算法的实现如下：

```
package ch06;
public class DTraverser {
    private static boolean[] visited;                    // 访问标志数组

    public static void DFSTraverse(IGraph G) throws Exception {   // 对图 G 做深度优先遍历
        visited = new boolean[G.getVexNum()];
        for (int v = 0; v < G.getVexNum(); v++)          // 访问标志数组初始化
            visited[v] = false;
        for (int v = 0; v < G.getVexNum(); v++)
            if (!visited[v])
                DFS(G, v);                               // 对尚未访问的顶点调用 DFS
    }
    public static void DFS(IGraph G, int v) throws Exception {
    // 从第 v 个顶点出发递归地深度优先遍历图 G
        visited[v] = true;
        System.out.print(G.getVex(v).toString() + " ");   // 访问第 v 个顶点
        for (int w = G.firstAdjVex(v); w >= 0; w = G.nextAdjVex(v, w))
            if (!visited[w])                             // 对 v 的尚未访问的邻接顶点 w 递归调用 DFS
                DFS(G, w);
    }
}
```

在上述算法中，对图中的每一个顶点最多调用一次 DFS 方法，因为某个顶点一旦被访问，就不再从该顶点出发进行搜索。因此，遍历图的过程实际上就是查找每一个顶点的邻接点的过程。深度优先搜索遍历图的时间复杂度和广度优先搜索遍历相同，不同之处仅在于对顶点的访问顺序不同。假设图 G 中有 n 个顶点和 e 条边，当图的存储结构采用邻接矩阵时，其时间复杂度为 $O(n^2)$；当图的存储结构采用邻接表时，其时间复杂度为 $O(e)$。

6.3.3 图的遍历方法的应用举例

【例 6.1】 编程实现应用广度优先搜索算法确定无向图的连通分量。

【问题分析】 当无向图是非连通图时，从图中的一个顶点出发遍历图，不能访问该图的所有顶点，而只能访问包含该顶点的连通分量中的所有顶点。因此，从无向图的每个连通分

量中的一个顶点出发遍历图,则可求得无向图的所有连通分
量。例如,图 6.9 是由两个连通分量组成的非连通图。

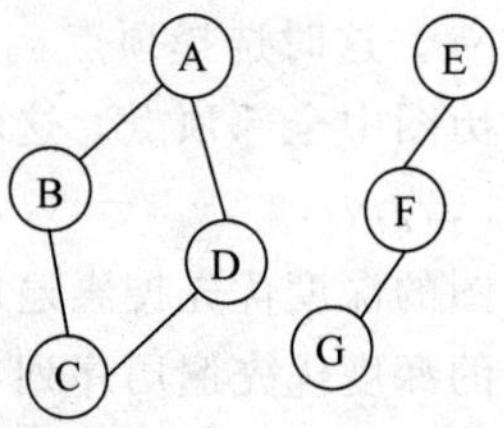

【程序代码】

```java
package ch06;
import ch03.LinkQueue;

public class Example6_1 {
    public final static int INFINITY = Integer.MAX_VALUE;

    public static void CC_BFS(IGraph G) throws Exception {
        boolean[] visited = new boolean[G.getVexNum()];  // 访问标志数组
        for (int v = 0; v < G.getVexNum(); v++)
            // 访问标志数组初始化
            visited[v] = false;
        LinkQueue Q = new LinkQueue();                   // 辅助队列 Q
        LinkQueue P = new LinkQueue();                   // 辅助队列 P,用于记录连通分量的顶点
        int i = 0;                                       // 用于记数连通分量的个数
        for (int v = 0; v < G.getVexNum(); v++) {
            P.clear();                                   // 队列清空
            if (!visited[v]) {                           // v 尚未访问
                visited[v] = true;
                P.offer(G.getVex(v));
                Q.offer(v);                              // v 入队列
                while (!Q.isEmpty()) {
                    int u = (Integer) Q.poll();          // 队头元素出队列并赋值给 u
                    for (int w = G.firstAdjVex(u); w >= 0; w = G.nextAdjVex(u,w)) {
                        if (!visited[w]) {// w 为 u 的尚未访问的邻接顶点
                            visited[w] = true;
                            P.offer(G.getVex(w));
                            Q.offer(w);
                        }
                    }
                }
                System.out.println("图的第" + ++i + "个连通分量为: ");
                while (!P.isEmpty())
                    System.out.print(P.poll().toString() + " ");
                System.out.println();
            }
        }
    }

    public static void main(String[] args) throws Exception {
        Object vexs[] = { "A", "B", "C", "D", "E", "F", "G" };
        int[][] arcs = { { 0, 1, INFINITY, 1, INFINITY, INFINITY, INFINITY },
                         { 1, 0, 1, INFINITY, INFINITY, INFINITY, INFINITY },
                         { INFINITY, 1, 0, 1, INFINITY, INFINITY, INFINITY },
                         { 1, INFINITY, 1, 0, INFINITY, INFINITY, INFINITY },
                         { INFINITY, INFINITY, INFINITY, INFINITY, 0, 1, INFINITY },
```

图 6.9　由两个连通分量组成
的非连通图

```
                    { INFINITY, INFINITY, INFINITY, INFINITY, 1, 0, 1 },
                    { INFINITY, INFINITY, INFINITY, INFINITY, INFINITY, 1, 0 }, };
        MGraph G = new MGraph(GraphKind.UDG, 7, 6, vexs, arcs);
        CC_BFS(G);
    }
}
```

【运行结果】

运行结果如图 6.10 所示。

图 6.10　例 6.1 的程序运行结果

【例 6.2】　编程实现判断一个有向图中任意给定的两个顶点之间是否存在一条长度为 k 的简单路径。

【问题分析】　可以采用深度优先搜索遍历策略。以图 6.11 为例，取 $k=3$，判断图中任意给定的两个顶点是否存在长度为 3 的简单路径。

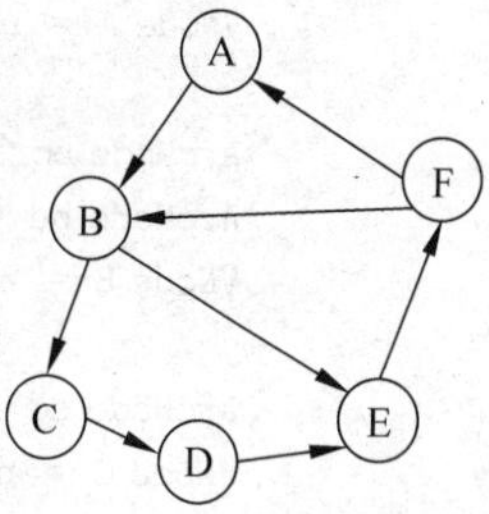

【程序代码】

图 6.11　有向图

```
package ch06;
public class Example6_2 {
    private boolean[] visited;      // 访问标志数组

    private int i = 0;              // 辅助变量,在遍历过程中用于记录从起始点出发的路径长度

    private boolean find = false;  // 标示是否已找到了指定长度的路径

    public void findPath(IGraph G, int u, int v, int k) throws Exception {
        visited = new boolean[G.getVexNum()];
        for (int w = 0; w < G.getVexNum(); w++)
            // 访问标志数组初始化
            visited[w] - false;
        find_DFS(G, u, v, k);
        if (find)
            System.out.println(G.getVex(u) + "和" + G.getVex(v) + "之间存在一条长度为" +
k + "的简单路径");
        else
            System.out.println(G.getVex(u) + "和" + G.getVex(v) + "之间不存在一条长度
为" + k + "的简单路径");
    }

    public void find_DFS(IGraph G, int u, int v, int k) throws Exception {
        if (i == k && u == v)
```

```
                find = true;
        else if (!find) {
            visited[u] = true;
            for (int w = G.firstAdjVex(u); w >= 0; w = G.nextAdjVex(u, w))
                if (!visited[w]) {
                    if (i < k) {
                        ++i;
                        find_DFS(G, w, v, k);
                        // 对 v 的尚未访问的邻接顶点 w 递归调用 find_DFS
                    } else
                        break;    // 若路径长度已达到 k 值而仍未找到简单路径,则不再继续对
                                  // 当前顶点进行深度优先搜索
                }
                --i;             // 回退一个顶点
        }
    }

    public static void main(String[] args) throws Exception {
        ArcNode ab = new ArcNode(1);
        VNode A = new VNode("A", ab);

        ArcNode bc = new ArcNode(2);
        ArcNode be = new ArcNode(4, 0, bc);
        VNode B = new VNode("B", be);

        ArcNode cd = new ArcNode(3);
        VNode C = new VNode("C", cd);

        ArcNode de = new ArcNode(4);
        VNode D = new VNode("D", de);

        ArcNode ef = new ArcNode(5);
        VNode E = new VNode("E", ef);

        ArcNode fa = new ArcNode(0);
        ArcNode fb = new ArcNode(1, 0, fa);
        VNode F = new VNode("F", fb);

        VNode[] vexs = { A, B, C, D, E, F };
        ALGraph G = new ALGraph(GraphKind.DG, 6, 8, vexs);
        Example6_2 p = new Example6_2();
        p.findPath(G, 0, 5, 3);
    }
}
```

【运行结果】

运行结果如图 6.12 所示。

【例 6.3】　编程实现应用深度优先搜索策略判断一个有向图是否存在环。

【问题分析】　对于有向图,在进行深度优先搜索时,从有向图上某个顶点 v 出发,在 dfs(v)结束之前出现一条从顶点 u 到顶点 v 的回边,由于 u 在生成树上是 v 的子孙,则有向

图 6.12　例 6.2 的程序运行结果

图中必定存在包含顶点 v 和顶点 u 的环。在具体实现时，可建立一个全局栈，每次递归调用 dfs(v) 前，先检查实参 v 是否已在栈中，若是，则表明有向图必定存在环，否则将实参 v 入栈，再递归调用 dfs(v)。例如，图 6.11 就存在环。

【程序代码】

```java
package ch06;

import ch03.LinkStack;

public class Example6_3 {
    private boolean[] visited;                    // 访问标志数组

    private LinkStack S = new LinkStack();
    // 按深度优先搜索访问的先后顺序记录在一个连通分支当中的顶点元素

    private boolean find = false;                 // 标示是否已找到了环

    public void findCicle(IGraph G) throws Exception {
        visited = new boolean[G.getVexNum()];
        for (int v = 0; v < G.getVexNum(); v++)
            // 访问标志数组初始化
            visited[v] = false;
        for (int v = 0; v < G.getVexNum(); v++)
            if (!visited[v])                      // 对尚未访问的顶点调用 DFS
                find_DFS(G, v);
        if (find)
            System.out.println("此有向图存在环!");
        else
            System.out.println("此有向图不存在环!");
    }

    public void find_DFS(IGraph G, int v) throws Exception {
        if (!find) {
            visited[v] = true;
            S.push(v);
            for (int w = G.firstAdjVex(v); w >= 0; w = G.nextAdjVex(v, w))
                if (visited[w] && isDuplicate(w))
                    find = true;
                else
                    // 对 v 的尚未访问的邻接顶点 w 递归调用 DFS
                    find_DFS(G, w);
            S.pop();
        }
    }
```

```
        }

        // 判断栈 S 中是否存在值为 w 的数据元素
        private boolean isDuplicate(Integer w) throws Exception {
            LinkStack S1 = new LinkStack();          // 辅助栈
            while (!S.isEmpty() && !((Integer) S.peek()).equals(w))
                // 判断栈 S 中是否存在为 w 的数据元素,并利用辅助栈 S1,记录出栈的数据元素
                S1.push(S.pop());

            if (S.isEmpty()) {                        // 重新把数据元素放入栈 S 中
                while (!S1.isEmpty())
                    S.push(S1.pop());
                return false;
            } else
                return true;
        }

        public static void main(String[] args) throws Exception {
            ArcNode ab = new ArcNode(1);
            VNode A = new VNode("A", ab);

            ArcNode bc = new ArcNode(2);
            ArcNode be = new ArcNode(4, 0, bc);
            VNode B = new VNode("B", be);

            ArcNode cd = new ArcNode(3);
            VNode C = new VNode("C", cd);

            ArcNode de = new ArcNode(4);
            VNode D = new VNode("D", de);

            ArcNode ef = new ArcNode(5);
            VNode E = new VNode("E", ef);

            ArcNode fa = new ArcNode(0);
            ArcNode fb = new ArcNode(1, 0, fa);
            VNode F = new VNode("F", fb);

            VNode[] vexs = { A, B, C, D, E, F };
            ALGraph G = new ALGraph(GraphKind.DG, 6, 8, vexs);
            Example6_3 e = new Example6_3();
            e.findCicle(G);
        }
    }
```

【运行结果】

运行结果如图 6.13 所示。

图 6.13　例 6.3 的程序运行结果

6.4 最小生成树

6.4.1 最小生成树的基本概念

根据树的特性可知,连通图的生成树(Spanning Tree)是图的极小连通子图,它包含图中的全部顶点,但只有构成一棵树的边;生成树又是图的极大无回路子图,它的边集是关联图中的所有顶点而又没有形成回路的边。

一个有 n 个顶点的连通图的生成树只能有 $n-1$ 条边。若有 n 个顶点而少于 $n-1$ 条边,则是非连通图;若多于 $n-1$ 条边,则一定形成回路。值得注意的是,有 $n-1$ 条边的生成子图并不一定是生成树。

假设图 $G=(V,E)$ 为连通图,则从图中的任意一个顶点出发遍历图时,必定将 E 分成两个子集: $T(G)$ 和 $B(G)$ 。其中, $T(G)$ 是遍历图时经过的边的集合; $B(G)$ 是剩余边的集合。显然 $T(G)$ 和图中所有顶点一起构成连通图 G 的生成树。由广度优先遍历和深度优先遍历得到的生成树,分别称为广度优先生成树(BFS Spanning Tree)和深度优先生成树(DFS Spanning Tree)。图 6.8(a)所示的无向图 G_7 中,从顶点 v_0 出发,其对应的广度优先生成树和深度优先生成树分别如图 6.14(a)和 6.14(b)所示。

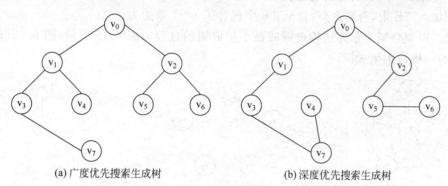

(a)广度优先搜索生成树   (b)深度优先搜索生成树

图 6.14　遍历图的过程

图的生成树,根据遍历方法的不同或遍历起始点的不同,可得到不同的生成树。因此,图的生成树不是唯一的。

对于非连通图,每一个连通分量中的顶点集和遍历时经过的边一起构成若干棵生成树,这些生成树组成了该非连通图的生成森林。由广度优先遍历和深度优先遍历得到的生成森林,分别称为广度优先生成森林(BFS Spanning Forest)和深度优先生成森林(DFS Spanning Forest)。

在一个网的所有生成树中,权值总和最小的生成树称为最小代价生成树(Minimum Cost Spanning Tree,简称为最小生成树)。最小生成树在许多应用领域中都有重要的应用。例如,利用最小生成树可以解决如下工程中的实际问题:图 G 表示 n 个城市之间的通信网络,其中顶点表示城市,边表示两个城市之间的通信线路,边上的权值表示线路的长度或造价,可通过求该网络的最小生成树达到求解通信线路总代价最小的最佳方案。

根据生成树的定义,具有 n 个顶点连通图的生成树,有 n 个顶点和 $n-1$ 条边。因此,构造最小生成树的准则有以下 3 条:

(1) 只能使用该图中的边构造最小生成树;

(2) 当且仅当使用 $n-1$ 条边来连接图中的 n 个顶点;

(3) 不能使用产生回路的边。

需要进一步指出的是,尽管最小生成树一定存在,但不一定是唯一的。

求图的最小生成树的典型的算法有克鲁斯卡尔(Kruskal)算法和普里姆(Prim)算法,下面分别介绍。

6.4.2　克鲁斯卡尔算法

克鲁斯卡尔算法是根据边的权值递增的方式,依次找出权值最小的边建立的最小生成树,并且规定每次新增的边,不能造成生成树有回路,直到找到 $n-1$ 条边为止。

克鲁斯卡尔算法的基本思想是:设图 $G=(V,E)$ 是一个具有 n 个顶点的连通无向网,$T=(V,TE)$ 是图 G 的最小生成树,其中,V 是 T 的顶点集,TE 是 T 的边集,则构造最小生成树的具体步骤如下:

(1) T 的初始状态为 $T=(V,\varnothing)$,即开始时,最小生成树 T 是图 G 的生成零图。

(2) 将图 G 中的边按照权值从小到大的顺序依次选取,若选取的边未使生成树 T 形成回路,则加入 TE 中,否则舍弃,直至 TE 中包含了 $n-1$ 条边为止。

例如,以克鲁斯卡尔算法构造网的最小生成树的过程如图 6.15 所示,图 6.15(g)所示为其中的一棵最小生成树。

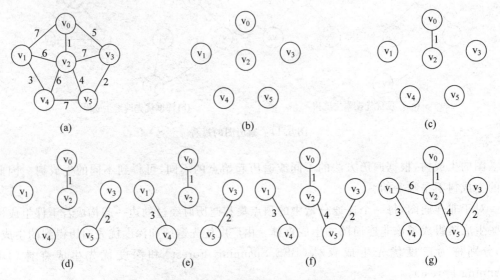

图 6.15　克鲁斯卡尔算法构造最小生成树的过程

构造最小生成树时,每一步都应该尽可能选择权值最小的边,但并不是每一条权值最小的边都必然可选。例如:在完成图 6.15(f)后,接下来权值最小的边是 (v_0,v_3),但不能选择该边,因为会形成回路,而接下来 (v_1,v_2) 和 (v_2,v_4) 两条边可任选。因此,最小生成树不是唯一的。

该算法的时间复杂度为 $O(elge)$，即克鲁斯卡尔算法的执行时间主要取决于图的边数 e。该算法适用于针对稀疏图的操作。

6.4.3　普里姆算法

为描述方便，在介绍普里姆算法之前，先给出如下有关距离的定义。

(1) 两个顶点之间的距离：是指将顶点 u 邻接到 v 的关联边的权值，记为 $|u,v|$。若两个顶点之间无边相连，则这两个顶点之间的距离为无穷大。

例如，在图 6.15(a)中，$|v_0,v_1|=7$，求两个顶点之间的距离的时间复杂度为 $O(1)$。

(2) 顶点到顶点集合之间的距离：顶点 u 到顶点集合 V 之间的距离是指顶点 u 到顶点集合 V 中所有顶点之间的距离中的最小值，记为 $|u,V|=\min_{v\in V}|u,v|$。

例如：在图 6.15(a)中，令 $V=\{v_1,v_3,v_4\}$，则 $|v_0,V|=5$。

在求顶点到顶点集合之间的距离时，由于需要遍历 V 中的所有顶点，因此，其时间复杂度为 $O(|V|)$。

(3) 两个顶点集合之间的距离：顶点集合 U 到顶点集合 V 之间的距离是指顶点集合 U 到顶点集合 V 中所有顶点之间的距离中的最小值，记为 $|U,V|=\min_{u\in U}|u,V|$。

例如，在图 6.15(a)中，令 $U=\{v_0,v_2,v_5\}$，$V=\{v_1,v_3,v_4\}$，则 $|U,V|=2$。

在求两个顶点集合之间的距离时，由于需要遍历 U 和 V 中的所有顶点，因此，其时间复杂度为 $O(|UV|)$。

1. 普里姆算法的基本思想

普里姆算法的基本思想是：假设 $G=(V,E)$ 是一个具有 n 个顶点的连通网，$T=(V,TE)$ 是网 G 的最小生成树。其中，V 是 T 的顶点集，TE 是 T 的边集，则最小生成树的构造步骤为：从 $U=\{u_0\}$，$TE=\varnothing$ 开始，必存在一条边 (u^*,v^*)，$u^*\in U$，$v^*\in V-U$，使得 $|u^*,v^*|=|U,V-U|$，将 (u^*,v^*) 加入集合 TE 中，同时将顶点 v^* 加入顶点集 U 中，直到 $U=V$ 为止，此时 TE 中必有 $n-1$ 条边，最小生成树 T 构造完毕。

为了实现普里姆算法需要引入一个辅助数组，用于记录从 U 到 $V-U$ 具有最小代价的边 (u^*,v^*)。针对每一个顶点 $v_i\in V-U$，在辅助数组中存在一个相应分量 closedge$[i]$，它包括两个域，其中，lowcost 域存储该边上的权，即该顶点到 U 的距离；adjvex 域存储该边依附在 U 中的顶点。显然，closedge$[i]$.lowcost$=|v_i,U|$。

需要说明的是，表面上计算 closedge$[i]$.lowcost$=|v_i,U|$ 的时间复杂度为 $O(|U|)$，但是实际上集合 U 是随着数据元素的加入而逐步扩大的。因此，closedge$[i]$.lowcost 存储的始终是当前的 v_i 与 U 的距离。当有新的数据元素加入时，无需再次遍历 U 中的所有顶点，只需将 closedge$[i]$.lowcost 与新加入的数据元素比较即可，其时间复杂度为 $O(1)$。

如图 6.16 所示，是按普里姆算法构造连通网的最小生成树的过程。其中，图 6.16(g) 是一棵最小生成树。可以看出，普里姆算法呈现了一棵树的逐步生长的过程。连通网的最小生成树在构造过程中，辅助数组中各分量的变化情况如表 6.2 所示。

初始状态时，由于 $U=\{v_0\}$，则求到 $V-U$ 中各顶点的最小边，即为从依附于顶点 v_0 的各条边中，找到一条代价最小的边 $(u^*,v^*)=\{v_0,v_2\}$ 为生成树上的第一条边，同时将 $v^*=$

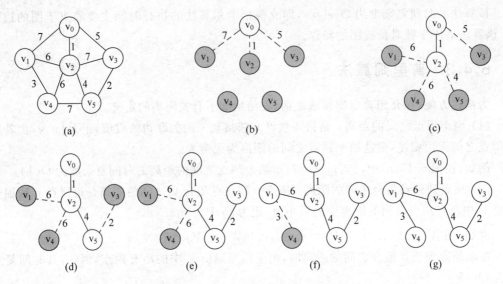

图 6.16　普里姆算法构造最小生成树的过程

v_2 并入集合 U 中；并修改辅助数组中的值，令 closedge[2].lowcost＝0，表示顶点 v_2 已加入 U。然后，由于边 $\{v_1,v_2\}$ 上的权值小于 closedge[1].lowcost，故修改 closedge[1].lowcost 为 $\{v_1,v_2\}$ 的权值，并修改 closedge[1].adjvex 为 v_2。同理，修改 closedge[4] 和 closedge[5]。依次类推，直到 $U＝V$ 为止。

表 6.2　图 6.16 构造最小生成树过程中辅助数组中各分量的值

closedge ╲ i	1	2	3	4	5	U	V－U	k
adjvex	v_0	v_0	v_0			$\{v_0\}$	$\{v_1,v_2,v_3,v_4,v_5\}$	2
lowcost	7	1	5					
adjvex	v_2	v_0	v_0	v_2	v_2	$\{v_0,v_2\}$	$\{v_1,v_3,v_4,v_5\}$	5
lowcost	6	0	5	6	4			
adjvex	v_2		v_5	v_2		$\{v_0,v_2,v_5\}$	$\{v_1,v_3,v_4\}$	3
lowcost	6	0	2	6	0			
adjvex	v_2			v_2		$\{v_0,v_2,v_3,v_5\}$	$\{v_1,v_4\}$	1
lowcost	6	0	0	6	0			
adjvex				v_1		$\{v_0,v_1,v_2,v_3,v_5\}$	$\{v_4\}$	4
lowcost	0	0	0	3	0			
adjvex						$\{v_0,v_1,v_2,v_3,v_4,v_5\}$	$\varnothing$	
lowcost	0	0	0	0	0			

2. 用普里姆算法构造最小生成树的类描述

```
package ch06;
public class MiniSpanTree_PRIM {
    private class CloseEdge {          // 内部类辅助记录从顶点集 U 到 V-U 的代价最小的边
        Object adjVex;
```

```
             int lowCost;
         public CloseEdge(Object adjVex, int lowCost) {
             this.adjVex = adjVex;
             this.lowCost = lowCost;
         }
     }
```
// 用普里姆算法从第 u 个顶点出发构造网 G 的最小生成树 T,返回由生成树边组成的二维数组
```
0    public Object[][] PRIM(MGraph G, Object u) throws Exception {
1        Object[][] tree = new Object[G.getVexNum() - 1][2];
2        int count = 0;
3        CloseEdge[] closeEdge = new CloseEdge[G.getVexNum()];
4        int k = G.locateVex(u);
5        for (int j = 0; j < G.getVexNum(); j++)      // 辅助数组初始化
6            if (j != k)
7                closeEdge[j] = new CloseEdge(u, G.getArcs()[k][j]);
8        closeEdge[k] = new CloseEdge(u, 0);          // 初始,U = {u}
9        for (int i = 1; i < G.getVexNum(); i++) {    // 选择其余 G.vexnum - 1 个顶点
10           k = getMinMum(closeEdge);                // 求出 T 的下一个点:第 k 个顶点
11           tree[count][0] = closeEdge[k].adjVex;    // 生成树的边放入数组中
12           tree[count][1] = G.getVexs()[k];
13           count++;
14           closeEdge[k].lowCost = 0;                // 第 k 个顶点并入 U 集
15           for (int j = 0; j < G.getVexNum(); j++)  // 新顶点并入 U 后重新选择最小边
16               if (G.getArcs()[k][j] < closeEdge[j].lowCost)
17                   closeEdge[j] = new CloseEdge(G.getVex(k), G.getArcs()[k][j]);
18       }
19       return tree;
20   }
     private int getMinMum(CloseEdge[] closeEdge) { // 在 closeEdge 中选出 lowCost 最小且不为 0
                                                    // 的顶点
         int min = Integer.MAX_VALUE;
         int v = -1;
         for (int i = 0; i < closeEdge.length; i++)
             if (closeEdge[i].lowCost != 0 && closeEdge[i].lowCost < min){
                 min = closeEdge[i].lowCost;
                 v = i;
             }
         return v;
     }
 }
```

例如:对 6.16(a)中的连通网,利用普里姆算法,输出的生成树上的 5 条边为 $\{(v_0,v_2),(v_2,v_5),(v_5,v_3),(v_2,v_1),(v_1,v_4)\}$。

分析上面"用普里姆算法构造最小生成树的类描述"中带标号的语句,假设网有 n 个顶点,则第 5~7 行进行初始化的循环语句的频度为 n,第 9~18 行循环语句的频度为 $n-1$。存在两个内循环:一个是在 closedge[v].lowcost 中求最小值,参见第 10 行,其频度为 $n-1$;另一个是重新选择具有最小代价的边,参见第 15~17 行,其频度为 n。由此,普里姆算法的时间复杂度为 $O(n^2)$。由于该算法与网中边数无关,故适用于稠密图。

【例 6.4】 编程实现用普里姆算法构造如图 6.16(a)所示的连通无向网的最小生成树。

【问题分析】　用邻接矩阵 arcs 表示连通无向网,根据最小生成树的特性,用二维数组 tree$[n-1][2]$描述,tree$[i][0]$和 tree$[i][1]$分别表示边的两个顶点。

【程序代码】

```
package ch06;
public class Example6_4 {
    public final static int INFINITY = Integer.MAX_VALUE;
    public static void main(String[] args) throws Exception {
        Object vexs[] = { "v0", "v1", "v2", "v3", "v4", "v5" };
        int[][] arcs = {{INFINITY, 7, 1, 5, INFINITY, INFINITY},
                        {7, INFINITY, 6, INFINITY, 3, INFINITY},
                        {1, 6, INFINITY, 7, 6, 4},
                        {5, INFINITY, 7, INFINITY, INFINITY, 2},
                        {INFINITY, 3, 6, INFINITY, INFINITY, 7},
                        {INFINITY, INFINITY, 4, 2, 7, INFINITY}};
        MGraph G = new MGraph(vexs, arcs, 6, 10, GraphKind.UDG);
        Object[][]tree = new MiniSpanTree_PRIM().PRIM(G, "v1");
        for (int i = 0; i < tree.length; i++)
            System.out.println(tree [i][0] + " - " + tree [i][1]);
    }
}
```

【运行结果】

运行结果如图 6.17 所示。

图 6.17　例 6.4 的程序运行结果

6.5　最短路径

　　网经常用于描述一个城市或城市间的交通运输网络,以顶点表示一个城市或某个交通枢纽,以边表示两地之间的交通状况,边上的权值表示各种相关信息,例如:两地之间的距离、行驶时间或交通费用等。当两个顶点之间存在多条路径时,其中必然存在一条"最短路径"。本节中讨论如何求得最短路径的算法。考虑到交通的有向性(例如:在航运中,逆水和顺水时的航速不一样;城市交通有单行道),本节将讨论有向网,并称路径中的第一个顶点为源点(Source),最后一个顶点为终点(Destination)。以下讨论两种最常见的最短路径问题。

6.5.1 求某个顶点到其余顶点的最短路径

在图 6.18 所示的有向网 G_8 中,从源点 v_0 到终点 v_5 存在多条路径,例如,(v_0,v_5) 的长度为 100,(v_0,v_4,v_5) 的长度为 90,其中,(v_0,v_4,v_3,v_5) 的长度($=60$)为最短。类似地,从源点 v_0 到其他各终点也都存在一条最短路径。从源点 v_0 到其他终点的最短路径按路径长度从短到长依次为:(v_0,v_2) 的长度为 10,(v_0,v_4) 的长度为 30,(v_0,v_4,v_3) 的长度为 50,(v_0,v_4,v_3,v_5) 的长度为 60,而 v_0 到 v_1 没有路径。

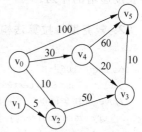

图 6.18 有向网 G_8

1. 戴克斯特拉算法的基本思想

如何求得这些最短路径? 戴克斯特拉(Dijkstra)提出了一个"按最短路径长度递增的次序"产生最短路径的算法。

从刚才分析的图 6.18 所示的有向网 G_8 的例子中可见,若从源点到某个终点存在路径,则必定存在一条最短路径。这些从某个源点到其余各顶点的最短路径彼此之间的长度不一定相等,下面分析这些最短路径的特点。

首先,在这些最短路径中,长度最短的路径上必定只有一条弧,且它的权值是从源点出发的所有弧上权的最小值。例如:在有向网 G_8 中,从源点 v_0 出发有 3 条弧,其中以弧 $\langle v_0,v_2 \rangle$ 的权值为最小。因此,(v_0,v_2) 不仅是 v_0 到 v_2 的一条最短路径,而且它是从源点到其他各个终点的最短路径中长度最短的路径。

其次,第二条长度次短的最短路径只可能有两种情况:它或者只含一条从源点出发的弧且弧上的权值大于已求得最短路径的那条弧的权值,但小于其他从源点出发的弧上的权值;或者是一条只经过已求得最短路径的顶点的路径。

依次类推,按照戴克斯特拉算法先后求得的每一条最短路径必定只有两种情况,或者是由源点直接到达终点,或者是只经过已经求得最短路径的顶点到达终点。

例如,有向网 G_8 中从源点 v_0 到其他终点的最短路径的过程。从这个过程中可见,类似于普里姆算法,在该算法中应保存当前已得到的从源点到各个终点的最短路径,初值为:若从源点到该顶点有弧,则存在一条路径,路径长度即为该弧上的权值。每求得一条到达某个终点 w 的最短路径,就需要检查是否存在经过这个顶点 w 的其他路径(即是否存在从顶点 w 出发到尚未求得最短路径顶点的弧),若存在,判断其长度是否比当前求得的路径长度短,若是,则修改当前路径。

该算法中需要引入一个辅助向量 $\boldsymbol{D}$,它的每个分量 $D[i]$ 存放当前所找到的从源点到各个终点 v_i 的最短路径的长度。戴克斯特拉算法求最短路径的过程为:

(1) 令 $S=\{v\}$,其中 v 为源点,并设定 $D[i]$ 的初始值为

$$D[i]=|v,v_i|$$

(2) 选择顶点 v_j 使得

$$D[j]=\min_{v_i \in V-S}\{D[i]\}$$

并将顶点 v_j 并入到集合 S 中。

(3) 对集合 $V-S$ 中所有顶点 v_k ,若 $D[j]+|v_j,v_k|<D[k]$,则修改 $D[k]$ 的值为

$$D[k]=D[j]+|v_j,v_k|$$

(4) 重复操作(2)、(3)共 $n-1$ 次,由此求得从源点到所有其他顶点的最短路径是依路径长度递增的序列。

2. 戴克斯特拉算法构造最短路径的类描述

```java
package ch06;
public class ShortestPath_DIJ {
// v0 到其余顶点的最短路径, 若 P[v][w]为 true, 则 w 是从 v0 到 v 当前求得最短路径上的顶点
    private boolean[][] P;
    private int[] D;                                    // v0 到其余顶点的带权长度
    public final static int INFINITY = Integer.MAX_VALUE;

    //用 Dijkstra 算法求有向网 G 的 v0 顶点到其余顶点 v 的最短路径 P[v]及其路径长度 D[v]
0     public void DIJ(MGraph G, int v0) {
1         int vexNum = G.getVexNum();
2         P = new boolean[vexNum][vexNum];
3         D = new int[VexNum];
    // finish[v]为 true 当且仅当 v 属于 S,即已经求得从 v0 到 v 的最短路径
4         boolean[] finish = new boolean[VexNum];
5         for (int v = 0; v < VexNum; v++) {
6             finish[v] = false;
7             D[v] = G.getArcs()[v0][v];
8             for (int w = 0; w < VexNum; w++)
9                 P[v][w] = false;                       // 设空路径
10            if (D[v] < INFINITY) {
11                P[v][v0] = true;
12                P[v][v] = true;
13            }
14        }
15        D[v0] = 0;                                      // 初始化,v0 顶点属于 S 集
16        finish[v0] = true;
17        int v = -1;
    // 开始主循环,每次求得 v0 到某个 v 顶点的最短路径,并加 v 到 S 集
18        for (int i = 1; i < VexNum; i++) {             // 其余 G.getVexNum - 1 个顶点
19            int min = INFINITY;                         // 当前所知离 v0 顶点的最近距离
20            for (int w = 0; w < VexNum; w++)
21                if (!finish[w])
22                    if (D[w] < min) {
23                        v = w;
24                        min = D[w];
25                    }
26            finish[v] = true;                           // 离 v0 顶点最近的 v 加入 S 集
27            for (int w = 0; w < VexNum; w++)            // 更新当前最短路径及距离
28                if (!finish[w] && G.getArcs()[v][w] < INFINITY && (min + G.getArcs()[v]
                      [w] < D[w])) {                      // 修改 D[w]和 P[w],w 属于 V-S
29                    D[w] = min + G.getArcs()[v][w];
30                    System.arraycopy(P[v], 0, P[w], 0, P[v].length);
```

```
31                        P[w][w] = true;
32                    }
33                }
34           }
     public int[] getD() {
         return D;
     }

     public boolean[][] getP() {
         return P;
     }
}
```

假设 v＝G. vexs[i]，则 final[i] 为 true 时，表示 v∈S，即已经求得从 u 到 v 的最短路径。

若对有向网 G_8 执行戴克斯特拉算法，则得到从 v_0 到各个终点的最短路径以及运算过程中 **D** 向量的变化状况，如表 6.3 所示。

表 6.3   从源点 v_0 到各个终点的 D 值和最短路径的求解过程

终点	1	2	3	4	5
v_1	∞	∞	∞	∞	∞ 无
v_2	10 (v_0,v_2)				
v_3	∞	60 (v_0,v_2,v_3)	50 (v_0,v_4,v_3)		
v_4	30 (v_0,v_4)	30 (v_0,v_4)			
v_5	100 (v_0,v_5)	100 (v_0,v_5)	90 (v_0,v_4,v_5)	60 (v_0,v_4,v_3,v_5)	
v_j	v_2	v_4	v_3	v_5	
S	$\{v_0,v_2\}$	$\{v_0,v_2,v_4\}$	$\{v_0,v_2,v_3,v_4\}$	$\{v_0,v_2,v_3,v_4,v_5\}$	

分析这个算法的时间复杂度：第 5 行的 for 循环的频度为 n，第 18～33 行的 for 循环的频度为 $n-1$，其中，内循环的频度为 n。因此，该算法总的时间复杂度为 $O(n^2)$。

有时，可能只希望找到一条从源点到某一特定终点之间的最短路径。然而，这个问题和求源点到各个终点的最短路径一样复杂，其时间复杂度仍为 $O(n^2)$。

6.5.2   求每一对顶点之间的最短路径

若希望得到图中任意两个顶点之间的最短路径，只要依次将每一个顶点设为源点，调用戴克斯特拉算法 n 次便可求出，其时间复杂度为 $O(n^3)$。弗洛伊德(Floyd)提出了另外一个算法，虽然其时间复杂度也是 $O(n^3)$，但算法形式更为简单。

1. 弗洛伊德算法的基本思想

弗洛伊德(Floyd)算法的基本思想是求一个 n 阶方阵序列：$D^{(-1)}, D^{(0)}, D^{(1)}, \cdots, D^{(k)}, \cdots,$

$D^{(n-1)}$，其中，$D^{(-1)}[i][j]$表示从顶点 v_i 出发，不经过其他顶点直接到达顶点 v_j 的路径长度，即 $D^{(-1)}[i][j]=G.\ arcs[i][j]$，$D^{(k)}[i][j]$ 则表示从 v_i 到 v_j 的中间只可能经过 v_0，v_1，…，v_k 而不可能经过 v_{k+1}，v_{k+2}，…，v_{n-1} 等顶点的最短路径长度。

因此，$D^{(n-1)}[i][j]$ 就是从顶点 v_i 到顶点 v_j 的最短路径的长度。和以上路径长度序列相对应的是路径的 n 阶方阵序列为 $P^{(-1)}$，$P^{(0)}$，$P^{(1)}$，…，$P^{(k)}$，…，$P^{(n-1)}$。

弗洛伊德算法的基本操作为：

```
if (D[i][k] + D[k][j]< D[i][j])
{
  D[i][j] = D[i][k] + D[k][j];
  P[i][j] = P[i][k] + P[k][j];
}
```

其中，k 表示在路径中新增的顶点号，i 为路径的源点，j 为路径的终点。

2. 弗洛伊德算法构造最短路径的类描述

```java
package ch06;

public class ShortestPath_FLOYD {
    private boolean[][][] P;// 顶点 v 和 w 之间的最短路径 P[v][w],若 P[v][w][u]为 true,则 u 是
                           // 从 v 到 w 最短路径上的顶点
    private int[][] D;        // 顶点 v 和 w 之间最短路径的带权长度 D[v][w]

    public final static int INFINITY = Integer.MAX_VALUE;

    // 用 Floyd 算法求有向网 G 中各对顶点 v 和 w 之间的最短路径 P[v][w]及其路径长度 D[v][w]
    public void FLOYD(MGraph G) {
        int vexNum = G.getVexNum();
        P = new boolean[vexNum][vexNum][vexNum];
        D = new int[vexNum][vexNum];
        for (int v = 0; v < vexNum; v++) // 各对结点之间初始化已知路径及距离
            for (int w = 0; w < vexNum; w++) {
                D[v][w] = G.getArcs()[v][w];
                for (int u = 0; u < vexNum; u++)
                    P[v][w][u] = false;
                if (D[v][w] < INFINITY) {// 从 v 到 w 有直接路径
                    P[v][w][v] = true;
                    P[v][w][w] = true;
                }
            }
        for (int u = 0; u < vexNum; u++)
            for (int v = 0; v < vexNum; v++)
                for (int w = 0; w < vexNum; w++)
                    if (D[v][u] < INFINITY && D[u][w] < INFINITY
                            && D[v][u] + D[u][w] < D[v][w]) { // 从 v 经 u 到 w 的一条路径最短
                        D[v][w] = D[v][u] + D[u][w];
                        for (int i = 0; i < vexNum; i++)
                            P[v][w][i] = P[v][u][i] || P[u][w][i];
```

```
                    }
            }

    public int[][] getD() {
        return D;
    }

    public boolean[][][] getP() {
        return P;
    }

}
```

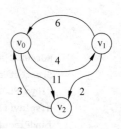

图 6.19　有向网 G_9

例如，利用上述算法，求得图 6.19 所示的有向网的每一对顶点之间的最短路径及其长度，如表 6.4 所示。

表 6.4　图 6.19 中有向网的各对顶点间的最短路径及其路径长度

D	$D^{(-1)}$			$D^{(0)}$			$D^{(1)}$			$D^{(2)}$		
	v_0	v_1	v_2	v_0	v_1	v_2	v_0	v_1	v_2	v_0	v_1	v_2
v_0	0	4	11	0	4	11	0	4	6	0	4	6
v_1	6	0	2	6	0	2	6	0	2	5	0	2
v_2	3	∞	0	3	7	0	3	7	0	3	7	0

P	$P^{(-1)}$			$P^{(0)}$			$P^{(1)}$			$P^{(2)}$		
	v_0	v_1	v_2	v_0	v_1	v_2	v_0	v_1	v_2	v_0	v_1	v_2
v_0		$v_0\,v_1$	$v_0\,v_2$		$v_0\,v_1$	$v_0\,v_2$		$v_0\,v_1$	$v_0\,v_1\,v_2$		$v_0\,v_1$	$v_0\,v_1\,v_2$
v_1	$v_1\,v_0$		$v_1\,v_2$	$v_1\,v_0$		$v_1\,v_2$	$v_1\,v_0$		$v_1\,v_2$	$v_1\,v_2\,v_0$		$v_1\,v_2$
v_2	$v_2\,v_0$			$v_2\,v_0$	$v_2\,v_0\,v_1$		$v_2\,v_0$	$v_2\,v_0\,v_1$		$v_2\,v_0$	$v_2\,v_0\,v_1$	

【例 6.5】　某乡有 A、B、C 和 D 共 4 个村，如图 6.20 所示。图中弧上的数值为两村的距离，现在要选择在某村建立俱乐部，其选址应位于图的中心[①]。请编程实现：

（1）求出各村之间的最短路径，并以矩阵的形式输出。

（2）确定俱乐部应设在哪个村，并求各村到俱乐部的路径和路径长度。

【问题分析】　首先用弗洛伊德算法计算出各村之间的最短路径，然后根据偏心距的定义，将每行相加得到各村的偏心距，其最小者即为 4 个村的中心，将俱乐部设在该村则是最合理的。

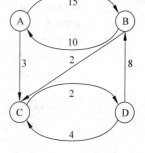

图 6.20　4 个村之间的位置
关系图

【程序代码】

```
package ch06;

public class Example6_5 {
```

---

① 设 $G=(V,E)$ 是一个有向网，v 是 G 的一个顶点，v 的偏心距定义为

$$\sum_{w \in V} \{ \text{从 w 到 v 的最短路径长度} \}$$

G 中偏心距最小的顶点称为 G 的中心。

```java
public final static int INFINITY = Integer.MAX_VALUE;

public static void main(String[] args) throws Exception {
    Object vexs[] = {"A", "B", "C", "D"};
    int[][] arcs = {{0, 15, 3, INFINITY},
                    {10, 0, 2, INFINITY},
                    {INFINITY, INFINITY, 0, 2},
                    {INFINITY, 8, 4, 0 }};
    MGraph G = new MGraph(GraphKind.UDG, 4, 7, vexs, arcs);
    ShortestPath_FLOYD floyd = new ShortestPath_FLOYD();
    floyd.FLOYD(G);
    display(floyd.getD());
    findPlace(G, floyd.getD());

}


// 输出各村的最短路径长度
public static void display(int[][] D) {
    System.out.println("各村之间的最短路径长度为: ");
    for (int v = 0; v < D.length; v++) {
        for (int w = 0; w < D.length; w++)
            System.out.print(D[v][w] + "\t");
        System.out.println();
    }
}


// 求出到其他各顶点最短路径长度之和最小的顶点,并输出最短路径信息
public static void findPlace(MGraph G, int[][] D) throws Exception {
    int min = INFINITY;
    int sum = 0;               // 用于记录一个顶点到其他顶点的最短路径长度的和
    int u = -1;
    for (int v = 0; v < D.length; v++) {
        sum = 0;
        for (int w = 0; w < D.length; w++)
            sum += D[v][w]; // 求一点到其他顶点的最短长度之和
        if (min > sum) {
            min = sum;
            u = v;
        }
    }
    System.out.println("俱乐部应设在" + G.getVex(u) + "村,其到各村的路径长度依次为: ");
    for (int i = 0; i < D.length; i++)
        System.out.print(D[u][i] + "\t");
    System.out.println();
}
}
```

【运行结果】

运行结果如图 6.21 所示。

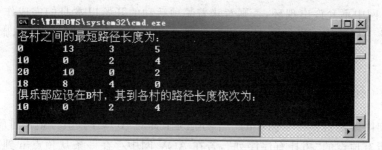

图 6.21 例 6.5 的程序运行结果

6.6 拓扑排序

无环的有向图称作有向无环图(Directed Acycline Graph,DAG)。DAG 图在工程计划和管理方面有着广泛而重要的应用。除了最简单的情况之外,几乎所有的工程都可分解为若干个具有相对独立性的称作"活动(Activity)"的子工程。这些活动之间通常受到一定条件的约束,即某些活动必须在另一些活动完成之后才能开始。例如:盖大楼的第一步是打地基,而房屋的内装修必须在房子盖好之后才能开始进行。可以采用一个有向图来表示子工程及子工程之间相互制约的关系,其中以顶点表示活动,弧表示活动之间的优先制约关系,称这种有向图为顶点活动网(Activity On Vertex,AOV)。对整个工程来说,人们关心的是两方面的问题:一是工程能否顺利进行;二是完成整个工程所必需的最短时间。对应到有向无环图即为进行拓扑排序和求关键路径的操作。本节和下一节中将分别讨论这两个算法。

假设一个软件工程人员必须系统学习如下所列的各门课程,每一个接受培训的人都必须学完和通过计划中的全部课程才能颁发合格证书。整个培训过程就是一项工程,每门课程的学习就是一项活动,一门课程可能以其他若干门课程为先修课,而它本身又可能是另一些课程的先修课,各门课程之间的先修关系如表 6.5 所示。

表 6.5 课程及课程之间的先修关系

课 程 编 号	课 程 名 称	先 修 课
C_0	计算机文化基础	无
C_1	高等数学	无
C_2	线性代数	无
C_3	程序设计基础	C_0
C_4	离散数学	C_3
C_5	数值分析	C_1、C_2、C_3
C_6	数据结构	C_3、C_4
C_7	计算机组成原理	C_0
C_8	数据库原理	C_3、C_6
C_9	操作系统	C_6、C_7
C_{10}	编译原理	C_3、C_6、C_7
C_{11}	计算机网络	C_3、C_6、C_9

在 AOV 网中不允许出现环,否则意味着某项活动的开始以本身的完成作为先决条件,显然这说明该工程的施工设计图存在问题。若 AOV 网表示的是数据流图,则出现环表明存在死循环。

6.6.1 拓扑排序的基本概念

判断有向网中是否存在有向环的一个办法是:针对 AOV 网进行"拓扑排序",即构造一个包含图中所有顶点的"拓扑有序序列",若在 AOV 网中存在一条从顶点 u 到顶点 v 的弧,则在拓扑有序序列中顶点 u 必然优先于顶点 v;反之,若在 AOV 网中顶点 u 和顶点 v 之间没有弧,则在拓扑有序序列中这两个顶点的先后次序关系可以随意。例如,表 6.5 所示的是根据课程之间的先修关系,可得到如图 6.22 所示的 AOV 网。

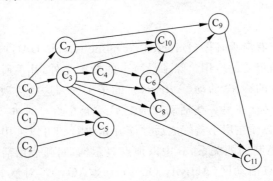

图 6.22   有向网 G_{10}

可得到以下两个拓扑有序序列:C_0、C_1、C_2、C_3、C_4、C_5、C_6、C_7、C_8、C_9、C_{10}、C_{11} 和 C_0、C_1、C_2、C_7、C_3、C_5、C_4、C_6、C_9、C_8、C_{11}、C_{10}。当然,对图 6.22 的 AOV 网还可以得到更多的拓扑有序序列。

显然,若 AOV 网存在环,则不可能将所有的顶点都纳入到一个拓扑有序序列中;反之,若 AOV 网不能得到拓扑有序序列,则说明网中必定存在有向环。

6.6.2 拓扑排序的实现

执行拓扑排序,具体步骤如下:

(1) 在 AOV 网中选择一个没有前驱的顶点并输出。

(2) 从 AOV 网中删除该顶点以及从它出发的弧。

(3) 重复(1)和(2)直至 AOV 网为空(即已输出所有的顶点),或者剩余子图中不存在没有前驱的顶点。后一种情况则说明该 AOV 网中存在有向环。

图 6.23 所示的是 AOV 网的拓扑排序的过程。

由于拓扑排序的结果输出了图中所有的顶点,一个拓扑有序序列为 a,b,c,e,f,d,g,h,说明该图中不存在环。

但是,若将图中从顶点 f 到顶点 h 的弧改为从顶点 h 到 f,此时图中存在一个环(f,d,g,h,f),则在拓扑排序输出 a、b、c、e 之后就找不到"没有前驱"的顶点了,如图 6.24 所示。

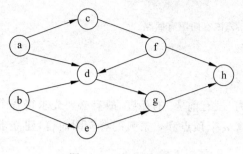

图 6.23 有向网 G_{11}

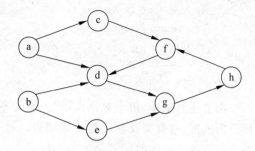

图 6.24 有向网 G_{12}

在计算机中实现该算法时,需要以"入度为零"作为"没有前驱"的量度,而"删除顶点及以它为尾的弧"的这类操作可不必真正对图的存储结构执行,可以用"弧头顶点的入度减 1"的办法来替代。并且为了方便查询入度为零的顶点,该算法中附设了"栈",用于保存当前出现的入度为零的顶点。由于拓扑排序中对图的主要操作是"找从顶点出发的弧",并且 AOV 网在多数情况下是稀疏图,因此存储结构取邻接表为宜。整个拓扑排序分成求各个顶点的入度和一个拓扑序列两个过程,具体算法描述如下:

【算法 6.11】 求各顶点入度的算法。

```
public static int[ ] findInDegree(ALGraph G) throws Exception {
    int[ ] indegree = new int[G.getVexNum()];
    for (int i = 0; i < G.getVexNum(); i++)
        for (ArcNode arc = G.getVexs()[i].firstArc; arc != null; arc = arc.nextArc)
            ++indegree[arc.adjVex];                  // 入度增 1
    return indegree;
}                                                    // 算法 6.11 结束
```

【算法 6.12】 若 G 无回路,则输出 G 的顶点的一个拓扑序列并返回 true,否则返回 false。

```
public static boolean topologicalSort(ALGraph G) throws Exception {
    int count = 0;                              // 输出顶点计数
    int[ ] indegree = findInDegree(G);          // 求各顶点入度
    LinkStack S = new LinkStack();              // 建零入度顶点栈
    for (int i = 0; i < G.getVexNum(); i++)
        if (indegree[i] == 0)                   // 入度为 0 者进栈
            S.push(i);
    while (!S.isEmpty()) {
        int i = (Integer) S.pop();
        System.out.print(G.getVex(i) + " ");    // 输出 v 号顶点并计数
        ++count;
        for (ArcNode arc = G.getVexs()[i].firstArc; arc != null; arc = arc.nextArc) {
            int k = arc.adjVex;
            if ( -- indegree[k] == 0)           // 对 j 号顶点的每个邻接点的入度减 1
                S.push(k);                      // 若入度减为 0,则入栈
        }
    }
```

```
        if (count < G.getVexNum())
            return false;                              // 该有向图有回路
        else
            return true;
    }// 算法 6.12 结束
```

在上述算法中,由于对顶点以"入度为零"作为"没有前驱"的量度,故有必要先求得各个顶点的入度,这就需要遍历整个邻接表。对于包含 n 个顶点和 e 条弧的有向图而言,建立求各个顶点的入度的时间复杂度为 $O(e)$。

算法 6.12 中建零入度顶点栈操作需遍历由算法 6.11 产生的存放顶点入度的数组,其时间复杂度为 $O(n)$。在拓扑排序过程中,若有向图无环,则每一个顶点进一次栈,出一次栈,while 循环语句的频度为 n,内循环 for 语句遍历本次出栈顶点对应的边表,两层循环相当于遍历整个邻接表,故入度减 1 的操作总共执行了 e 次。拓扑排序算法总的时间复杂度为 $O(n+e)$。

6.7　关键路径

若以弧表示活动,弧上的权值表示进行该项活动所需要的时间,以顶点表示"事件(Event)",称这种有向网为边活动网络,简称为 AOE(Activity On Edge)网。所谓"事件"是一个关于某几项活动开始或完成的断言:指向它的弧表示的活动已经完成,而从它出发的弧表示的活动开始进行。因此,整个有向网也表示了活动之间的优先关系,显然,这样的有向网也是不允许存在环的。除此之外,工程的负责人还关心的是整个工程完成的最短时间以及哪些活动是影响整个工程如期完成的关键所在。

例如,图 6.25 所示的是某项工程的 AOE 网,其中,弧表示活动,弧上的数字表示完成该项活动所需要的时间。v_0 表示整个工程开始的事件;v_8 表示整个工程结束的事件;v_4 表示活动 a_4 和 a_5 完成,同时活动 a_7 和 a_8 开始的事件。显然,表示工程开始事件的顶点的入度为零(称作源点),表示工程结束事件的顶点的出度为零(称作汇点),一个工程的 AOE 网应该是只有一个源点和一个汇点的有向无环图。从图 6.17 的 AOE 网中可知,该项工程从开始到完成需要 18 天,其中,a_1、a_4、a_8 和 a_{11} 这 4 项活动必须按时开始并按时完成,否则将延误整个工程的工期,使得整个工程不能在 18 天内完成。于是,称 a_1、a_4、a_8 和 a_{11} 为此 AOE 网的关键活动,由它们构成的路径(v_0,v_1,v_4,v_7,v_8)为关键路径。

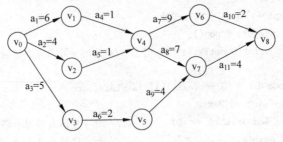

图 6.25　AOE 网

由于 AOE 网中某些活动可以并行进行,故完成整个工程的最短时间即为从源点到汇点最长路径的长度,这条路径称为关键路径。构成关键路径的弧即为关键活动。

假设顶点 v_0 为源点,v_{n-1} 为汇点,事件 v_0 的发生时刻为 0 时刻。从 v_0 到 v_i 的最长路径叫做事件 v_i 的最早发生时间,这个时间决定了所有以 v_i 为尾的弧所表示活动的最早开始时间。用 $e(i)$ 表示活动 a_i 的最早开始时间。还可定义一个活动 a_i 的最晚开始时间 $l(i)$,这是在不推迟整个工程完成的前提下,活动 a_i 最迟必须开始的时间。两者之差 $l(i)-e(i)$ 意味着完成活动 a_i 的时间余量。当 $l(i)=e(i)$ 时的活动称为关键活动。由于关键路径上的活动都是关键活动,所以,提前完成非关键活动并不能加快工程的进度。例如:在图 6.17 所示的 AOE 网中,顶点 v_0 到 v_8 的一条关键路径是 (v_0,v_1,v_4,v_6,v_8),路径长度为 $6+1+7+4=18$。活动 a_6 不是关键活动,它的最早开始时间为 5,最迟开始时间为 8,这就意味着,若 a_6 延迟 3 天,并不会影响整个工程的完成。由此可见,要缩短整个工期,必须首先找到关键路径,提高关键活动的工效。

根据事件 v_j 的最早发生时间 $ve(j)$ 和最晚发生时间 $vl(j)$ 的定义,可以采用如下步骤求得关键活动。

(1) 从源点 v_0 出发,令 $ve(0)=0$,按拓扑有序序列求其余各顶点的 $ve(j)=\max_i\{ve(i)+|i,j|\},i,j\in T$,其中,T 是所有以第 j 个顶点为头的弧的集合。若得到的拓扑有序序列中顶点的个数小于网中的顶点个数 n,则说明网中有环,不能求出关键路径,算法结束。

(2) 从汇点 v_{n-1} 出发,令 $vl(n-1)=ve(n-1)$,按逆拓扑排序求其余各顶点允许的最晚开始时间为 $vl(i)=\min_j\{vl(j)-|i,j|\},i,j\in S$,其中,S 是所有以第 j 个顶点为尾的弧的集合。

(3) 求每一项活动 $a_i(1\leqslant i\leqslant n)$ 的最早开始时间 $e(i)=ve(j)$ 和最晚开始时间 $l(i)=vl(j)-|i,j|$。若对于 a_i 满足 $e(i)=l(i)$,则它是关键活动。

对于如图 6.25 所示的 AOE 网,按以上步骤得到的结果如表 6.6 所示。

表 6.6　图 6.25 所示 AOE 网中顶点的发生时间和活动的开始时间

事件	ve	vl	活动	e	l	$l-e$
v_0	0	0	a_1	0	0	0
v_1	6	6	a_2	0	2	2
v_2	4	6	a_3	0	3	3
v_3	5	8	a_4	6	6	0
v_4	7	7	a_5	4	6	2
v_5	7	10	a_6	5	8	3
v_6	16	16	a_7	7	7	0
v_7	14	14	a_8	7	7	0
v_8	18	18	a_9	7	10	3
			a_{10}	16	16	0
			a_{11}	14	14	0

从表 6.6 中可以看出,a_1、a_4、a_7、a_8、a_{10}、a_{11} 是关键活动。因此,关键路径有两条,即 (v_0,v_1,v_4,v_6,v_8) 和 (v_0,v_1,v_4,v_7,v_8),如图 6.26 所示。

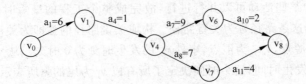

图 6.26　图 6.25 所示 AOE 网的两条关键路径

需要注意的是,并不是加快任何一个关键活动都可以缩短整个工程完成的时间,只有在不改变 AOE 网的关键路径的前提下,加快包含在关键路径上的关键活动才可能缩短整个工程的完成时间。

【例 6.6】　编程实现求取如图 6.25 所示的 AOE 网的关键路径。

【问题分析】　求取关键路径必须先确定关键活动,而关键活动为时间余量为零的活动。因此,必须求各项活动的最早开始时间和最晚开始时间,而这又必须先求出各个事件的最早开始时间和最晚开始时间。各个事件的最早开始时间是在拓扑排序的执行过程中得到的,而各个事件的最晚开始时间是通过逆拓扑有序序列中得到的。

【程序代码】

```java
package ch06;
import ch03.LinkStack;
public class CriticalPath {
    private LinkStack T = new LinkStack();        // 拓扑逆序列顶点栈
    private int[] ve, vl;                          // 各顶点的最早发生时间和最迟发生时间

    // 有向网 G 采用邻接表存储结构,求各顶点的最早发生时间 ve,若 G 无回路,则用栈 T 返回 G 的
    // 一个拓扑序列,且函数返回 true,否则为 false
    public boolean topologicalOrder(ALGraph G) throws Exception {
        int count = 0;                                       // 输出顶点计数
        int[] indegree = TopologicalSort.findInDegree(G);    // 求各个顶点的入度
        LinkStack S = new LinkStack();                       // 建零入度顶点栈 S
        for (int i = 0; i < G.getVexNum(); i++)
            if (indegree[i] == 0)                            // 入度为 0 者进栈
                S.push(i);
        ve = new int[G.getVexNum()];                         // 初始化
        while (!S.isEmpty()) {
            int j = (Integer) S.pop();
            T.push(j);                                       // j 号顶点入 T 栈并计数
            ++count;
            for (ArcNode arc = G.getVexs()[j].firstArc; arc != null; arc = arc.nextArc) {
                int k = arc.adjVex;
                if (-- indegree[k] == 0)      // 对 j 号顶点的每个邻接点的入度减 1
                    S.push(k);                // 若入度减为 0,则入栈
                if (ve[j] + arc.value > ve[k])
                    ve[k] = ve[j] + arc.value;
            }
        }

        if (count < G.getVexNum())
```

```
                return false;                    // 该有向图有回路
            else
                return true;
    }

// G 为有向网,输出 G 的各项关键活动
public boolean criticalPath(ALGraph G) throws Exception {
    if (!topologicalOrder(G))
        return false;
    vl = new int[G.getVexNum()];
    for (int i = 0; i < G.getVexNum(); i++)
        // 初始化顶点事件的最迟发生时间
        vl[i] = ve[G.getVexNum() - 1];
    while (!T.isEmpty()) {                        // 按拓扑逆序求各顶点的 vl 值
        int j = (Integer) T.pop();
        for (ArcNode arc = G.getVexs()[j].firstArc; arc != null; arc = arc.nextArc) {
            int k = arc.adjVex;
            int value = arc.value;
            if (vl[k] - value < vl[j])
                vl[j] = vl[k] - value;
        }
    }

    for (int j = 0; j < G.getVexNum(); j++)
        // 求 ee,el 和关键活动
        for (ArcNode arc = G.getVexs()[j].firstArc; arc != null; arc = arc.nextArc) {
            int k = arc.adjVex;
            int value = arc.value;
            int ee = ve[j];
            int el = vl[k] - value;
            char tag = (ee == el) ? '*' : ' ';
            System.out.println(G.getVex(j) + "->" + G.getVex(k) + " "
                    + value + " " + ee + " " + el + " " + tag);// 输出关键活动
        }
    return true;
}

public static void main(String[] args) throws Exception {
    ArcNode v12 = new ArcNode(1, 6);
    ArcNode v13 = new ArcNode(2, 4, v12);
    ArcNode v14 = new ArcNode(3, 5, v13);
    VNode v1 = new VNode("v1", v14);

    ArcNode v25 = new ArcNode(4, 1);
    VNode v2 = new VNode("v2", v25);

    ArcNode v35 = new ArcNode(4, 1);
    VNode v3 = new VNode("v3", v35);

    ArcNode v46 = new ArcNode(5, 2);
    VNode v4 = new VNode("v4", v46);
```

```
        ArcNode v57 = new ArcNode(6, 9);
        ArcNode v58 = new ArcNode(7, 7, v57);
        VNode v5 = new VNode("v5", v58);

        ArcNode v68 = new ArcNode(7, 4);
        VNode v6 = new VNode("v6", v68);

        ArcNode v79 = new ArcNode(8, 2);
        VNode v7 = new VNode("v7", v79);

        ArcNode v89 = new ArcNode(8, 4);
        VNode v8 = new VNode("v8", v89);

        VNode v9 = new VNode("v9");

        VNode[] vexs = { v1, v2, v3, v4, v5, v6, v7, v8, v9 };
        ALGraph G = new ALGraph(GraphKind.DG, 9, 11, vexs);
        CriticalPath p = new CriticalPath();
        p.criticalPath(G);
    }
}
```

【运行结果】

运行结果如图 6.27 所示。

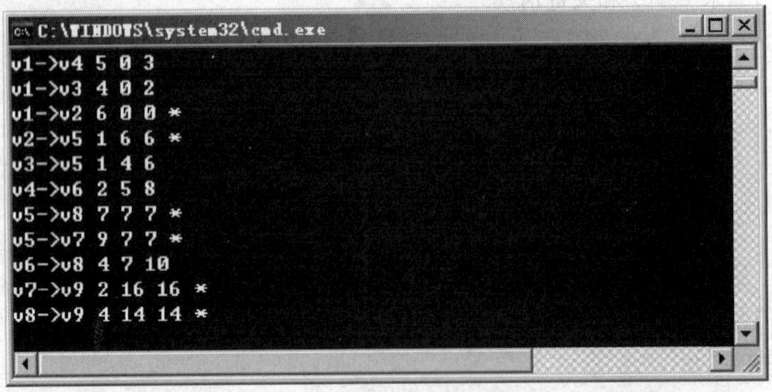

图 6.27   例 6.6 的程序运行结果

小结

　　图是一种比线性表和树更为复杂的数据结构。在线性表中,数据元素之间仅有线性关系,每一个数据元素只有一个直接前驱和一个直接后继。在树形结构中,数据元素之间存在明显的层次关系,并且每层的数据元素可能与下一层的多个数据元素(即其子结点)相邻,但只能和上一层的一个数据元素(即其双亲结点)相关。而在图形结构中,数据元素之间的关系可以是任意的,图中任意两个元素之间都可能相邻。

　　和树类似,图的遍历是图的一种主要操作,可以通过遍历判断图中任意两个顶点之间是否存在路径,判断给定的图是否是连通图并求得非连通图的各个连通分量。但是,对于网,其最小生成树或最短路径都取决于弧或边上的权值,则需要有特定的算法求解。

习题 6

一、选择题

1. 在一个有 n 个顶点的有向图中,若所有顶点的出度之和为 s,则所有顶点的入度之和为(　　)。

    A. s　　　　　　　B. $s-1$　　　　　　C. $s+1$　　　　　D. n

2. 一个有向图有 n 个顶点,则每个顶点的度可能的最大值是(　　)。

    A. $n-1$　　　　　B. $2(n-1)$　　　　C. n　　　　　　D. $2n$

3. 具有 6 个顶点的无向图至少应有(　　)条边才能确保是一个连通图。

    A. 5　　　　　　　B. 6　　　　　　　C. 7　　　　　　D. 8

4. 一个有 n 个顶点的无向图最多有(　　)条边。

    A. n　　　　　　B. $n(n-1)$　　　　C. $n(n-1)/2$　　D. $2n$

5. 对某个无向图的邻接矩阵,下列叙述正确的是(　　)。

    A. 第 i 行上的非零元素个数和第 i 列上的非零元素个数一定相等

    B. 矩阵中的非零元素个数等于图中的边数

    C. 第 i 行与第 i 列上的非零元素的总数等于顶点 v_i 的度数

    D. 矩阵中非全零行的行数等于图中的顶点数

6. 已知一个有向图的邻接矩阵,要删除所有以第 i 个顶点为弧尾的边,应该(　　)。

    A. 将邻接矩阵的第 i 行删除　　　　　B. 将邻接矩阵的第 i 行元素全部置为 0

    C. 将邻接矩阵的第 i 列删除　　　　　D. 将邻接矩阵的第 i 列元素全部置为 0

7. 下面关于图的存储的叙述中,哪一个是正确的?(　　)

    A. 用邻接矩阵存储图,占用的存储空间只与图中顶点数有关,而与边数无关

    B. 用邻接矩阵存储图,占用的存储空间只与图中边数有关,而与顶点数无关

    C. 用邻接表存储图,占用的存储空间只与图中顶点数有关,而与边数无关

    D. 用邻接表存储图,占用的存储空间只与图中边数有关,而与顶点数无关

8. 对图的深度优先遍历,类似于对树的哪种遍历(　　)。

    A. 先根遍历　　　　B. 中根遍历　　　　C. 后根遍历　　　　D. 层次遍历

9. 任何一个无向连通图的最小生成树(　　)。

    A. 只有一棵　　　　B. 有一棵或多棵　　C. 一定有多棵　　D. 可能不存在

10. 下面是 3 个关于有向图运算的叙述:

(1) 求两个指向结点间的最短路径,其结果必定是唯一的

(2) 求有向图结点的拓扑序列,其结果必定是唯一的

(3) 求 AOE 网的关键路径,其结果必定是唯一的

其中哪个(些)是正确的?(　　)

    A. 只有(1)　　　　B. (1)和(2)　　　　C. 都正确　　　　D. 都不正确

二、填空题

1. 若用 n 表示图中顶点数,则有_____条边的无向图称为完全图。

2. 若一个无向图有 100 条边,则其顶点总数最少为_____个。

3. n 个顶点的连通无向图至少有_____条边,至多有_____条边。

4. 若有向图 G 的邻接矩阵为:

$$
\begin{array}{c}
 & \begin{array}{ccccc} v_0 & v_1 & v_2 & v_3 & v_4 \end{array} \\
\begin{array}{c} v_0 \\ v_1 \\ v_2 \\ v_3 \\ v_4 \end{array} &
\begin{bmatrix}
0 & 1 & 0 & 1 & 0 \\
1 & 0 & 1 & 1 & 1 \\
0 & 1 & 0 & 1 & 1 \\
0 & 0 & 0 & 0 & 1 \\
0 & 0 & 1 & 0 & 0
\end{bmatrix}
\end{array}
$$

则顶点 v_4 的入度是_____。

5. 对于一个有向图,若一个顶点的度为 k1,出度为 k2,则对应逆邻接表中该顶点单链表中的边结点数为_____。

6. 图的遍历算法 BFS 中用到辅助队列,每个顶点最多进队_____次。

7. 在求最小生成树的两种算法中,_____算法适合于稀疏图。

8. 数据结构中的戴克斯特拉算法是用来求_____。

9. 除了使用拓扑排序的方法,还有_____方法可以判断出一个有向图是否有回路。

10. 在用邻接表表示图时,拓扑排序算法的时间复杂度为_____。

三、应用题

1. 已知如图 6.28 所示的有向图,请给出下列的图。

(1) 每个顶点的出/入度;

(2) 邻接矩阵;

(3) 邻接表;

(4) 逆邻接表。

2. 试对如图 6.29 所示的非连通图,画出其广度优先生成森林。

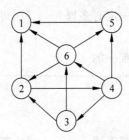

图 6.28 有向图

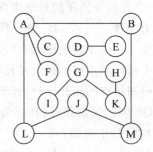

图 6.29 非连通图

3. 已知图的邻接矩阵如图 6.30 所示。试分别画出自顶点 A 出发进行遍历所得的深度优先生成树和广度优先生成树。

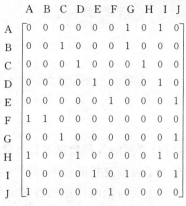

$$
\begin{array}{c}
\quad\ \ A\ B\ C\ D\ E\ F\ G\ H\ I\ J \\
\begin{array}{c}
A \\ B \\ C \\ D \\ E \\ F \\ G \\ H \\ I \\ J
\end{array}
\left[
\begin{array}{cccccccccc}
0 & 0 & 0 & 0 & 0 & 0 & 1 & 0 & 1 & 0 \\
0 & 0 & 1 & 0 & 0 & 0 & 1 & 0 & 0 & 0 \\
0 & 0 & 0 & 1 & 0 & 0 & 0 & 1 & 0 & 0 \\
0 & 0 & 0 & 0 & 1 & 0 & 0 & 0 & 1 & 0 \\
0 & 0 & 0 & 0 & 0 & 1 & 0 & 0 & 0 & 1 \\
1 & 1 & 0 & 0 & 0 & 0 & 0 & 0 & 0 & 0 \\
0 & 0 & 1 & 0 & 0 & 0 & 0 & 0 & 0 & 0 \\
1 & 0 & 0 & 1 & 0 & 0 & 0 & 0 & 1 & 0 \\
0 & 0 & 0 & 0 & 1 & 0 & 1 & 0 & 0 & 1 \\
1 & 0 & 0 & 0 & 0 & 1 & 0 & 0 & 0 & 0
\end{array}
\right]
\end{array}
$$

图 6.30 邻接矩阵

4. 请对如图 6.31 所示的无向网：

(1) 写出它的邻接矩阵，并按克鲁斯卡尔算法求其最小生成树；

(2) 写出它的邻接表，并按普里姆算法求其最小生成树。

5. 试列出图 6.32 中全部可能的拓扑有序序列。

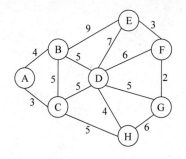

图 6.31 无向网

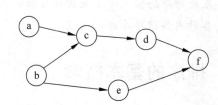

图 6.32 有向图

四、算法设计题

1. 编写算法，从键盘读入有向图的顶点和弧，创建有向图的邻接表存储结构。

2. 无向图采用邻接表存储结构，编写算法输出图中各连通分量的顶点序列。

3. 编写算法判别以邻接表方式存储的无向图中是否存在由顶点 u 到顶点 v 的路径($u \neq v$)。

4. 编写算法求距离顶点 v_i 的最短路径长度为 K 的所有顶点。

5. 编写克鲁斯卡尔算法构造最小生成树。

五、上机实践题

1. 在邻接矩阵存储结构上实现图的基本操作：InsertArc(G,v,w)、DeleteArc(G,v,w)。

2. 设计图的邻接表存储结构，实现：

(1) 求最短路径的戴克斯特拉算法。

(2) 设计一个测试主函数，使其实际运行来求从某个源点到其余各个顶点的最短路径。

第7章

内排序

在日常生活中,经常需要对所收集到的各种数据进行处理,其中排序是数据处理中一种非常重要的操作。排序的目的是为了提高查找的效率,因此,如何高效地对数据进行排序是各种软件系统中的重要问题。本章主要讨论内排序的各种算法,并对每个算法的时间复杂度和空间复杂性以及算法的稳定性等进行讨论。

本章知识要点:

- 排序的基本概念;
- 插入排序的实现方法及性能分析;
- 交换排序的实现方法及性能分析;
- 选择排序的实现方法及性能分析;
- 归并排序的实现方法及性能分析;
- 基数排序的实现方法及性能分析;
- 各种内部排序方法的比较。

7.1 排序的基本概念

1. 排序的定义

所谓排序,简单地说就是将一组"无序"的记录序列调整为"有序"的记录序列的一种操作。通常待排序的记录有多个数据项,人们把用于作为排序依据的数据项称为关键字。例如,学生成绩表由学号、姓名和各科成绩等数据项组成,这些数据项都可作为关键字来进行排序。

如果以"学号"为关键字对学生成绩表进行排序,则排序结果是唯一的,称"学号"为主关键字,即主关键字是能够唯一标识一条记录的数据项;若以姓名进行排序,则排序结果不一定是唯一的,因为可能有多个学生的姓名是相同的,称"姓名"为次关键字,即次关键字是能标识多条记录的数据项。为了简便起见,本章中涉及排序算法都是基于关键字的排序,且排序结果均按关键字从小到大的顺序排列。

下面将基于关键字的排序形式化定义为:假设有一个含 n 个记录的序列$\{R_0, R_1, \cdots, R_{n-1}\}$,其相应的关键字序列为$\{K_0, K_1, \cdots, K_{n-1}\}$,这些关键字相互之间可以进行比较,且在它们之间存在着这样一个关系: $K_{p1} \leqslant K_{p2} \leqslant \cdots \leqslant K_{pn}$,按此固有关系将上式记录序列重新

排列为 $\{R_{p1}, R_{p2}, \cdots, R_{pn}\}$ 的操作称为排序。

2．排序的分类

1）内部排序与外部排序

按照排序过程中所涉及的存储器的不同可分为内部排序与外部排序。内部排序是指待排序序列完全存放在内存中进行的排序过程，这种方法适合数量不太大的数据元素的排序。外部排序是指待排序的数据元素非常多，以至于它们必须存储在外部存储器上，这种排序过程中需要访问外存储器，这样的排序称为外排序。本章主要讨论内部排序的各种算法。

2）稳定排序与不稳定排序

若对任意一组数据元素序列，使用某种排序算法对它进行按照关键字的排序，若相同关键字间的前后位置关系在排序前与排序后保持一致，则称此排序方法是稳定的，而不能保持一致的排序方法则称为不稳定的。例如，一组关键字序列 $\{3,4,2,\overline{3},1\}$，若经排序后变为 $\{1, 2,3,\overline{3},4\}$，则此排序方法是稳定的；若经排序后变为 $\{1,2,\overline{3},3,4\}$，则此排序方法是不稳定的。

3．内排序的方法

内部排序的过程是一个逐步扩大记录的有序序列长度的过程。基于不同的"扩大"有序序列长度的方法，内部排序方法大致可分为以下几种类型：插入类、交换类、选择类、归并类和其他类。

（1）插入类排序方法是指将无序子序列中的一个或几个记录"插入"到有序序列中，从而增加记录的有序子序列的长度。

（2）交换类排序方法是指通过"交换"无序序列中的记录，从而得到其中关键字最小或最大的记录，并将它加入到有序子序列中，以此方法增加记录的有序子序列的长度。

（3）选择类排序方法是指从记录的无序子序列中"选择"关键字最小或最大的记录，并将它加入到有序子序列中，以此方法增加记录的有序子序列的长度。

（4）归并类排序方法是指通过"归并"两个或两个以上的记录有序子序列，逐步增加记录有序序列的长度。

4．排序算法的性能评价

排序算法有很多种，在众多的排序算法中，简单地评价哪一种算法是好的很困难。通常认为某种算法适用于某些情况，而这种算法在另外情况下性能也许就不如其他算法。评价排序算法好坏的标准主要有两条：算法的时间复杂度和空间复杂度。

由于排序是一种经常使用的运算，并且它往往属于软件系统的核心部分，因此，排序算法所需要的时间是衡量排序算法好坏的重要标志。排序的时间开销可以用算法执行的过程中的记录比较次数和移动次数来衡量。本章所讨论的各种算法将给出最坏情况或平均情况下的时间复杂度。

本章的排序算法如未作特别说明，均假定按关键字值非递增（从小到大）排序，且以顺序表作为排序表的存储结构。为简单起见，假设关键字的类型为整型。

5. 待排序记录的类描述

内部排序方法可在不同的存储结构上实现,但待排序的数据元素集合通常以线性表为主,因此存储结构多选用顺序表和链表。此外,顺序表又具有随机存取的特性,因此本章中介绍的排序算法都是针对顺序表进行操作的。

待排序的顺序表记录类描述如下:

```
package ch07;
public class RecordNode {
    public Comparable key;                          // 关键字
    public Object element;                          // 数据元素

    public RecordNode(Comparable key) {             // 构造方法 1
        this.key = key;
    }
    public RecordNode(Comparable key, Object element) {// 构造方法 2
        this.key = key;
        this.element = element;
    }
}
```

说明:为了实现按关键字值的大小进行比较,记录结点类 RecordNode 中的关键字 key 声明为 Comparable 接口类型,它能够被赋值为任何实现 Comparable 接口的类的对象。在实际应用时,可根据应用问题的不同定义不同的关键字类,以下是一种定义形式:

```
// 顺序表记录关键字类
package ch07;
public class KeyType implements Comparable<KeyType> {
    public int key;                    // 关键字
    public KeyType() {
    }
    public KeyType(int key) {
        this.key = key;
    }

    public String toString() {              // 覆盖 toString()方法
        return key + "";
    }
    public int compareTo(KeyType another) { // 覆盖 Comparable 接口中比较关键字大小的方法
        int thisVal = this.key;
        int anotherVal = another.key;
        return (thisVal < anotherVal ? -1 : (thisVal == anotherVal ? 0 : 1));
    }
}
```

RecordNode 类的数据元素 element 定义为 Object 类型,用于保存结点,在实际应用时,可根据不同的问题定义为不同的具体类,以下是一种定义形式:

```
// 顺序表记录结点类
```

```java
package ch07;
public class ElementType {
    public String data;                     // 用户可自定义其他数据项

    public ElementType(String data) {
        this.data = data;
    }
    public ElementType() {
    }
    public String toString() {              // 覆盖 toString()方法
        return data;
    }
}
```

待排序的顺序表类描述如下：

```java
public class SeqList {
    public RecordNode[] r;                  // 顺序表记录结点数组
    public int curlen;                      // 顺序表长度，即记录个数
    // 顺序表的构造方法,构造一个存储空间容量为 maxSize 的顺序表
    public SeqList(int maxSize) {
        this.r = new RecordNode[maxSize]; // 为顺序表分配 maxSize 个存储单元
        this.curlen = 0;                    // 置顺序表的当前长度为 0
    }
    // 在当前顺序表的第 i 个结点之前插入一个 RecordNode 类型的结点 x
    public void insert(int i, RecordNode x) throws Exception {
        if (curlen == r.length) {           // 判断顺序表是否已满
            throw new Exception("顺序表已满");
        }
        if (i < 0 || i > curlen) {          // i 小于 0 或者大于表长
            throw new Exception("插入位置不合理");
        }
        for (int j = curlen; j > i; j-- ) {
            r[j] = r[j - 1];                // 插入位置及之后的数据元素后移
        }
        r[i] = x;                           // 插入 x
        this.curlen++;                      // 表长度增 1
    }
    …
}
```

7.2 插入排序

本节将介绍两种插入排序方法：直接插入排序和希尔排序。

7.2.1 直接插入排序

直接插入排序(Straight Insertion Sort)是一种简单的排序方法,其基本思想是每趟将

一条待排序的记录,按其关键字值的大小插入到前面已经排好序的记录序列中的适当位置,直到全部记录插入完成为止。

假设排序表中有 n 个记录,存放在数组 r 中,重新排列记录的存放顺序,使得它们按照关键字值从小到大有序,即 $r[0].key \leqslant r[1].key \leqslant \cdots \leqslant r[n-1].key$。

首先来看看将一条记录插入到有序表中的方法:

对于 n 个待排序的记录序列 $\{r[0],r[1],\cdots,r[n-1]\}$,在插入第 $i(1 \leqslant i \leqslant n-1)$ 个记录时,假设 $\{r[0],r[1],\cdots,r[i-1]\}$ 是已排好序的记录的有序序列,用 $r[i].key$ 依次与 $r[i-1].key,r[i-2].key,\cdots,r[0].key$ 进行比较,将关键字值大于 $r[i].key$ 值的记录后移一个位置,直至找到应插入的位置,然后将 $r[i]$ 插入到这个位置,完成一趟直接插入排序过程。

已知一组待排序的记录的关键字序列为 $\{52,39,67,95,79,8,25,\overline{52}\}$,直接插入排序过程如图 7.1 所示。

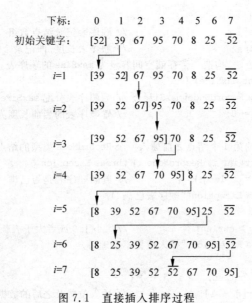

图 7.1 直接插入排序过程

直接插入排序算法的基本要求是,假设待排序的记录存放在数组 $r[0..n-1]$ 中。开始时,先将第 0 个记录组成一个有序的子表,然后依次将后面的记录插入到这个子表中,并且一直保持子表的有序性。

直接插入排序算法的主要步骤归纳如下:

(1) 将 $r[i]$ 暂存在临时变量 temp 中。

(2) 将 temp 与 $r[j]$ $(j=i-1,i-2,\cdots,0)$ 依次比较,若 $temp.key < r[j].key$,则将 $r[j]$ 后移一个位置,直到 $temp.key \geqslant r[j].key$ 为止(此时 $j+1$ 即为 $r[i]$ 的插入位置)。

(3) 将 temp 插入到第 $j+1$ 个位置上。

(4) 令 $i=1,2,3,\cdots,n-1$,重复上述步骤①~③。

【算法 7.1】 不带监视哨的直接插入排序算法。

```
1   public void insertSort() {
2       RecordNode temp;
```

```
3        int i, j;
4        for (i = 1; i < this.curlen; i++) {    // n-1 趟扫描
5            temp = r[i];                         // 将待插入的第 i 条记录暂存在 temp 中
6            for(j = i - 1;j >= 0 && temp.key.compareTo(r[j].key) < 0;j--){
7                r[j + 1] = r[j];                 // 将前面比 r[i]大的记录向后移动
8            }
9            r[j + 1] = temp;                     // r[i]插入到第 j+1 个位置
10       }
11   } // 算法 7.1 结束
```

此算法中第 6 行的循环条件"j $>=$ 0 && temp.key.compareTo(r[j].key) $<$ 0"中"j $>=$ 0"用来控制下标越界。为了提高算法效率,可对该算法进行如下改进:首先将待排序的 n 条记录从下标为 1 的存储单元开始依次存放在数组 r 中,再将顺序表的第 0 个存储单元设置为一个"监视哨",即在查找之前把 r[i]赋给 r[0],这样每循环一次只需要进行记录的比较,不需要比较下标是否越界,当比较到第 0 个位置时,由于"r[0].key == r[i].key"必然成立,将自动退出循环,所以只需设置一个循环条件:"temp.key.compareTo(r[j].key)$<$0"。

改进后的算法描述如下:

【算法 7.2】　带监视哨的直接插入排序算法。

```
public void insertSortWithGuard() {
    int i, j;
    for (i = 1; i < this.curlen; i++) {// n-1 趟扫描
        r[0] = r[i];                   // 将待插入的第 i 条记录暂存在 r[0]中,同时
                                       // r[0]为监视哨
        for (j = i - 1; r[0].key.compareTo(r[j].key) < 0; j--) { // 将前面较大的数据
                                                                 // 元素向后移动
            r[j + 1] = r[j];
        }
        r[j + 1] = r[0];               // r[i]插入到第 j+1 个位置
    }
} // 算法 7.2 结束
```

需要说明的是,对于具有 n 个存储单元的顺序表,在该算法中因为 r[0]用于存放监视哨,正常的记录只能存放在下标从 1 到 $n-1$ 的存储单元中,即具有 n 个存储单元的顺序表只能存放 $n-1$ 个记录。

算法性能分析:

(1) 空间复杂度。仅用了一个辅助单元 r[0],空间复杂度为 $O(1)$。

(2) 时间复杂度。从时间性能上看,有序表中逐个插入记录的操作进行了 $n-1$ 趟,每趟排序的操作分为比较关键字和移动记录,而比较的次数和移动记录的次数取决于待排序列关键字的初始排列状况。最好情况是当待排序记录序列已按关键字值有序时,每趟排序只需与记录关键字进行 1 次比较,2 次移动。总的比较次数达到最小值,即 $n-1$ 次,总的移动次数也达到最小值,即 $2(n-1)$ 次;最坏情况是当待排序记录序列已按关键字值逆序时,每趟排序都要将待插入的记录插入到记录表的最前面位置,为此,第 i 趟直接插入排序需要进行关键字比较的次数为 i 次,移动记录的次数为 $i+2$ 次,总的比较次数为 $\sum_{i=1}^{n-1} i = \frac{1}{2}n(n-1)$;总的移动次数为 $\sum_{i=1}^{n-1} (i+2) = \frac{1}{2}n(n-1) + 2n$。

当待排序记录是随机序列的情况下,即待排序记录出现的概率相同,则第 i 趟排序所需要的比较和移动次数可取上述最小值与最大值的平均值,约为 $i/2$,总的平均比较和移动次数均约为 $\sum\limits_{i=1}^{n-1}\dfrac{i}{2}=\dfrac{1}{4}n(n-1)\approx\dfrac{n^2}{4}$,因此,直接插入排序的时间复杂度为 $O(n^2)$。

(3) 算法稳定性。直接插入排序是一种稳定的排序算法。

7.2.2 希尔排序

直接插入排序算法简单,在 n 值较小时,效率比较高;当 n 值很大时,若待排序列是按关键字值基本有序,效率依然较高,其时间效率可提高到 $O(n)$。希尔排序正是从这两点出发给出的插入排序的改进方法。

希尔排序(Shell Sort),又称缩小增量排序,该算法是由 D. L. Shell 在 1959 年首先提出来的。希尔排序的基本思路是:先选取一个小于 n 的整数 d_i(称为增量),然后把排序表中的 n 个记录分为 d_i 个子表,从下标为 0 的记录开始,间隔为 d_i 的记录组成一个子表,在各个子表内进行直接插入排序。在一趟之后,间隔为 d_i 的记录组成的子表已有序,随着有序性的改善,逐步减小增量 d_i,重复进行上述操作,直到 $d_i=1$,使得间隔为 1 的记录有序,也就是整个序列都达到有序。

例如,设排序表关键字序列{52,39,67,95,70,8,25,$\overline{52}$,56,5},增量分别取 5、3、1,则希尔排序过程如图 7.2 所示。

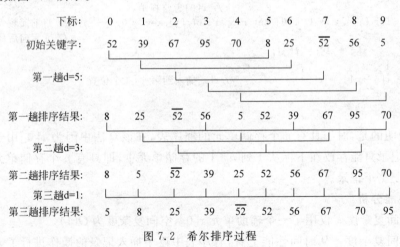

图 7.2 希尔排序过程

希尔排序算法的主要步骤归纳如下:

(1) 选择一个增量序列{d_0, d_1,…, d_{k-1}}。

(2) 根据当前增量 d_i 将 n 条记录分成 d_i 个子表,每个子表中记录的下标相隔为 d_i。

(3) 对各个子表中的记录进行直接插入排序。

(4) 令 $i=0,1,…,k-1$,重复上述步骤(2)~(4)。

【算法 7.3】 希尔排序算法。

```java
public void shellSort(int[] d) {     // d[]为增量数组
    RecordNode temp;
    int i, j;
```

```
// 控制增量,增量减半,若干趟扫描
for (int k = 0; k < d.length; k++) {
    // 一趟中若干子表,每个记录在自己所属子表内进行直接插入排序
    int dk = d[k];
    for (i = dk; i < this.curlen; i++) {
        temp = r[i];
        for (j = i - dk; j >= 0 && temp.key.compareTo(r[j].key) < 0; j -= dk) {
            r[j + dk] = r[j];
        }
        r[j + dk] = temp;
    }
}
}// 算法 7.3 结束
```

算法性能分析:

(1) 空间复杂度。由于希尔排序中用到了直接插入排序,而直接插入排序的空间复杂度为 $O(1)$,因此,希尔排序的空间复杂度也为 $O(1)$。

(2) 时间复杂度。希尔排序的时间效率分析很困难,关键字的比较次数与记录的移动次数依赖于增量序列的选取,在特定情况下可以准确估算出关键字的比较次数和记录的移动次数。目前还没有一种选取最好的增量序列的方法,但目前经过大量研究,已得出一些局部结论。例如:Hibbard 提出了一种增量序列 $\{2^k-1, 2^{k-1}-1, \cdots, 7, 3, 1\}$,推理证明这种增量序列的希尔排序的时间效率可达到 $O(n^{3/2})$;V. Pratt 于 1969 年证明了如下结论:如果渐减增量序列取值为形如 $2^p 3^q$ 且小于排序表长度 n 的所有自然数集合,则希尔排序算法的时间复杂度为 $O(n(\lg_2 n)^2)$。事实上,选取其他增量序列还可以更进一步减少算法的时间代价,甚至有的增量序列可以达到 $O(n^{7/6})$,这就很接近 $O(n\lg_2 n)$ 了。增量序列可以有各种取法,但需要注意的是,增量序列中应没有除 1 之外的公因子,并且最后一个增量值必须为 1。

(3) 算法稳定性。从图 7.2 的排序结果可以看出,希尔排序是一种不稳定的排序算法。

7.3 交换排序

交换排序的基本思想是两两比较待排序记录的关键字,若两个记录的次序相反则交换这两个记录,直到没有反序的记录为止。应用交换排序基本思想的主要排序方法有冒泡排序和快速排序。

7.3.1 冒泡排序

冒泡排序(Bubble Sort)的基本思想是将待排序的数组看成从上到下排放,把关键字值较小的记录看成"较轻的",关键字值较大的记录看成"较重的",较小关键字值的记录好像水中的气泡一样,向上浮;较大关键字值的记录如水中的石块向下沉,当所有的气泡都浮到了相应的位置,并且所有的石块都沉到了水中,排序就结束了。

假设 n 个待排序的记录序列为 $\{r[0], r[1], \cdots, r[n-1]\}$,对含有 n 个记录的排序表进行冒泡排序的过程是:在第 1 趟中,从第 0 个记录开始到第 $n-1$ 个记录,对两两相邻的两

个记录的关键字值进行比较,若与排序要求相逆,则交换,这样在一趟之后,具有最大关键字值的记录交换到了 r[n−1] 的位置上;在第 2 趟中,从第 0 个记录开始到第 n−2 个记录继续进行冒泡排序,这样在两趟之后,具有次最大关键字的记录交换到了 r[n−2] 的位置上,以此类推;在第 i 趟中,从第 0 个记录开始到第 n−i 个记录,对两两相邻的两个记录的关键字进行比较,当关键字值逆序时,交换位置,在第 i 趟之后,这 n−i+1 个记录中关键字值最大的记录就交换到了 r[n−i] 的位置上。因此,整个冒泡排序最多进行了 n−1 趟,在某趟的两两比较中,若一次交换都未发生,则表明已经有序,排序结束。

假设待排序的 8 个记录的关键字序列为 $\{52,39,67,95,70,8,25,\overline{52}\}$,冒泡排序过程如图 7.3 所示。

下标	初始序列	第一趟	第二趟	第三趟	第四趟	第五趟	无交换,结束
0	52	39	39	39	39	8	8
1	39	52	52	52	8	25	25
2	67	67	67	8	25	39	39
3	95	70	8	25	52	52	52
4	70	8	25	$\overline{52}$	$\overline{52}$	$\overline{52}$	$\overline{52}$
5	8	25	$\overline{52}$	67	67	67	67
6	25	$\overline{52}$	70	70	70	70	70
7	$\overline{52}$	95	95	95	95	95	95

图 7.3   冒泡排序过程

假设记录存放在数组 r 中,开始时,有序序列为空,无序序列为 $\{r[0],r[1],\cdots,r[n-1]\}$,则冒泡排序算法的主要步骤归纳如下:

(1) 置初值 $i=1$。

(2) 在无序序列 $\{r[0],r[1],\cdots,r[n-i]\}$ 中,从头至尾依次比较相邻的两个记录 $r[j]$ 与 $r[j+1]$ $(0\leqslant j\leqslant n-i-1)$,若 $r[j].key>r[j+1].key$,则交换位置。

(3) $i=i+1$。

(4) 重复步骤(2)~(3),直到在步骤(2)中未发生记录交换或 $i=n-1$ 为止。

要实现上述步骤,需要引入一个布尔变量 flag,用来标记相邻记录是否发生交换,具体算法如下:

【算法 7.4】 冒泡排序算法。

```java
public void bubbleSort() {
    RecordNode temp;                                    // 辅助结点
    boolean flag = true;                                // 是否交换的标记
    for (int i = 1; i < this.curlen && flag; i++){      // 有交换时再进行下一趟,最多 n-1 趟
        flag = false;                                   // 记录未交换
        for (int j = 0; j < this.curlen - i; j++){      // 一次比较、交换
```

```
if (r[j].key.compareTo(r[j + 1].key) > 0){// 逆序时,交换
    temp = r[j];
    r[j] = r[j + 1];
    r[j + 1] = temp;
    flag = true;
}
        }
    }
} // 算法 7.4 结束
```

算法性能分析:

(1) 空间复杂度。从空间复杂度上看,冒泡排序仅用了一个辅助单元,空间复杂度为 $O(1)$。

(2) 时间复杂度。从时间复杂度上看,最好情况是排序表已有序时,在第 1 趟比较过程中,一次交换都未发生,所以在执行一趟排序之后就结束,这时只需比较 $n-1$ 次,不需移动记录;最坏情况为逆序状态,总共要进行 $n-1$ 趟冒泡排序,在第 i 趟排序中,比较次数为 $n-i$,移动次数为 $3(n-i)$,则总的比较次数为 $\sum_{i=1}^{n-1}(n-i) = \frac{1}{2}n(n-1)$;总的移动次数为 $\sum_{i=1}^{n-1}3(n-i) = \frac{3}{2}n(n-1)$。因此,冒泡排序算法的时间复杂度为 $O(n^2)$。

(3) 算法稳定性。冒泡排序是一种稳定的排序算法。

7.3.2 快速排序

快速排序(Quick Sort)是由 C. A. R. Hoare 在 1962 年提出的一种划分交换排序方法,它是冒泡排序的一种改进算法。快速排序采用了分治策略,即将原问题划分成若干个规模更小但与原问题相似的子问题,然后用递归方法解决这些子问题,最后再将它们组合成原问题的解。

快速排序的基本思想是通过一趟排序将要排序的记录分割成独立的两个部分,其中一部分的所有记录的关键字值都比另外一部分的所有记录关键字值小,然后再按此方法对这两部分记录分别进行快速排序,整个排序过程可以递归进行,以此达到整个记录序列变成有序。

假设待排序的记录序列为 $\{r[low],r[low+1],\cdots,r[high]\}$,首先在该序列中任意选取一条记录(该记录称为支点,通常选 r[low] 作为支点),然后将所有关键字值比支点小的记录都放到它的前面,所有关键字值比支点大的记录都放到它的后面,由此可以将该支点记录最后所落的位置 i 作为分界线,将记录序列 $\{r[low],r[low+1],\cdots,r[high]\}$ 分割成两个子序列 $\{r[low],r[low+1],\cdots,r[i-1]\}$ 和 $\{r[i+1],r[i+2],\cdots,r[high]\}$。这个过程称为一趟快速排序(或一次划分)。通过一趟排序,支点记录就落在了最终排序结果的位置上。

一趟快速排序算法的主要步骤归纳如下:

(1) 设置两个变量 i、j,初值分别为 low 和 high,分别表示待排序序列的起始下标和终止下标。

(2) 将第 i 个记录暂存在变量 pivot 中,即 $pivot = r[i]$。

(3) 从下标为 j 的位置开始由后向前依次搜索,当找到第 1 个比 pivot 的关键字值小的

记录时,则将该记录向前移动到下标为 i 的位置上,然后 $i=i+1$。

（4）从下标为 i 的位置开始由前向后依次搜索,当找到第 1 个比 pivot 的关键字值大的记录时,则将该记录向后移动到下标为 j 的位置上;然后 $j=j-1$。

（5）重复第(3)、(4)步,直到 $i==j$ 为止。

（6）$r[i]=$ pivot。

例如,待排序的初始序列为 $\{52,39,67,95,70,8,25,\overline{52}\}$,一趟快速排序的过程如图 7.4(a) 所示。整个快速排序过程可递归进行。若待排序序列中只有一个记录,显然已有序,否则进行一趟快速排序后,再分别对分割所得的两个子序列进行快速排序,具体步骤如图 7.4(b) 所示。

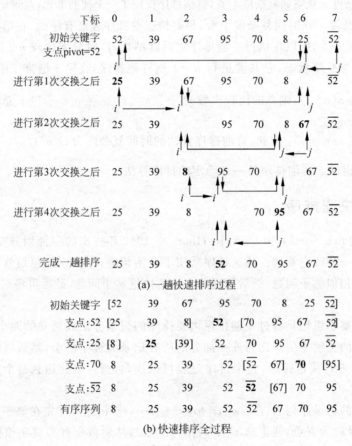

(a) 一趟快速排序过程

(b) 快速排序全过程

图 7.4　快速排序过程

【算法 7.5】　一趟快速排序算法。

```java
// 交换排序表 r[i..j]的记录,使支点记录到位,并返回其所在位置
// 此时,在支点之前(后)的记录关键字值均不大于(小于)它
public int Partition(int i, int j) {
    RecordNode pivot = r[i];          // 第 1 个记录作为支点记录
    while (i < j) {                   // 从表的两端交替地向中间扫描
        while (i < j && pivot.key.compareTo(r[j].key) <= 0) {
            j-- ;
        }
```

```
        if (i < j) {
            r[i] = r[j];              // 将比支点记录关键字值小的记录向前移动
            i++;
        }
        while (i < j && pivot.key.compareTo(r[i].key) > 0) {
            i++;
        }
        if (i < j) {
            r[j] = r[i];              // 将比支点记录关键字值大的记录向后移动
            j-- ;
        }
    }
    r[i] = pivot;                     // 支点记录到位
    return i;                         // 返回支点位置
}// 算法 7.5 结束
```

对子表 r[low..high]采用递归形式的快速排序算法如算法 7.6 所示。

【算法 7.6】 递归形式的快速排序算法。

```
//对子表 r[low..high]快速排序
public void qSort(int low, int high) {
    if (low < high) {
        int pivotloc = Partition(low, high);   // 一趟排序,将排序表分为两部分
        qSort(low, pivotloc - 1);               // 低子表递归排序
        qSort(pivotloc + 1, high);              // 高子表递归排序
    }
}// 算法 7.6 结束
```

顺序表 r[0..curlen−1]的快速排序算法如算法 7.7 所示。

【算法 7.7】 顺序表快速排序算法。

```
// 对顺序表 r[0..curlen-1]快速排序
public void quickSort() {
    qSort(0, this.curlen - 1);
}// 算法 7.7 结束
```

算法性能分析:

(1) 空间复杂度。快速排序在系统内部需要用一个栈来实现递归,每层递归调用时的指针和参数均需要用栈来存放。快速排序的递归过程可以用一棵二叉树来表示。若每次划分较为均匀,则其递归树的高度为 $O(\log_2 n)$,故所需要栈空间为 $O(\log_2 n)$。最坏情况下,即递归树是一个单枝树,树的高度为 $O(n)$ 时,所需要的栈空间也为 $O(n)$。

(2) 时间复杂度。从时间复杂度上看,在含有 n 个记录的待排序列中,一次划分需要约 n 次关键字比较,时间复杂度为 $O(n)$,若设 $T(n)$ 为对含有 n 个记录的待排序列进行快速排序所需要时间,则最好情况下,每次划分正好分成两个等长的子序列:

$$T(n) \leqslant cn + 2T(n/2) \qquad\qquad (c \text{ 是一个常数})$$
$$\leqslant cn + 2(cn/2 + 2T(n/4)) = 2cn + 4T(n/4)$$
$$\leqslant 2cn + 4(cn/4 + T(n/8)) = 3cn + 8T(n/8)$$
$$\vdots$$
$$\leqslant cn\log_2 n + nT(1) = O(n\log_2 n)$$

最坏情况是当初始关键字序列有序或基本有序时,在快速排序过程中每次划分只能得到一个子序列,这样快速排序反而蜕化为冒泡排序,时间复杂度为 $O(n^2)$。

尽管快速排序的最坏时间为 $O(n^2)$,但就平均性能而言,它是基于关键字比较的内部排序算法中速度最快的,平均时间复杂度为 $O(n\log_2 n)$。

(3) 算法稳定性。从图 7.4 的排序结果可以看出,快速排序是一种不稳定的排序算法。

7.4 选择排序

选择排序的主要思想是每一趟从待排序列中选取一个关键字值最小的记录,也即第 1 趟从 n 个记录中选取关键字值最小的记录,在第 2 趟中,从剩下的 $n-1$ 个记录中选取关键字值最小的记录,直到整个序列中的记录都选完位置。这样,由选取记录的顺序便可得到按关键字值有序的序列。

7.4.1 直接选择排序

直接选择排序(Straight Selection Sort)的基本思想是:在第 1 趟中,从 n 个记录中找出关键字值最小的记录与第 1 个记录交换;在第 2 趟中,从第 2 个记录开始的 $n-1$ 个记录中再选出关键字值最小的记录与第二个记录交换;以此类推,在第 i 趟中,从第 i 个记录开始的 $n-i+1$ 个记录中选出关键字值最小的记录与第 i 个记录交换,直到整个序列按关键字值有序为止。

假设待排序的 8 个记录的关键字序列为 $\{52,39,67,95,70,8,\overline{95},25\}$,直接选择排序过程如图 7.5 所示。

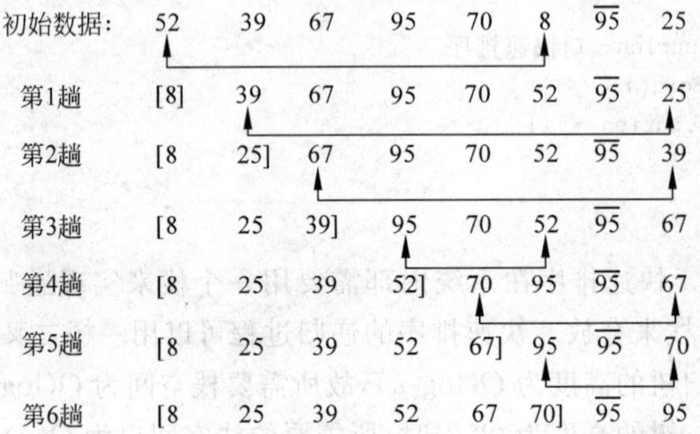

```
初始数据:    52    39    67    95    70    8    95̄    25

第1趟     [8]    39    67    95    70    52    95̄    25

第2趟     [8    25]   67    95    70    52    95̄    39

第3趟     [8    25    39]   95    70    52    95̄    67

第4趟     [8    25    39    52]   70    95    95̄    67

第5趟     [8    25    39    52    67]   95    95̄    70

第6趟     [8    25    39    52    67    70]   95̄    95
```

图 7.5 直接选择排序过程

假设记录存放在数组 r 中,开始时,有序序列为空,无序序列为 $\{r[0],r[1],\cdots,r[n-1]\}$。直接选择排序算法的主要步骤归纳如下:

(1) 置 i 的初值为 0。

(2) 当 $i<n-1$ 时,重复下列步骤:

① 在无序子序列 $\{r[i+1],\cdots,r[n-1]\}$ 中选出一个关键字值最小的记录 $r[min]$;

② 若 $r[min]$ 不是 $r[i]$(即 $min!=i$),则交换 $r[i]$ 和 $r[min]$ 的位置,否则不进行任何

交换；

　　③ 将 i 的值加 1。

　　【算法 7.8】 直接选择排序。

```
public void selectSort() {
    RecordNode temp;                              // 辅助结点
    for (int i = 0; i < this.curlen - 1; i++){// n-1 趟排序
        // 每趟在从 r[i]开始的子序列中寻找最小关键字值的记录
        int min = i;                             // 设第 i 条记录的关键字值最小
        for (int j = i + 1; j < this.curlen; j++) {  // 在子序列中选择关键字值最小的记录
            if (r[j].key.compareTo(r[min].key) < 0) {
                min = j;                         // 记住关键字指最小记录的下标
            }
        }
        if (min != i) {         // 将本趟关键字值最小的记录与第 i 条记录交换
            temp = r[i];
            r[i] = r[min];
            r[min] = temp;
        }
    }
}// 算法 7.8 结束
```

算法性能分析：

　　(1) 空间复杂度。直接选择排序仅用了一个辅助单元，空间复杂度为 $O(1)$。

　　(2) 时间复杂度。从直接选择排序算法可以看出，整个排序过程中关键字的比较次数与初始关键字的状态无关。算法中每执行一次循环都必须进行一次关键字的比较，其外循环共需执行 $n-1$ 次，内循环共需执行 $n-1-i$ 次，因此，总的比较次数为 $\sum_{i=0}^{n-2}(n-1-i) = \frac{1}{2}n(n-1)$。

　　从算法中也可看到，直接选择排序移动记录的次数较少，最好情况是当待排序记录序列有序时，移动记录次数为 0；最坏情况是当待排序记录序列逆序时，移动记录次数为 $3(n-1)$。综上所述，直接选择排序算法的时间复杂度为 $O(n^2)$。

　　(3) 算法稳定性。从图 7.5 的排序结果可以看出，直接选择排序是一种不稳定的排序算法。

7.4.2　树形选择排序

　　在直接选择排序中，关键字的总比较次数为 $n(n-1)/2$。实际上，在该方法中，有许多关键字之间进行了不止一次的比较，也就是说，两个关键字之间可能进行了两次以上的比较。能否在选择最小关键字值记录的过程中，把关键字比较的结果保存下来，以便在以后需要的时候直接查看这个比较结果，而不需要再进行比较呢？答案是肯定的。体育比赛中的淘汰制就是每两个对手经过比赛留下胜者继续参加下一轮的淘汰赛，直到最后剩下两个对手进行决赛争夺冠军。

　　树形选择排序(Tree Selection Sort)的原理与此类似。树形选择排序又称为锦标赛排序,其基本思想是,首先针对 n 个记录进行两两比较,比较的结果是把关键字值较小者作为优胜者上升到父结点,得到 $\lceil n/2 \rceil$ 个比较的优胜者(关键字值较小者),作为第 1 步比较的结果保留下来;然后对这 $\lceil n/2 \rceil$ 个记录再进行关键字的两两比较,如此重复,直到选出一个关键字值最小的记录为止。这个过程可以用一个含有 n 个叶子结点的完全二叉树来表示,称这种树为胜者树。例如:对于由 8 个关键字组成的序列{52,39,67,95,70,8,25,45},使用树形选择排序选出最小关键字值的过程可以用图 7.6(a)所示的完全二叉树来表示。树中的每一个非叶子结点中的关键字均等于其左、右孩子结点中较小的关键字,则根结点中的关键字就是所有叶子结点中的最小关键字。

要求出次小关键字记录,只需将叶子结点中最小的关键字值改为"∞",然后从该叶子结点开始与其左(或右)兄弟的关键字进行比较,用较小关键字修改父结点关键字,用此方法,从下到上修改从该叶子结点到根结点路径上的所有结点的关键字值,则可得到次小关键字记录,如图 7.6(b)所示。以此类推,可依次选出从小到大的所有关键字。

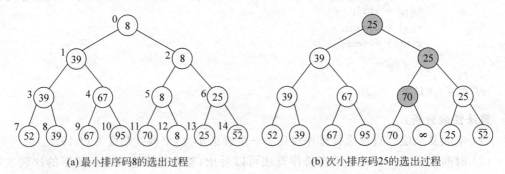

(a) 最小排序码8的选出过程   (b) 次小排序码25的选出过程

图 7.6　树形选择排序示例

如果开始时记录个数 n 不是 2 的 k 次幂,则将叶子结点数补足到 2^k 个(k 满足 $2^{k-1} < n < 2^k$),这样,胜者树就为一棵满二叉树。

胜者树中的每一个结点可以定义为一个类 TreeNode,它包含 3 个成员变量,分别是 data、index 和 active。其中,成员 data 的类型定义为顺序表记录结点类 RecordNode;成员 index 定义为 int 类型,表示此结点在满二叉树中的序号;成员 active 表示此结点是否要参加选择,1 表示参选,0 表示不参选。当需将叶子结点关键字改为"∞"时,只需将该结点的 active 值置为 0。胜者树结点类的定义如下:

```
class TreeNode {                  // 胜者树的结点类
    public RecordNode data;       // 结点的数据域
    public int index;             // 结点在满二叉树中的序号
    public int active;            // 参加选择标志,1 表示参选,0 表示不参选

}
```

胜者树采用顺序存储结构,可用如下数组定义:

```
TreeNode[] tree;                  // 胜者树结点数组
```

设待排序的记录序列是{r[0],r[1],…,r[n−1]},胜者树中的结点按满二叉树的结点

编号顺序依次存放在顺序表 tree 中,胜者树中的叶子结点即为待排序的记录。在树形选择排序算法中引入变量 leafSize、TreeSize 和 loadindex 分别记录胜者树中的叶子结点个数、胜者树的结点总数和叶子结点在顺序表 tree 中的起始存放位置。其中,$leafSize=n$,n 为待排序记录的长度,$TreeSize=2n-1$,$loadindex=n-1$。图 7.6(a)中胜者树的顺序存储结构示意图如图 7.7 所示。

index	0	1	2	3	4	5	6	7	8	9	10	11	12	13	14
tree	8	39	8	39	67	8	25	52	39	67	95	70	8	25	$\overline{52}$

图 7.7　胜者树顺序存储结构示意图

树形选择排序算法的主要步骤归纳如下:

(1) 变量初始化,令待排序的结点个数为 n,则 $leafSize=n$,$TreeSize=2n-1$,$loadindex=n-1$。

(2) 将 n 个待排序结点复制到胜者树的 n 个叶子结点中,即将 $r[0..n-1]$ 依次赋值到 $tree[loadindex..TreeSize-1]$中。

(3) 构造胜者树:将 n 个叶子结点的关键字进行两两比较,得到 $n/2$ 个关键字值较小的结点,保留下来,再将 $n/2$ 个结点的关键字进行两两比较,得到 $n/4$ 个较小关键字值的结点,保留下来,依次类推,最后得到根结点为最小关键字值的结点为止。

(4) 调整胜者树:先将根结点保存到原数组 r 中,再把具有根结点值所对应的叶子结点的值改为"最大值",然后从该叶子结点开始,和其左(或右)兄弟的值进行比较,修改从该叶子结点到根的路径上各结点的值,直到根结点。

(5) 重复步骤(4),直到得到 n 个结点为止。

【算法 7.9】　树形选择排序算法。

```
// 建立树的顺序存储数组 tree,并对其排序,将结果返回到 r 中
void tournamentSort() {
    TreeNode[] tree;                      // 胜者树结点数组
    int leafSize = 1;                     // 胜者树的叶子结点数
    // 得到胜者树叶子结点(外结点)的个数,该个数必须是 2 的幂
    while (leafSize < this.curlen) {
        leafSize *= 2;
    }
    int TreeSize = 2 * leafSize - 1;      // 胜者树的所有结点数
    int loadindex = leafSize - 1;         // 叶子结点(外结点)存放的起始位置
    tree = new TreeNode[TreeSize];
    int j = 0;
    // 把待排序结点复制到胜者树的叶子结点中
    for (int i = loadindex; i < TreeSize; i++) {
        tree[i] = new TreeNode();
        tree[i].index = i;
        if (j < this.curlen) {            // 复制结点
            tree[i].active = 1;
            tree[i].data = r[j++];
        } else {
            tree[i].active = 0 ;          // 空的外结点
```

```
        }
    }
    int i = loadindex;                          // 进行初始比较查找关键子值最小的结点
    while (i > 0) {                              // 产生胜者树
        j = i;
        while (j < 2 * i) {                      // 处理各对比赛者
            if (tree[j + 1].active == 0 || ((tree[j].data).key.compareTo((tree[j + 1].
data).key)) <= 0) {
                tree[(j - 1) / 2] = tree[j];     // 左孩子(胜者)赋值给父结点
            } else {
                tree[(j - 1) / 2] = tree[j + 1]; // 右孩子(胜者)赋值给父结点
            }
            j += 2;                              // 下一对比赛者
        }
        i = (i - 1) / 2;                         // 处理上层结点
    }
    for (i = 0; i < this.curlen - 1; i++) {      // 处理剩余的 n-1 个记录
        r[i] = tree[0].data;                     // 将胜者树的根(最小者)存入数组 r
        tree[tree[0].index].active = 0;          // 该记录相应外结点不再比赛
        updateTree(tree, tree[0].index);         // 调整胜者树
    }
    r[this.curlen - 1] = tree[0].data;
}// 算法 7.9 结束
```

上述算法中的 updateTree()方法实现的功能是完成从当前最小关键字的叶子结点开始到根结点路径上的所有结点关键字的修改,即关键字的调整过程,其具体描述如下:

【算法 7.10】 树形选择排序中的调整算法。

```
// 树形选择排序的调整算法,i 是当前最小关键字记录的下标
    void updateTree(TreeNode[] tree, int i) {
        int j;
        if (i % 2 == 0) {                           // i 为偶数,对手为左结点
            tree[(i - 1) / 2] = tree[i - 1];
        } else {                                    // i 为奇数,对手为右结点
            tree[(i - 1) / 2] = tree[i + 1];
        }
        i = (i - 1) / 2;                            // 最小记录输出后,其对手上升到父结点
        while (i > 0) {                             // 直到 i == 0
            if (i % 2 == 0) {                       // i 为偶数,对手为左结点
                j = i - 1;
            } else {                                // i 为奇数,对手为右结点
                j = i + 1;
            }
            // 比赛对手中有一个为空
            if (tree[i].active == 0 || tree[j].active == 0) {
                if (tree[i].active == 1) {
                    tree[(i - 1) / 2] = tree[i];    // i 可参选,i 上升到父结点
                } else {
                    tree[(i - 1) / 2] = tree[j];    // 否则,j 上升到父结点
                }
```

```
    } else                              // 双方都可参选
// 关键字值较小者上升到父结点
    if ((tree[i].data).key.compareTo((tree[j].data).key) <= 0) {
        tree[(i - 1) / 2] = tree[i];
    } else {
        tree[(i - 1) / 2] = tree[j];
    }
    i = (i - 1) / 2;                     // i上升到父结点
    }
}// 算法 7.10 结束
```

算法性能分析：

(1) 空间复杂度。树形选择排序虽然减少了排序时间，但使用了较多的附加存储空间。对于含有 n 个记录的顺序表，当 $n=2^k$ 时，需要使用 $2n-1$ 个结点来存放胜者树；当 $2^{k-1}<n<2^k$ 时，需要使用 $2\times 2^k-1$ 个结点，总的存储空间需求较大。

(2) 时间复杂度。树形选择排序过程可以用一棵满二叉树来表示，其高度为 $\lfloor \log_2 n\rfloor +1$，其中，$n$ 为待排序记录个数。除第 1 次选择具有最小关键字值的记录，需要进行 $n-1$ 次关键字比较外，调整胜者树所需要的关键字比较次数为 $O(\log_2 n)$，总的关键字比较次数为 $O(n\log_2 n)$。由于结点的移动次数不会超过比较的次数，所以树形选择排序的时间复杂度为 $O(n\log_2 n)$。

(3) 算法稳定性。树形选择排序是一种稳定的排序算法。

7.4.3 堆排序

树形选择排序存在所需要的辅助空间较多的缺点，为了弥补此缺点，J. Williams 在 1964 年提出了堆排序(Heap Sort)方法。堆排序是一种重要的选择排序方法，它只需要一个记录大小的辅助存储空间，每个待排序的记录仅占用一个记录大小的存储空间，因此弥补了树形选择排序的弱点。

1. 堆的定义

假设有 n 个记录关键字的序列 $\{k_0,k_1,\cdots,k_{n-1}\}$，当且仅当满足公式(7.1)或公式(7.2)时，称为堆(Heap)。

$$\begin{cases} k_i \leqslant k_{2i+1}, & 2i+1 \leqslant n-1 \\ k_i \leqslant k_{2i+2}, & 2i+2 \leqslant n-1 \end{cases} \qquad (7.1)$$

$$\begin{cases} k_i \geqslant k_{2i+1}, & 2i+1 \leqslant n-1 \\ k_i \geqslant k_{2i+2}, & 2i+2 \leqslant n-1 \end{cases} \qquad (7.2)$$

前者称为小顶堆，后者称为大顶堆。例如：关键字序列 $\{12,36,24,85,47,30,53,91\}$ 是一个小顶堆；关键字序列 $\{91,47,85,24,36,53,30,16\}$ 是一个大顶堆。

采用一个数组存储序列 $\{k_0,k_1,\cdots,k_{n-1}\}$，则该序列可以看作是一棵顺序存储的完全二叉树，那么 k_i 和 k_{2i+1}、k_{2i+2} 的关系就是双亲与其左、右孩子之间的关系。因此，通常用完全二叉树的形式来直观地描述一个堆。上述两个堆的完全二叉树的表示形式和它们的存储结构如图 7.8 所示。

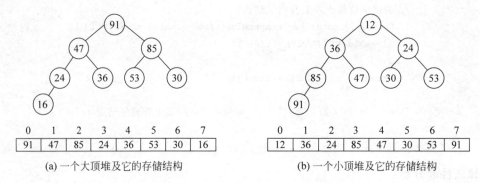

(a) 一个大顶堆及它的存储结构　　　(b) 一个小顶堆及它的存储结构

图 7.8　两个堆示例及存储结构

以小顶堆为例,由堆的特点可知,虽然序列中的记录无序,但在小顶堆中,堆顶记录的关键字值是最小的,因此堆排序的基本思想是首先将这 n 条记录按关键字值的大小建成堆(称为初始堆),将堆顶元素 $r[0]$ 与 $r[n-1]$ 交换(或输出);然后,将剩下的 $r[0]..r[n-2]$ 序列调整成堆,再将 $r[0]$ 与 $r[n-2]$ 交换,又将剩下的 $r[0]..r[n-3]$ 序列调整成堆,如此反复,便可得到一个按关键字值有序的记录序列,这个过程称为堆排序。

由上述堆排序的主要思想可知,要实现堆排序需解决以下两个主要问题:

(1) 如何将 n 条记录的序列按关键字值的大小建成初始堆。

(2) 将堆顶记录 $r[0]$ 与 $r[i]$ 交换后,如何将序列 $r[0]..r[i-1]$ 按其关键字值的大小调整成一个新堆。

下面从第(2)个问题开始分别进行讨论。

2. 筛选法调整堆

由堆的定义可知,堆顶结点的左右子树也是堆,当将堆顶最小关键字值的结点与堆最后一个结点(第 $n-1$ 个结点)交换后,这个根结点与其左右子树之间可能不符合堆的定义。此时,需要调整根结点与其左右两个堆顶结点之间的大小关系,使之符合堆的定义。其调整方法如下:将根结点 $r[0]$ 与左、右孩子中关键字值较小的结点进行交换。若与左孩子交换,则左子树堆被破坏,且仅左子树的根结点不满足堆的性质;若与右孩子交换,则右子树堆被破坏,且仅右子树的根结点不满足堆的性质。继续对不满足堆性质的子树进行上述交换操作,直到叶子结点或者堆被建成为止。这种从堆顶到叶子结点的调整过程也称为"筛选"。例如:图 7.9(a)为一个堆,当根结点与最后一个结点交换后,得到如图 7.9(b)所示的完全二叉树,它不满足堆的定义,为此,需要比较根结点 63 的左右孩子结点关键字值的大小,将小者 18 与根结点 63 交换,得到如图 7.9(c)所示的完全二叉树,其中以 63 为根结点的子树又不满足堆的定义,再对此子树作上述同样的调整,可得到如图 7.9(d)所示的完全二叉树,此时,完全二叉树已满足堆的定义,则整个筛选过程结束。

假设待调整成堆的完全二叉树存放在 $r[low..high]$ 中,实现上述过程的调整堆算法的主要步骤归纳如下:

(1) 置初值 $i=low,j=2*i+1,temp=r[i]$。

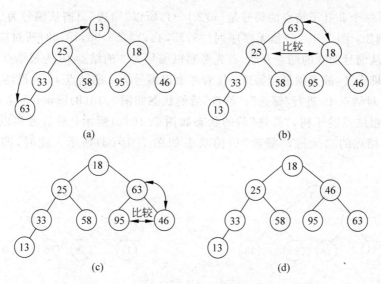

图 7.9　13 与 63 交换后调整成新堆的过程示意图

（2）当 $j<$ high 时，重复下列操作：

① 若 $j<$ high-1 且 r$[j]$. key$>$r$[j+1]$. key ，则 $j++$。

② 若 temp. key$>$r$[j]$. key，则 r$[i]=$r$[j]$，$i=j$，$j=2*i+1$，否则 $j=$high$+1$。

（3）r$[i]=$temp。

【算法 7.11】　筛选法调整堆算法。

```
//将以 low 为根结点的子树调整成小顶堆,low 和 high 分别是序列的下界和上界
public void sift(int low, int high) {
    int i = low;                                        // 子树的根结点
    int j = 2 * i + 1;                                  // j 为 i 结点的左孩子
    RecordNode temp = r[i];
    while (j < high) {                                  // 沿较小值孩子结点向下筛选
        if (j < high - 1 && r[j].key.compareTo(r[j + 1].key) > 0) {
            j++;                                        // 记录比较,j 为左右孩子的较小者
        }
        if (temp.key.compareTo(r[j].key) > 0) {         // 若父母结点值较大
            r[i] = r[j];                                // 孩子结点中的较小值上移
            i = j;
            j = 2 * i + 1;
        } else {
            j = high + 1;                               // 退出循环
        }
    }
    r[i] = temp;                                        // 当前子树的原根值调整后的位置
} // 算法 7.11 结束
```

3．建初始堆

为一个无序序列建堆的过程就是对完全二叉树从下往上反复"筛选"的过程。因为完全

二叉树的最后一个非叶子结点的编号是 $\lfloor n/2 \rfloor - 1$，所以"筛选"只需从编号为 $\lfloor n/2 \rfloor - 1$ 的结点开始。例如：图 7.10(a)是无序序列{33,25,46,13,58,95,18,63}所对应的完全二叉树，则"筛选"从编号为 3 的结点开始，首先考察以编号为 3 的结点 13 为根结点的子树，由于 13<63，满足堆定义，故无须进行筛选；接着考察以编号为 2 的结点 46 为根结点的子树，由于 46>18，需对结点 46 进行"筛选"，"筛选"后的状态如图 7.10(b)所示；再考察以编号为 1 的结点 25 为根结点的子树，"筛选"后的状态如图 7.10(c)所示；最后考察以编号为 0 的结点 33 为根结点的二叉树，"筛选"后的状态如图 7.10(d)所示。此时，即得到一个初始堆。

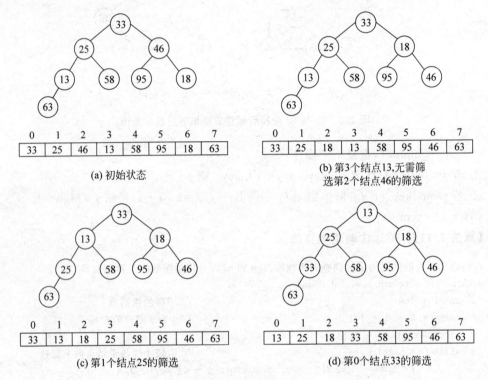

(a) 初始状态

(b) 第3个结点13,无需筛
选第2个结点46的筛选

(c) 第1个结点25的筛选

(d) 第0个结点33的筛选

图 7.10　构造堆的过程

4. 堆排序

将一个无序序列构造成堆，如图 7.11(a)所示；然后将堆顶次小值结点与最后第 2 个（第 $n-2$ 个结点）交换，再调整构造成第 3 个堆，如图 7.11(c)所示，如此反复，直至整个序列有序，堆排序完成，如图 7.11(d)所示。

由上述分析可见，堆排序的主要步骤归纳如下：

(1) 将待排序记录{r[0],r[1],…,r[n-1]}建成为一颗完全二叉树。

(2) 将下标为 $\lfloor n/2 \rfloor - 1$ 的记录作为开始调整的子树的根结点。

(3) 找出此结点的两个孩子结点中的关键字值较小者，将其与父结点比较，若父结点的关键字值较大，则交换，然后以交换后的子结点作为新的父结点，重复此步骤，直到没有子结点为止。

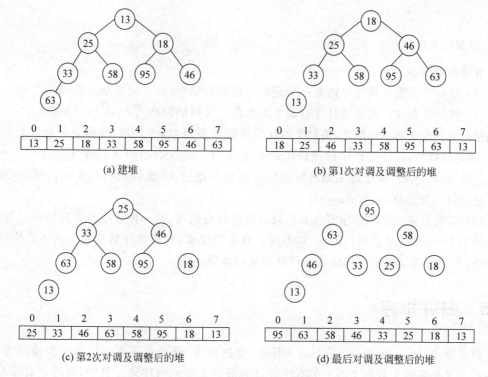

(a) 建堆

(b) 第1次对调及调整后的堆

(c) 第2次对调及调整后的堆

(d) 最后对调及调整后的堆

图 7.11 堆排序的过程

（4）以步骤（3）中原来的父结点所在位置往前推一个位置，作为新的调整的子树的根结点。继续重复步骤（3），直到调整到树根。此时初始堆已形成。

（5）堆建成后，将树根与二叉树的最后一个结点交换后，再将最后一个结点输出（即输出的是原本的树根），然后比较根结点的两个子结点，若左子结点的关键字值较小，则调整左子树；反之，调整右子树，使它再成为堆。

（6）重复步骤（5），直到二叉树仅剩下一个结点为止。

堆排序的算法分为两个部分，一部分通过一个循环构造一个初始堆；另一部分将堆顶记录与第 i 个记录对调（i 从 $n-1$ 递减到 1），再调用算法 7.11，反复构造新堆以便进行堆排序。

【算法 7.12】 堆排序算法。

```java
public void heapSort() {
    System.out.println("堆排序");
    int n = this.curlen;
    RecordNode temp;
    for (int i = n / 2 - 1; i >= 0; i--){  // 创建堆
        sift(i, n);
    }
    for (int i = n - 1; i > 0; i--) {       // 每趟将最小关键字值交换到后面,再调整成堆
        temp = r[0];
        r[0] = r[i];
        r[i] = temp;
```

```
        sift(0, i);
    }
}// 算法 7.12 结束
```

算法性能分析：

(1) 空间复杂度。堆排序需要一个记录的辅助存储空间,空间复杂度为 $O(1)$。

(2) 时间复杂度。假设堆排序过程中产生的二叉树的树高为 k,则 $k=\lfloor \log_2 n \rfloor+1$。从树的根结点到叶子结点的筛选,关键字的比较次数至多为 $2(k-1)$ 次,交换记录至多为 k 次。所以,在建好堆后,排序过程中的筛选次数不超过 $2(\lfloor \log_2(n-1) \rfloor + \lfloor \log_2(n-2) \rfloor + \cdots + \lfloor \log_2 2 \rfloor)<2n\log_2 n$。由于建初始堆时的比较次数不超过 $4n$ 次,因此,在最坏情况下,堆排序算法的时间复杂度为 $O(n\log_2 n)$。

(3) 算法稳定性。堆排序算法具有较好的时间复杂度,是一种效率非常高的排序算法,但从图 7.11 的排序结果可以看出,它不满足稳定性要求,即堆排序算法是一种不稳定的排序算法,不适合用于求解对稳定性有严格要求的排序问题。

7.5 归并排序

归并排序(Merging Sort)是与插入排序、交换排序、选择排序不同的另一类排序方法。归并的含义是将两个或两个以上的有序表合并成一个新的有序表。其中,将两个有序表合并成一个有序表的归并排序称为二路归并排序,否则称为多路归并排序。归并排序既可用于内部排序,也可以用于外部排序。这里仅对内部排序的二路归并方法进行讨论。

二路归并的基本思想是将待排序记录 r[0] 到 r[n-1] 看成是一个含有 n 个长度为 1 的有序子表,把这些子表依次进行两两归并,得到 $\lceil n/2 \rceil$ 个有序的子表;然后,再把这 $\lceil n/2 \rceil$ 个有序的子表进行两两归并,如此重复,直到最后得到一个长度为 n 的有序表为止。

二路归并排序算法中的核心操作是将两个相邻的有序序列归并为一个有序序列。其实现方法分析如下。

1. 两个相邻有序序列的归并

假设前后两个有序序列分别存放在一维数组 r 的 r[h..m] 和 r[m+1..t] 中,首先在两个有序序列中,分别从第 1 个记录开始进行对应关键字的比较,将关键字值较小的记录放入另一个有序数组 order 中;然后,依次对两个有序序列中剩余记录进行相同处理,直到两个有序序列中的所有记录都加入到有序数组 order 中为止;最后,这个有序数组 order 中存放的记录序列就是归并排序后的结果。例如:有两个有序表(39,52,67,95)和(8,25,56,70),归并后得到的有序表(8,25,39,52,56,67,70,95)。其具体实现算法描述如下:

【算法 7.13】 两个有序序列的归并算法。

```
// 把 r 数组中两个相邻的有序表 r[h]-r[m] 和 r[m+1]-r[t] 归并为一个有序表 order[h]-order[t]
    public void merge(RecordNode[] r, RecordNode[] order, int h, int m, int t) {
        int i = h, j = m + 1, k = h;
        while (i <= m && j <= t) {              // 将 r 中两个相邻子序列归并到 order 中
            if (r[i].key.compareTo(r[j].key) <= 0) {// 较小值复制到 order 中
```

```
            order[k++] = r[i++];
        } else {
            order[k++] = r[j++];
        }
    }
    while (i <= m) {                    // 将前一个子序列剩余元素复制到 order 中
        order[k++] = r[i++];
    }
    while (j <= t) {                    // 将后一个子序列剩余元素复制到 order 中
        order[k++] = r[j++];
    }
}
}// 算法 7.13 结束
```

2. 一趟归并排序

人们把完成一次将待排序序列中所有两两有序序列合并的过程称为一趟归并排序过程。图 7.12 所示，是一个无序序列 $\{52,39,67,95,70,8,25,\overline{52},56\}$ 的二路归并排序过程，整个归并排序过程中共进行了 4 趟归并排序。

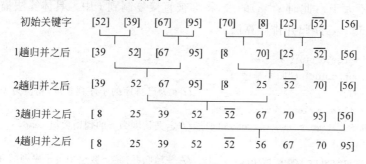

图 7.12 二路归并排序示例

下面具体讨论一趟归并排序的实现过程。假设 r 为待排序列的数组，n 为待排序列的长度，s 为待归并的有序子序列的长度，一趟归并排序的结果存放在数组 order 中。当待排序列中含有偶数个有序子序列时，则只需调用 $\lceil n/(2s) \rceil$ 次两两归并算法即可完成一趟排序；当待排序序列中含有奇数个有序子序列时，则只需调用 $\lfloor n/(2s) \rfloor$ 次两两归并算法后再将最后一个有序子序列复制到排序结果数组 order 中，方可完成一趟归并排序。例如，如图 7.12 所示，对于第 2 趟归并排序，其中 $n=9,s=2$，由于 $\lfloor 9/(2\times2) \rfloor=2$，所以进行了 2 次归并排序后，再将最后一个有序子序列 [56] 复制到排序结果数组 order 中。具体实现算法描述如下：

【算法 7.14】 一趟归并排序算法。

```
public void mergepass(RecordNode[] r, RecordNode[] order, int s, int n) {
    int p = 0;                          // p 为每一对待合并表的第 1 个元素的下标,初值为 0
    while (p + 2 * s - 1 <= n - 1) {    // 两两归并长度均为 s 的有序表
        merge(r, order, p, p + s - 1, p + 2 * s - 1);
        p += 2 * s;
    }
```

```
    if (p + s - 1 < n - 1) {                // 归并最后两个长度不等的有序表
        merge(r, order, p, p + s - 1, n - 1);
    } else {
        for (int i = p; i <= n - 1; i++)// 将剩余的有序表复制到 order 中
        {
            order[i] = r[i];
        }
    }
}// 算法 7.14 结束
```

3. 二路归并排序

假设待排序的 n 个记录保存在数组 r[n]中,归并过程中需要引入辅助数组 temp[n],第 1 趟由 r 归并到 temp,第 2 趟由 temp 归并到 r;如此反复,直到 n 个记录成为一个有序表为止。

在归并过程中,为了将最后的排序结果仍置于数组 r 中,需要进行的归并趟数为偶数,如果实际上只需奇数趟即可完成,那么最后还要进行一趟,正好此时 temp 中的 n 个有序记录为一个长度不大于 s(此时 $s \geqslant n$)的表,将会被直接复制到 r 中。具体算法描述如下:

【算法 7.15】 二路归并排序算法。

```
public void mergeSort() {
    System.out.println("归并排序");
    int s = 1;                              // s 为已排序的子序列长度,初值为 1
    int n = this.curlen;
    RecordNode[] temp = new RecordNode[n]; // 定义长度为 n 的辅助数组 temp
    while (s < n) {
        mergepass(r, temp, s, n);           // 一趟归并,将 r 数组中各子序列归并到 temp 中
        display();
        s *= 2;                             // 子序列长度加倍
        mergepass(temp, r, s, n);           // 将 temp 数组中各子序列再归并到 r 中
        display();
        s *= 2;
    }
}// 算法 7.15 结束
```

算法性能分析:

(1) 时间复杂度。二路归并排序的时间复杂度等于归并趟数与每一趟时间复杂度的乘积。归并趟数为 $\lceil \log_2 n \rceil$。由于每一趟归并就是将两两有序序列归并,而每一对有序序列归并时,记录的比较次数均不大于记录的移动次数,而记录的移动次数等于这一对有序序列的长度之和,所以每一趟归并的移动次数等于数组中记录的个数 n,即每一趟归并的时间复杂度为 $O(n)$。因此,二路归并排序的时间复杂度为 $O(n \log_2 n)$。

(2) 空间复杂度。二路归并排序需要一个与待排序记录序列等长的辅助数组来存放排序过程中的中间结果,所以空间复杂度为 $O(n)$。

(3) 算法稳定性。二路归并排序是一种稳定的排序算法。

7.6 基数排序

基数排序（Radix Sort）是一种借助于多关键字进行排序，也就是一种将单关键字按基数分成"多关键字"进行排序的方法。

7.6.1 多关键字排序

首先看一个例子：

扑克牌中有 52 张牌，可按花色和面值分成两个属性，设其大小关系为：

花色：梅花＜方块＜红心＜黑心

面值：2＜3＜4＜5＜6＜7＜8＜9＜10＜J＜Q＜K＜A

若对扑克牌按花色、面值进行升序排序，则得到如下序列：

梅花 2，3，…，A，方块 2，3，…，A，红心 2，3，…，A，黑心 2，3，…，A

即两张牌，若花色不同，不论面值怎样，花色低的那张牌小于花色高的，只有在同花色情况下，大小关系才由面值的大小确定，这就是多关键字排序。为得到排序结果，下面讨论两种排序方法。

方法 1：先对花色排序，将其分为 4 个组，即梅花组、方块组、红心组和黑心组；再对每个组分别按面值进行排序；最后，将 4 个组连接起来即可。

方法 2：先按 13 个面值给出 13 个编号组（2 号，3 号，…，A 号），将牌按面值依次放入对应的编号组，分成 13 堆；再按花色给出 4 个编号组（梅花、方块、红心、黑心），将 2 号组中的牌取出分别放入对应花色组，再将 3 号组中的牌取出分别放入对应花色组……这样，4 个花色组中均按面值有序；最后，将 4 个花色组依次连接起来即可。

假设 n 个记录的排列表中的每个记录包含 d 个关键字 $\{k^1, k^2, \cdots, k^d\}$，排列表有序是指对于排列表中任意两个记录 $r[i]$ 和 $r[j]$（$1 \leqslant i \leqslant j \leqslant n$），都满足有序关系：

$$(k_i^1, k_i^2, \cdots, k_i^d) < (k_j^1, k_j^2, \cdots, k_j^d) \tag{7.3}$$

其中，k^1 称为最主位关键字，k^d 称为最次位关键字。

多关键字排序按照从最主位关键字到最次位关键字，或从最次位关键字到最主位关键字的顺序逐次排列，可分为两种方法：

（1）最主位优先（Most Significant Digit First）法，简称 MSD 法：先按 k^1 排序分组，同一组中记录，若关键字 k^1 相等，再对各组按 k^2 排序分成子组；之后，对后面的关键字继续这样的排序分组，直到按最次位关键字 k^d 对各子表排序后，再将各组连接起来，便得到一个有序序列。扑克牌按花色、面值排序中介绍的方法 1 即是 MSD 法。

（2）最次位优先（Least Significant Digit First）法，简称 LSD 法：先从 k^d 开始排序，再对 k^{d-1} 进行排序，依次重复，直到对 k^1 排序后便得到一个有序序列。扑克牌按花色、面值排序中介绍的方法 2 即是 LSD 法。

7.6.2 链式基数排序

将关键字拆分为若干项，每项作为一个"关键字"，则对单关键字的排序可按多关键字排序方法进行。例如：关键字为 4 位的整数,可以每位对应一项,拆分成 4 项;又例如:关键字由 5 个字符组成的字符串,可以每个字符作为一个关键字。由于这样拆分后,每个关键字都在相同的范围内(数字是 0~9,字符是'a'~'z'),称这样的关键字可能出现的符号个数为"基",记作 RADIX。上述取数字为关键字的"基"为 10;取字符为关键字的"基"为 26。基于这一特性,采用 LSD 法排序较为方便。

在基数排序中,常使用 d 表示关键字的位数,用 rd 表示关键字可取值的种数。例如,关键字为一个 3 位数,则 $d=3$,每一位关键字为数字,rd=10。若关键字是长度为 4 的字符串,则 $d=4$,每一位关键字为字母,rd=26。

基数排序的基本思想是将一个序列中的逻辑关键字看成是由 d 个关键字复合而成,并采用最低位优先方法对该序列进行多关键字排序,即从最低关键字开始,将整个序列中的元素"分配"到 rd 个队列中,再依次"收集"成一个新的序列,如此重复进行 d 次,即完成排序过程。

执行基数排序可采用链表的存储结构,用一个长度为 n 的单链表 r 存放待排序的 n 个记录,再使用两个长度为 rd 的一维数组 f 和 e,分别存放 rd 个队列中指向队首结点和队尾结点的指针。其处理过程为:

(1) 形成初始链表作为当前的处理序列。

(2) 将最小的关键字值作为当前关键字,即 $i=d$。

(3) 执行第 i 趟分配和收集,即改变序列中各个记录的指针,使当前的处理序列按该关键字分成 rd 个子序列,链头和链尾分别由 f[0..rd−1] 和 e[0..rd−1] 指向,再将这 rd 个子序列头尾相连形成一个新的当前处理序列。

(4) 将当前关键字向高位推进一位,即 $i=i−1$;重复执行步骤(3),直至 d 位关键字都处理完毕。

例如:初始的记录关键字为(179,208,306,930,589,184,505,269,008,083),则对其进行基数排序的执行过程如图 7.13 所示。

图 7.13(a)表示由初始关键字序列所连成的链表。第 1 趟分配对最低位关键字(个位数)进行,改变结点指针值,将链表中的各个结点分配到 10 个链队列中去,每个队列中的结点关键字的个位数相等,如图 7.13(b)所示,其中 f[i] 和 e[i] 分别为第 i 个队列的首指针和尾指针,第 1 趟收集是改变所有非空队列的队尾结点的指针域,令其指向下一个非空队列的队首结点,重新将 10 个队列中的结点连成一条链,如图 7.13(c)所示,第 2 趟分配与收集及第 3 趟分配与收集分别是对十位数和百位数进行的,其过程和个位数相同,如图 7.13(d)~图 7.13(g)所示,至此排序完毕。

算法性能分析:

(1) 时间复杂度。假设待排序列含有 n 个记录,共 d 位关键字,每位关键字的取值范围为 0~rd−1,则进行链式基数排序的时间复杂度为 $O(d(n+rd))$,其中,一趟分配的时间复杂度为 $O(n)$,一趟收集的时间复杂度为 $O(rd)$,因此,共进行了 d 趟分配和收集。

(2) 空间复杂度。需要 2×rd 个队列首、尾指针辅助空间以及用于链表的 n 个指针。

(3) 算法稳定性。基数排序是一种稳定的排序算法。

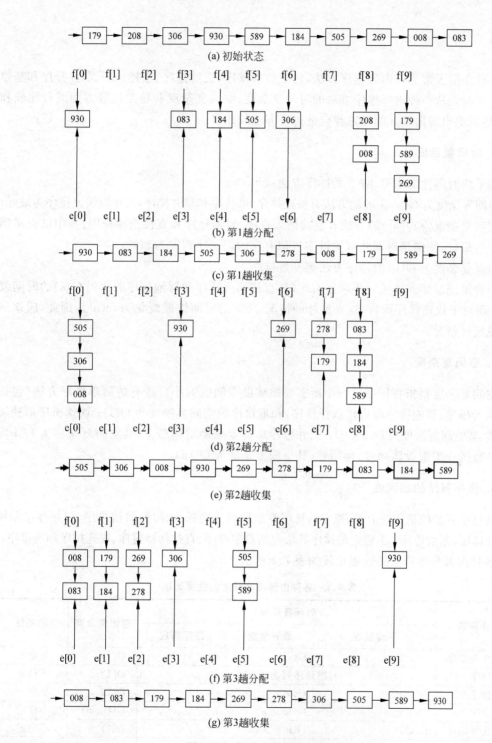

(a) 初始状态

(b) 第1趟分配

(c) 第1趟收集

(d) 第2趟分配

(e) 第2趟收集

(f) 第3趟分配

(g) 第3趟收集

图 7.13 链式基数排序示例

小结

本章介绍了常见的内部排序方法,包括插入排序、交换排序、选择排序、归并排序和基数排序。下面先从各种内部排序方法的时间复杂度、空间复杂度和稳定性等方面进行比较和分析,然后给出根据实际问题选择合适排序方法的建议。

1. 时间复杂度

按平均时间性能来分,有 3 类排序方法:

时间复杂度为 $O(n\log_2 n)$ 的方法有快速排序、堆排序和归并排序,其中以快速排序为最好;

时间复杂度为 $O(n^2)$ 的方法有直接插入排序、冒泡排序和直接选择排序,其中以直接插入排序为最好,特别是对那些对关键字近似有序的记录序列尤为如此;

时间复杂度为 $O(n)$ 的排序方法是基数排序。

当待排记录序列按关键字顺序有序时,直接插入排序和冒泡排序能达到 $O(n)$ 的时间复杂度;而对于快速排序而言,这是最坏的情况,此时的时间性能蜕化为 $O(n^2)$,因此,应该尽量避免这种情况。

2. 空间复杂度

空间复杂度是指在排序过程中所需要的辅助空间的大小。所有的简单排序方法(包括直接插入排序、冒泡排序和直接选择排序)和堆排序的空间复杂度为 $O(1)$;快速排序单独属于一类,其空间复杂度为 $O(\log_2 n)$;归并排序所需要辅助空间最多,其空间复杂度为 $O(n)$;链式基数排序需附设队列首、尾指针,其空间复杂度为 $O(\mathrm{rd})$。

3. 排序算法的稳定性

从排序算法的稳定性上看,稳定的排序算法包括直接插入排序、冒泡排序、归并排序和树形选择排序、基数排序;不稳定的排序算法包括希尔排序、直接选择排序、快速排序和堆排序。

各种内部排序算法的性能比较如表 7.1 所示。

表 7.1　各种内部排序算法的性能比较

排序算法	时间复杂度			空间复杂度	稳定性
	平均情况	最好情况	最坏情况		
直接插入排序	$O(n^2)$	$O(n)$	$O(n^2)$	$O(1)$	稳定
希尔排序	与增量序列选择有关			$O(1)$	不稳定
冒泡排序	$O(n^2)$	$O(n^2)$	$O(n^2)$	$O(1)$	稳定
快速排序	$O(n\log_2 n)$	$O(n\log_2 n)$	$O(n^2)$	$O(\log_2 n)$	不稳定
直接选择排序	$O(n^2)$	$O(n^2)$	$O(n^2)$	$O(1)$	不稳定
堆排序	$O(n\log_2 n)$	$O(n\log_2 n)$	$O(n\log_2 n)$	$O(1)$	不稳定
归并排序	$O(n\log_2 n)$	$O(n\log_2 n)$	$O(n\log_2 n)$	$O(n)$	稳定
基数排序	$O(d(n+\mathrm{rd}))$	$O(d(n+\mathrm{rd}))$	$O(d(n+\mathrm{rd}))$	$O(\mathrm{rd})$	稳定

　　因为不同的排序算法适用于不同的应用环境和要求,因此,在解决实际的排序问题时选择合适的排序方法要综合考虑多种因素,包括:待排序的记录数目、稳定性、时间复杂度和空间复杂度等。

　　下面给出几点选择排序算法的建议。

　　(1) 若 n 较小(例如 $n \leqslant 50$),则可采用直接插入排序或直接选择排序。

　　(2) 若记录序列初始状态基本有序(指正序),则应选用直接插入排序、冒泡排序。

　　(3) 若 n 较大,则应采用时间复杂度为 $O(n\log_2 n)$ 的排序算法:快速排序、堆排序或归并排序。

　　快速排序是目前基于比较的内部排序中被认为是最好的一种排序算法,当待排序的关键字是随机分布时,快速排序的平均时间最短;堆排序所需的辅助空间少于快速排序,并且不会出现快速排序可能出现的最坏情况,这两种排序都是不稳定的;当内存空间允许,且要求排序是稳定时,则可选用归并排序。

　　由于排序操作在计算机应用中所处的重要地位,希望读者能够深刻理解各种内部排序算法的基本思想和特点,熟悉内部排序的执行过程,记住各种排序算法的稳定性、空间复杂度和在最好、最坏情况下的时间复杂度,以便在实际应用中,根据实际问题的要求,选择合适的排序方法。

习题 7

一、选择题

1. 内部排序算法的稳定性是指(　　　)。

　　A. 该排序算法不允许有相同的关键字记录

　　B. 该排序算法允许有相同的关键字记录

　　C. 平均时间为 $O(n\log n)$ 的排序方法

　　D. 以上都不对

2. 下面给出的 4 种排序算法中,(　　　)是不稳定的排序。

　　A. 插入排序　　　　　B. 堆排序　　　　　　C. 二路归并排序　　D. 冒泡排序

3. 在下列排序算法中,哪一种算法的时间复杂度与初始排序序列无关(　　　)。

　　A. 直接插入排序　　　B. 冒泡排序　　　　　C. 快速排序　　　　　D. 直接选择排序

4. 关键字序列 $(8,9,10,4,5,6,20,1,2)$ 只能是下列排序算法中(　　　)的两趟排序后的结果。

　　A. 选择排序　　　　　B. 冒泡排序　　　　　C. 插入排序　　　　　D. 堆排序

5. 下列排序方法中,(　　　)所需要的辅助空间最大。

　　A. 选择排序　　　　　B. 希尔排序　　　　　C. 快速排序　　　　　D. 归并排序

6. 一组记录的关键字为 $(46,79,56,38,40,84)$,则利用快速排序的方法,以第一个记录为支点得到的一次划分结果为(　　　)。

　　A. $(38,40,46,56,79,84)$　　　　　　　　B. $(40,38,46,79,56,84)$

　　C. $(40,38,46,56,79,84)$　　　　　　　　D. $(40,38,46,84,56,79)$

7. 在对一组关键字序列 $\{70,55,100,15,33,65,50,40,95\}$,进行直接插入排序时,把 65

插入,需要比较(　　　)次。

　　A. 2　　　　　　　　B. 4　　　　　　　　C. 6　　　　　　　　D. 8

8. 从待排序的序列中选出关键字值最大的记录放到有序序列中,该排序方法称为(　　　)。

　　A. 希尔排序　　　　B. 直接选择排序　　　C. 冒泡排序　　　　D. 快速排序

9. 当待排序序列基本有序时,以下排序方法中,(　　　)最不利于其优势的发挥。

　　A. 直接选择排序　　B. 快速排序　　　　　C. 冒泡排序　　　　D. 直接插入排序

10. 在待排序序列局部有序时,效率最高的排序算法是(　　　)。

　　A. 直接选择排序　　B. 直接插入排序　　　C. 快速排序　　　　D. 归并排序

二、填空题

1. 执行排序操作时,根据使用的存储器可将排序算法分为_____和_____。

2. 在对一组记录序列{50,40,95,20,15,70,60,45,80}进行直接插入排序时,当把第7个记录60插入到有序表中时,为寻找插入位置需比较_____次。

3. 在直接插入排序和直接选择排序中,若初始记录序列基本有序,则选用_____。

4. 在对一组记录序列{50,40,95,20,15,70,60,45,80}进行直接选择排序时,第4次交换和选择后,未排序记录为_____。

5. n个记录的冒泡排序算法所需要的最大移动次数为_____,最小移动次数为_____。

6. 对n个结点进行快速排序,最大的比较次数是_____。

7. 对于堆排序和快速排序,若待排序记录基本有序,则选用_____。

8. 在归并排序中,若待排序记录的个数为20,则共需要进行_____趟归并。

9. 若不考虑基数排序,则在排序过程中,主要进行的两种基本操作是_____和_____。

10. 在插入排序、希尔排序、选择排序、快速排序、堆排序、归并排序和基数排序中,平均比较次数最少的是_____,需要内存容量最多的是_____。

三、算法设计题

1. 试设计算法,用插入排序方法对单链表进行排序。

2. 试设计算法,用选择排序方法对单链表进行排序。

3. 试设计算法,实现双向冒泡排序(即相邻两遍向相反方向冒泡)。

4. 试设计算法,使用非递归方法实现快速排序。

5. 试设计算法,判断完全二叉树是否为大顶堆。

四、上机实践题

1. 编写程序,对直接插入排序、希尔排序、冒泡排序、快速排序、直接选择排序、堆排序和归并排序进行测试。

2. 编写程序,对带监视哨的直接插入排序进行测试。

3. 编写程序,要求随机生成30个数,并比较直接插入排序、直接选择排序、冒泡排序、快速排序和堆排序的排序性能。

4. 编写程序,实现学生成绩信息存放在一个记录文件中,每条记录包含学号、姓名、成绩3个数据项,要求从键盘输入学生的学号、姓名、成绩数据,并按成绩进行从小到大排序后输出。

第8章

外排序

前面章节中介绍的各种排序方法,其待排序的记录及其相关信息都是存储在内存中,无须借助外存就能完成整个的排序过程,这些排序叫作内部排序。但当待排序的记录其数据量较大时,则无法在内存中完成整体排序,为此需要将待排序的记录以文件的形式存储在外存储器中,排序时每次只能将文件中的部分记录数据装入内存进行处理,这样,要达到对文件整体排序的目的,则需要在内存和外存之间进行多次数据交换。像这种需要借助外存储器才能完成整个排序过程的排序就叫外排序。

本章主要知识点:
- 外部排序的基本方法;
- 磁盘排序中的多路平衡归并排序;
- 磁盘排序中的置换—选择排序;
- 磁盘排序中的最优归并树。

8.1 外排序概述

文件存储在外存上,因此,外部排序方法与各种外部设备的特征有关。外存设备一般分为两大类,一类是顺序存取设备,如磁带;另一类是直接存取设备,如磁盘。

外部排序最基本的方法是归并排序法。该方法有两个相对独立的阶段组成:第一阶段是生成若干初始顺串(或归并段),先按可用内存大小,将外存上含 n 个记录的文件分成若干个长度为 $l(l<n)$ 的子文件或段,依次读入内存,再用一种有效的内部排序方法对文件的各个段进行排序,并将排序后得到的有序子文件重新写入外存,通常将排序后的子文件称为**顺串**(或归并段);第二阶段是进行**多路归并**,即采用多路归并方法对顺串进行逐趟归并,使顺串长度逐渐由小变大,直至得到整个有序文件为止。最初形成的顺串文件长度取决于内存所能提供的排序区大小和最初排序的策略,而归并路数取决于能提供的外存设备数。例 8.1 给出了一个简单的外部排序过程。

【例 8.1】 假设外存储器上有一文件,共有九大块记录需要排序,而计算机中的内存最多只能对 3 个记录块进行内部排序,则其外部排序的过程如图 8.1 所示。

第一阶段,首先是将连续的 3 大块记录由外存读入内存,用一种内部排序方法完成排序,再写回外存。经过 3 次 3 大块的内部排序,得到 3 个初始顺串,结果如图 8.1(a)所示。

第二阶段,将供内部排序的内存分为 3 块,其中两块作为输入,一块作为输出,指定一个

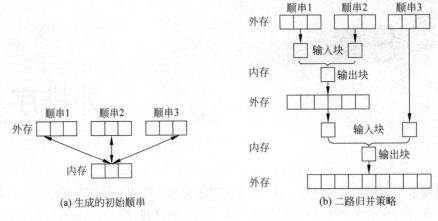

图 8.1　外部排序的过程示意图

输入块只负责读取一个顺串中的记录块，如图 8.1（b）所示为 3 个顺串的归并过程。顺串归并的步骤是：

（1）当任一输入块为空时，归并暂停，然后将相应顺串中的一块信息写入内存。

（2）将内存中两个输入块中的记录逐一归并后送入输出块。

（3）当输出块写满时，归并暂停，将输出块中的记录写入外存。

这里采用了简单的二路归并法，若在内存中要完成两个顺串的归并则很简单，只要通过调用上一章的 merge 方法（算法 7.13）便可实现。但在外部排序中，由于不可能将两个顺串及归并结果同时存放在内存中，因此，要实现顺串的两两归并，还要进行外存的读/写操作。一般情况下，外部排序所需要的总时间为：

$$m \times t_{IS} + d \times t_{IO} + s \times u \times t_{mg} \qquad (8.1)$$

其中，t_{IS} 是为得到一个初始顺串进行内部排序所需要时间的均值，m 为初始顺串的个数，$m \times t_{IS}$ 则为内部排序（产生初始顺串）所需要的时间；t_{IO} 是进行一次外存读/写所需要的时间的均值，d 为总的读/写外存的次数，$d \times t_{IO}$ 则为外存信息读/写的时间；$u \times t_{mg}$ 是对 u 个记录进行内部归并所需要的时间，s 为归并的趟数，$s \times u \times t_{mg}$ 则为内部归并所需要的时间。

对同一文件而言，进行外部排序时所需要读/写外存的次数 d 和归并的趟数 s 是成正比的，则从式（8.1）可知，需要提高外部排序的效率，主要要考虑以下 4 个问题：

（1）如何减少归并的趟数。

（2）如何有效安排内存中的输入、输出，使得计算机的并行处理能力被最大限度地利用。

（3）如何有效生成顺串。

（4）如何将顺串进行有效的归并。

针对这 4 个大问题，人们设计了多种解决方案。例如，采用多路归并取代简单的二路归并，就可以减少归并的趟数，这是由于对 m 个初始顺串进行 k 路平衡归并时，归并的趟数为：

$$s = \lceil \log_k m \rceil \qquad (8.2)$$

所以，或增加 k 或减少 m，都能减少 s；在内存中划分两个输出块，而不是只用一个，就只可以设计算法使得归并排序不会因为对外存的写操作而暂停,达到并行处理归并排序和外存写操作的效果;通过一种"败者树"的数据结构,可以一次生成两倍于内存容量的顺串;利用哈夫曼树的贪心策略选择归并排序,可以耗费最少的外存读写时间等。下面通过磁盘排序的实现来讨论外部排序的解决方法。

8.2 磁盘排序

8.2.1 磁盘信息的存取

磁盘是一种随机存取(直接存取)的存储设备,它具有存储容量大、数据传输速率高和存取时间变化不大的特点。磁盘是一个扁平的圆盘,如图 8.2 所示为磁盘的结构示意图。磁盘由一个或多个盘片组成,多个盘片是被固定在同一主轴上,每个盘片有两个面,每个面被划分为若干磁道,每个磁道又被划分为若干个扇形的区域,所有盘面上相同直径的同心磁道组成一个圆柱面,圆柱面的个数就是盘片上的磁道数。通常,一个磁道大约有零点几个毫米的宽度,数据就记载在这些磁道上。每一盘面有一个读/写磁头,在磁盘控制器的作用下,读/写磁头沿着盘片表面做直线移动,而盘片沿着主轴高速旋转,当磁道在读/写头下通过时便可对数据进行读与写。划分磁道和扇区的结构使得在一段时间对磁盘数据的读/写是在一个扇区进行,数据块可以被存放在一个或几个扇区上。磁盘上要标明一个具体数据必须用一个三维地址:柱面号、盘面号、块号。其中,柱面号确定读/写头的径向运动,而块号确定信息在盘片圆圈上的位置。

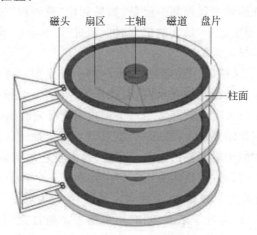

图 8.2 磁盘结构示意图

磁盘的存取时间(t_{IO})是指从发出读/写命令后,磁头从某一起始位置移动至所需要的记录位置,到完成从盘片表面读出或写入数据所需要的时间。它由 3 个数值所决定:一个是磁头臂将磁头移动到所需要的磁道上所需要的时间,称为定位时间或找道时间(seek time,记为 t_{seek});另一个是找道完成后等待需要访问的数据到达磁头之下的时间,称为等待时间(latency time,记为 t_{la});第三个是从磁盘或向磁盘传送数据所需要的时间,称为传输时间(transmission time,记为 t_{wm}),因此,磁盘的存取时间等于找道时间、等待时间和传输时

间之和,记为:

$$t_{\mathrm{IO}} = t_{\mathrm{seek}} + t_{\mathrm{la}} + t_{\mathrm{wm}} \tag{8.3}$$

8.2.2　多路平衡归并

从式(8.2)可知,对 m 个归并段采用 k 路平衡归并时,需要进行 $s=\lceil\log_k m\rceil$ 趟的归并,显然增加 k,可减少归并的趟数,从而达到减少对外存的读/写的次数。下面就来讨论,是不是通过增加 k,就可以提高归并的效率。

对于 k 路归并,假设有 u 个记录分布在 k 个归并段中,归并后的第一个记录一定是 k 个归并段中关键字最小/最大的记录,它是通过对每个归并段中的第一个记录的相互比较中选出的,这需要进行 $k-1$ 次关键字的比较。以此类推,要得到含 u 个记录的有序归并段则需进行 $(u-1)(k-1)$ 次比较,若归并趟数为 s 次,那么对 n 个记录的文件进行外部排序时,内部归并过程中进行的总的比较次数为 $s(n-1)(k-1)$。由此,假设对于 n 个记录的文件所得到的初始归并段是 m 个,则对 m 个初始归并段进行 k 路平衡归并过程中需对关键字进行比较的总次数为:

$$\lceil\log_k m\rceil(n-1)(k-1) = \left\lceil\frac{\log_2 m}{\log_2 k}\right\rceil(n-1)(k-1) \tag{8.4}$$

当归并段数 m 和待排序的记录个数 n 一定时,上式中 $\lceil\log_2 m\rceil(n-1)$ 是常量,而 $\dfrac{k-1}{\lceil\log_2 k\rceil}$ 的值则随 k 的增大而增大。由此可知,增大 k 值会使归并的时间增大,当 k 增大到一定程度时,将抵消由于增大 k 而减少外存信息读/写时间所得的效益。因此,在 k 路平衡归并中,其效率并非是 k 越大,归并的效率就越高。但是,如果利用"败者树"进行 k 路平衡归并,则可使在 k 个记录中选出关键字最小/最大的记录时仅需进行 $\lceil\log_2 k\rceil$ 次比较,从而使总比较次数变为 $\lceil\log_2 m\rceil(n-1)$,与 k 无关。

败者树是一棵完全二叉树,它是树形选择排序的一种变型。可见图 7.6 中的二叉树是"胜者树",因其中每个非终端结点均表示左、右孩子的"胜者"(关键字较小者)。反之,所谓"败者",是两个关键字中较大者。若在父结点中记载刚进行完成比较的败者,而让胜者去参加更高一层的比较,且在根结点之上附加一个结点以存放全局的优胜者,便可得到一棵"**败者树**"。败者树是采用类似于堆调整的方法来创建的,由于它是完全二叉树,因此,可以采用一维数组作为存储结构,假设一维数组为 LS,树中元素有 k 个叶子结点、$k-1$ 个比较结点、1 个冠军结点,所以一维数组中共有 $2k$ 个元素。其中 ls[0] 为冠军结点,ls[1]…ls[k-1] 为比较结点,ls[k]…ls[2k-1] 为叶子结点,同时用另外一个指针索引 b[0]…b[k-1] 指向叶子结点,b 为一个附加的辅助空间,不属于败者树,初始化时存放一个含最小关键字 MINKEY 的叶子结点值。

利用败者树对 k 个初始归并段进行 k 路平衡归并排序的具体方法描述为:

(1) 首先将 k 个归并段中的第一条记录的关键字依次存入 b[0]…b[k-1] 中作为叶子结点创建初始败者树。其建立的过程是:从叶子结点开始分别对两两叶子结点进行比较,在父结点中记录比赛的败者,而让胜者参加更高一层的比赛,如此重复,创建完毕之后最小的关键字下标(即所在归并段的序号)便被存入在根结点之上的冠军结点 ls[0] 中。

(2) 根据 ls[0] 的值确定最小关键字所在的归并段序号 q,将该归并段的第一条记录输出到有序归并段中,然后再将此归并段中的下一条记录的关键字存入上一条记录本来所在的叶子结点 b[q] 中。

(3) 重购败者树。将新的 b[q] 这个叶子结点与父结点进行比较,大的存放在父结点,小的与上一级父结点再进行比较,如此逐层向上调整,直到根结点,最后将选出的新的最小关键字下标同样存在 ls[0] 中。

(4) 重复步骤(2)和(3),直至所有记录都被写到有序归并段中为止。

如图 8.3(a)所示为一棵实现 7 路平衡归并的初始败者树 ls[0…6]。图中方形结点是叶子结点,分别指示 7 路归并段中当前参加归并选择的记录的关键字,败者树中根结点 ls[1] 的父结点 ls[0] 为"冠军",指示各大归并段中的最小关键字记录所在段的序号。败者树的修改过程如图 8.3(b)所示。在败者树的重构过程中只需要查找父结点,而不必查找兄弟结点,因而重购时对败者树要修改的结点数要比胜者树更少且更容易一些。

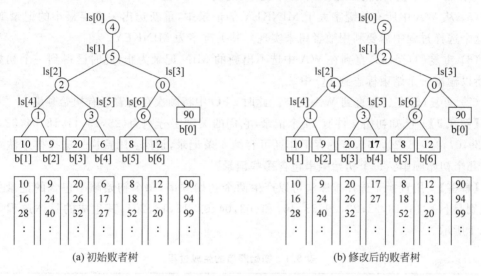

(a) 初始败者树　　　　　　　　　(b) 修改后的败者树

图 8.3　7 路平衡归并的败者树

采用多路平衡归并可以减少对数据的扫描遍数从而可减少读/写的数据量,但并不是 k 值越大越好,如何选择合适的 k 值,需从可用缓冲区的内存空间大小及磁盘的特性参数等多方面进行综合考虑。

8.2.3　置换—选择排序

在进行多路平衡归并前,还需要生成待归并的顺串。采用上一章介绍的内部排序方法,可以实现初始顺串的生成,但生成的顺串长度只与内存工作区的大小有关。假设内存工作区的大小为 l,则用内部排序生成的顺串除了最后一个它的长度可能小于 l 之外,其他的都与 l 相等,所以,如果待排序的文件记录个数为 n,则初始顺串的个数 m 为 $\lceil n/l \rceil$。再从式(8.2)得知,归并的趟数 s 与 m 成正比,而 m 又与顺串的长度 l 成反比,因此,可以考虑通过增加顺串的长度来减少顺串的个数,从而提高归并排序的效率。这里要介绍的置换—选择排序法就可以达到此目的。

1. 置换—选择排序方法

置换—选择排序是在树形选择排序的基础上得来的,它的特点是:在生成所有初始顺串的整个排序过程中,选择最小/最大关键字和输入、输出交叉或平行进行。这种排序可以增加初始顺串的长度。

假设输入文件 FI 是待排序文件,输出文件 FO 存放初始顺串,WA 是可以容纳 m 个记录的内存工作区,则置换—选择排序的基本过程为:

(1) 从 FI 输入 m 个记录到内存工作区 WA。

(2) 从 WA 中选出关键字最小的记录 MIN,其关键字为 MINKEY。

(3) 将 MIN 输出到 FO 中去。

(4) 若 FI 不空,则从 FI 读入下一个记录,送到 WA 中。

(5) 从 WA 中所有关键字大于 MINKEY 的记录中,重新选出关键字最小的记录 MIN (在这个选择过程中需要利用败者树来实现),其关键字为 MINKEY。

(6) 重复(3)至(5),直到在 WA 中选不出新的 MIN 记录为止,此时已得到一个初始顺串,所以输出一个结束标志到 FO 中。

(7) 重复(2)至(6),直到 WA 为空。此时,FO 中将顺次存放着所有初始顺串。

【例 8.2】 已知初始文件有 14 个记录,它们的关键字分别为{23,13,11,18,04,33,22,03,29,07,40,15,20,16},若内存工作区可容纳 4 条记录,请问:用置换—选择排序法可以产生几个初始顺串? 每个初始顺串包含哪些记录?

【解答】 用置换—选择排序法可以产生两个初始顺串,每个初始顺串包含的记录关键字分别是{11,13,18,22,23,29,33,40}和{03,04,07,15,16,20},其生成的具体过程如下表 8.1 所示。

表 8.1　初始顺串的生成过程

输入文件 FI	工作区 WA	输出文件 FO
23,13,11,18,04,33,22,03,29,07,40,15,20,16	空	空
04,33,22,03,29,07,40,15,20,16	23,13,11,18	空
33,22,03,29,07,40,15,20,16	23,13,04,18	(顺串1): 11
22,03,29,07,40,15,20,16	23,33,04,18	(顺串1): 11,13
03,29,07,40,15,20,16	23,33,04,22	(顺串1): 11,13,18
29,0337,40,15,20,16	23,33,04,03	(顺串1): 11,13,18,22
07,40,15,20,16	29,33,04,03	(顺串1): 11,13,18,22,23
40,15,20,16	07,33,04,03	(顺串1): 11,13,18,22,23,29
15,20,16	07,40,04,03	(顺串1): 11,13,18,22,23,29,33
20,16	07,15,04,03	(顺串1): 11,13,18,22,23,29,33,40
16	07,15,04,20	(顺串1): 11,13,18,22,23,29,33,40 (顺串2): 03
空	07,15,16,20	(顺串1): 11,13,18,22,23,29,33,40 (顺串2): 03,04
空	15,16,20	(顺串1): 11,13,18,22,23,29,33,40 (顺串2): 03,04,07

续表

输入文件 FI	工作区 WA	输出文件 FO
空	16,20	（顺串1）：11,13,18,22,23,29,33,40 （顺串2）：03,04,07,15
空	20	（顺串1）：11,13,18,22,23,29,33,40 （顺串2）：03,04,07,15,16
空	空	（顺串1）：11,13,18,22,23,29,33,40 （顺串2）：03,04,07,15,16,20

【说明】　如果用上一章介绍的内部排序法则会产生 4 个长度不超过内存工作区大小的初始顺串，它们分别如下：

顺串 1：11,13,18,23

顺串 2：03,04,22,33

顺串 3：07,15,15,40

顺串 4：16,20

而从上例可知，用置换—选择排序法可使生成的顺串长度大于内存工作区的大小，它生成的初始顺串的长度不但与内存工作区的大小有关，而且与输入文件中记录的排列次序有关。而且可以证明，当输入文件中的记录按其关键字随机排列时，所生成的初始顺串的平均长度为内存工作区大小的 2 倍。它的证明是由 E. F. Moore 在 1961 年从置换—选择排序和扫雪机的类比中得出的，具体证明过程这里就不阐述，请有兴趣的学习者可检阅相关书籍。

2．利用败者树实现置换—选择排序

在工作区 WA 中选择 MIN 记录的过程要用败者树来实现。前面已对利用败者树实现多路平衡归并排序的方法和顺串的生成过程做了详细的描述，下面仅就利用败者树实现置换—选择排序的一些关键方法加以说明。

（1）内存工作区中的记录 wa[0]…wa[k−1]（其中，k 为内存工作区可容纳的记录个数）是作为败者树的叶子结点，而败者树中根结点的双亲结点指示工作区中关键字最小的记录的下标 q。

（2）为了便于找出关键字最小的记录，特为每个记录附设一个指示所在顺串的序号，在进行关键字的比较时，先比较顺串的序号值，顺串序号小的为胜者，而顺串序号相同的则以关键字小的为胜者。

（3）败者树初始建立时，先将工作区中所有记录的顺串序号值初始为 0，然后从 FI 中逐个读入记录到工作区后，再自下而上调整败者树，由于开始读入的这些记录的顺串序号为 1，则它们对于 0 序号顺串的记录而言均为败者，从而可逐个填充到败者树的各结点中。

（4）得到一个最小关键字记录 wa[q]后，则将此记录输出，并从 FI 中输入下一个记录至 wa[q]，同时，如果新记录的关键字小于刚输出记录的关键字，则将此新输入记录的顺串序号值置为刚输出记录的顺串序号值加 1，否则新输入记录的顺串序号值与刚刚输出记录的顺串序号值相同。

如图 8.4 所示是对例 8.2 进行置换—选择排序过程中败者树的状态变化示意图。其中，图 8.4(a)至 8.4(e)显示了初始败者树建立过程中的状态变化情况，从如图 8.4(e)的败者树中可选出第一个最小关键字记录为 wa[1]，它是生成的顺串 1 中的第一条记录；如图 8.4(f)则显示输出 wa[1]并从 FI 中读入下一条记录至 wa[1]后的败者树的状态，其中由于新读入的记录的关键字 04 小于刚输出的记录关键字 11，所以新读入的记录的顺串序号

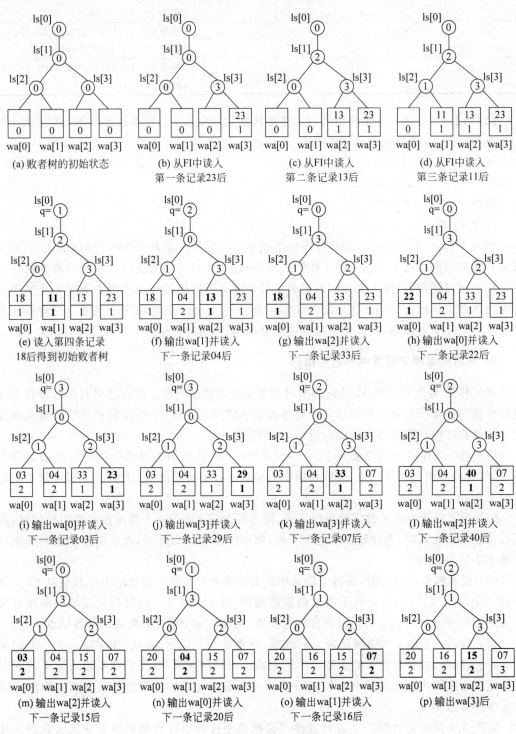

图 8.4　置换一选择排序中的败者树

值为 2;如图 8.4(g)中由于读入记录的关键字 33 是大于刚输出的记录关键字 13,所以新读
入的记录的顺串序号仍为 1;图 8.4(l)是输出 wa[2]记录并从 FI 中读入下一条记录后通过
调整得到的最小关键字记录为 wa[2]的败者树;图 8.4(m)则表明在输出记录 wa[2]记录
之后,由于读入的下一条记录关键字 15 小于刚输出的记录关键字 40,所以其顺串序号值为
2,而且此时败者树中所有记录的顺串序号值都为 2,由此可得败者树所选出的最小关键字
记录的顺串序号值也为 2,它是大于当前生成的顺串的序号值,这就说明顺串 1 已经生成结
束,而新的最小关键字的记录应为下一顺串中的第一条记录;图 8.4(p)表示输出 wa[3]后
输入文件 FI 已为空,则将输出记录的顺串序号值加 1,使此成为虚设的记录,由此败者树也
可选出最小关键字记录为 wa[2];后面做相同的处理就可完成整个排序,并生成两个顺串,
其中顺串 1 为:{11,13,18,22,23,29,33,40},顺串 2 为:{03,04,07,15,16,20},与表 8.1
展示的结果相同。

8.2.4 最优归并树

从上述内容分析可知,虽然置换—选择排序可生成长度大于内存工作区大小的顺串,从
而可减少顺串的个数,进而减少归并的趟数。但由于生成的初始顺串其长度不等,由此在进
行多路平衡归并时,如果归并方案不同,也会导致归并过程中对外存进行读/写的次数不同。
例如:假设有 9 个初始归并段,其长度分别为 28、10、7、16、2、15、1、5 和 21,如图 8.5 所示为其
中一种 3 路平衡归并的归并树(表示归并过程的树),图中每个圆结点表示一个初始归并段,方
结点表示归并后生成的归并段,根结点表示最后生成的归并段,每个结点中的数字表示归并段
的长度。假设每个记录占一个物理快,则这个两趟归并过程中所需要读/写外存的总次数为:

$$(28+10+7+16+2+15+1+5+21) \times 2 \times 2 = 420 \qquad (8.5)$$

再将式(8.5)左边改写为:

$$(28 \times 2 + 10 \times 2 + 7 \times 2 + 16 \times 2 + 2 \times 2 + 15 \times 2 + 1 \times 2 + 5 \times 2 + 21 \times 2) \times 2$$

$$(8.6)$$

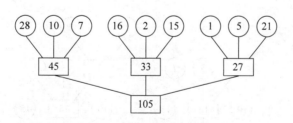

图 8.5 3 路平衡归并的归并树

若将初始归并段的长度看成是归并树中叶子结点的权,则式(8.5)的值正好等于此归并
树的带权路径长度 WPL 的两倍。由于不同的归并方案会得到不同的归并树,因而归并树
就会有不同带权路径长度。为此,要减少归并排序中对外存的读/写次数,则可以从如何
构造一个归并树使其带权路径长度的值达到尽可能小的角度进行思考。回顾在第 5 章介绍
的哈夫曼树,哈夫曼树就是一棵具有 n 个叶子结点的带权路径长度最小的二叉树。同理,可
将哈夫曼树扩充到 K 叉树,即具有 n 个叶子结点的带权路径长度最小的 k 叉树也称为哈夫
曼树。所以,针对长度不等的 n 个初始归并段,可以构造一棵哈夫曼树作为归并树,就能使

在进行外部排序时所需要对外存读/写的总次数达到最小，这种归并树便称其为最佳归并树。例如，针对上述 9 个初始归并段，再根据哈夫曼思想可构造图 8.6 所示的最佳归并树，利用这种归并方案进行外部排序时所需要对外存读/写的总次数为：

$$(1\times3+2\times3+5\times3+7\times2+10\times2+15\times2+16\times2+21\times2+28\times1)\times2$$
$$=386(<420)$$

图 8.6 的哈夫曼树中只有度为 3 和 0 的结点，如果已知初始归并段不是 9 个，而是 8 个或是其他时，则在设计归并方案时可能会出现缺额的归并段，即在按哈夫曼思想构造出的哈夫曼树中它的每一结点的度不全为 3 或 0。如图 8.7 所示的是针对已知 8 个归并段（对前例中 9 个归并段去除长度为 28 的归并段）并根据哈夫曼思想而构造的归并树，其对外存的读/写次数为 WPL×2=358，这并不是最佳归并树。解决办法是：对于 k 路归并，当初始归并段不足时，先附加若干个长度为 0 的"虚段"，然后再按照哈夫曼思想去构造哈夫曼树，使得每次归并都有 k 个对应的归并段。如图 8.8(a)所示的是附加了 1 个"虚段"后的哈夫曼树，其外存的读/写次数仅为 WPL×2=270，是最佳归并树。由于按照哈夫曼的思想，在哈夫曼树中权值为 0 的叶子结点一定离根结点最远。附加的"虚段"在最佳归并树的图形中可不显示表现出来，如图 8.8(b)所示。

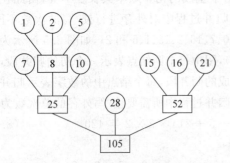

图 8.6　3 路平衡归并的最佳归并树

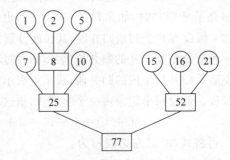

图 8.7　8 个归并段的归并树

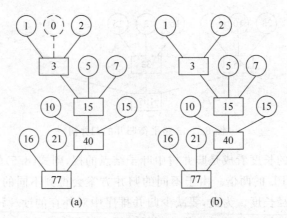

(a)　　　　　　　　　(b)

图 8.8　8 个归并段的最佳归并树

一般地，如果对 n 个初始归并段做 k 路平衡归并，需要附加的"虚段"数目该如何计算呢？当 $k=3$ 时，如果 3 叉树中只有度为 3 和 0 的结点，则度为 3 的结点数 n_3 与度为 0 的结点数 n_0 满足关系：$n_3=(n_0-1)/2$，由于其中 n_3 为整数，所以有$(n_0-1)\%2=0$。为此，对于

3 路归并,只有当初始归并段数为偶数时,才需附加"虚段"。同理,可推算得到:若$(n-1)\%$ $(k-1)=0$,则不需附加"虚段",否则需附加"虚段"的数目为:$k-(n-1)\%(k-1)-1$。也就是说,第一次参加归并的归并段数目是:$(n-1)\%(k-1)+1$。

【例8.3】 已知有14个长度不等的初始归并段,它们所包含的记录个数分别为13、28、4、26、65、11、54、2、39、3、76、7、36、16(单位均为物理块),请为此设计一个最佳5路归并方案,并计算总的(归并所需要的)读外存的次数。

【解答】 由于归并段数$n=14$,$k=5$,且$(n-1)\%(k-1)=13\%4=1$,所以需附加$k-1$ $-1=3$个长度为0的虚段,则根据集合$\{13,28,4,26,65,11,54,2,39,3,76,7,36,16,0,0,0\}$构造的5叉哈夫曼树即为所要求的实现最佳5路归并方案的最佳归并树,如图8.9(a)或图8.9(b)所示。

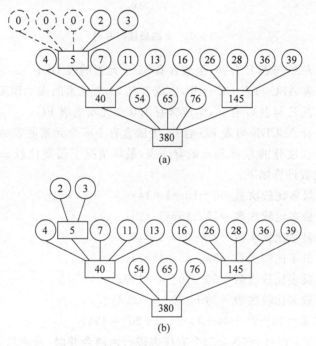

图8.9 5路归并的最佳归并树

按照此归并方案,所需要读内存的次数为:$(2+3)\times3+(4+7+11+13+16+26+28+36+39)\times2+(54+65+76)\times1=570$次。

【例8.4】 设有7个有序表A、B、C、D、E、F和G,分别含有5、10、15、20、25、60和70个数据元素,各表中元素按升序排列。要求通过6次两两合并,将7个表最终合并成1个升序表,并在最坏情况下比较的总次数达到最小。请回答下列问题:

(1) 请写出合并方案,并求出最坏情况下需比较的总次数。

(2) 根据合并过程,描述$N(N\geqslant2)$个不等长升序表的合并策略,并说明理由。

【解答】 按照题意,此题可以采用2路最佳归并树来解决。

(1) 以各有序表的长度为权值,构建如图8.10的2路最佳归并树,根据该归并树,7个有序表的合并过程为:

第1次合并:表A与表B合并,生成含有15个元素的表AB;

第2次合并:表AB与表C合并,生成含有30个元素的表ABC;

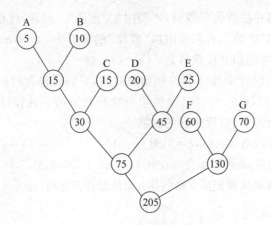

图 8.10　2 路最佳归并树

第 3 次合并：表 D 与表 E 合并,生成含有 45 个元素的表 DE；

第 4 次合并：表 ABC 与表 DE 合并,生成含有 75 个元素的表 ABCDE；

第 5 次合并：表 F 与表 G 合并,生成含有 130 个元素的表 FG；

第 6 次合并：表 ABCDE 与表 FG 合并,生成含有 205 个元素的表 ABCDEFG。

由于合并两个长度分别为 m 和 n 的有序表,最坏情况下需要比较 $m+n-1$ 次,故最坏情况下比较的总次数计算如下：

第 1 次合并：最多比较次数＝5＋10－1＝14；

第 2 次合并：最多比较次数＝15＋15－1＝29；

第 3 次合并：最多比较次数＝20＋25－1＝44；

第 4 次合并：最多比较次数＝30＋45－1＝74；

第 5 次合并：最多比较次数＝60＋70－1＝129；

第 6 次合并：最多比较次数＝75＋130－1＝204；

比较总次数最多＝14＋29＋44＋74＋129＋204＝494。

（2）合并策略是：在对 $N(N{\geqslant}2)$ 个有序表进行两两合并时,若表长不同,则最坏情况下总的比较次数依赖于表的合并次序。可以借用哈夫曼树的构造思想,依次选择最短的两个有序表进行合并,可以获得最坏情况下最佳的合并效率。

小结

外部排序指的是待排序记录的数量很大,以致内存一次不能容纳全部记录,则需将待排序的记录以文件的形式存储在外存中,在排序过程中借助对外存进行访问来完成的排序叫外部排序。外存设备主要有两类,一类是顺序存取设备；另一类是随机存取设备。最常用的外存有磁带和磁盘等。其中磁带为顺序存取的设备,它在读/写信息之前先要进行顺序查找,因此,磁带对于检索和修改信息很不方便,它主要适用于处理变化少,只进行顺序存取的大量数据；而磁盘为一种直接存取设备,它可直接存取到任何信息,具有容量大、速度快的特点。本章主要通过磁盘排序的实现来讨论外部排序基本方法的解决办法。

外部排序的基本方法是归并排序法,它排序的基本过程可简述为：

(1) 生成若干初始顺串(或归并段)。

(2) 利用多路归并对顺串进行逐趟归并,直到形成一个顺串为止。

外部排序所需要的总时间为:

生成初始顺串所需要的时间 $m \times t_{IS}$ ＋外存信息读/写的时间 $d \times t_{IO}$ ＋ 内部归并所需要时间 $s \times u \times t_{mg}$。

其中 t_{IS} 是为得到一个初始顺串进行内部排序所需要时间的均值,m 为初始顺串的个数,t_{IO} 是进行一次外存读/写所需要的时间的均值,d 为总的读/写的次数,$u \times t_{mg}$ 是对 u 个记录进行内部归并所需要的时间,s 为归并的趟数。

1. 初始归并段的生成方法

生成初始归并段可采用内部排序法和置换—选择排序法。用内部排序法是按照可以用内存工作区大小将待排序的部分记录读入内存,然后用一种内部排序法进行排序,排序后再写入外存从而生成一个初始归并段。这种方法生成的所有初始归并段的长度只与内存工作区的大小有关,除了最后一个初始归并段它的长度可能小于 l 之外,其他的长度都与 l 相等,个数为 $\lceil n/l \rceil$,其中 n 为待排序的文件记录个数,l 是内存工作区的大小。用置换—选择排序法则可生成长度不等的初始归并段,且长度比 l 大,当输入文件中的记录是按其关键字随机排序时,所生成的初始归并段的平均长度为内存工作区大小的两倍。因此用置换—选择排序法可增加初始归并段的长度,从而减少生成的初始归并段的数目。特别地,当输入文件记录以关键字顺序排列时,可得到一个长度与文件长度相等的归并段;当输入文件记录以关键字逆序排序时,所得的初始归并段的最大长度为内存工作区的大小,最小长度为1。

用置换—选择排序所生成的初始归并段应满足条件:

(1) 在每个归并段内按关键字有序。

(2) 前一个归并段最后一条记录的关键字一定大于下一个归并段的第一个关键字。

2. 多路平衡归并的方法

设初始归并段的个数为 m,归并趟数为 s,则进行 k 路平衡归并所需要归并的趟数 $s = \lceil \log_k m \rceil$,而对于同一待排序文件而言,外部排序时所需要读/写外存的次数与归并的趟数成正比,因而通过增加 k 或减少 m,可减少归并的趟数,从而减少外存读/写的次数,提高归并效率。可见,多路平衡归并的目的就是为了减少归并的趟数,但并不是 k 越大越好,因单纯增加 k 将导致增加内部归并的时间,为解决这一矛盾,可在 k 路平衡归并时利用"败者树"从而使得在 k 个记录中选出关键字最小/最大的记录时所需要进行的比较次数减少,最终使总的归并时间降低。

利用败者树进行对 m 个初始归并段进行 k 路平衡归并可使在 k 个记录中选出关键字最小/最大的记录时仅需进行 $\lceil \log_2 k \rceil$ 次比较,从而使总比较次数变为 $\lceil \log_2 m \rceil (n-1)$(其中 n 为待排序的记录个数),与 k 无关。

3. 最佳归并树

由于采用置换—选择排序法生成的初始归并段长度不等,则在归并过程中不同的归并方案会导致归并过程中对外存的读/写次数不同。且经过前面讨论可知,归并排序过程中所需要读/写外存的次数正好等于归并树(归并方案的一种图形表示)的带权路径长度的两倍。所以为提高归并的时间效率,则需寻求一种归并方案,使对应的归并树其带权路径长度达到最短。这种使带权路径长度最短的归并树就称为最佳归并树,也可以说,最佳归并树就是带权路径长度最短的 k 叉哈夫曼树。

　　构造最佳归并树可以沿用哈夫曼树的构造原则并将其扩充到 k 叉树的情况来进行,但对于长度不等的 m 个初始归并段进行 k 路平衡归并,得到的哈夫曼树并不都是只有度为 k 或 0 的结点。当初始归并段不足时,则可通过增加长度为 0 的"虚段"来使得每次都是对 k 个归并段进行归并。下面给出对 n 个初始归并段做 k 路平衡归并时其对应的最佳归并树的构造步骤:

　　(1) 若 $(n-1)\%(k-1)\neq 0$,则附加 $k-(n-1)\%(k-1)-1$ 个虚段,以保证每次归并都有对应的 k 个归并段。或者第一趟归并时先对 $(n-1)\%(k-1)+1$ 个长度最短的归并段进行归并。

　　(2) 再按照哈夫曼思想(权值越小的结点离根结点越远)完成最佳归并树的构造。

习题 8

一、选择题

1. 多路平衡归并的目的是(　　　)。

　　A. 减少初始归并段的段数　　　　　　　　B. 减少归并趟数

　　C. 便于实现败者树　　　　　　　　　　　D. 前面都正确

2. 对 m 个初始归并段的 k 路平衡归并法,所需要的归并趟数是(　　　)。

　　A. 1　　　　　　　B. $\dfrac{m}{k}$　　　　　　C. $\left\lceil \dfrac{m}{k} \right\rceil$　　　　　D. $\lceil \log_k m \rceil$

3. 设有 100 个初始归并段,如采用 k 路平衡归并 3 趟完成排序,则 k 值最大是(　　　)。

　　A. 7　　　　　　　B. 8　　　　　　　C. 9　　　　　　　D. 10

4. 如将一个由置换选择排序得到的输出文件 FO 作为输入文件再次进行置换选择排序,得到输出文件 FI,问 FO 与 FI 有何差异?(　　　)。

　　A. FI 归并段个数减少

　　B. FI 中归并段的最大长度增大

　　C. FI 与 FO 无差异

　　D. 归并段个数及各归并段长度均不变,但 FI 中可能存在与 FO 不同的归并段

5. 对于一个待排序的记录文件,若用置换—选择排序生成归并段,下面含有连续的 4 个初始归并段的组是(　　　)。

　　A. {5,6,10},{7,8,2},{5,9,14},{3,12}

　　B. {9,10,12},{2,3,5},{5,6,14},{7,8}

　　C. {5,6,10},{7,12,14},{3,5,8,12},{2,9}

　　D. {7,8,12},{2,3,6},{9,10,14},{5,5}

二、填空题

1. 外部排序的基本方法是归并排序,但在之前必须生成_____。

2. 磁盘排序过程主要是先生成_____,然后再使用_____法对初始归并段进行合并。

3. 对 m 个初始归并段的 k 路平衡归并法,所需要的归并趟数是_____。

4. 利用败者树在 k 个记录中选出关键字最小/最大的记录时需进行_____次比较。

5. 在输入文件为按关键字顺序的情况下,由置换—选择排序所得到的初始归并段的个数是_____,其最长的长度是_____。

三、判断题

1. 在胜者树上输出一个结点后,从根结点到该结点的路径上所有结点都必须更新。

2. 影响外排序的时间因素主要是内、外存交换的记录总数。

3. 外部排序是把外部文件调入内存,再利用内部排序的方法进行排序,因此,排序所花的时间取决于内部排序的时间。

4. 在外部排序时,利用置换—选择树法在能容纳 m 个记录的内存工作区中产生的初始归并段的平均长度为 $2m$ 个记录。

5. 在外部排序过程中,对长度为 n 的初始序列进行置换—选择排序时,可以得到的最大初始归并段的长度不超过 $n/2$。

四、综合应用题

1. 在外部分类时,为了减少读/写的次数,可以采用 k 路平衡归并的最佳的归并树模式。当初始归并段的总数不足时,可以增加长度为零的"虚段"。请问增加的"虚段"数目为多少?请推导之。设初始归并段的总数为 m。

2. 设有 13 个初始归并段,其长度分别为 24、14、33、38、1、5、9、10、16、13、26、8 和 14。试画出 4 路归并时的最佳归并树,并计算它的带权路径长度 WPL。

3. 设有 11 个长度(即包含记录个数)不同的初始归并段,它们所包含的记录个数分别为 25、40、16、38、77、64、53、88、9、48 和 98。试根据它们做 4 路平衡归并,要求:

(1) 指出总的归并趟数;

(2) 构造最佳归并树;

(3) 根据最佳归并树计算每一趟及总的读记录的次数。

4. 给出一组关键字{22,12,26,40,18,38,14,20,30,16,28},设内存工作区 WA 能容纳 4 个记录。

(1) 分别写出用内部排序的方法和置换—选择排序的方法法求得的初始归并段;

(2) 写出用置换—选择排序方法求初始归并段过程中 FI、WA 和 FO 的变化情况。

5. 已知有 31 个长度不等的初始归并段,其中 8 段长度为 2,8 段长度为 3,7 段长度为 5,5 段长度为 12,3 段长度为 20(单位均为物理块),请为此设计一个最佳 5 路归并方案,并计算总的(归并所需要的)读/写外存的次数。

6. 设有 6 个有序表 A、B、C、D、E、F,分别含有 10、35、40、50、60 和 200 个数据元素,各表中元素按升序排列。要求通过 5 次两两合并,将 6 个表最终合并成 1 个升序表,并在最坏情况下比较的总次数达到最小。请回答下列问题:

(1) 请写出合并方案,并求出最坏情况下的比较的总次数。

(2) 根据合并过程,描述 $N(N \geqslant 2)$ 个不等长升序表的合并策略,并说明理由。

第9章

查找

查找（Search）是数据处理中最常见的一种操作，它同人们的日常工作与生活有着密切关系，例如：人们从电话号码簿中查找所需要的电话号码。利用计算机查找信息首先需要把原始数据整理成一张一张的数据表，它可以具有集合、线性表、图等任意逻辑结构；然后，把每个数据表按照一定的存储结构存入到计算机中，变为计算机可处理的"表"，诸如顺序表、链接表等；最后，再通过使用有关的查找算法在相应的存储表上查找出所需要的信息。

本章知识要点：

- 查找的基本概念；
- 静态表查找的实现方法及性能分析；
- 动态表查找的实现方法及性能分析；
- 哈希表查找的实现方法及性能分析。

9.1 查找的基本概念

1. 查找

所谓查找，就是在由一组记录组成的集合中寻找主关键字值等于给定值的某个记录，或是寻找属性值符合特定条件的某些记录。例如：在学生成绩表中，若按学号进行查找，则最多只能找到一条与之相关的记录；若按姓名查找，则可能找到多条同姓名的记录。

下面将基于主关键字的查找形式化定义为：假设含 n 个记录的集合为 $\{R_0, R_1, \cdots, R_{n-1}\}$，其相应的主关键字序列为 $\{K_0, K_1, \cdots, K_{n-1}\}$，若给定某个主关键 K，查找就是在记录集合中定位满足条件 $K_j = K$ 的记录的过程。若记录集合中存在满足此条件的记录，则查找成功；否则，查找失败。

为简单起见，本章所涉及的关键字均指主关键字，且假设关键字的类型为整型。

2. 查找表

查找表是一种以同一类型的记录构成的集合为逻辑结构，以查找为核心运算的数据结构。由于集合中的记录之间是没有"关系"的，并且在实现查找表时不受"关系"的约束，而是根据实际应用，按照查找的具体要求组织查找表，从而方便实现高效率的查找。因此，查找表是一种应用灵活的数据结构。

查找表中常做的操作有：建表、查找、读表元、对表做修改操作（例如：插入和删除）。

其中,查找操作是指确定满足某种条件的记录是否在查找表中;读表元操作是指读取满足某种条件的记录的各种属性。查找表分为静态查找表和动态查找表两种。若对查找表的操作不包括对表的修改操作,则称此类查找表为静态查找表;若在查找的同时插入了表中不存在的记录,或从查找表中删除了已存在的记录,则称此类查找表为动态查找表。简单地说,静态查找表仅对查找表进行查找或读表元操作,而不能改变查找表;动态查找表除了对查找表进行查找或读表元操作外,还要进行向表中插入记录或删除记录的操作。

3. 平均查找长度

由于查找的主要操作是关键字的比较,所以通常把查找过程中给定值与关键字值的比较次数的期望值作为衡量一个查找算法效率优劣的标准,也称为平均查找长度(Average Search Length),通常用 ASL 表示。

对一个含 n 条记录的查找表,查找成功时的平均查找长度为:

$$\mathrm{ASL} = \sum_{i=0}^{n-1} p_i c_i \tag{9.1}$$

其中,n 是记录个数;p_i 是查找第 i 条记录的概率,且 $\sum_{i=0}^{n-1} p_i = 1$,在每一个记录的查找概率相等的情况下,$p_i = 1/n$;c_i 是查找第 i 条记录时关键字值与给定值比较的次数。

9.2　静态表查找

静态查找表可以用顺序表或线性链表加以表示,本节中只讨论顺序表上查找的实现方法,即顺序表的3种查找方法:顺序查找、二分查找和分块查找。需要说明的是,本节中的顺序查找算法涉及的顺序表类 SeqList 和记录结点类 RecordNode,这些可以引用第 7 章中已定义过的类,其相应定义参见第 7.1 章节。

9.2.1　顺序查找

顺序查找又称为线性查找,它是一种最简单、最基本的查找方法。它从顺序表的一端开始,依次将每一个数据元素的关键字值与给定值 key 进行比较,若某个数据元素的关键字值等于给定值 key,则表明查找成功;若直到所有数据元素都比较完毕,仍找不到关键字值为 key 的数据元素,则表明查找失败。

假设顺序查找的基本要求是:从顺序表 r[0] 到 r[n−1] 的 n 个数据元素中,顺序查找出关键字值为 key 的记录,若查找成功,则返回其下标;否则,返回 −1。顺序查找算法描述如下:

【算法 9.1】　顺序查找算法。

```java
public int seqSearch(Comparable key) {
    int i = 0, n = length();
    while (i < n && r[i].key.compareTo(key) != 0) {
        i++;
    }
```

```
    if (i < n) {        // 若查找成功,则返回该数据元素的下标 i; 否则,返回 - 1
        return i;
    } else {
        return - 1;
    }
}// 算法 9.1 结束
```

对该算法可做与第 7.2.1 章节中算法 7.2 相同的改进,即在表的开头位置(r[0])设置一个"监视哨",此时待查找的记录应存放在顺序表的 r[1]~r[n],改进后的算法描述如下:

【算法 9.2】 带监视哨的顺序查找算法。

```
// 从顺序表 r[1]到 r[n]的 n 个数据元素中顺序查找出关键字值为 key 的数据元素
// 若查找成功,则返回其下标; 否则,返回 - 1
public int seqSearchWithGuard(Comparable key) {
    int i = length() - 1;
    r[0].key = key;  // 哨兵
    while ((r[i].key).compareTo(key) != 0) {
        i -- ;
    }
    if (i > 0) {
        return i;
    } else {
        return - 1;
    }
} // 算法 9.2 结束
```

对于改进后的顺序查找算法,要查找到第 i 条记录($1 \leqslant i \leqslant n$),需要与关键字值的比较次数为 $n-i+1$,所以在等概率的情况下,其查找成功的平均查找长度为:

$$\text{ASL} = \sum_{i=1}^{n} p_i c_i = \frac{1}{n} \sum_{i=1}^{n} (n-i+1) = \frac{n+1}{2} \tag{9.2}$$

查找失败时,无论给定的 K 为何值,其关键字比较次数都为 $n+1$。因此,顺序查找的时间复杂度为 $O(n)$。可见,当 n 较大时,查找效率较低。

顺序查找的优点是既适用于顺序表,也适用于单链表,同时对表中数据元素的排列次序无任何要求,这将给在表中插入新的数据元素带来方便。因为不需要在插入新的数据元素时,寻找插入位置和移动原有的数据元素,只要把它们添加到表尾(对于顺序表)或表头(对于单链表)即可。

为了尽量提高顺序查找的速度,一种方法是,在已知各个数据元素的查找概率不等的情况下,将各个数据元素按查找概率从小到大排序,从而降低了查找的平均比较次数(即平均查找长度);另一种方法是,在事先未知各个数据元素查找概率的情况下,在每次查找到一个数据元素时,就将它与前驱的数据元素对调位置,这样,过一段时间后,查找频率高(即概率大)的数据元素就会被逐渐前移,最后形成数据元素的位置按照查找概率从大到小排列,从而达到了减少平均查找长度的目的。

9.2.2 二分查找

上述在顺序查找表上的查找算法虽然实现简单,但平均查找长度较大,特别不适合用于表长较大的查找表。若以有序表表示静态查找表,则查找过程可以基于"折半"进行。所谓"折半"也称为"二分",故二分查找(binary search)又称为折半查找。作为二分查找对象的数据必须是顺序存储的有序表,通常假定有序表是按关键字值从小到大排列有序,即若关键字值为数值,则按数值有序,若关键字值为字符数据,则按对应的 Unicode 码有序。二分查找的基本思想是:首先取整个有序表的中间记录的关键字值与给定值相比较,若相等,则查找成功;否则以位于中间位置的数据元素为分界点,将查找表分成左右两个子表,并判断待查找的关键字值 key 是在左子表还是在右子表,再在左或右子表中重复上述步骤,直到找到关键字值为 key 的记录或子表长度为 0。

假设二分查找的基本要求是:在有序表{r[0],r[1],…,r[n−1]}中查找关键字值为 key 的记录,若查找成功,则返回其下标;否则,返回−1。为实现二分查找算法,需要引进 low、high 和 mid 变量,用于分别表示待查找区域的第一条记录、最后一条记录和中间记录的数组下标。当待查找表非空时,二分查找算法的主要步骤归纳如下:

(1) 置初值:low=0,high=n−1。

(2) 当 low<=high 时,重复执行下列步骤:

① mid=(low+high)/2。

② 若 key 与 r[mid]的关键字值相等,则查找成功,返回 mid 值;否则转③。

③ 若 key 小于 r[mid]的关键字值,则 high=mid−1;否则 low=mid+1。

(3) 当 low>high 时,查找失败,返回−1。

具体实现算法描述如下:

【算法 9.3】　二分查找算法。

```java
public int binarySearch(Comparable key) {
    if (length() > 0) {
        int low = 0, high = length() - 1;              // 查找范围的下界和上界
        while (low <= high) {
            int mid = (low + high) / 2;                // 中间位置,当前比较的数据元素位置
            if (r[mid].key.compareTo(key) == 0) {
                return mid;                            // 查找成功
            } else if (r[mid].key.compareTo(key) > 0) { // 给定值更小
                high = mid - 1;                        // 查找范围缩小到前半段
            } else {
                low = mid + 1;                         // 查找范围缩小到后半段
            }
        }
    }
    return -1;                                         // 查找不成功
}// 算法 9.3 结束
```

例如,有序表 r 中的 n 个数据元素(即 n=10)的关键字序列为{12,23,26,37,54,60,68,75,82,96},当给定值 key 分别为 23、96 和 58 时,进行二分查找的过程分别如图 9.1(a)、图 9.1(b)和图 9.1(c)所示。图中用中括号表示当前查找区间,用"↑"标出当前 mid 位置,因为 low 和 high 分别为"【"之后和"】"之前的第一个数据元素的位置,故没有用箭头标出它们。

从上述例子可以看出,二分查找每经过一次比较就将待查找区域缩小一半,因此,比较

下标　　　　　0　　1　　2　　3　　4　　5　　6　　7　　8　　9

初始关键字序列　【12　23　26　37　54　60　68　75　82　96】
　　　　　　　　　　　　　　　　　　↑mid

　　　　　　　　【12　23　26　37】54　60　68　75　82　96
　　　　　　　　↑mid

(a) 查找K=23的过程（二次比较后查找成功）

　　　　　　　　【12　23　26　37　54　60　68　75　82　96】
　　　　　　　　　　　　　　　　　　↑mid

　　　　　　　　　12　23　26　37　54【60　68　75　82　96 】
　　　　　　　　　　　　　　　　　　　　　　　↑mid

　　　　　　　　　12　23　26　37　54　60　68　75　【82　96】
　　　　　　　　　　　　　　　　　　　　　　　　　　↑mid

　　　　　　　　　12　23　26　37　54　60　68　75　82　【96】
　　　　　　　　　　　　　　　　　　　　　　　　　　　　↑mid

(b) 查找K=96的过程（四次比较后查找成功）

　　　　　　　　【12　23　26　37　54　60　68　75　82　96】
　　　　　　　　　　　　　　　　　　↑mid

　　　　　　　　　12　23　26　37　54【60　68　75　82　96】
　　　　　　　　　　　　　　　　　　　　　　　↑mid

　　　　　　　　　12　23　26　37　54【60　68】75　82　96
　　　　　　　　　　　　　　　　　　↑mid

　　　　　　　　　12　23　26　37　54】【60　68　75　82　96
　　　　　　　　　　　　　　　　↑high　↑low

(c) 查找K=58的过程（三次比较后查找失败）

图 9.1　二分查找过程

次数是 $\log_2 n$ 这个量级的。假设 $n = 2^k - 1$，容易看出，线性表至多被平分 k 次即可完成查找。也即，在最坏情况下，算法查找 $k = \log_2(n+1)$ 次即可结束。又由于在 $n = 2^k - 1$ 个结点中，通过一次查找即可找到的结点有 1 个（2^0），通过两次查找即可找到的结点有 2 个（2^1），以此类推，通过 i 次查找即可找到的结点有 2^{i-1} 个。因此，在假定每一个结点的查找概率相同的情况下，二分查找的平均查找长度为：

$$\text{ASL} = \frac{1}{n}\sum_{i=1}^{k}(i \times 2^{i-1}) = \frac{1}{n}[2^k \cdot (k-1) + 1] = \frac{1}{n}[(n+1)(\log_2(n+1) - 1) + 1]$$

$$= \log_2(n+1) - 1 + \frac{1}{n}\log_2(n+1) \approx \log_2(n+1) - 1 \tag{9.3}$$

不管查找成功或失败，二分查找比顺序查找要快得多。但是，它要求线性表必须按关键字进行排序，排序的最佳时间复杂度是 $O(n\log_2 n)$。此外，线性表的二分查找仅适用于顺序存储结构，而对于动态查找表，顺序存储的插入、删除等运算都很不方便。因此，二分查找一般适用于一经建立就很少需要进行改动而又经常需要查找的静态查找表。

9.2.3　分块查找

分块查找又称为索引顺序查找，它是顺序查找法与二分法的一种结合，其基本思想是：首先把线性表分成若干块，在每一块中，结点的存放不一定有序，但块与块之间必须是有序的,假定按结点的关键字值递增有序,则第一块中结点的关键字值都小于第二块中任意结点的关键字值,第二块中的结点的关键字值都小于第三块中任意结点的关键字值,依次类推,最后一块中所有结点的关键字值大于前面所有块中结点的关键字值。为实现分块查找,还需要建立一个索引表,将每一块中最大的关键字值按块的顺序存放在一个索引顺序表中,显然这个索引顺序表是按关键字值递增排列的。查找时,首先通过索引表确定待查找记录可能所在的块,然后再在所在的块内查找待查找的记录。由于索引表是按关键字有序,则确定块的查找可以采用顺序查找,也可以采用二分查找,又由于每一块中记录是无序的,则在块内只能采用顺序查找方法。

例如,图 9.2 所示的是一个带索引的分块有序的线性表。其中,线性表 L 共有 15 个结点,被分成 3 块,第 1 块中的最大关键字值 31 小于第二块中的最小关键字值 35,第二块中的最大关键字值 62 小于第三块中的最小关键字值 71。

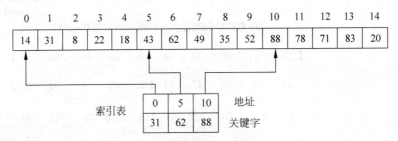

图 9.2　分块有序表的索引存储表示

在如图 9.2 所示的存储结构中查找 key＝49 的结点可以如下进行:首先采用顺序查找方法或二分查找方法将 49 依次与索引表中各个最大关键字值进行比较,由于 31＜49＜62,因此,可以确定关键字为 49 的结点只可能出现在第 2 块中。下一步,从线性表 L[5..9]中采用顺序查找的方法查找待查找的结点,直到遇到 L[7]＝49 为止。

分块查找会出现两种结果,一是查找成功,返回待查找的结点在表中的位序号;另一种是查找失败,即查询完整的块后仍未找到待查找的结点,这时表明在整个表中都不存在这个结点,返回查找失败标记。

由于分块查找是顺序查找和二分查找的结合,因此,分块查找的平均查找长度为:$\text{ASL}=L_b+L_s$。其中,L_b 为查找索引表确定记录所在块的平均查找长度;L_s 为在某一块中查找记录的平均查找长度。一般地,为进行分块查找,可以将长度为 n 的线性表均匀地分为 b 块,每一块中含有 s 个记录,则 $b=\lceil n/s \rceil$;又假定表中的每一个记录的查找概率相等,则每块查找的概率为 $1/b$,块中每个记录的查找概率为 $1/s$。

若用顺序查找确定所在块,则分块查找的平均查找长度为:

$$\text{ASL}=L_b+L_s=\frac{1}{b}\sum_i^b i+\frac{1}{s}\sum_i^s i=\frac{b+1}{2}+\frac{s+1}{2}=\frac{1}{2}\left(\frac{n}{s}+s\right)+1 \tag{9.4}$$

若用二分查找确定所在块,则分块查找的平均查找长度为:

$$\text{ASL}\approx\log_2\left(\frac{n}{s}+1\right)+\frac{s}{2} \tag{9.5}$$

【例 9.1】　二分查找测试程序。

【问题描述】　设计一个二分查找算法的测试程序,要求从键盘输入顺序表长度、顺序表记录关键字序列及待查找的关键字值,然后调用二分查找算法进行查找,并输出查找结果。

【程序代码】

```
package ch09;
/*
    例9.1 二分查找测试程序
*/
import ch07.SeqList;
import ch07.RecordNode;
import ch07.KeyType;
import java.util.Scanner;
public class Example9_1 {
    static SeqList ST = null;
    public static void createSearchList() throws Exception {
        int maxSize = 20;                              // 查找表预分配空间的大小
        ST = new SeqList(maxSize);                     // 创建查找表对象
        int curlen;                                    // 查找表的实际长度
        System.out.print("Please input table length:");
        Scanner sc = new Scanner(System.in);
        curlen = sc.nextInt();
        KeyType[] k = new KeyType[curlen];
        System.out.print("Please input keyword sequence:");
        for (int i = 0; i < curlen; i++) {             // 输入关键字序列
            k[i] = new KeyType(sc.nextInt());
        }
        for (int i = 0; i < curlen; i++) {             // 记录顺序表
            RecordNode r = new RecordNode(k[i]);
            ST.insert(ST.length(), r);
        }
    }
    public static void main(String[] args) throws Exception {
        createSearchList();                            // 创建查找表
        System.out.print("please input search keyword:");  // 提示输入待查找的关键字
        Scanner sc = new Scanner(System.in);           // 输入待查找关键字
        KeyType key1 = new KeyType(sc.nextInt());
        KeyType key2 = new KeyType(sc.nextInt());
        System.out.println("binaryseqSearch(" + key1.key + ") = " + ST.binarySearch(key1));
        System.out.println("binarySearch(" + key2.key + ") = " + ST.binarySearch(key2));
    }
}
```

程序运行的结果如图9.3所示。

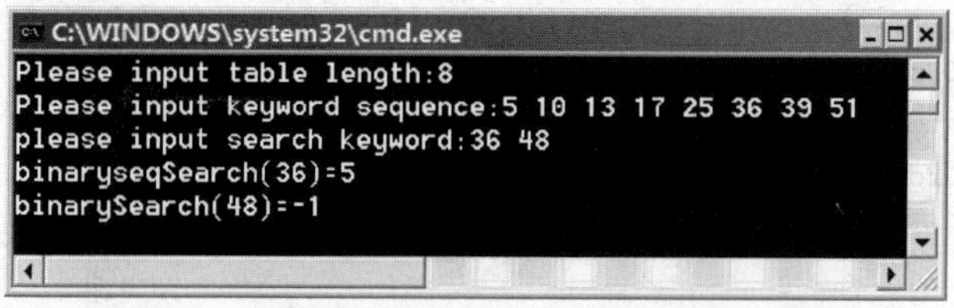

图9.3 例9.1的运行结果

9.3　动态表查找

动态查找表的特点是：表结构本身是在查找过程中动态生成的，即对于给定值 key，若表中存在关键字值等于 key 的记录，则查找成功返回；否则插入关键字值等于 key 的记录。动态查找表可以有不同的表示方法，本节只讨论以各种树形结构表示时的实现方法。

9.3.1　二叉排序树

在顺序表的 3 种查找方法中，二分查找具有最高的查找效率，但是由于二分查找要求表中记录按关键字有序，且不能用链表做存储结构，因此，当表的插入、删除操作非常频繁时，为维护表的有序性，需要移动表中很多记录。这种由移动记录引起的额外时间开销，就会抵消二分查找的优点。本节讨论的二叉排序树不仅具有二分查找的效率，同时又便于在查找表中进行记录的增加和删除操作。

1. 二叉排序树的定义

二叉排序树(Binary Sort Tree)或者是一棵空树，或者是一颗具有下列性质的二叉树：

(1) 若左子树不空，则左子树上所有结点的值均小于根结点的值。

(2) 若右子树不空，则右子树上所有结点的值均大于根结点的值。

(3) 它的左右子树也都是二叉排序树。

例如，图 9.4 就是一棵二叉排序树。

可以看出，对二叉排序树进行中序遍历，将会得到一个按关键字有序的记录序列。

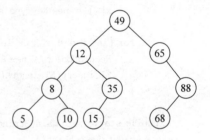

图 9.4　二叉排序树示例

二叉排序树的类结构定义如下：

```java
package ch09;
import ch07.*;
import ch05.BiTreeNode;                    // 二叉树的二叉链表结点类
public class BSTree {                       // 二叉排序树类
    public BiTreeNode root;                 // 根结点
    public BSTree() {                       // 构造空二叉排序树
        root = null;
    }
    public void inOrderTraverse(BiTreeNode p) {    // 中根次序遍历以 p 结点为根的二叉树
        if (p != null) {
            inOrderTraverse(p.lchild);
            System.out.print(((RecordNode) p.data).toString() + "");
            inOrderTraverse(p.rchild);
        }
    }
    …
}
```

2. 二叉排序树的查找过程

若将查找表组织为一棵二叉排序树,则根据二叉排序树的特点,查找过程的主要步骤归纳如下:

(1) 若查找树为空,则查找失败。

(2) 若查找树非空,则:

① 若给定值 k 等于根结点的关键字值,则查找成功,结束查找过程,否则转②。

② 若给定值 k 小于根结点的关键字值,则继续在根结点的左子树上进行,否则转③。

③ 若给定值 k 大于根结点的关键字值,则继续在根结点的右子树上进行。

下面以二叉链表作为二叉排序树的存储结构。假设当前二叉排序树的根结点为 root,待查找记录的关键字值为 key,则二叉排序树的查找算法描述如下:

【算法 9.4】 二叉排序树查找算法。

```java
// 查找关键字值为 key 的结点,若查找成功,则返回结点值;否则返回 null
public Object searchBST(Comparable key) {
    if (key == null || !(key instanceof Comparable)) {
        return null;
    }
    return searchBST(root, key);
}
// 二叉排序树查找的递归算法
// 在二叉排序树中查找关键字值为 key 的结点,若查找成功,则返回结点值;否则返回 null
private Object searchBST(BiTreeNode p, Comparable key) {
    if (p != null) {
        if (key.compareTo(((RecordNode) p.data).key) == 0) // 查找成功
        {
            return p.data;
        }
        // System.out.print(((RecordNode) p.data).key + "? ");
        if (key.compareTo(((RecordNode) p.data).key) < 0) {
            return searchBST(p.lchild, key);              // 在左子树中查找
        } else {
            return searchBST(p.rchild, key);              // 在右子树中查找
        }
    }
    return null;
} // 算法 9.4 结束
```

3. 二叉排序树的插入操作

首先讨论向二叉排序树中插入一个新结点的过程:假设待插入结点的关键字值为 key,为了将其插入到表中,先要将它放入二叉排序树中进行查找,若查找成功,则按二叉排序树定义,待插入结点已存在,不用插入;否则,将新结点插入到表中。因此,新插入的结点一定是作为叶子结点添加到表中去的。

【算法 9.5】 在二叉排序树中插入一个新结点的算法。

```
// 在二叉排序树中插入关键字值为 Key,数据元素为 theElement 的新结点
// 若插入成功,则返回 true; 否则返回 false
public boolean insertBST(Comparable key,Object theElement) {
    if (key == null || !(key instanceof Comparable)){// 不能插入空对象或不可比较大小的对象
        return false;
    }
    if (root == null) {
        root = new BiTreeNode(new RecordNode(key,theElement));    // 建立根结点
        return true;
    }
    return insertBST(root, key,theElement);
}
// 将关键字值为 key,数据元素为 theElement 的结点插入到以 p 为根的二叉排序树中的递归算法
private boolean insertBST(BiTreeNode p, Comparable key, Object theElement) {
    if (key.compareTo(((RecordNode) p.data).key) == 0) {
        return false;                                       // 不插入关键字值重复的结点
    }
    if (key.compareTo(((RecordNode) p.data).key) < 0) {
        if (p.lchild == null) {                             // 若 p 的左子树为空
            p.lchile = new BiTreeNode(new RecordNode(key, theElement));
                                                            // 建立叶子结点作为 p 的左孩子
            return true;
        } else {                                            // 若 p 的左子树非空
            return insertBST(p.lchild, key, theElement);    // 插入到 p 的左子树中
        }
    } else if (p.rchild == null) {                          // 若 p 的右子树为空
        p.rchild = new BiTreeNode(new RecordNode(key, theElement));
                                                            // 建立叶子结点作为 p 的右孩子
        return true;
    } else {                                                // 若 p 的右子树非空
        return insertBST(p.rchild, key, theElement);        // 插入到 p 的右子树中
    }
} // 算法 9.5 结束
```

　　构造一棵二叉排序树是从一棵空树开始逐个插入结点的过程。假设关键字序列为{49,25,55,10,51,65},则构造一棵二叉排序树的过程如图 9.5 所示。

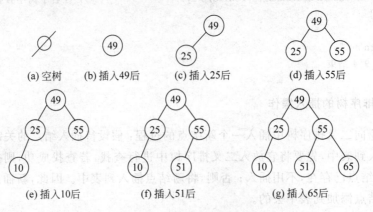

图 9.5　二叉排序树的构造过程

4. 二叉排序树删除操作

下面讨论如何从二叉排序树中删除一个结点。与在二叉排序树上进行插入操作的要求相同,从二叉排序树中删除一个结点,要保证删除后仍然是一棵二叉排序树。根据二叉排序树的结构特征,删除操作可以分4种情况来考虑。

(1) 若待删除的结点是叶子结点,则直接删除该结点即可。若该结点同时也是根结点,则删除后二叉排序树将变为空树,如图9.6(a)所示。

(2) 若待删除的结点只有左子树,而无右子树。根据二叉排序树的特点,可以直接将其左子树的根结点替代被删除结点的位置,即若被删除的结点为其双亲结点的左孩子,则将被删除结点的唯一左孩子收为其双亲结点的左孩子;否则收为其双亲结点的右孩子,如图9.6(b)所示。

(3) 待删除的结点只有右子树,而无左子树。与情况(2)类似,可以直接将其右子树的根结点替代被删除结点的位置,即若被删除的结点为其双亲结点的左孩子,则将被删除结点的唯一右孩子收为其双亲结点的左孩子;否则收为其双亲结点的右孩子,如图9.6(c)所示。

(4) 待删除结点既有左子树又有右子树。根据二叉排序树的特点,可以用被删除结点在中序遍历序列下的前趋结点(或其中序遍历序列下的后继结点)代替被删除结点,同时删除其中序遍历序列下的前趋结点(或中序遍历序列下的后继结点)。而被删除结点在中序遍历下的前驱无右子树,被删除结点在中序遍历下的后继无左子树,因而问题转换为第(2)种情况或第(3)种情况。图9.6(d)所示的示例是用被删结点的中序遍历序列下的后继结点(即右子树中最左下结点)代替被删除结点。

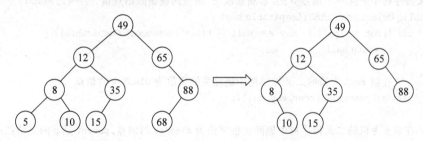

(a) 在二叉排序树中删除叶子结点5和68

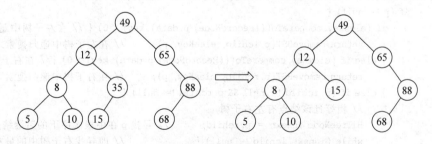

(b) 在二叉排序树中删除只有左子树的结点35

图9.6　二叉排序树中结点的删除过程

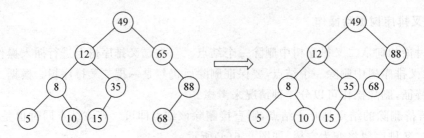

(c) 在二叉排序树中删除只有右子树的结点65

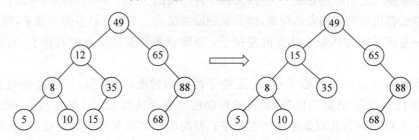

(d) 在二叉排序树中删除具有左右子树的结点12

图 9.6 (续)

综上所述,假设待删除结点的关键字值为 key,若删除成功,则返回被删除结点;否则返回 null。二叉排序树的结点删除算法描述如下:

【算法 9.6】 在二叉排序树中删除一个结点的算法。

```java
// 二叉排序树中删除一个结点算法.若删除成功,则返回被删除结点值;否则返回 null
public Object removeBST(Comparable key) {
    if (root == null || key == null || !(key instanceof Comparable)) {
        return null;
    }
    // 在以 root 为根的二叉排序树中删除关键字值为 elemKey 的结点
    return removeBST(root,key,null);
}
// 在以 p 为根的二叉排序树中删除关键字值为 elemKey 的结点,parent 是 p 的父结点,采用递归
// 算法
private Object removeBST(BiTreeNode p, Comparable elemKey, BiTreeNode parent) {
    if (p != null) {
        if (elemKey.compareTo(((RecordNode) p.data).key) < 0) { // 在左子树中删除
            return removeBST(p.lchild, elemKey, p);       // 在左子树中递归搜索
        } else if (elemKey.compareTo(((RecordNode) p.data).key) > 0) {// 在右子树中删除
            return removeBST(p.rchild, elemKey, p);       // 在右子树中递归搜索
        } else if (p.lchild != null && p.rchild != null) {
            // 相等且该结点有左右子树
            BiTreeNode innext = p.rchild;        // 寻找 p 在中根次序下的后继结点 innext
            while (innext.lchild != null) {             // 即寻找右子树中的最左孩子
                innext = innext.lchild;
            }
            p.data innext.data;                         // 用后继结点替换 p
            return removeBST(p.rchild, ((RecordNode) p.data).key, p); // 递归删除结点 p
```

```
        } else {// p 是 1 度和叶子结点
            if (parent == null) {                    // 删除根结点,即 p == root
                if (p.lchild != null) {
                    root = p.lchild;
                } else {
                    root = p.rchild;
                }
                return p.data;                        // 返回被删除结点 p
            }
            if (p == parent.lchild) {                // p 是 parent 的左孩子
                if (p.lchild != null) {
                    parent.lchild = p.lchild;        // 以 p 的左子树填补
                } else {
                    parent.lchild = p.rchild;
                }
            } else if (p.lchild != null) {           // p 是 parent 的右孩子且 p 的左子树非空
                parent.rchild = p.lchild;
            } else {
                parent.rchild = p.rchild;
            }
            return p.data;
        }
    }
    return null;
} // 算法 9.6 结束
```

二叉排序树的结点删除操作的主要时间花费在于查找被删除结点及查找被删除结点的中序遍历下的后继结点上,而这个操作的时间花费与树的深度密切相关。因此,删除操作的平均时间也是 $O(\log_2 n)$。

【例 9.2】 二叉排序树算法测试程序。

【问题描述】 假设每个姓氏有一个编码与其对应,下表是 10 个姓氏及其对应的编码。

编码	50	13	63	8	36	90	5	10	18	70
姓氏	Wang	Li	Zhang	Liu	Chen	Yang	Huang	Zhao	Wu	Zhou

试根据上表中的数据设计一个基于二叉排序树的测试程序,要求完成以下操作:

(1) 以上表中的编码为关键字建立一棵二叉排序树。

(2) 以中序遍历形式显示该二叉排序树。

(3) 分别查找关键字值为 63 和 39 对应的姓氏。

(4) 删除关键字值为 13 的结点。

【问题分析】 本章中定义的二叉排序树的结点的数据域的类型是 RecordNode,而 RecordNode 类的数据成员是 key 和 element,它们对应的数据类型分别是 Comparable 和 Object。根据本题题意,需要定义两个类 KeyType 和 ElemenyType 分别用来保存编码和姓氏,并且 KeyType 类需要实现 Comparable 接口,以便按关键字值比较大小。RecordNode 类、KeyType 类和 ElemenyType 类的定义可参考第 7.1 章节中的内容。另外,还需要设计一个测试类 Example9_2,用于调用二叉排序树的插入、查询和删除算法。

【程序代码】

```java
package ch09;
/*
    例 9.2 二叉排序树测试程序
 */
import ch07.RecordNode;
import ch07.KeyType;
import ch07.ElementType;
public class Example9_2 {
    public static void main(String args[]) {
        BSTree bstree = new BSTree();
        int[] k = {50, 13, 63, 8, 36, 90, 5, 10, 18, 70};    // 关键字数组
        String[] item = {"Wang", "Li", "Zhang", "Liu", "Chen", "Yang", "Huang", "Zhao",
"Wu", "Zhou"};                                               // 数据元素
        KeyType[] key = new KeyType[k.length];              // 关键字数组
        ElementType[] elem = new ElementType[k.length];     // 记录数据数组
        System.out.println("原序列: ");
        for (int i = 0; i < k.length; i++) {
            key[i] = new KeyType(k[i]);                     // 创建关键字对象
            elem[i] = new ElementType(item[i]);             // 创建记录数据对象
            if (bstree.insertBST(key[i], elem[i])) {        // 若插入对象成功
                System.out.print("[" + key[i] + "," + elem[i] + "]");
            }
        }
        System.out.println("\n 中序遍历二叉排序树: ");
        bstree.inOrderTraverse(bstree.root);
        System.out.println();
        KeyType keyvalue = new KeyType();
        keyvalue.key = 63;
        RecordNode found = (RecordNode) bstree.searchBST(keyvalue);
        if (found != null) {
            System.out.println("查找关键码: " + keyvalue + ",成功! 对应姓氏为:" + found.
element);
        } else {
            System.out.println("查找关键码: " + keyvalue + ",失败!");
        }
        keyvalue.key = 39;
        found = (RecordNode) bstree.searchBST(keyvalue);
        if (found != null) {
            System.out.println("查找关键码: " + keyvalue + ",成功! 对应姓氏为:" + found.
element);
        } else {
            System.out.println("查找关键码: " + keyvalue + ",失败!");
        }
        keyvalue.key = 13;
        found = (RecordNode) bstree.removeBST(keyvalue);
        if (found != null) {
            System.out.println("删除关键码: " + keyvalue + ",成功! 对应姓氏为:" + found.
element);
        } else {
```

```
        System.out.println("删除关键码: " + keyvalue + ",失败!");
    }
    System.out.println("\n 删除关键码:" + keyvalue + " 后的中序遍历序列:");
    bstree.inOrderTraverse(bstree.root);
    System.out.println("");
    }
}
```

程序运行的结果如图 9.7 所示。

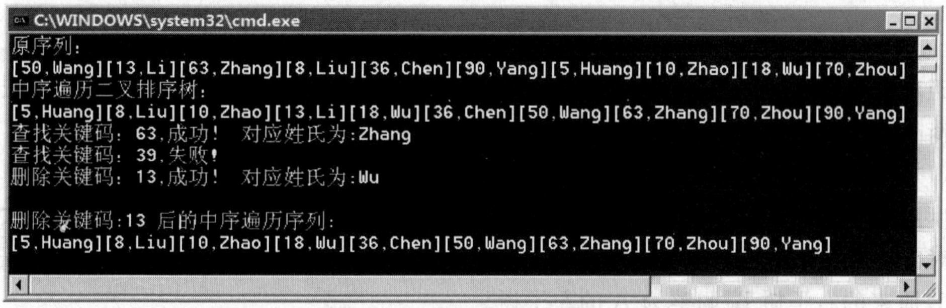

```
C:\WINDOWS\system32\cmd.exe
原序列:
[50,Wang][13,Li][63,Zhang][8,Liu][36,Chen][90,Yang][5,Huang][10,Zhao][18,Wu][70,Zhou]
中序遍历二叉排序树:
[5,Huang][8,Liu][10,Zhao][13,Li][18,Wu][36,Chen][50,Wang][63,Zhang][70,Zhou][90,Yang]
查找关键码: 63,成功!  对应姓氏为:Zhang
查找关键码: 39,失败!
删除关键码: 13,成功!  对应姓氏为:Wu

删除关键码:13 后的中序遍历序列:
[5,Huang][8,Liu][10,Zhao][18,Wu][36,Chen][50,Wang][63,Zhang][70,Zhou][90,Yang]
```

图 9.7　例 9.2 的运行结果

9.3.2　平衡二叉树

二叉排序树的查找效率与二叉树的形状有关,对于按给定序列建立的二叉排序树,若其左、右子树均匀分布,则查找过程类似于有序表的二分查找,时间复杂度变为 $O(\log_2 n)$。但若给定序列原来有序,则建立的二叉排序树就蜕化为单链表,其查找效率同顺序查找一样,时间复杂度变为 $O(n)$。因此,在构造二叉排序树的过程中,当出现左、右子树分布不均匀时,若能对其进行调整,使其依然保持均匀,则就能有效地保证二叉排序树仍具有较高的查找效率。下面给出平衡二叉树的概念。

平衡二叉树(Balanced Binary Tree)又称为 AVL 树,它或是一棵空树,或是一棵具有下列性质的二叉树:它的左子树和右子树都是平衡二叉树,且左子树和右子树深度之差的绝对值不超过 1。

若将二叉树中某个结点的左子树深度与右子树深度之差称为该结点的平衡因子(或平衡度),则平衡二叉树也就是树中任意结点的平衡因子的绝对值小于等于 1 的二叉树。在 AVL 树中的结点的平衡因子可能有 3 种取值:−1、0 和 1。图 9.8 给出了两棵二叉排序树,二叉树种的每一个结点旁边标注的数字就是该结点的平衡因子。由平衡二叉树的定义可知,图 9.8(a)所示是一棵平衡二叉排序树,而如图 9.8(b)所示的是一棵不平衡的二叉排序树。

在平衡二叉树上插入或删除结点后,可能使二叉树失去平衡。因此,需要对失去平衡的二叉树进行调整,以保持平衡二叉树的性质。本节中主要介绍如何动态地使一棵二叉排序树保持平衡,即对失去平衡的二叉排序树进行平衡化调整。下面具体讨论在 AVL 树上因插入新结点而导致失去平衡时的调整方法。

为叙述方便,假设在 AVL 树上因插入新结点而失去平衡的最小子树的根结点为 A(即

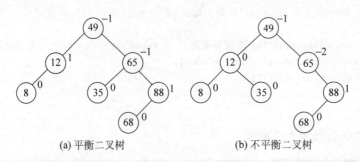

(a) 平衡二叉树   (b) 不平衡二叉树

图 9.8   平衡与不平衡的二叉树示例

A 为距离插入结点最近的,平衡因子不是 -1、0 和 1 的结点)。失去平衡后的操作可依据失去平衡的原因归纳为下列 4 种情况分别进行。

(1) LL 型平衡旋转(单向右旋):由于在 A 的左孩子的左子树上插入新结点,使 A 的平衡度由 1 增至 2,致使以 A 为根的子树失去平衡,如图 9.9(a)所示。此时应进行一次向右的顺时针旋转操作,"提升"B(即 A 的左孩子)为新子树的根结点,A 下降为 B 的右孩子,同时将 B 原来的右子树 B_R 调整为 A 的左子树。

(2) RR 型平衡旋转(单向左旋):由于在 A 的右孩子的右子树上插入新结点,使 A 的平衡度由 -1 变为 -2,致使以 A 为根的子树失去平衡,如图 9.9(b)所示。此时应进行一次向左的逆时针旋转操作,"提升"B(即 A 的右孩子)为新子树的根结点,A 下降为 B 的左孩子,同时将 B 原来的左子树 B_L 调整为 A 的右子树。

(3) LR 型平衡旋转(先左旋后右旋):由于在 A 的左孩子的右子树上插入新结点,使 A 的平衡度由 1 变为 2,致使以 A 为根的子树失去平衡,如图 9.9(c)所示。此时应进行两次旋转操作(先逆时针,后顺时针),"提升"C(即 A 的左孩子的右孩子)为新子树的根结点;A 下降为 C 的右孩子;B 变为 C 的左孩子;C 原来的左子树 C_L 调整为 B 现在的右子树;C 原来的右子树 C_R 调整为 A 的左子树。

(4) RL 型平衡旋转(先右旋后左旋):由于在 A 的右孩子的左子树上插入新结点,使 A 的平衡度由 -1 变为 -2,致使以 A 为根的子树失去平衡,如图 9.9(d)所示。此时应进行两次旋转操作(先顺时针,后逆时针),"提升"C(即 A 的右孩子的左孩子)为新子树的根结点;A 下降为 C 的左孩子;B 变为 C 的右孩子;C 原来的左子树 C_L 调整为 A 现在的右子树;C 原来的右子树 C_R 调整为 B 的左子树。

综上所述,在平衡二叉排序树 T 上插入一个新记录 x 的算法描述如下:

(1) 若 AVL 树为空树,则插入一个记录为 x 的新结点作为 T 的根结点,树的深度增 1。

(2) 若 x 的关键字值和 AVL 树 T 的根结点的关键字值相等,则不进行插入操作。

(3) 若 x 的关键字值小于 AVL 树的根结点的关键字值,则将 x 插入在该树的左子树上,并且当插入之后的左子树深度增加 1 时,分别就下列不同情况进行处理:

① 若 AVL 树的根结点的平衡因子为 -1(右子树的深度大于左子树的深度),则将根结点的平衡因子调整为 0,并且树的深度不变。

② 若 AVL 树的根结点的平衡因子为 0(左右子树的深度相等),则将根结点的平衡因子调整为 1,树的深度同时增加 1。

③ 若 AVL 树的根结点的平衡因子为 1(左子树的深度大于右子树的深度),则当该树

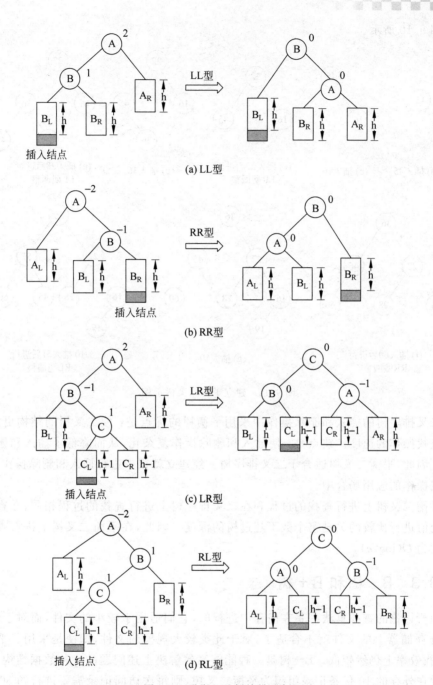

(a) LL型

(b) RR型

(c) LR型

(d) RL型

图 9.9　平衡二叉树旋转示例

的左子树的根结点的平衡因子为 1 时需进行 LL 型平衡旋转；当该树的左子树的根结点的平衡因子为 -1 时需进行 LR 型平衡旋转。

（4）若 x 的关键字值大于 AVL 树的根结点的关键字值，则将 x 插入在该树的右子树上，并且当插入之后的右子树深度增加 1 时，需要就不同情况进行处理。具体操作与（3）中所述相对称，读者可自行补充整理。

下面按一组关键字序列$(45,16,22,36,28,60,19,51)$的顺序建立一棵平衡二叉树,建立过程如图 9.10 所示。

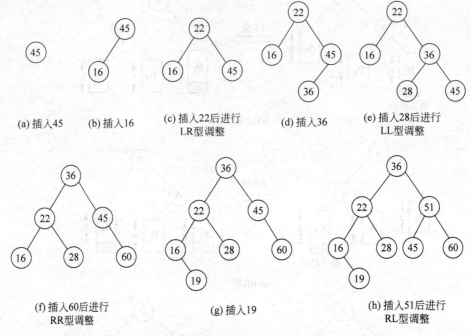

(a) 插入45　(b) 插入16　(c) 插入22后进行　(d) 插入36　(e) 插入28后进行
LR型调整　　　　　　　　　　　　LL型调整

(f) 插入60后进行　　　　(g) 插入19　　　　(h) 插入51后进行
RR型调整　　　　　　　　　　　　　　　　　RL型调整

图 9.10　建立平衡二叉树示例

在二叉排序树的插入和删除操作中采用平衡树的优点是：使二叉树的结构更好,从而提高了查找操作的速度。缺点是：使插入和删除操作复杂化,从而降低了插入和删除操作的速度。因此,平衡二叉树适合于二叉排序树一经建立就很少进行插入和删除操作,而主要进行查找操作的应用场合中。

在平衡二叉树上进行查找的过程和在二叉排序树上进行查找的过程相同,在查找过程中和给定值进行比较的关键字个数不超过树的深度。因此,在平衡二叉树上进行查找的时间复杂度为 $O(\log_2 n)$。

9.3.3　B−树和B＋树

前面所讨论的查找算法都是在内存中进行的,它们适用于较小的文件,而对于较大的、存放在外存储器上的文件就不合适了,对于此类较大规模的文件,即使是采用了平衡二叉树,在查找效率上仍然较低。B−树是一种能够高效解决上述问题的一种数据结构。例如：若将存放在外存的 10 亿条记录组织为平衡二叉树,则每次访问记录需要进行约 30 次外存访问；而若采用 256 阶的 B−树数据结构,则每次访问记录需要进行的外存访问次数为 4 到5 次。

1972 年 R. Bayer 和 E. M. McCreight 提出了一种称为 B−树的多路平衡查找树,它是一种特殊的多叉树,适合在磁盘等直接存取设备上组织动态的查找表。

1. B−树的定义

B−树是一种平衡的多路查找树。在文件系统中,B−树已经成为索引文件的一种有效结构,并得到了广泛的应用研究。下面介绍 B—树的定义、结构及其基本运算。

一棵 m 阶$(m>=3)$B—树,或为空树,或为满足下列特征的 m 叉树。

(1) 树中每个结点至多有 m 棵子树。

(2) 若根结点不是叶子结点,则至少有两棵子树。

(3) 所有的非终端结点中包含下列信息:

$$(n, P_0, K_1, P_1, K_2, P_2, \cdots, K_n, P_n)$$

其中,$K_i(1 \leqslant i \leqslant n)$为关键字,且 $K_i < K_{i+1}(1 \leqslant i \leqslant n)$;$P_j(0 \leqslant j \leqslant n)$为指向子树根结点的指针,且 $P_j(0 \leqslant j < n)$所指子树中所有结点的关键字值均小于 K_{j+1},P_n所指子树中所有结点的关键字值均大于 K_n,$n(\lceil m/2 \rceil - 1 \leqslant n \leqslant m-1)$为关键字个数,$n+1$ 为子树个数。

(4) 除根结点之外所有的非终端结点至少有 $\lceil m/2 \rceil$ 棵子树,即每个非根结点至少应有 $\lceil m/2 \rceil - 1$ 个关键字。

(5) 所有的叶子结点都出现在同一层次上,并且不带信息(可以看作是外部结点或查找失败的结点,实际上这些结点不存在,指向这些结点的指针为空)。

图 9.11 所示的是一棵由 8 个非终端结点、14 个叶子结点和 13 个关键字组成的 4 阶 B—树的示意图。B—树与二叉排序树一样,关键字的插入次序不同可能生成不同的结构。

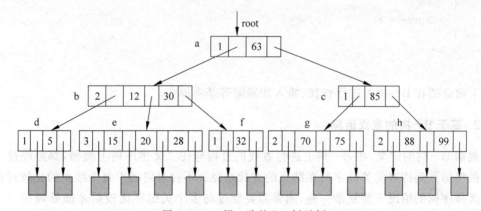

图 9.11 一棵 4 阶的 B—树示例

在一棵 4 阶的 B—树中,每个结点的关键字个数最少为 $\lceil m/2 \rceil - 1 = \lceil 4/2 \rceil - 1 = 1$,最多为 $m-1 = 4-1 = 3$;每个结点的子树数目最少为 $\lceil m/2 \rceil = \lceil 4/2 \rceil = 2$,最多 $m \leqslant 4$。

由于 B—树主要用于文件的索引,因此,它的查找涉及外存的存取(在此略去外存的读写,只作示意性的描述)。B—树中的结点类型定义如下:

```
class Node < T >                              // B-树结点
    {
        public int keyNum;                    // 关键字个数域
        public boolean isLeaf;                // 是否为树叶
        public T[] key;                       // 关键字数组
        public Node[] child;                  // 子树指针数组
        public Node parent;                   // 双亲结点指针
        Node(int m)                           // 构造方法
        {
            keyNum = 0;
            isLeaf = true;
```

```
                            key = (T[]) (new Object[ 2 * m - 1]);
                            child = new Node[ 2 * m];
                            parent = null;
                    }
            }
```

查找关键码时,返回的查找结果类定义如下:

```
class Result {                                              // B-树查找结果类型
    public Node resultNode;                                 // 指向找到的结点
    public int i;                                           // 在结点中的关键码序号
    public boolean found;                                   // true:找到,false:未找到
}
```

B 树类定义如下:

```
public class BTree < T >
{
    public Node < T > root = null;                          // 根结点
    public int degree;
    public BTree(int t)
    {
        degree = t;
    }
    …
}
```

下面介绍在 B-树上进行查找、插入和删除等基本操作。

2. 基于 B-树的查找运算

根据 B-树的定义,在 B-树上进行查找的过程与在二叉排序树上类似,都是经过一条从树的根结点到待查的关键字所在结点的查找路径。不过对路径中每个结点的比较过程比在二叉排序树的情况下要复杂一些,通常需要经过与多个关键字比较后才能处理完一个结点。因此,B-树又称为多路查找树。在 B-树中查找一个关键字值等于给定值 key 的具体过程描述如下:

首先在根结点的关键字序列(key_1,key_2,…,key_n)中查找,由于这个关键字序列是有序的,因此,既可采用顺序查找,又可采用二分查找。若在当前结点中找到了关键字值为 key 的结点,则返回该结点的地址及 key 在结点中的位置;若当前结点中不存在关键字值为 key 的结点,不妨设 key_i<key<key_{i+1},此时应沿着子树指针 P_i(child[i])所指的结点继续在相应的子树中查找。这一查找过程直至某个结点查找成功;或者直至叶子结点时仍未找到,查找过程失败,返回 null。

在图 9.11 所示的 B-树上查找值为 key=75 的关键字时,首先取出树的根结点 a,由于75 大于 a 中的 key_1,即75>63,并且 a 中仅有一个结点;然后取出由 a 结点的 P_1 指针指向的结点 c,由于75 小于 c 结点的关键字,即75<85,故再取出由 c 结点的指针 P_0 所指向的结点 g,由于75 等于 g 结点的关键字值 key_2(即75),所以查找成功,返回关键字值为 75 所在的结点 g 及 75 在该结点中的存储位置。

若在图 9.11 所示的 B-树上查找值为 35 的关键字时,首先取出树的根结点 a,由于

$35<$ key$_1$（即 63），所以再取出由指针 P$_0$ 所指向的结点 b；由于 35 大于 b 结点的所有关键字，所以再取出由 b 结点的指针 P$_2$ 所指向的结点 f；由于 35 大于该结点的 key$_1$，所以接着向 P$_1$ 子树查找，因 P$_1$ 指针为空，所以查找失败，返回 null。

假设指向 B-树根结点的指针用 root 表示，待查找的关键字用 key 表示，返回结果为（resultNode,i,found），若找到，则 found＝true,resultNode 结点中第 i 个关键字等于 key；若未找到，则 found＝false,等于 key 的关键字应插入在 resultNode 所指结点中第 i 和第 $i+1$ 个关键字之间。在 B-树上进行查找的算法描述为：

【**算法 9.7**】 B-树查找算法。

```
public Result searchBTree(Node<T> root, T key) {
    int i = 0;
    Node<T> p = root,q = null;        // p指向待查找结点,q指向p的双亲结点
    boolean found = false;
    Result rs = new Result();         // 存放查找结果
    Comparable<T> k = (Comparable<T>) key;
    while (p!= null && !found) {
        i = 0;
        while(i < p.keyNum && k.compareTo((p.key)[i])>0)
            i++;
        if (i < p.keyNum && k.compareTo((p.key)[i]) == 0)
            found = true;             // 找到
        else
        {
            q = p;                    // 保存双亲结点
            p = p.child[i];           // 在子树中查找
        }
    }
    if(found == false)
        p = q;
    rs.resultNode = p;
    rs.i = i;
    rs.found = found;
    return rs;
} // 算法 9.7 结束
```

需要说明的是，B-树经常应用于外部文件的查找，在查找过程中，某些子树并未常驻内存，因此在查找过程中需要从外存读入到内存，读盘的次数与待查找的结点在树中的层次有关，但至多不会超过树的深度，而在内存查找所需的时间与结点中关键字个数密切相关。

因为在外存上读取结点信息比在内存中进行关键字查找耗时多，所以，在外存上读取结点的次数，即 B-树的层次树是决定 B-树查找效率的首要因素。

在 B-树上进行查找需要比较的结点个数最多为 B-树的深度。B-树的深度与 B-树的阶 m 和关键字总数 n 有关，下面就来讨论它们之间的关系。

由 B-树定义可知，第 1 层（即根结点所在层）上至少有一个结点，第 2 层上至少有 2 个结点，由于除根结点外的每个非终端结点至少有 $\lceil m/2 \rceil$ 棵子树，则第 3 层上至少有 $2\times\lceil m/2 \rceil$ 个结点，第 4 层上至少有 $2\times\lceil m/2 \rceil^2$ 个结点；以此类推，若 B-树的深度用 h 表示，则第 $h+1$ 层上至少有 $2\times\lceil m/2 \rceil^{(h-1)}$ 个结点；而第 $h+1$ 层的结点为叶子结点。若 m 阶 B-树有 n 个关键码，则叶子结点数为 $n+1$，因此有：

$$n+1 \geqslant 2 \times \lceil m/2 \rceil^{(h-1)} \quad 即：h \leqslant \log_{\lceil m/2 \rceil} \left(\frac{n+1}{2} \right) + 1,$$

上式说明含有 n 个关键字的 m 阶 B一树的最大深度不超过：$\log_{\lceil m/2 \rceil} \left(\frac{n+1}{2} \right) + 1$。

又因为具有深度为 h 的 m 阶 B一树的最后一层结点的所有空子树的个数不会超过 m^h 个，即：$n+1 \leqslant m^h$，求解后得：$h \geqslant \log_m(n+1)$。

由以上分析可知，m 阶 B一树的深度为：$\log_m(n+1) \leqslant h \leqslant \log_{\lceil m/2 \rceil} \left(\frac{n+1}{2} \right) + 1$。

若当 $n=10000$，$m=10$ 时，B一树的深度在 5～6 之间，若由 $n=10000$ 个记录构成一棵二叉排序树时，则树的深度至少为 14，即为对应的理想平衡树的深度。由此可见，在 B一树上查找所需比较的结点数比在二叉排序树上查找所需比较的结点数要少得多。这意味着若 B一树和二叉排序树都被保存在外存上，或若每读取一个结点需要访问一次外存，则使用 B一树可以大大地减少访问外存的次数，从而大大地提高处理数据的速度。

3．基于 B-树的插入运算

在 B一树中插入关键字 key 的方法是：首先在树中查找 key，若查找到，则直接返回(假设不处理相同关键字的插入)；否则，查找操作必失败于某个叶子结点上。利用查找函数 searchBTree() 的返回值可以确定关键字 key 的插入位置，即将 key 插入到 resultNode 所指的叶子结点的第 i 个位置上。若该叶子结点原来是非满的(结点中原来的关键字总数小于 $m-1$)，则插入 key 并不会破坏 B一树的性质，故插入 key 后即完成了插入操作。

若所指示的叶子结点原为满，则 key 插入后，KeyNum $=m$，破坏了 B一树的性质(1)，故需调整使其维持 B一树的性质不变。调整的方法是将违反性质(1)的结点以中间位置的关键字 key[$\lceil m/2 \rceil$]为划分点，将该结点：$[m, p_0, (k_1, p_1), (k_2, p_2), \cdots, (k_m, p_m)]$ 分裂成为两个结点，左边结点为：$[\lceil m/2 \rceil - 1, p_0, (k_1, p_1), \cdots, (k_{\lceil m/2 \rceil - 1}, p_{\lceil m/2 \rceil - 1})]$；右边结点为：$[m - \lceil m/2 \rceil, p_{\lceil m/2 \rceil}, (k_{\lceil m/2 \rceil + 1}, p_{\lceil m/2 \rceil + 1}), \cdots, (k_m, p_m)]$，同时把中间关键字插入到双亲结点中。于是双亲结点中指向被插入结点的指针 p 改成 p_1 和 p_2 两部分。指针 p_1 指向分裂后的左边结点，指针 p_2 指向分裂后的右边结点。由于将 $k_{\lceil m/2 \rceil}$ 插入双亲结点时，双亲结点也可能原本就是满的，若如此，则需对双亲结点再作分裂操作。例如：图 9.12(a)所示的 5 阶 B一树的某结点 p 中(已有 4 个关键字)插入新的关键字 50 时，可得到如图 9.12(b)所示的结果。

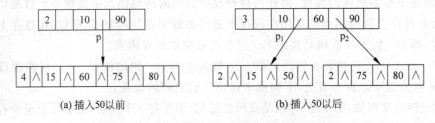

(a) 插入50以前　　　　　　　　(b) 插入50以后

图 9.12　插入关键字 50 到 5 阶 B一树示例

若插入过程中的分裂操作一直向上传播到根结点，则当根结点分裂时，需要把根结点原来的中间关键字 $k_{\lceil m/2 \rceil}$ 往上推，作为一个新的根结点，此时，B一树升高了一层。

若初始时,B—树为空树,则通过逐个向 B—树中插入新结点,可生成一棵 B—树。例如:有下列关键字{19,55,70,85,71,30,25,78,93,42,8,76,51,66,68,53,3,79,35,13},建立 5 阶 B—树。建立过程如图 9.13 所示。

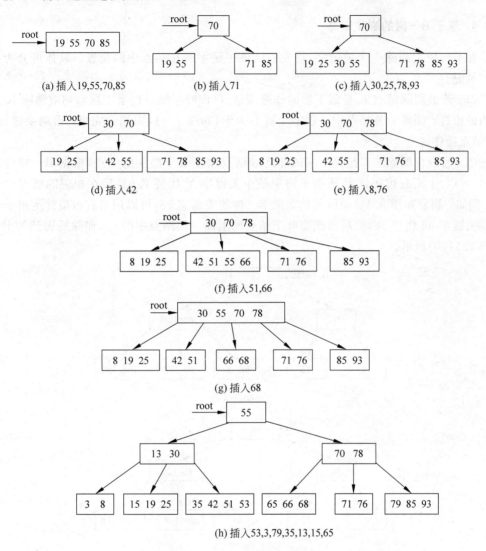

图 9.13 建立 5 阶 B—树的过程

(1) 向空树中插入关键字 19、55、70 和 85,如图 9.13(a)所示。

(2) 插入关键字 71,结点个数达到 5,分裂成三部分:(19 55),(70),(71 85),并将 70 上升到双亲结点中,如图 9.13(b)所示。

(3) 插入关键字 30、25、78、93,如图 9.13(c)所示。

(4) 插入关键字 42,分裂如图 9.13(d)所示。

(5) 将关键字 8 直接插入。

(6) 插入关键字 76,分裂如图 9.13(e)所示。

(7) 将关键字 51 和 66 直接插入,如图 9.13(f)所示。

(8) 插入关键字 68,分裂如图 9.13(g)所示。

(9) 将关键字 53、3、79 和 35 直接插入,关键字 13 插入时需要分裂;中间关键字 13 插入到父结点时又需要分裂;55 上升为新的根结点;将关键字 15 和 65 直接插入。如图 9.13(h)所示。

4. 基于 B-树的删除运算

在 B-树上删除一个关键字,首先找到该关键字所在结点中的位置。具体可分为以下两种情况。

(1) 若被删除结点 K_i 是最下层的非终端结点(即叶子结点的上一层),则应删除 K_i 及它右边的指针;删除后若结点中关键字个数不少于 $\lceil m/2 \rceil - 1$,则删除完成;否则要进行"合并"结点操作。

(2) 假设待删除结点是最下层的非终端结点以上某个层次的结点,根据 B-树的特性可知,可以用 K_i 右边指针 P_i 所指子树中最小关键字 Y 代替 K_i,然后在相应的结点中删除 Y。例如:删除如图 9.14(a)所示的 3 阶 B-树的关键字 58,可以用它右边指针所指子树中最小关键字 68 代替 58,然后再删除叶子结点的上面一层结点中的 68,删除后得到的 B-树如图 9.14(b)所示。

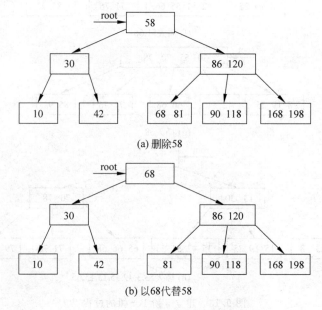

(a) 删除58

(b) 以68代替58

图 9.14　3 阶 B-树的删除过程

下面主要讨论删除 B-树中最下层的非终端结点的关键字的方法,具体分为以下 3 种情形。

(1) 被删关键字所在结点的关键字个数不小于 $\lceil m/2 \rceil$,则只需从该结点中删除关键字 K_i 和相应的指针 P_i,树的其他部分保持不变。例如:从如图 9.15(a)所示的 3 阶 B-树中删除关键字 68 和 118,所得结果如图 9.15(b)所示。

(2) 被删关键字所在结点的关键字个数等于 $\lceil m/2 \rceil - 1$,而与该结点相邻的右兄弟(或左兄弟)结点中的关键字个数大于 $\lceil m/2 \rceil - 1$,则需将其右兄弟的最小关键字(或其左兄弟的最大关键字)上移到双亲结点中,而将双亲结点中小于(或大于)该上移关键字的关键字下移到被删关键字所在的结点中。例如,从图 9.15(b)所示的 3 阶 B-树中删除关键字 90,需将其右兄弟中的 168 上移到双亲结点,而将双亲结点中的 120 下移到关键字 90 所在结点,再将关键字 90 删除,结果如图 9.15(c)所示。

(3) 被删关键字所在结点的关键字个数和其相邻的兄弟结点中的关键字个数均等于 $\lceil m/2 \rceil - 1$,则第(2)种情况中采用的移动方法将不奏效,此时需将被删关键字的所有结点与其左或右兄弟合并。不妨假设该结点有右兄弟,但其右兄弟地址由双亲结点指针 P_i 所指,则在删除关键字之后,它所在结点中剩余的关键字和指针加上双亲结点中的关键字 K_i 一起合并到 P_i 所指兄弟结点中(若没有右兄弟,则合并到左兄弟结点中)。

例如,从如图 9.15(c)所示 3 阶 B-树中删去关键字 120,则应删去 120 所在结点,并将双亲结点中的 168 与 198 合并成一个结点,删除后的树如图 9.15(d)所示。若这一操作使双亲结点的关键字个数小于 $\lceil m/2 \rceil - 1$,则按照同样方法进行调整。在最坏情况下,合并操作会向上传播至根结点,当根结点中只有一个关键字时,合并操作将会使根结点及其两个孩子合并成一个新的根结点,从而使整棵树的高度减少一层。

例如,在如图 9.15(d)所示 3 阶 B-树中删除关键字 10,此关键字所在结点无左兄弟,只检查其右兄弟,然而右兄弟关键字个数等于 $\lceil m/2 \rceil - 1$,此时应检查其双亲结点的关键字个数是否大于等于 $\lceil m/2 \rceil - 1$,但此处其双亲结点的关键字个数等于 $\lceil m/2 \rceil - 1$,从而进一步检查双亲结点的兄弟结点关键字个数是否都等于 $\lceil m/2 \rceil - 1$,这里关键字 30 所在的结点的右兄弟结点关键字个数正好等于 $\lceil m/2 \rceil - 1$,因此,将 30 和 42 合并成一个结点,58 和 86 结合并成一个结点,使得树的高度减少一层。删除结点 10 后的结果如图 9.15(e)所示。

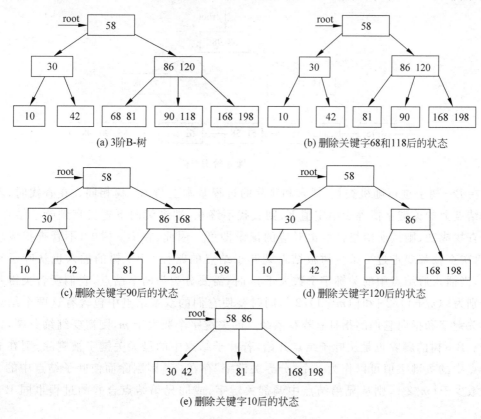

图 9.15 3 阶 B-树的删除过程

5. B+树简介

B树分为B—树和B+树两种,两者的树结构大致相同。一棵 m 阶的 B+树和一棵 m 阶的 B—树的差异在于:

(1) 在B—树中,每一个结点含有 n 个关键字和 $n+1$ 棵子树;而在B+树中,每一个结点含有 n 个关键字和 n 棵子树,即每一个关键字对应一棵子树。

(2) 在B—树中,每个结点(除树的根结点之外)中的关键字个数 n 的取值范围是 $\lceil m/2-1 \rceil \leqslant n \leqslant m-1$;而在B+树中,每个结点(除树的根结点之外)中的关键字个数 n 的取值范围是 $\lceil m/2 \rceil \leqslant n \leqslant m$,树的根结点的关键字个数的取值范围是 $1 \leqslant n \leqslant m$。

(3) B+树中的所有叶子结点包含了全部关键字及指向对应记录的指针,且所有叶子结点按关键字值从小到大的顺序依次链接。

(4) B+树中所有非叶子结点仅起到索引的作用,即结点中的每一个索引项只含有对应子树的最大关键字和指向该子树的指针,不含有该关键字对应记录的存储地址。

图 9.16 所示为一棵 3 阶的 B+树,其中,叶子结点的每一个关键字下面的指针表示指向对应记录的存储位置。通常在 B+树上有两个头指针,一个指向根结点,用于从根结点起对树进行插入、删除和查找等操作;另一个指向关键字最小的叶子结点,用于从最小关键字起进行顺序查找和处理每一个叶子结点中的关键字及记录。

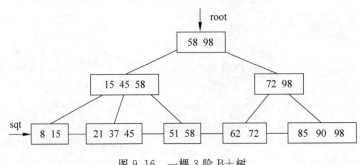

图 9.16   一棵 3 阶 B+树

在 B+树上进行随机查找、插入和删除的过程基本上与 B—树相同。在查找时,若非叶子结点上的关键字值等于给定值 K,则查找不终止,即继续向下查找直到叶子结点,此时若查找成功,则按所给指针取出对应的记录即可。因此,在 B+树中,不管查找成功与否,每次查找都要走过一条从树根结点到叶子结点的路径。B+树的插入也从叶子结点开始,当插入后结点中的关键字个数大于 m 时,需要分裂为两个结点,它们所含关键字个数分别为 $\lfloor (m+1)/2 \rfloor$ 和 $\lceil (m+1)/2 \rceil$,同时要使它们的双亲结点中包含有这两个结点的最大关键字和指向它们的指针;若双亲结点的关键字个数大于 m,则需要继续分裂,以此类推。B+树的删除也是从叶子结点开始,若叶子结点中的最大关键字被删除,则在非叶子结点中的关键字值可以作为一个"分界关键字"存在;若因删除而使叶子结点中的关键字个数少于 $\lceil m/2 \rceil$,则从兄弟结点中调剂关键字,或同兄弟结点合并的过程也同 B—树类似。

9.3.4 红黑树简介

1. 红黑树的定义与性质

红黑树,又称为"对称二叉 B 树",是一种自平衡的二叉查找树。它是在 1972 年由鲁道夫·贝尔发明的。在红黑树上的操作有着良好的最坏情况下的运行时间,即它可以在 $O(\log_2 n)$ 时间内完成查找、插入和删除操作,这里的 n 是红黑树中结点的个数。

红黑树是一种每一个结点都带有颜色属性的二叉查找树,颜色或是红色或是黑色。可以把一棵红黑树视为一棵扩充的二叉树,用外部结点表示空指针。红黑树除了具有二叉排序树的所有性质之外,还具有以下 3 点性质:

性质 1 根结点和所有外部结点的颜色都是黑色的。

性质 2 从根结点到外部结点的所有路径上没有两个连续的红色结点。

性质 3 从根结点到外部结点的所有路径上都包含相同数目的黑色结点。

图 9.17 就是一棵红黑树。在该树中,长方形的标有 NIL 的结点是外部结点(叶子结点),带阴影的圆形是黑色结点,不带阴影的圆形是红色结点,粗线为黑色指针,细线为红色指针。

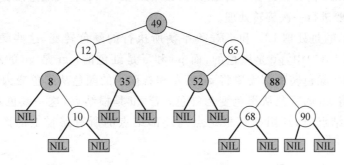

图 9.17 一棵红黑树

2. 红黑树的查找

由于每一棵红黑树都是一棵二叉排序树,因此,在对红黑树进行查找时,可以采用运用于普通二叉排序树上的查找算法,在查找过程中不需要颜色信息。

对普通二叉排序树进行查找的时间复杂性为 $O(h)$,其中 h 为二叉排序树的深度,对于红黑树则为 $O(\log_2 n)$。由于在查找普通二叉排序树、AVL 树和红黑树时,所用代码是相同的,并且在最坏情况下,AVL 树的深度最小,因此,在那些以查找操作为主的应用程序中,在最坏情况下,AVL 树都能获得最好的时间复杂性。

3. 红黑树的插入

首先使用二叉排序树的插入算法将一个结点插入到红黑树中,该结点将作为新的叶子结点插入到红黑树中某一外部结点位置。在插入过程中需要为新结点设置颜色。

若插入前红黑树为空树,则新插入的结点将成为根结点,根据性质 1,根结点必须设为黑色;若插入前红黑树不为空树,且新插入的结点被设为黑色,将违反红黑树的性质 3,所有从根结点到外部结点的路径上的黑色结点个数不等。因此,新插入的结点必须设为红色,但这又可能违反红黑树的性质2,出现连续两个红色结点,故需要重新平衡。

若将新结点标为红色,则与性质2发生了冲突,此时红黑树变为不平衡。通过检查新结点 u、它的父结点 pu 以及 u 的祖父结点 gu,可对不平衡的种类进行分类。由于违反了性质2,出现了两个连续的红色结点,其中一个红色结点为 u;另一个必为其父结点,故存在 pu;由于 pu 是红色,所以它不可能是根结点(根据性质1,根结点是黑色的),u 必有一个祖父结点 gu,而且必为黑色的(由性质2可知)。红黑树的不平衡类型共有 8 种:

(1) LLr 型:pu 是 gu 的左孩子,u 是 pu 的左孩子,gu 的另一个孩子为红色;

(2) LRr 型:pu 是 gu 的左孩子,u 是 pu 的右孩子,gu 的另一个孩子为红色;

(3) RRr 型:pu 是 gu 的右孩子,u 是 pu 的右孩子,gu 的另一个孩子为红色;

(4) RLr 型:pu 是 gu 的右孩子,u 是 pu 的左孩子,gu 的另一个孩子为红色;

(5) LLb 型:pu 是 gu 的左孩子,u 是 pu 的左孩子,gu 的另一个孩子为黑色;

(6) LRb 型:pu 是 gu 的左孩子,u 是 pu 的右孩子,gu 的另一个孩子为黑色;

(7) RRb 型:pu 是 gu 的右孩子,u 是 pu 的右孩子,gu 的另一个孩子为黑色;

(8) RLb 型:pu 是 gu 的右孩子,u 是 pu 的左孩子,gu 的另一个孩子为黑色。

对以上 8 种不平衡类型进行平衡处理时,其中第(1)~(4)种可通过改变颜色来进行,而第(5)~(8)种需要进行一次旋转处理。

图 9.18 所示的是处理 LLr 和 LRr 不平衡所执行的颜色转变,这些颜色转变是一样的。例如在图 9.18(a)中,gu 是黑色的,而 pu 和 u 是红色的;gr 是 gu 的右孩子,也是红色的。LLr 和 LRr 颜色转变都需要将 gu 的左和右孩子的颜色从红色变为黑色;若 gu 不是根结点,则需将 gu 的颜色从黑色变为红色;若 gu 是根结点,这一颜色转变不会进行。因此,当 gu 是根结点时,红黑树从根结点到外部结点的所有路径上的黑色结点个数增加 1。

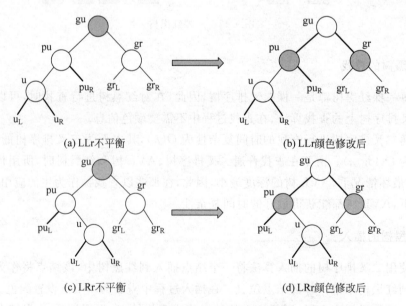

(a) LLr不平衡　　　　　　　　　　(b) LLr颜色修改后

(c) LRr不平衡　　　　　　　　　　(d) LRr颜色修改后

图 9.18　红黑树插入中的 LLr 和 LRr 颜色转变

若因改变 gu 的颜色产生了不平衡的现象,则 gu 成为新的 u 结点,其父结点变为新的 pu,其祖父变为新的 gu,将继续进行再平衡处理。若 gu 是根或者颜色的改变没有在 gu 处发生有关性质 2 的冲突,则插入算法结束。

图 9.19 所示的是处理 LLb 和 LRb 不平衡所执行的旋转过程。

在图 9.19(a)中,u 是 pu 的左孩子,pu 是 gu 的左孩子。在这种情况下,只要做一次右单旋转,交换一下 pu 和 gu 的颜色,就可恢复红黑树的性质,并结束重新平衡过程。

在图 9.19(c)中,u 是 pu 的右孩子,pu 是 gu 的左孩子。在这种情况下,只要做一次先左后右的双旋转,再交换一下 u 和 gu 的颜色,就可恢复红黑树的性质,并结束重新平衡过程。

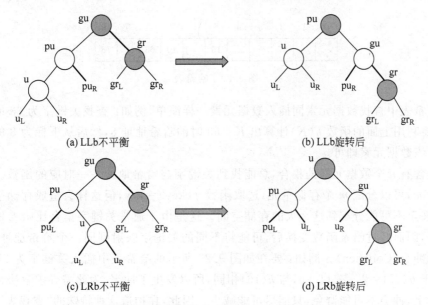

(a) LLb不平衡　　　　　　　　　　(b) LLb旋转后

(c) LRb不平衡　　　　　　　　　　(d) LRb旋转后

图 9.19　红黑树插入中的 LLb 和 LRb 旋转

9.4　哈希表查找

在前面章节中已介绍过的线性表、二叉排序树、平衡二叉树和 B－树等数据结构中,数据元素存储在内存空间中的位置与数据元素的关键字之间不存在直接的确定关系。也即是在以上的数据结构中,若查找一个数据元素,则需要进行一系列的比较,因而查找效率取决于查找过程中进行的比较次数。那么能不能考虑设计一种查找表,该表中的数据元素的关键字与其在内存中的存储位置之间建立有某种关系,则在查找时直接由关键字获得数据元素的存储位置,从而查找到所需要的数据元素。这类查找表就是哈希表。

9.4.1　哈希表的定义

哈希存储的基本思想是以关键字值为自变量,通过一定的函数关系(称为散列函数或称哈希(Hash)函数),计算出对应的函数值(称为哈希地址),以这个值作为数据元素的地址,并将该数据元素存入到相应地址的存储单元中去。查找时再根据要查找的关键字采用同样的函数计算出哈希地址,然后直接到相应的存储单元中去取要找的数据元素即可。

【例9.3】 假设有一个关键字集合:$S=\{16,76,63,57,40\}$,使用哈希法存储该集合,选取的哈希函数为:$h(K)=K \% m$。即用数据元素的关键字 K 去整除哈希表的长度 m,取余数(即 $0 \sim m-1$ 范围内的一个数)作为存储该数据元素的哈希地址。其中,K 和 m 均为正整数,并且 m 要大于等于集合长度 n。在此例中,$n=5$,$m=11$,则得到的每个数据元素的哈希地址为:

$$h(16)=16 \% 11=5 \qquad h(76)=76 \% 11=10 \qquad h(63)=63 \% 11=8$$
$$h(57)=57 \% 11=2 \qquad h(40)=40 \% 11=7$$

若根据哈希地址把数据元素存储到如图 9.20 所示的表 $H[m]$ 中,则此表称为哈希表。

图 9.20　哈希表

从哈希表中查找数据元素同插入数据元素一样简单,例如:查找关键字为 63 的数据元素时,只要利用上面的函数 $h(K)$ 计算出 $K=63$ 时的哈希地址 8,然后从下标为 8 的存储单元中取出该数据元素即可。

对于含有 n 个数据元素的集合,总能找到关键字与哈希地址一一对应的函数。若最大关键字为 m,可以分配 m 个存储单元,选取函数 $f(\text{key})=\text{key}$,但这样会造成存储空间的很大浪费,甚至不可能分配到这么大的存储空间。这是由于通常关键字集合比哈希地址集合要大得多,因而经过哈希函数变换后,可能将不同的关键字映射到同一个哈希地址上,这种现象称为冲突(Collision)。例如:要在如图 9.20 所示的哈希表中插入关键字为 27 的数据元素,由于 $h(27)=27 \% 11=5$,与 $h(16)$ 相同,所以发生了冲突,为此需寻求解决冲突的方法。实际上,冲突不可能避免,只能尽可能减少。因此,在构造这种特殊的“查找表”时,除了需要选择一个“好”(尽可能少产生冲突)的哈希函数之外;还需要找到一种“处理冲突”的方法。哈希表的具体定义描述如下:

根据设定的哈希函数 $H(\text{key})$ 和所选中的处理冲突的方法,将一组关键字映象到一个有限的、地址连续的地址集(区间)上,并以关键字在地址集中的“象”作为相应数据元素在表中的存储位置,如此构造所得的查找表称之为“哈希表”。

综上所述,哈希方法需要解决以下两个问题:

(1) 构造“好”的哈希函数。

所选函数应尽可能的简单,以便提高转换的速度;此外,由于所选函数根据关键字值计算出哈希地址,因此,这种函数应在哈希地址表中大致均匀分布,以便减少存储空间的浪费。

(2) 制定解决冲突的方法。

下面围绕这两个问题进行讨论。

9.4.2　常用的哈希函数

构造哈希函数的方法有很多,但总的原则是尽可能地将关键字集合空间均匀地映射到地址集合空间中去,同时尽可能地降低冲突发生的概率。假设哈希表长度为 m,哈希函数

H 将关键字值转换成$[0,m-1]$中的整数,即 $0 \leqslant H(\text{key}) < m$。一个均匀的哈希函数应当是:若 key 是从关键字集合中随机选取的一个值,则 $H(\text{key})$ 以同等概率取区间$[0,m-1]$中的每一个值。

目前采用的哈希函数有很多,下面介绍几种最为常用的哈希函数。

1. 除留余数法

该方法是最为简单的一种方法。它是以一个略小于哈希地址集合中地址个数 m 的质数 p 去除关键字,取其余数作为哈希地址,即:

$$H(\text{key}) = \text{key} \% p, (p \leqslant m), \qquad (9.6)$$

即取关键字除以 p 的余数作为哈希地址。使用除留余数法,选取合适的 p 很重要,若 p 选择不当,在某些选择关键字的方式下,会造成严重冲突。例如:若取 $p = 2^k$,则 $H(\text{key}) = \text{key} \% p$ 的值仅仅是 key(用二进制表示)右边的 k 个位(bit)。若取 $p = 10^k$,则 $H(\text{key}) = \text{key} \% p$ 的值仅仅是 key(用十进制表示)右边的 k 个十进制位。虽然这两个哈希函数容易计算,但它们不依赖于 key 的全部位,分布并不均匀,易造成冲突,不满足要求。因此,为了获得比较均匀的地址分布,一般要求 p 最好是一个小于或等于 m 的某个最大素数,取值关系如表 9.1 所示。

表 9.1　哈希表长度与其最大素数

哈希表长度	8	16	32	64	128	256	512
最大素数	7	13	31	61	127	251	503

2. 直接地址法

取关键字的某个线性函数值为哈希地址,即:

$$H(\text{key}) = a \cdot \text{key} + b \ (a \text{、} b \text{ 为常数}) \qquad (9.7)$$

例如:有一关键字集合 $\{200,400,500,700,800,900\}$,选取哈希函数为 $\text{Hash}(\text{key}) = \text{key}/100$,假设表长为 11,则构造的哈希表如下:

0	1	2	3	4	5	6	7	8	9	10
		200		400	500		700	800	900	

直接地址法的特点是哈希函数简单,并且对于不同的关键字,不会产生冲突。但在实际问题中很少使用这种方法,因为关键字集合中的数据元素往往是离散的,而且关键字集合通常比哈希地址集合大,用该方法产生的哈希表会造成存储空间的大量浪费。

3. 数字分析法

对于关键字的位数比存储区域的地址码位数多的情况,可以采取对关键字的各位进行分析,丢掉分布不均匀的位,留下分布均匀的位作为哈希地址,这种方法称为数字分析法。

例如,对以下 6 个关键字作地址映射,关键字是 7 位,要求哈希地址是 3 位。

			Key				$H(Key)$
①	②	③	④	⑤	⑥	⑦	
3	4	7	4	5	5	2	452
3	4	9	1	4	5	7	147
3	4	8	2	6	9	6	266
3	4	8	5	2	5	0	520
3	4	8	6	3	8	5	635
3	4	9	8	0	5	8	808

分析这些数字可知,第①、②位均是"3 和 4",第③位也只有"7、8、9",第⑥位是 4 个"5",这 4 位分布不均匀,不能使用,需要丢掉。余下第④、⑤、⑦位,这 3 位分布较均匀,可作为哈希地址选用。这种方法的特点是:哈希函数依赖于关键字集合,对于不同的关键字集合,所保留的地址可能不相同。所以此方法适合于能预先估计出全体关键字的每一位上各种数字出现的频度的情况。

4. 平方取中法

平方取中法是取关键字平方的中间几位作为哈希地址的方法,具体取多少位视实际要求而定。一个数的平方值的中间几位和数的每一位都有关。由此可知,由平方取中法得到的哈希地址同关键字的每一位都有关,使得哈希地址具有较好的分散性。平方取中法适用于关键字中的每一位取值都不够分散或者较分散的位数小于哈希地址所需要的位数的情况。

5. 折叠法

折叠法是将关键字自左到右或自右到左分成位数相同的几部分,最后一部分位数可以不同,然后将这几部分叠加求和,并按哈希表的表长,取最后几位作为哈希地址。这种方法称为折叠法。常用的有两种叠加方法:

(1) 移位叠加法——将分割后的各部分最低位对齐,然后相加。

(2) 间界叠加法——从一端向另一端沿分割界来回折叠后,然后对齐最后一位相加。

例如:假设关键字 key=26846358785,哈希表长为 3 位数,则可对关键字进行每 3 位一部分的分割。因此,关键字 key 分割为如下 4 组:268 463 587 85。

用上述方法计算哈希地址:

移位叠加法:
```
    268
    463
    587
+    85
 ─────
   1403
```

间接叠加法:
```
    268
    364
    587
+    58
 ─────
   1277
```

Hash(key)=403   Hash(key)=277

对于位数很多的关键字,且每一位上符号分布均匀时,可采用此方法求得哈希地址。

6. 随机数法

选择一个随机数,取关键字的随机数函数值为它的哈希地址,即 $H(key)=random(key)$,

其中,random 为随机函数。通常,当关键字长度不相等时,采用此方法构造哈希函数较好。

实际工作中需根据不同的情况采用不同的哈希函数。通常应考虑的因素有:

(1) 计算哈希函数所需时间;

(2) 关键字的长度;

(3) 哈希表的大小;

(4) 关键字的分布情况;

(5) 记录的查找频率。

9.4.3　处理冲突的方法

在实际的应用中,选取“好”的哈希函数可减少冲突,但冲突是不可避免的,本节介绍 4 种常用的解决哈希冲突的方法。

1. 开放定址法

用开放定址法处理冲突的基本思想就是当冲突发生时,形成一个地址序列,沿着这个序列逐个探测,直到找到一个“空”的开放地址,将发生冲突的关键字值存放到该地址中去。

开放定址法的一般形式可表示为:

$$H_i = (H(\text{key}) + d_i) \% m \qquad (i = 1, 2, \cdots, k(k \leqslant m-1)), \tag{9.8}$$

其中,$H(\text{key})$ 是关键字为 key 的哈希函数,％ 为取余数运算,m 为哈希表长,d_i 为每次再探测时的地址增量。根据地址增量的取法不同,可得到不同的开放地址处理冲突探测方法。

形成探测序列的方法有很多种,下面介绍三种主要的方法:

1) 线性探测法

线性探测法的地址增量为 $d_i = 1, 2, \cdots, m-1$,其中,i 为探测次数。这种方法在解决冲突时,依次探测下一个地址,直到有空的地址后插入,若整个空间都找遍仍然找不到空余的地址,则产生溢出。

【例 9.4】　向例 9.3 中构造的哈希表中插入关键字分别为 27 和 50 两个数据元素,若发生冲突则使用线性探查法处理。

先看插入关键字为 27 的数据元素的情况。关键字为 27 的数据元素的哈希地址为 $H(27) = 5$,由于 $H(5)$ 已被占用,接着探查下一个,即下标为 6 的存储单元,由于该存储单元空闲,所以关键字为 27 的数据元素被存储到下标为 6 的存储单元中,此时对应的哈希表 H 为:

0	1	2	3	4	5	6	7	8	9	10
		57			16	27	40	63		76

再看插入关键字为 50 的数据元素的情况。关键字为 50 的哈希地址为 $H(50) = 6$,由于 $H(6)$ 已被占用,接着探查下一个,即下标为 7 的存储单元,由于 $H(7)$ 仍不为空,再接着探查下标为 8 的单元,这样当探查到下标为 9 的存储单元时,查找到一个空闲的存储单元,所以把关键字为 50 的数据元素存入该存储单元中,此时对应的哈希表 H 为:

0	1	2	3	4	5	6	7	8	9	10
		57			16	27	40	63	50	76

线性探测法所采用的就是当哈希函数产生的数据元素的哈希地址中已有数据元素存在(即发生冲突)时,从下一地址序列中寻找可以用存储空间来存储数据元素。利用线性探查法处理冲突问题容易造成数据元素的"聚集"现象,即当表中第 i、$i+1$ 和 $i+2$ 的位置上已存储有某些关键字,则下一次哈希地址为 i、$i+1$、$i+2$ 和 $i+3$ 的关键字都将企图填入到 $i+3$ 的位置上,这种多个哈希地址不同的关键字争夺同一个后继哈希地址的现象称为"聚集"。显然,这种现象对查找不利。

在线性探测中,造成"聚集"现象的根本原因是查找序列过分集中在发生冲突的存储单元的后面,没有在整个哈希表空间上分散开来。下面介绍的二次探测法和双哈希函数探测法可以在一定程度上克服"聚集"现象的发生。

2) 二次探测法

二次探测法的地址增量序列为: $d_i=1^2,-1^2,2^2,-2^2,\cdots,q^2,-q^2,(q\leqslant m/2)$。

二次探测法是一种较好地处理冲突的方法,它能够避免"聚集"现象。它的缺点是不能探测到哈希表上的所有存储单元,但至少能探测到一半的存储单元。

例如,在例9.4中,采用二次探测法解决关键字38的冲突问题。

首先计算关键字38的哈希地址为: $H(38)=5$,由于 $H(5)$ 已被占用,故选取地址增量: $d_1=1^2$,则再计算38的哈希地址为: $H(38)=(38+1^2)\%11=6$,由于 $H(6)$ 也已被占用,再选取地址增量: $d_2=-1^2$,则 $H(38)=(38-1^2)\%11=4$,由于 $H(4)$ 空闲,则把关键字38存储在 $H(4)$ 中。

3) 双哈希函数探测法

$$H_i=(H(key)+i*RH(key))\%m \quad (i=1,2,\cdots,m-1) \tag{9.9}$$

其中,$H(key)$、$RH(key)$ 是两个哈希函数;m 为哈希表长度。

这种方法使用两个哈希函数,先用第一个函数 $H(key)$ 对关键字计算哈希地址,一旦产生地址冲突,再用第二个函数 $RH(key)$ 确定移动的步长因子,最后,通过步长因子序列由探测函数寻找空余的哈希地址。例如,$H(key)=a$ 时产生地址冲突,就计算 $RH(key)=b$,则探测的地址序列为:

$$H_1=(a+b)\%m,\ H_2=(a+2b)\%m,\cdots,H_{m-1}=(a+(m-1)b)\%m \tag{9.10}$$

2. 链地址法

链地址法也称为拉链法,其解决冲突的基本思路是:将所有具有相同哈希地址的不同关键字的数据元素链接到同一个单链表中。若选定的哈希表长度为 m,则可将哈希表定义为一个由 m 个头指针组成的指针数组 $T[0..m-1]$,凡是哈希地址为 i 的数据元素,均以结点的形式插入到以 $T[i]$ 为头指针的单链表中。

例如,假设有一个关键字集合(3,6,9,11,13,23),按照哈希函数 $H(key)=key\%5$ 和链地址法处理冲突得到的哈希表如图9.21所示。

若以 $T[i]$ 为头指针的单链表中只有一个结点,则没有冲突,查找和删除的时间复杂度为 $O(1)$。若每次将结点插入到单链表最前面,则插入操作的时间复杂度为 $O(1)$;查找成

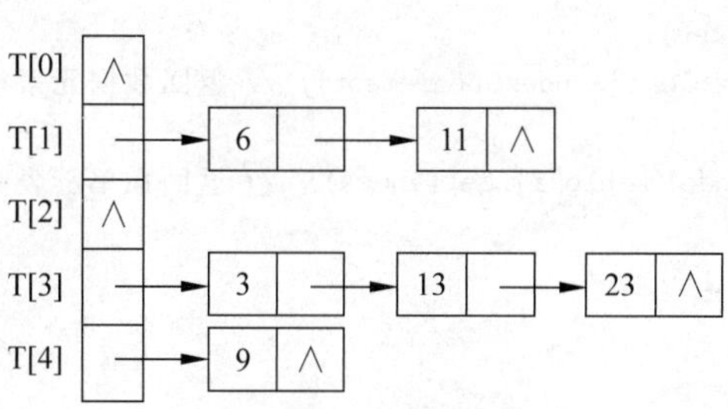

图 9.21　链地址法处理冲突示例

功时的平均比较次数为 $m/2$ (m 为一条单链表的长度)，查找不成功时的比较次数为 m，查找和删除操作的时间复杂度为 $O(m)$。由此可知，采用链地址法的哈希表的查找、插入和删除等操作的效率较高。

链地址法哈希表类 HashTable 定义如下。其中，哈希函数 hash() 采用除留余数法，在哈希表上的操作有查找、插入和删除等，单链表采用第 2 章定义的 LinkList 类。

```java
package ch09;
// 采用链地址法的哈希表类，包括插入、删除、查找和遍历等操作
import ch02.Node;
import ch02.LinkList;
public class HashTable<E>                    // 采用链地址法的哈希表类
{
    public LinkList[] table;                 // 哈希表的对象数组
    public HashTable(int size)               // 构造指定大小的哈希表
    {
        this.table = new LinkList[size];
        for (int i = 0; i < table.length; i++) {
            table[i] = new LinkList();       // 构造空单链表
        }
    }
    public int hash(int key)                 // 除留余数法哈希函数，除数是哈希表长度
    {
        return key % table.length;
    }
    public void insert(E element) throws Exception {  // 在哈希表中插入指定的数据元素
        int key = element.hashCode();        // 每个对象的 hashCode() 方法返回整数值
        int i = hash(key);                   // 计算哈希地址
        table[i].insert(0, element);
    }
    public void printHashTable()             // 输出哈希表中各个单链表的数据元素
    {
        for (int i = 0; i < table.length; i++) {
            System.out.print("table[" + i + "] = ");        // 遍历单链表并输出数据元素值
            table[i].display();
        }
    }
    public Node search(E element) throws Exception {
                        // 在哈希表中查找指定对象，若查找成功，返回结点；否则返回 null
        int key = element.hashCode();
```

```
        int i = hash(key);
        int index = table[i].indexOf(element);  // 返回数据元素在单链表中的位置
        if (index >= 0) {
            return (Node) table[i].get(index);   // 返回在单链表中找到的结点
        } else {
            return null;
        }
    }
    public boolean contain(E element) throws Exception {
            // 以查找结果判断哈希表是否包含指定对象,若包含,则返回 true; 否则返回 false
        return this. search(element) != null;
    }
    public boolean remove(E element) throws Exception {
                            // 删除指定对象,若删除成功,则返回 true; 否则返回 false
        int key = element.hashCode();
        int i = hash(key);
        int index = table[i].indexOf(element);
        if (index >= 0) {
            table[i].remove(index);            // 在单链表中删除对象
            return true;
        } else {
            return false;
        }
    }
}
```

【例 9.5】 链地址法测试程序。

【问题描述】 对于一个姓氏序列{"Wang", "Li", "Zhang", "Liu", "Chen", "Yang", "Huang", "Zhao", "Wu", "Zhou", "Du"},要求采用除留余数法为哈希函数,链地址法为解决冲突的方法,使用上述定义的哈希表类 HashTable 实现查找、插入和删除等操作。

【程序代码】

```
package ch09;
/*
 例 9.5 哈希表的查找、插入和删除操作的测试
*/
public class Example9_5 {
    public static void main(String[] args) throws Exception {
        String[] name = {"Wang", "Li", "Zhang", "Liu", "Chen", "Yang", "Huang", "Zhao",
"Wu", "Zhou", "Du"};                          // 数据元素
        HashTable<String> ht = new HashTable<String>(7);
        String elem1, elem2;
        System.out.print("插入元素: ");
        for (int i = 0; i < name.length; i++) {
            ht.insert(name[i]);                // 哈希表中插入对象
            System.out.print(name[i] + " ");
        }
        System.out.println("\n 原哈希表: ");
        ht.printHashTable();
        elem1 = name[2];
```

```
        System.out.println("查找 " + elem1 + ", " + (ht.contain(elem1) ? "" : "不") + "成功");
        elem2 = "san";
        System.out.println("查找 " + elem2 + ", " + (ht.contain(elem2) ? "" : "不") + "成功");
        System.out.println("删除 " + elem1 + ", " + (ht.remove(elem1) ? "" : "不") + "成功");
        System.out.println("删除 " + elem2 + ", " + (ht.remove(elem2) ? "" : "不") + "成功");
        System.out.println("新哈希表: ");
        ht.printHashTable();
    }
}
```

程序运行的结果如图 9.22 所示。

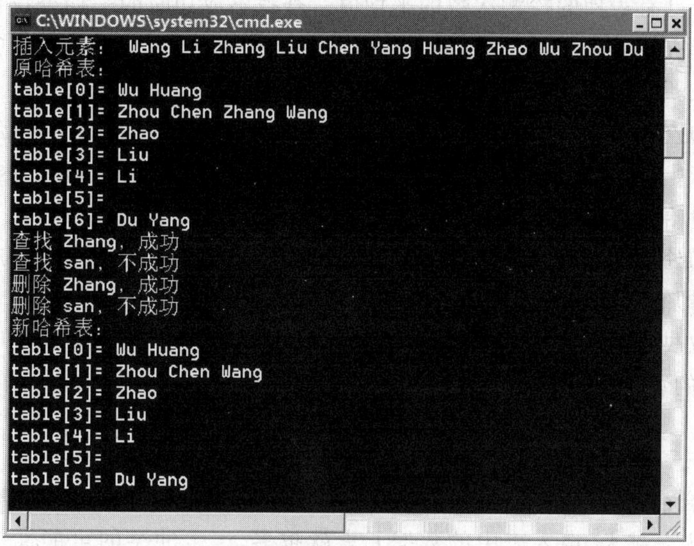

图 9.22 例 9.5 的运行结果

3. 公共溢出区法

公共溢出区法的基本思想是：除基本的存储区(称为基本表)之外，另建一个公共溢出区(称为溢出表)，当不发生冲突时，数据元素可存入基本表中；当发生冲突时，不管哈希地址是什么，数据元素都存入溢出表。查找时，对给定值 K 通过哈希函数计算出哈希地址 i，先与基本表对应的存储单元相比较，若相等，则查找成功；否则，再到溢出表中进行查找。

4. 再哈希法

采用再哈希法解决冲突的主要思想是：当发生冲突时，再用另一个哈希函数来得到一个新的哈希地址，若再发生冲突，则再使用另一个函数，直至不发生冲突为止。预先需要设置一个哈希函数的序列：$H_i = RH_i(\text{key})(i=1,2,\cdots,k)$。其中，$RH_i$ 表示不同的哈希函数，当发生冲突时，计算另一个哈希函数地址，直至冲突不再发生为止。这种方法不易产生"聚集"，但却增加了计算的时间。

9.4.4　哈希表的查找和性能分析

在哈希表上进行查找的过程和哈希表造表的过程基本一致。给定要查找的关键字 K 的值,根据造表时设定的哈希函数求得哈希地址,若此哈希地址上没有数据元素,则查找不成功;否则比较关键字,若相等,则查找成功;若不相等,则根据造表时设置的处理冲突的方法找下一个地址,直至某个位置上为空或关键字比较相等为止。

哈希表插入和删除操作的时间均取决于查找,故只分析查找操作的实际性能。

哈希表查找成功时的平均查找长度是指查找到哈希表中已有表项的平均探测次数,它是找到表中各个已有表项的探测次数的平均值。查找不成功时的平均查找长度是指在哈希表中查找不到待查的表项,但找到插入位置的平均探查次数,它是哈希表中所有可能散列的位置上要插入新的数据元素时为找到空位置的探测次数的平均值。

从哈希表的查找过程可见,虽然哈希表是在关键字和存储位置之间直接建立了映象,然而由于冲突的产生,哈希表的查找过程仍然是一个和关键字比较的过程。因此,仍需用平均查找长度来衡量哈希表的查找效率。查找过程中与关键字比较的次数取决于哈希造表时选择的哈希函数和处理冲突的方法。哈希函数的“好坏”首先影响出现冲突的频率,假设哈希函数是均匀的,即它对同样一组随机的关键字出现冲突的可能性是相同的。因此,哈希表的查找效率主要取决于哈希表造表时处理冲突的方法。发生冲突的次数又和哈希表的装填因子有关,哈希表的装填因子 α 定义为:

$$\alpha = \frac{\text{哈希表中的记录数}}{\text{哈希表的长度}} \tag{9.11}$$

其中,α 是哈希表装满程度的标志因子。由于哈希表长是定值,α 与“哈希表中的记录数”成正比,所以,α 越大,填入表中的数据元素就越多,产生冲突的可能性就越大;α 越小,填入表中的数据元素就越少,产生冲突的可能性就越小。α 通常取小于 1 且大于 1/2 之间的适当小些的数。

实际上,哈希的平均查找长度是装填因子 α 的函数,只是不同处理冲突的方法有不同的函数。表 9.2 给出几种不同处理冲突方法的平均查找长度。

表 9.2　不同处理冲突的平均查找长度

处理冲突的方法	平均查找长度	
	查找成功时	查找不成功时
线性探测法	$S_{nl} \approx \dfrac{1}{2}\left(1+\dfrac{1}{1-\alpha}\right)$	$U_{nl} \approx \dfrac{1}{2}\left(1+\dfrac{1}{(1-\alpha)^2}\right)$
二次探测法与双哈希法	$S_{nr} \approx -\dfrac{1}{\alpha}\ln(1-\alpha)$	$U_{nr} \approx \dfrac{1}{1-\alpha}$
链地址法	$S_{nc} \approx 1+\dfrac{\alpha}{2}$	$U_{nc} \approx \alpha + e^{-\alpha}$

由上表可见,哈希表的平均查找长度是 α 的函数,而不是表中数据元素个数 n 的函数。因此,不管哈希表长多大,总可以选择一个合适的装填因子,以便将平均查找长度限定在一个范围内。正是由于这个特性,哈希法得到了广泛的应用。

【例 9.6】　假设散列表的长度为 13,散列函数为 $H(K)=K\%13$,给定的关键字序列为

{ 32,14,23,01,42,20,45,27,55,24,10,53}。试分别画出用线性探测法和拉链法解决冲突时所构造的哈希表,并求出在等概率情况下,这两种方法的查找成功和查找不成功的平均查找长度。

解:(1)用线性探测法解决冲突时所构造的哈希表如图9.23所示。

	0	1	2	3	4	5	6	7	8	9	10	11	12
		14	01	42	27	55	32	20	45	53	23	24	10
比较次数		1	2	1	4	3	1	1	3	9	1	1	3

图9.23　用线性探测法解决冲突时的哈希表

假设各个数据元素的查找概率相等,线性探测法在查找成功时的平均查找长度为:
$$ASL=(1\times6+2+3\times3+4+9)/12=2.5$$

线性探测法在查找不成功时的平均查找长度为:
$$ASL=(1+13+12+11+10+9+8+7+6+5+4+3+2)/13=91/13$$

(2)用拉链法解决冲突时所构造的如图9.24所示。

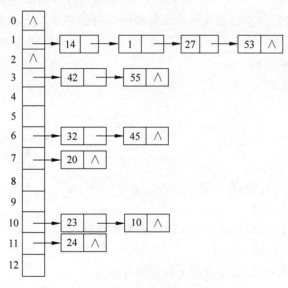

图9.24　用拉链法解决冲突时的哈希表

假设各个数据元素的查找概率相等,拉链法在查找成功时的平均查找长度为:
$$ASL=(1\times6+2\times4+3+4)/12=7/4$$

拉链法在查找不成功时的平均查找长度为:
$$ASL=(4+2+2+1+2+1)/13=12/13$$

 小结

查找是数据处理中经常使用的一种运算,查找方法的选择取决于查找表的结构,查找表分为静态查找表和动态查找表。关于静态表的查找,本章主要介绍了顺序查找、二分查找和分块查找 3 种方法。顺序查找的效率很低,但是对于待查找的数据元素的数据结构没有任何要求,而且算法非常简单,当待查找表中的数据元素的个数较少时,采用顺序查找较好。顺序查找即适用于顺序存储结构,又适用于链式存储结构。二分查找法的平均查找长度小,查找速度快,但是它要求表中的数据元素是有序的,且只能用于顺序存储结构。若表中的数据元素经常变化,为保持表的有序性,需要不断进行调整,这在一定程度上要降低查找效率。因此,对于不经常变动的有序表,采用二分查找是比较好的。分块查找的平均查找长度介于顺序查找和二分查找之间。由于采用的结构是分块的,所以当表中数据元素有变化时,只要调整相应的块即可。同顺序表一样,分块查找可以用于顺序存储结构,也可以用于链式存储结构。

关于动态表的查找,介绍了二叉排序树、AVL 树、B－树和红黑树等方法,并分别讨论了这些树表的基本概念、插入和删除操作以及它们的查找过程。基于二叉排序树、AVL 树、B－树和红黑树等数据结构的查找表是动态查找表,其特点是可以方便地插入和删除数据元素。

上述方法都是基于关键字比较的查找,而哈希表方法则是直接计算出数据元素在内存空间中的存储地址。本章中介绍了哈希表的概念、哈希地址和处理冲突的方法。

通过学习本章内容,希望读者能够熟练掌握静态查找表和动态查找表的构造方法和查找过程,熟练掌握哈希表造表方法及其查找过程,学会根据实际问题的需求,选取合适的查找方法及其所需的存储结构。

习题 9

一、选择题

1. 对线性表进行二分查找时,要求线性表必须( )。

　　A. 以顺序方式存储

　　B. 以顺序方式存储,且结点按关键字值有序排列

　　C. 以链接方式存储

　　D. 以链接方式存储,且结点按关键字值有序排列

2. 用二分查找法查找具有 n 个结点的顺序表时,查找每个结点的平均比较次数是( )。

　　A. $O(n^2)$　　　　　B. $O(n\log_2 n)$　　　　C. $O(n)$　　　　D. $O(\log_2 n)$

3. 对长度为 4 的顺序表进行查找,若查找第一个记录的概率为 1/24,查找第二个记录的概率为 1/6,查找第三个记录的概率为 2/3,查找第四个记录的概率为 1/8,则查找任意一个记录的平均查找长度为( )。

　　A. 23/8　　　　　　B. 20/8　　　　　　C. 17/8　　　　　　D. 14/8

4. 若有一个长度为 64 的有序表,现用二分查找方法查找某一记录,则查找不成功,最多需要比较( )次。

　　A. 9　　　　　　　B. 7　　　　　　　C. 5　　　　　　　D. 3

5. 当采用分块查找时,数据的组织方式为( )。

　　A. 数据必须有序

    B. 数据不必有序

    C. 数据分成若干块,每块内数据不必有序,但块间必须有序

    D. 数据分成若干块,每块内数据必须有序,但块间不必有序

6. 一棵深度为 k 的平衡二叉树,其每个非终端结点的平衡因子均为 0,则该平衡二叉树共有(　　)个结点。

    A. $2^{k-1}-1$　　　　　B. $2^{k-1}+1$　　　　　C. $2^{k}-1$　　　　　D. $2^{k}+1$

7. 具有 5 层结点的平衡二叉树至少有(　　)个结点。

    A. 10　　　　　 B. 12　　　　　 C. 15　　　　　 D. 17

8. 若结点的存储地址与其关键字之间存在某种映射关系,则称这种存储结构为(　　)。

    A. 顺序存储结构　　　　　　　　 B. 链式存储结构

    C. 索引存储结构　　　　　　　　 D. 散列存储结构

9. 以下有关 m 阶 B-树的叙述中,错误的是(　　)。

    A. 根结点至多有 m 棵子树　　　　 B. 每个结点至少有 $\left\lceil \dfrac{m}{2} \right\rceil$ 棵子树

    C. 所有叶子结点都在同一层上　　 D. 每个结点至多有 $m-1$ 个关键字

10. 哈希表的地址区间为 0~17,哈希函数为 $h(key)=K\%17$。采用线性探测法处理冲突,并将关键字序列 {26,25,72,38,8,18,59} 依次存储到哈希表中,则在哈希表中查找元素 59 需要搜索的次数为(　　)。

    A. 2　　　　　 B. 3　　　　　 C. 4　　　　　 D. 5

二、填空题

1. 动态查找表和静态查找表的主要区别在于_____。

2. 假定待查找记录个数为 n,则在等概率的情况下,顺序查找在查找成功情况下的平均查找长度为_____;在查找失败情况下的平均查找长度为_____。

3. 对线性表进行二分查找时,要求线性表必须_____。

4. 分块查找分为两个阶段,分别是_____和_____。

5. 哈希法存储中,冲突指的是_____。

6. 一棵二叉排序树用中序遍历输出的信息是_____序列。

7. 深度为 4 的平衡二叉树中至少有_____个结点,至多有_____个结点。

8. 引入 B-树的根本原因是_____。

9. 哈希法存储的基本思想是根据_____来决定存储地址。

10. 设计一个好的哈希函数,其函数值应该以_____概率取其值域的每个值。

三、算法设计题

1. 基于 SeqList 类,设计带监视哨的顺序查找算法,要求把监视哨设置在 n 号单元。

2. 基于 SeqList 类,设计一个递归算法,实现二分查找。

3. 基于 BSTree 类,设计一个算法,判断所给的二叉树是否为二叉排序树。

4. 基于 BSTree 类,设计一个算法,输出给定二叉排序树中值最大的结点。

5. 基于 BSTree 类,设计一个算法,求出指定结点在给定的二叉排序树中所在的层数。

6. 基于 BSTree 类,设计一个算法,在二叉排序树中以非递归方式查找值为 key 的结点。

四、上机实践题

1. 已知关键字序列{8,30,43,52,59,80,83,100},设计程序,要求采用带监视哨的顺序查找算法完成以下功能:

(1) 查找关键字为 83 的数据元素,若找到,则输出该数据元素在表中的位置,否则给出查找失败的提示信息。

(2) 查找关键字为 36 的数据元素,若找到,则输出该数据元素在表中的位置,否则给出查找失败的提示信息。

2. 设计一个简单的学生信息管理系统。每个学生的信息包括学号、姓名、性别、班级和电话等。采用二叉排序树的结构实现以下功能:

(1) 创建学生的信息表;

(2) 按照学号或姓名查找学生信息。

习题参考答案

习题 1 参考答案

一、概念题

1. 数据结构研究的 3 个方面分别是数据的逻辑结构、数据的存储结构和数据的运算（操作）。

2. 集合结构：集合中数据元素之间除了"同属于一个集合"的特性外，数据元素之间无其他关系，它们之间的关系是松散性的。

线性结构：线性结构中数据元素之间存在"一对一"的关系。即若结构非空，则它有且仅有一个开始结点和终端结点，开始结点没有前趋但有一个后继，终端结点没有后继但有一个前趋，其余结点有且仅有一个前驱和一个后继。

树形结构：树形结构中数据元素之间存在"一对多"的关系。即若结构非空，则它有一个称为根的结点，此结点无前驱结点，其余结点有且仅有一个前驱，所有结点都可能有多个后继。

图形结构：图形结构中数据元素之间存在"多对多"的关系。即若结构非空，则在这种数据结构中任何结点都可能有多个前驱和后继。

3. 顺序存储结构示意图如图 A.1 所示。

图 A.1　顺序存储结构示意图

链式存储结构示意图如图 A.2 所示。

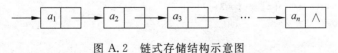

图 A.2　链式存储结构示意图

4. 它的二元组定义形式为 $B=(D,R)$，其中 $D=\{k_1,k_2,k_3,k_4,k_5,k_6,k_7,k_8,k_9\}$，$R=\{<k_1,k_3>,<k_1,k_8>,<k_2,k_3><k_2,k_4>,<k_2,k_5>,<k_3,k_9>,<k_4,k_6>,<k_4,k_7>,<k_5,k_6>,<k_8,k_9>,<k_9,k_7>\}$。

5. 证明：因为存在 $c=6$，$N=1$，对所有的 $n \geqslant N$，$0 \leqslant 3n^2 - n + 4 \leqslant 6 \times n^2$ 都是恒成立的，所以由 1.3.3 节的定义可得 $f(n) = O(n^2)$。

6. 按增长率递增的排列顺序是：

$1/\log_2 n < 2^{100} < \log_2(\log_2 n) < \log_2 n < n^{1/2} < n^{2/3} < n < n\log_2 n < n^{3/2} < n^{\log_2 n} < (4/3)^n < (3/2)^n < n! < n^n$

7. 指定语句行的语句频度分别为：

(1) $n-1$

(2) 当 $n \leqslant 1$ 时语句频度为 1，当 $n > 1$ 时语句频度为 $n-1$

(3) $n-1$

(4) $n(n+1)/2$

(5) n

(6) $\sqrt{n}$ 取整

(7) 1100

(8) $\log_3 n$

二、算法设计题

1.

```java
void max(double[] a) {
    double max = a[0];          // 初始化最大值为数组中的第一个元素
    int index = 0;
    for (int i = 0; i < a.length; i++) {
        if (max < a[i]) {
            max = a[i];
            index = i;
        }
    }
    System.out.println("最大的实数为：" + max + "\n 其在数组中的下标为：" + index);
}
```

此算法的时间复杂度为 $O(n)$，其中 n 为数组的长度。

2.

```java
0  double getPolynomialResult(double[] a, double x) { // a 是多项式中系数数组
1      double result = 0;
2      double powX = 1;
3      for (int i = 0; i < a.length; i++) {
4          result += a[i] * powX;
5          powX *= x;
6      }
7      return result;
8  }
```

语句 1~7 的执行次数分别是：1、1、a.length+1、a.length、a.length、1、1。

此算法的时间复杂度为 $O(a.length)$，其中 a.length 也是多项式中的项数。

三、上机实践题

1. `//将整型数组中的数据元素按值递增的顺序进行排序`

```java
package ch01Exercise;
public class Exercise1_3_1 {

    public int[] bubbleSort(int[] a) {     // a 为待排序的整数数组
    int n = a.length;
    boolean isExchange = true;          // 交换标志
    for (int i = 0; i < n - 1&&isExchange; i++) { // 最多做 n-1 趟排序
        isExchange = false;
        for (int j = 0; j < n - i - 1; j++) {    // 对当前无序区进行排序
            if (a[j] > a[j + 1]) {          // 交换数据元素
                int temp = a[j];
                a[j] = a[j + 1];
                a[j + 1] = temp;
                isExchange = true;          // 发生了交换,故将交换标志置为真
            }
        }
        if (!isExchange)
            break;                          // 本趟排序未发生交换,提前终止算法
    }
    return a;
    }

    public static void main(String[] args) {
    int[] values = { 49, 38, 65, 97, 76, 13, 27, 49 };
    System.out.println("排序前数组中数据元素: 49 38 65 97 76 13 27 49");
    System.out.print("排序后数组中数据元素: ");

    Exercise1_3_1 e = new Exercise1_3_1();
    values = e.bubbleSort(values);
    for (int i = 0; i < values.length; i++)
        System.out.print(values[i] + " ");
    }
}
```

运行结果如图 A.3 所示。

图 A.3   上机实践题 1 运行结果

2.

```java
package ch01Exercise;
// 复数类
class Complex {
```

```java
    private double real;                    // 实部
    private double imag;                    // 虚部

    // 无参构造函数
    public Complex() {
        this(0, 0);
    }

    // 带一个参数的构造函数
    public Complex(double real) {
    this(real, 0);
    }

    // 带两个参数的构造函数
    public Complex(double real, double imag) {
    this.real = real;
    this.imag = imag;
    }

    public double getReal() {
        return real;
    }

    public void setReal(double real) {
        this.real = real;

    }

    public double getImag() {
        return imag;
    }

    public void setImag(double imag) {
        this.imag = imag;

    }

    public void add(Complex Z) {
        if (Z != null) {
            real += Z.getReal();
            imag += Z.getImag();
        }
    }

    // 计算与另一复数的差,其中 Z 是减数
    public void minus(Complex Z) {
        if (Z != null) {
        real -= Z.getReal();
            imag -= Z.getImag();
        }
    }
```

```
        // 计算与另一复数的乘积,其中 Z 是乘数
        public void multiply(Complex Z) {
            if (Z != null) {
                double temp = (real * Z.getReal() - imag * Z.getImag());
                imag = (real * Z.getImag() + imag * Z.getReal());
                real = temp;
            }
        }
    }

// 测试类
public class Exercise1_3_2 {

    public static void main(String[] args) {
        Complex c1 = new Complex(2, 3);
        System.out.println("修改前 c1 的实部为: " + c1.getReal() + " 虚部为: " +
                c1.getImag());

        c1.setReal(1);
        c1.setImag(2);
        System.out.println("修改后 c1 的实部为: " + c1.getReal() + " 虚部为: " +
                c1.getImag());

        Complex c2 = new Complex(4, 5);
        c1.add(c2);
        System.out.println("执行加法运算后 c1 的实部为: " + c1.getReal() + " 虚部为: "
                + c1.getImag());

        c1.minus(c2);
        System.out.println("执行减法运算后 c1 的实部为: " + c1.getReal() + " 虚部为: "
                + c1.getImag());

        c1.multiply(c2);
        System.out.println("执行乘法运算后 c1 的实部为: " + c1.getReal() + " 虚部为: "
                + c1.getImag());

    }
}
```

运行结果如图 A.4 所示。

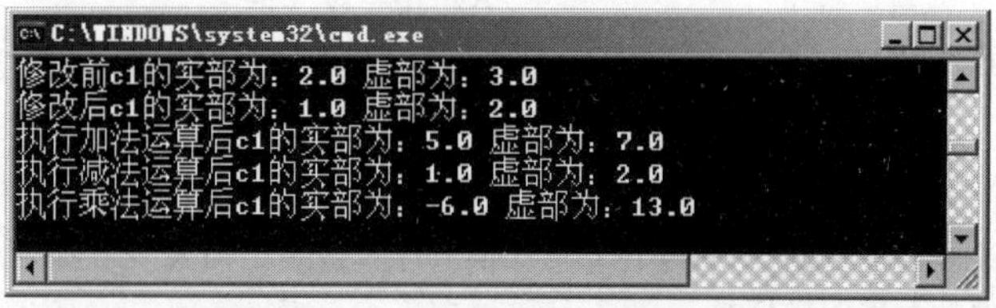

图 A.4 上机实践题 2 运行结果

习题 2 参考答案

一、选择题

1. D　2. D　3. A　4. C　5. D　6. C　7. B　8. D　9. B,A　10. D

二、填空题

1. 有限序列；长度；空表　　2. 前驱；后继　　3. 顺序存储；链式存储；顺序

4. $n-i$　5. 指针域　　6. 顺序　　7. 一定;不一定　　8. $O(1)$

9. 指定结点的前驱；$O(n)$　　10. 循环单链表

三、算法设计题

1.
```java
// 一个顺序表类的成员函数,实现对顺序表就地逆置的操作
public void reverse() {
    for (int i = 0,j = curLen - 1; i < j; i++,j-- ) {
        Object temp = listElem[i];
        listElem[i] = listElem[j];
        listElem[j] = temp;
    }
}
```

2.
```java
// 一个顺序表类的成员函数,实现对顺序表循环右移 k 位的操作
public void shit( int k) {
    int n = curLen, p = 0, i, j, l;
    Object temp;
    for( i = 1; i <= k; i++)
        if( n % i == 0&&k % i == 0)          // 求 n 和 k 的最大公约数 p
            p = i;
    for( i = 0; i < p; i++){
        j = i;
        l = ( i + n - k) % n;
        temp = listElem[i];
        while( l != i){
            listElem[j] = listElem[l];
            j = l;
            l = ( j + n - k) % n;
        }                               // 循环右移一步
        listElem[j] = temp;
    }
}
```

3.
```java
// 一个单链表类的成员函数,实现在非递减的有序单链表中插入一个值为 x 的数据元素,并使
// 单链表仍保持有序的操作
// 方法一
public void insert(int x) {
```

```
        Node p = head.next;
        Node q = head;                    // q 用来记录 p 的前驱结点
        int temp;
        while (p != null) {
            temp = ((Integer) p.data).intValue();
            if (temp < x) {
                q = p;
                p = p.next;
            } else
                break;
        }
        Node s = new Node(x);            // 生成新结点
        s.next = p;                      // 将 s 结点插入到单链表的 q 结点与 p 结点之间
        q.next = s;
    }
    // 方法二
    public void insert(int x) {
        Node p = head.next;
        while (p.next != null&&((Integer) p.next.data).intValue()< x) {
            p = p.next;
        }
        Node s = new Node(x);            // 生成新结点
        s.next = p.next;                 // 将 s 结点插入到单链表的 q 结点与 p 结点之间
        p.next = s;
    }
```

4. // 一个单链表类的成员函数,实现对带头结点的单链表就地逆置的操作
```
    public void reverse() {
        Node p = head.next;
        head.next = null;
        Node q;
        while (p != null) {
            q = p.next;
            p.next = head.next;
            head.next = p;
            p = q;
        }
    }
```

5. 实现删除不带头结点的单链表中数据域值等于 x 的第一个结点的操作.若删除成功,则返回被删
   // 除结点的位置; 否则,返回 − 1
```
    public int remove(Object x) {
        Node p = head;                   // 初始化,p 指向首结点
        Node q = null;                   // q 用来记录 p 的前驱结点
        int j = 0;                       // j 为计数器
        while (p != null&& !(p.data).equals(x)) {
            // 从单链表中的首结点元素开始查找,直到 p.data 指向元素 x 或到达单链表的表尾
            q = p;
            p = p.next;                  // 指向下一个元素
            ++j;                         // 计数器的值增 1
        }
```

```
        if (p!= null&&q == null)              //删除的是单链表中的首结点
            head = p.next;
        else if (p != null) {                 // 删除的是单链表中的非首结点
                q.next = p.next;
        }
        else
            return -1;                        // 值为 x 的结点在单链表中不存在
    return j;
    }
```

6. // 实现删除带头结点的单链表中数据域值等于 x 的所有结点的操作,并返回被删除结点的个数

```
    publc int removeAll(Object x) {
        Node p = head.next;                   // 初始化,p 指向首结点,j 为计数器
        Node q = head;                        // 用来记录 p 的前驱结点
        int j = 0;                            // 用来记录被删除结点的个数
        while (p != null) {                   // 从单链表中的首结点开始对整个链表遍历一次
            if ((p.data).equals(x)) {
                q.next = p.next;
                ++j;                          // 计数器的值增 1
            } else
                q = p;
            p = p.next;                       // 指向下一个元素
        }
        return j;                             // 返回被删除结点的个数
    }
```

7. // 把一个多项式分解成两个多项式,并且各自仅含奇次项或偶次项,并返回一个一维数组,其中
   // 数组中第一个数据元素为奇次项多项式,第二个为偶次项多项式

```
    public CircleLinkList [] separatePolyn(CircleLinkList cList) {
        CircleLinkList cList1 = new CircleLinkList();              // 含奇次项的多项式
        Node p1 = cList1.head;                // p2 指向奇次项多项式的头结点
        CircleLinkList cList2 = new CircleLinkList();              // 含偶次项的多项式
        Node p2 = cList2.head;                // p2 指向偶次项多项式的头结点
        Node p = cList.head.next;             // 原多项式的首结点
        while (p!= cList.head) {
            PolynNode data = (PolynNode) p.data;
            int expn = data.expn;
            if (expn % 2 != 0) {              // 加入奇次项多项式
                p1.next = p;
                p1 = p;
            } else {                          // 加入偶次项多项式
                p2.next = p;
                p2 = p;
            }
            p = p.next;
        }
        p1.next = cList1.head;
        p2.next = cList2.head;
        CircleLinkList[] polyns = { cList1, cList2 };
        return polyns;
    }
```

四、上机实践题

1. `// 测试类`

```
import ch02.SqList;                    // 导入顺序表类
public class Exercise2_4_1 {
    public static void main(String[] args) throws Exception {
        // --------- 调用构造函数 ---------
        SqList L = new SqList(10);     // 构造一个具有 10 个存储空间的顺序表
        // --------- 调用 insert(int i, Object x)插入数据元素 ---------
        for (int i = 0; i <= 8; i++)
                                       // 对该顺序表的前 9 个元素进行赋值,分别为 0、1、2、…、8
            L.insert(i, i);
        // -------- 调用 length()求顺序表的长度 --------
        System.out.println("顺序表的长度:" + L.length());      // 输出顺序表的长度
        // -------- 调用 get(int i)取出第 i 个元素 --------
        System.out.println("顺序表中各个数据元素:");              // 输出
        L.display();
        // -------- 调用 indexOf(Object x)查找 x 元素所在的位置 --------
        int order = L.indexOf(8);      // 求出数据元素 8 在顺序表中的位置
        if (order != -1)
            System.out.println("顺序表中值为 8 的数据元素的位置为: " + order);   // 输出
        else
            System.out.println("8 不在此单链表中");
        // -------- 调用 remove(int i)删除第 i 个数据元素 --------
        L.remove(5);                   // 删除数据元素 5
        System.out.println("顺序表中删除数据元素 5 后,表的长度:" + L.length());
                                                                    // 输出
        System.out.println("顺序表中删除数据元素 5 后,剩余的数据元素:");      // 输出
        L.display();
        // -------- 调用 insert(int i, Object x)把数据元素 x 插入到 i 的位置 --------
        L.insert(5, 5);
        System.out.println("顺序表中在 5 的位置前插入数据元素 5 后,表的长度: " +
L.length());
        System.out.println("顺序表中在 5 的位置前插入数据元素 5 后,表中的数据元素: ");
        L.display();
        // -------- 调用 L.clear()将顺序表置空 --------
        L.clear();
        System.out.println("将顺序表置空后,再次打印表中的元素: ");
        L.display();

        // -------- 调用 isEmpty()判断顺序表是否为空 --------
        if (L.isEmpty())
            System.out.println("顺序表为空");
        else
            System.out.println("顺序表不为空");
    }
}
```

运行结果如图 A.5 所示。

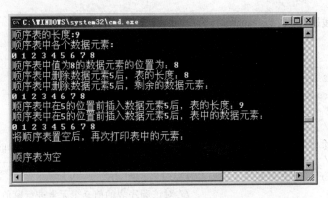

图 A.5　上机实践题 1 运行结果

2. // 测试类

```
import ch02.LinkList;                       // 导入单链表类
public class Exercise2_4_2 {
public static void main(String[] args) throws Exception {
        // --------- 调用 create(int n)从表尾到表头逆向建立单链表 ---------
        System.out.println("请输入 3 个单链表中的数据元素：");
        LinkList L = new LinkList(3, true);   // 从表头到表尾顺序建立一个表长为 3 的单链表
        System.out.println("单链表中各个数据元素：");
        L.display();                          // 输出单链表中所有的数据元素
        // --------- 调用 length()求顺序表的长度 ---------
        System.out.println("单链表的长度:" + L.length());         // 输出顺序表的长度
        // --------- 调用 get(int i)取出第 i 个元素 ---------
        if (L.get(2) != null)                 // 取第二个元素
            System.out.println("单链表中第二个元素:" + L.get(2));
        // --------- 调用 indexOf(Object x)查找 x 元素所在的位置 ---------
        int order = L.indexOf("c");   // 求出数据元素字符串 c 在顺序表中的位置
        if (order != -1)
          System.out.println("单链表中值为字符串 c 的数据元素的位置为：" + order);else
          System.out.println("字符'c'不在此单链表中");
        // --------- 调用 remove(int i)删除数据元素 ---------
        L.remove(2);                          // 删除第二个数据元素
        System.out.println("删除第二个数据元素后单链表中各个数据元素：");
        L.display();
        // --------- 调用 insert(int i, Object x)插入数据元素 ---------
        L.insert(2, 'd');              // 在单链表的第三个位置插入数据元素 d
        System.out.println("在 2 的位置插入数据元素 d 后单链表中各个数据元素：");
        L.display();                          // 输出单链表中所有的数据元素
        // --------- 调用 L.clear()将顺序表置空 ---------
        L.clear();
        System.out.println("将单链表置空后,再次打印表中的元素：");
        // --------- 调用 isEmpty()判断顺序表是否为空 ---------
        if (L.isEmpty())
            System.out.println("单链表为空");
        else {
            System.out.println("单链表不为空,单链表中各个数据元素：");
```

```
            L.display();
        }
    }
}
```

运行结果如图 A.6 所示。

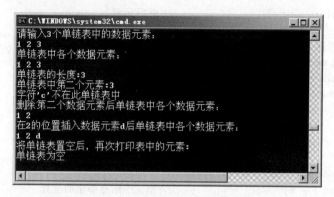

图 A.6   上机实践题 2 运行结果

3. // 不带头结点的单链表类
```
   class LinkList2 {

       public Node head;                    // 单链表的首结点指针
       // 构造函数
       public LinkList2() {
           head = null;
       }
       // 将一个已经存在的单链表置成空表
       public void clear() {
           head = null;
       }
       // 判断当前单链表是否为空
       public boolean isEmpty() {
           return head == null;
       }
       // 求单链表中的数据元素个数并由函数返回其值
       public int length() {
           Node p = head;                   // 初始化,p 指向首结点,length 为计数器
           int length = 0;
           while (p != null) {              // 从首结点向后查找,直到 p 为空
               p = p.next;                  // 指向后继结点
               ++length;                    // 长度增 1
           }
           return length;
       }
       // 读取单链表中的第 i 个数据元素
       public Object get(int i) throws Exception {
           Node p = head;                   // 初始化,p 指向首结点,j 为计数器
           int j = 0;
           while (p != null && j < i) {     // 从首结点向后查找,直到 p 指向第 i 个元素或 p 为空
```

```
        p = p.next;                  // 指向后继结点
        ++j;                         // 计数器的值增 1
    }
    if (j > i || p == null)          // i 小于 0 或者大于表长减 1
        throw new Exception("第" + i + "个元素不存在");            // 输出异常

    return p.data;                   // 返回元素 p
}
// 在单链表中第 i 个数据元素之前插入一个值为 x 的数据元素
public void insert(int i, Object x) throws Exception {
    Node s = new Node(x);
    if (i == 0) {                    // 插入位置为表头
        s.next = head;
        head = s;
        return;
    }
    Node p = head;
    int j = 0;                       // 第 i 个结点前驱的位置
    while (p != null && j < i - 1) { // 寻找 i 个结点的前驱
        p = p.next;
        ++j;
    }
    if (j > i - 1 || p == null)
        throw new Exception("插入位置不合理");
    // 插入位置为表的中间或表尾
    s.next = p.next;
    p.next = s;
}
// 将线性表中第 i 个数据元素删除.其中 i 取值范围为: 0≤i≤length() - 1,如果 i 值不在
// 此范围则抛出异常
public void remove(int i) throws Exception {
    Node p = head;                   // 初始化 p 为首结点,j 为计数器
    Node q = null;                   // 用来记录 p 的前驱结点
    int j = 0;
    while (p != null && j < i) {     // 寻找 i 个结点
        q = p;
        p = p.next;
        ++j;                         // 计数器的值增 1
    }
    if (j > i || p == null)          // i 不合法
        throw new Exception("删除位置不合理");            // 输出异常
    if (q == null)
        head = null;                 // 删除首结点
    else
        q.next = p.next;             // 删除其他结点
}
// 在带头结点的单链表中查找值为 x 的元素,如果找到,则函数返回该元素在线性表中的位置,
// 否则返回 - 1
public int indexOf(Object x) {
    Node p = head;                   // 初始化,p 指向首结点,j 为计数器
    int j = 0;
```

```
        while (p != null && !p.data.equals(x)) {
            // 从单链表中的首结点元素开始查找,直到 p.data 指向元素 x 或到达单链表的表尾
            p = p.next;                // 指向下一个元素
            ++j;                       // 计数器的值增 1
        }
        if (p != null)                 // 如果 p 指向表中的某一元素
            return j;                  // 返回 x 元素在顺序表中的位置
        else
            return -1;                 // x 元素不在顺序表中
    }
    // 输出线性表中的数据元素
    public void display() {
        Node node = head;              // 取出带头结点的单链表中的首结点元素
        while (node != null) {
            System.out.print(node.data + " ");        // 输出数据元素的值
            node = node.next;          // 取下一个结点
        }
        System.out.println();          // 换行
    }

}
// 测试类
public class Exercise2_4_3 {
    public static void main(String[] args) throws Exception {
        // -------- 初始化单链表中各个元素 --------
        LinkList2 L = new LinkList2();
        for (int i = 0; i <= 8; i++)
            L.insert(i, i);
        System.out.println("单链表中各个数据元素: ");
        L.display();                   // 输出单链表中所有的数据元素
        // -------- 调用 length()求顺序表的长度 --------
        System.out.println("单链表的长度:" + L.length());        // 输出顺序表的长度
        // -------- 调用 get(int i)取出第 i 个元素 --------
        if (L.get(2) != null)          // 取第二个元素
            System.out.println("单链表中第二个元素:" + L.get(2));
        // -------- 调用 indexOf(Object x)查找 x 元素所在的位置 --------
        int order = L.indexOf("c");    // 求出数据元素字符串 c 在顺序表中的位置
        if (order != -1)
            System.out.println("单链表中值为字符串 c 的数据元素的位置为: " + order);
        else
            System.out.println("字符'c'不在此单链表中");
        // -------- 调用 remove(int i)删除数据元素 --------
        L.remove(2);                   // 删除第二个数据元素
        System.out.println("删除第二个数据元素后单链表中各个数据元素: ");
        L.display();
        // -------- 调用 insert(int i, Object x)插入数据元素 --------
        L.insert(2, 'd');              // 在单链表的第三个位置插入数据元素 d
        System.out.println("在 2 的位置插入数据元素 d 后单链表中各个数据元素: ");
        L.display();                   // 输出单链表中所有的数据元素
        // -------- 调用 L.clear()将顺序表置空 --------
        L.clear();
```

```
            System.out.println("将单链表置空后,再次打印表中的元素:");
            // -------- 调用 isEmpty()判断顺序表是否为空 --------
            if (L.isEmpty())
                System.out.println("单链表为空");
            else {
                System.out.println("单链表不为空,单链表中各个数据元素: ");
                L.display();
            }
        }
    }
```

4. //双向链表的结点类
```
    class DuLNode {
        public Object data;              // 存放结点值
        public DuLNode prior;            // 前驱结点的引用
        public DuLNode next;             // 后继结点的引用
        public DuLNode() {               // 无参数时的构造函数
            this(null);
        }
        public DuLNode(Object data) {    // 构造值为 data 的结点
            this.data = data;
            this.prior = null;
            this.next = null;
        }
    }   //双向链表结点类描述结束
    //双向链表类
    class DuLinkList {
        public DuLNode head;             // 双向循环链表的头结点


        // 双向链表的构造函数
        public DuLinkList() {
            head = new DuLNode();        // 初始化头结点
            head.prior = head;           // 初始化头结点的前驱和后继
            head.next = head;
        }
        // 从表尾到表头逆向建立双向链表的算法.其中 n 为该双向链表的元素个数
        public DuLinkList(int n) throws Exception {
            this();
            Scanner sc = new Scanner(System.in);                       // 构造用于输入的对象
            for (int j = 0; j < n; j++)
                insert(0, sc.next());    // 生成新结点,插入到表头
        }
        // 在双向循环链表的第 i 个数据元素之前插入一个值为 x 的数据元素,i 等于表长时,p 指
        // 向头结点; i 大于表长时,p = NULL.其中 i 取值范围为: 0≤i≤length().当 i = 0 时表示
        // 在表头插入一个数据元素 x,当 i = length()时表示在表尾插入一个数据元素 x
        public void insert(int i, Object x) throws Exception {
            DuLNode p = head.next;       // 初始化,p指向首结点,j为计数器
            int j = 0;
            while (!p.equals(head) && j < i) {// 寻找插入位置 i
                p = p.next;              // 指向后继结点
                ++j;                     // 计数器的值增 1
```

```
    }
    if (j != i && !p.equals(head))   // i 小于 0 或者大于表长
        throw new Exception("插入位置不合理");                          // 输出异常
    DuLNode s = new DuLNode(x);     // 生成新结点
    p.prior.next = s;
    s.prior = p.prior;
    s.next = p;
    p.prior = s;
}
// 将双向循环链表中第 i 个数据元素删除.其中 i 取值范围为: 0≤i≤ength() - 1
public void remove(int i) throws Exception {
    DuLNode p = head.next;           // 初始化,p 指向首节点结点,j 为计数器
    int j = 0;
    while (!p.equals(head) && j < i) {   // 寻找删除位置 i
        p = p.next;                  // 指向后继结点
        ++j;                         // 计数器的值增 1
    }
    if (j != i)                      // i 小于 0 或者大于表长减 1
        throw new Exception("删除位置不合理");   // 输出异常
    p.prior.next = p.next;
    p.next.prior = p.prior;
}
// 将一个已经存在的双向循环链表置成空表
public void clear() {
    head.prior = head;
    head.next = head;
}

// 判断当前双向循环链表是否为空
public boolean isEmpty() {
    return head.equals(head.next);
}
// 读取双向循环链表中的第 i 个数据元素
public Object get(int i) throws Exception {
    DuLNode p = head.next;           // 初始化,p 指向首结点,j 为计数器
    int j = 0;
    while (!p.equals(head) && j < i) {
                    // 从首结点向后查找,直到 p 指向第 i 个元素或 p 指向头结点
        p = p.next;                  // 指向后继结点
        ++j;                         // 计数器的值增 1
    }
    if (j > i || p.equals(head)) {   // i 小于 0 或者大于表长减 1
        throw new Exception("第" + i + "个元素不存在");                 // 输出异常
    }
    return p.data;                   // 返回第 i 个数据元素
}
// 求双向循环链表中的数据元素个数并由函数返回其值
public int length() {
    DuLNode p = head.next;           // 初始化,p 指向首结点,length 为计数器
    int length = 0;
    while (!p.equals(head)) {        // 从首结点向后查找,直到 p 指向头结点
        p = p.next;                  // 指向后继结点
```

```
        ++length;                        // 长度增 1
        }
        return length;
    }
```
// 在双向循环链表中查找值为 x 的元素,如果找到,则函数返回该元素在线性表中的位置,否则
// 返回 -1
```
    public int indexOf(Object x) {
        DuLNode p = head.next;           // 初始化,p指向首结点,j为计数器
        int j = 0;
        while (!p.equals(head) && !p.data.equals(x)) {
            // 从链表中的首结点元素开始查找,直到 p.data 指向元素 x 或到达链表的表尾
            p = p.next;                  // 指向下一个元素
            ++j;                         // 计数器的值增 1
        }
        if (!p.equals(head))             // 如果 p 指向表中的某一元素
            return j;                    // 返回 x 元素在顺序表中的位置
        else
            return -1;                   // x 元素不在顺序表中
    }
```
// 输出双向循环链表各结点的值
```
    public void display() {
        DuLNode node = head.next;        // 取出带头结点的双向链表中的首结点
        while (!node.equals(head)) {
            System.out.print(node.data + " ");          // 输出数据元素的值
            node = node.next;
        }
        System.out.println();
    }
}// 双向链表类结束
```

// 测试类
```
public class Exercise2_4_4 {
    public static void main(String[] args) throws Exception {
        // -------- 调用构造函数 --------
        System.out.println("请输入 3 个双向循环链表中的数据元素: ");
        DuLinkList L = new DuLinkList(3);   // 从表尾到表头逆向建立一个表长为 3 的单链表
        System.out.println("双向循环链表中各个数据元素: ");
        L.display();

        // -------- 调用 length()求顺序表的长度 --------
        System.out.println("双向循环链表的长度:" + L.length());  // 输出顺序表的长度

        // -------- 调用 get(int i)取出第 i 个元素 --------
        if (L.get(2) != null)              // 取第二个元素
            System.out.println("双向循环链表中第二个元素:" + L.get(2));

        // -------- 调用 indexOf(Object x)查找 x 元素所在的位置 --------
        int order = L.indexOf("c");        // 求出数据元素字符串 c 在顺序表中的位置
        if (order != -1)
            System.out.println("双向循环链表中值为字符串 c 的数据元素的位置为: " +
order);                                    // 输出数据元素 c 的位置
```

```
        else
            System.out.println("字符'c'不在此双向循环链表中");

        // -------- 调用 remove(int i)删除数据元素 --------
        L.remove(2);                    // 删除第二个数据元素
        System.out.println("删除第二个数据元素后双向循环链表中各个数据元素: ");
        L.display();

        // -------- 调用 insert(int i, Object x)插入数据元素 --------
        L.insert(2, 'd');               // 在双向循环链表的第三个位置插入数据元素 d
        System.out.println("在 2 的位置插入数据元素 d 后双向循环链表中各个数据元
素: ");
        L.display();

        // -------- 调用 L.clear()将顺序表置空 --------
        L.clear();
        System.out.println("将双向循环链表置空后,再次打印表中的元素:");

        // -------- 调用 isEmpty()判断顺序表是否为空 --------
        if (L.isEmpty())
            System.out.println("双向循环链表为空");
        else {
            System.out.println("双向循环链表不为空,双向循环链表中各个数据元素: ");
            L.display();
        }
    }
}
```

习题 3 参考答案

一、选择题

1. B 2. D 3. B 4. A 5. C 6. A 7. A 8. D 9. C 10. B

二、填空题

1. 表尾;栈顶;栈底;后进先出   2. 顺序存储;链式存储;顺序栈;链栈
3. top == 0; stackElem[top−1]   4. p.next＝top; top＝p;   5. top＝top.next
6. 队尾;队首;先进先出   7. 队首结点;队尾结点;队首指针;队尾指针
8. 求模(或取余)   9. rear＝(rear＋1)％maxSize; front＝(front＋1)％maxSize
10. 栈或队列是否为满的;栈或队列是否为空的;栈或队列是否为空的。

三、算法设计题

```
1. // 借助一个顺序栈将一个数组中的数据元素逆置
   public reverse(Object [ ] a) throws Exception {
```

```
        SqStack S = new SqStack(a.length); //构造一个容量为 a.length 的顺序栈
        for(int i = 0;i < a.length;i++)
            S.push(a[i]);
        for( int i = 0;i < a.length;i++)
            a[i] = S.pop();
    }
```

2. // 判断字符序列是否为回文序列,若是则返回 true,否则返回 false
```java
public boolean isPalindSeq(String str) {
    LinkStack S = new LinkStack();
    int i = 0;
    for (; i < str.length(); i++)
        S.push(str.charAt(i));
    for (i = 0; i < str.length(); i++) {
        char c = ((Character) S.pop()).charValue();
        if (c != str.charAt(i))
            return false;
    }
    return true;
}
```

3. // 双向栈的操作类描述如下
```java
class DuSqStack{
    private Object[] stackElem;        // 栈存储空间
    private int top0;                  // 栈顶指针,指示第 0 号的栈顶元素的下一个位置
    private int top1;                  // 栈顶指针,指示第 1 号的栈顶元素的下一个位置
    private int base0;                 // 栈底指针,指示第 0 号的栈底元素
    private int base1;                 // 栈底指针,指示第 1 号的栈底元素

    // 构造方法
    public DuSqStack(int maxSize) {
        // 初始化栈,即构造一个双向空栈
        stackElem = new Object[maxSize]; // 为栈分配 maxSize 个存储单元
        top0 = base0 = 0;
        top1 = base1 = maxSize - 1;
    }
    // 入栈操作方法
    public void push(Object X, int i) throws Exception {
        // 将数据元素 X 压入到第 i(i 的值为 0 或 1)号栈中
        if (top0 > top1)                // 栈满
            throw new Exception("栈已满");   // 抛出异常
        else if (i == 0)
                stackElem[top0++] = X;
            else if (i == 1)
                stackElem[top1 -- ] = X;
    }
    // 出栈操作方法
    public Object pop(int i) throws Exception {
        // 将 S 中第 i 号栈的栈顶元素出栈,并返回栈顶元素值
        Object x = null;
        if(i == 0)
```

```
                if (top0 == base0)
                    throw new Exception("第 0 号栈为空");
                else
                    x = stackElem[ -- top0];
            else if (i == 1)
                    if (top1 == base1)
                        throw new Exception("第 0 号栈为空");
                    else
                        x = stackElem[++top1];
            return x;
        }
} // DuSqStack 类结束
```

4. // 循环顺序队列存储结构类描述如下

```
class CircleSqQueue_num {
    private Object[] queueElem;        // 队列存储空间
    private int front;                 // 队首的引用,若队列不空,指向队首元素,初值为 0
    private int rear;        // 队尾的引用,若队列不空,指向队尾元素的下一个位置,初值为 0
    private int num;                   // 计数器用来记录队列中的数据元素个数
    ……
} // CircleSqQueue_num 类结束
```

为类 CircleSqQueue_num 所编写的入队和出队操作方法如下:

// 入队操作方法

```
public void offer(Object x) throws Exception {    // 把指定的元素 x 插入队列
        if (num == queueElem.length)              // 队列满
            throw new Exception("队列已满");       // 输出异常
        else {// 队列未满
            queueElem[rear] = x;                  // x 加入队尾
            rear = (rear + 1) % queueElem.length; //更改队尾的位置
            ++num; //计数器加 1
        }
    }
```

// 出队操作方法

```
public Object poll() {
   //移除队首元素并作为此函数的值返回该对象,如果此队列为空,则返回 null
    if (num == 0)                                // 队列为空
        return null;
    else {
        Object t = queueElem[front];             // 取出队首元素
        front = (front + 1) % queueElem.length;  // 更改队首的位置
        -- num;                                  // 计数器减 1
        return t;                                // 返回队首元素
    }
}
```

5. //用队尾指针标识的循环链队列的类描述如下

```
    import ch02.Node;
    class CircleLinkQueue {
        private Node rear;                       // 循环链队列的尾指针
```

⋮

```
        }
```

为此类编写的队列置空、队列判空、入队和出队操作的方法分别如下：

```
// 队列置空操作方法
public void clear() {
    //将一个已经存在的带头结点的循环链队列置成空队列
    rear.next = rear;
}
// 入队操作方法
public void offer ( Object x) throws Exception {
    //将指定的元素 x 插入到带头结点的循环链队列中
    Node p = new Node(x);                    // 生成新结点
    p.next = rear.next;                      // 插入链列列的尾部
    rear.next = p;
    rear = p;
}
// 出队操作方法
public void poll() throws Exception {
// 移除带头结点的循环链队列中的队首元素并作为此函数的值返回该对象,如果此队列为空,则返
// 回 null
    Node p = rear.next.next;                 // p 指向待删除的队首结点
    if (p == rear)
        rear.next = rear;                    // 删除队首结点后,链队列变成了空链队列
    else
        rear.next.next = p.next;             // 删除队首结点
}
```

四、上机实践题

```
1. import ch03.SqStack;                      // 导入顺序栈类
   // 顺序栈类的测试类
   public class Exercise3_4_1 {
     public static void main(String[] args) throws Exception {
         SqStack S = new SqStack(100);         // 初始化一个新的栈
         for (int i = 1; i <= 10; i++)         // 初始化栈中的元素,其中元素个数为 10
             S.push(i);
         System.out.println("栈中各元素为(栈顶到栈底): ");
         S.display();                          // 打印栈中元素(栈低到栈顶)
         System.out.println();
         if (!S.isEmpty())                     // 栈非空,输出
             System.out.println("栈非空!");
         System.out.println("栈的长度为: " + S.length());      // 输出栈的长度
         System.out.println("栈顶元素为: " + S.peek().toString()); // 输出栈顶元素
         System.out.println("去除栈顶元素后,栈中各元素为(栈顶到栈底): ");
         S.pop();                              // 删除元素
         S.display();                          // 打印栈中元素
         System.out.println();
         System.out.println("去除栈中剩余的所有元素!进行中...");      // 输出
         S.clear();                            // 将栈清空
         if (S.isEmpty())                      // 栈空,输出
             System.out.println("栈已清空!");
     }
   }
```

运行结果如图 A.7 所示。

图 A.7　上机实践题 1 运行结果

2.

```
import ch03.LinkQueue;
    // 测试类
public class Exercise3_4_2 {
    public static void main(String[] args) {
        LinkQueue Q = new LinkQueue();
        for (int i = 1; i <= 10; i++)                        // 初始化队列中的元素,其中元素个数为 10
            Q.offer(i);
        System.out.println("队列中各元素为(从队首到队尾): ");
        Q.display();                                         // 打印队列中元素(从队首到队尾)
        System.out.println();
        if (!Q.isEmpty())
            System.out.println("队列非空!");
        System.out.println("队列的长度为: " + Q.length());            // 输出队列的长度
        System.out.println("队列头元素为: " + Q.peek().toString());   // 输出队列头元素
        System.out.println("去除队列头元素后,队列中各元素为(从队首到队尾): ");
        Q.poll();                                            // 删除元素
        Q.display();                                         // 打印队列中元素
        System.out.println();
        System.out.println("去除队列中剩余的所有元素!进行中...");    // 输出
        Q.clear();                                           // 清除队列中的元素
        if (Q.isEmpty())                                     // 队列空,输出
            System.out.println("队列已清空!");
    }
}
```

运行结果如图 A.8 所示。

图 A.8　上机实践题 2 运行结果

3.

```java
import java.util.Scanner;
// 循环顺序队列类(采用设置标志位的方法来区分循环队列的判空和判满条件)
class CircleSqQueue_flag {
    private Object[] queueElem;                    // 队列存储空间
    private int front;                             // 队头的引用,若队列不空,指向队首元素
    private int rear;                              // 队尾的引用,若队列不空,指向队尾元素的下一个位置
    private int flag; // 队列判空与判满的标志,当入列操作后其值置为1,出队操作后其值置为0
    //构造函数
    public CircleSqQueue_flag(int maxSize) {
        queueElem = new Object[maxSize];           // 为队列分配 maxSize 个存储单元
        front = rear = 0;                          // 队头、队尾初始化为0
        flag = 0;

    }
    // 判断队列是否为空
    public boolean isEmpty() {
        return front == rear&&flag == 0;
    }
    // 判断队列是否已满
    public boolean isFull() {
        return front == rear&&flag == 1;
    }
    // 入队操作方法:把指定的元素 x 插入队列
    public void offer(Object x) throws Exception {
        if (isFull())                              // 队列满
            throw new Exception("队列已满");        // 输出异常
        else {                                     // 队列未满
            queueElem[rear] = x;                   // x 赋给队尾元素
            rear = (rear + 1) % queueElem.length;  // 修改队尾指针
            flag = 1;                              //修改标志位值
        }
    }
    // 出队操作方法:移除队列的头并作为此函数的值返回该对象,如果此队列为空,则返回 null
    public Object poll() {
        if (isEmpty())                             // 队列为空
            return null;
        else {
            Object t = queueElem[front];           // 取出队首元素
            front = (front + 1) % queueElem.length; // 更改队首的位置
            flag = 0;                              //修改标志位值
            return t;                              // 返回队首元素
        }
    }
    // 打印函数:打印所有队列中的元素(队首到队尾)
    public void display() {
        if (!isEmpty()) {                          //队列非空
            // 从队首到队尾
            int i = front;
            do {
```

```
                System.out.print(queueElem[i].toString() + " ");
                i = (i + 1) % queueElem.length;}
            while(i!= rear);
        }
        else {
            System.out.println("此队列为空");
        }
    }
}
```

```
//测试类
public class Exercise3_4_3 {
    public static void main(String[] args) throws Exception {
        CircleSqQueue_flag Q = new CircleSqQueue_flag(100);
        for (int i = 1; i <= 10; i++)
            // 初始化队列中的元素,其中元素个数为 10
            Q.offer(i);
        System.out.println("队列中各元素为(队首到队尾):");
        Q.display();                        // 打印队列中元素(队首到队尾)
        System.out.println();
        if (!Q.isEmpty())                   // 队列非空,输出
            System.out.println("队列非空!");
        System.out.print("输入待入栈的元素值:");
        Q.offer(new Scanner(System.in).next());   // 删除元素
        System.out.println("入队后,队列中各元素为(队首到队尾):");
        Q.display();                        // 打印队列中元素
        System.out.println();
        System.out.println("去除队首元素后,队列中各元素为(队首到队尾):");
        Q.poll();                           // 队首元素出队
        Q.display();                        // 打印队列中元素
        System.out.println();

    }
}
```

运行结果如图 A.9 所示。

图 A.9 上机实践题 3 运行结果

4.

```
import java.util.Scanner;
import ch03.LinkStack;
```

```java
public class Exercise3_4_4 {
    public IStack convertDToB(int decimal) {
        LinkStack S = new LinkStack();
        while (decimal != 0) {
            S.push(decimal % 2);                    // 二进制位进栈
            decimal /= 2;
        }
        return S;
    }

    public static void main(String[] args) {
        System.out.println("请输入一个十进制数: ");
        Scanner sc = new Scanner(System.in);        // 构造用于输入的对象
        Exercise3_4_4 e = new Exercise3_4_4();
        int input = sc.nextInt();
        IStack S = e.convertDToB(input);            // 进行二进制转换
        System.out.println(input + "对应的二进制数位: ");
        S.display();
    }
}
```

运行结果如图 A.10 所示。

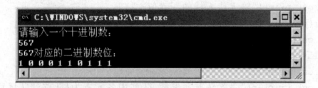

图 A.10   上机实践题 4 运行结果

习题 4 参考答案

一、选择题

1. B   2. A   3. C   4. C   5. A   6. B   7. D   8. B   9. B   10. A

二、填空题

1. 子串;主串   2. 空串;空格串   3. 相等   4. 模式匹配;模式串
5. -1001231;$-10-10-130$ 6. 1140   7. 非零元个数   8. $n(n+1)/2$
9. 节省存储空间   10. 三元组;十字链表

三、算法设计题

1. // 基于 SeqString 类的成员函数 count(),统计当前字符串中的单词个数
```java
    public int count() {
        int wordcount = 0;
```

```
            char currChar, preChar;
            for (int i = 1; i < this.length(); i++) {
                currChar = this.charAt(i);              // 当前字符
                preChar = this.charAt(i - 1);           // 前一个字符
                if (((int) (currChar) < 65 || (int) (currChar) > 122      // 当前字符不是字母
                        || ((int) (preChar) > 90 && (int) (preChar) < 97))
                        && (((int) (preChar) >= 65 && (int) (preChar) <= 90)
                        || ((int) (preChar) >= 97 && (int) (preChar) <= 122))) {
                    wordcount++;
                }
            }
            return wordcount;
        }
```

2. // 编写基于 SeqString 类的成员函数 replace(begin,s1,s2).要求在当前对象串中,从下标 begin
   // 开始,将所有的 s1 子串替换为 s2 串
   // begin int 开始位置;s1 String 原始字符串; s2 String 目标字符串

```
        public SeqString replace(int begin, SeqString s1, SeqString s2) {
            if (s1 == null || s2 == null) {
                return null;
            }
            SeqString ss = new SeqString("");        // 产生空串
            SeqString source = this;
            int index = -1;
            while ((index = source.indexOf(s1, begin)) != -1) {
                ss.concat(source.substring(0, index));    //串连接
                ss.concat(s2);
                source = (SeqString) source.substring(index + s1.length());        // 取子串
            }
            ss.concat(source);                      // 串连接
            return ss;
        }
```

3. // 编写基于 SeqString 类的成员函数 reverse().要求将当前对象中的字符反序存放

```
    public SeqString reverse() {
        for (int i = 0, j = this.length() - 1; i < j; i++, j-- ) {
            char temp = this.charAt(i);
            setCharAt(i, this.charAt(j));
            setCharAt(j, temp);
        }
        return this;
    }
```

4. // 编写基于 SeqString 类的成员函数 deleteallchar(ch).要求从当前对象串中删除其值等于 ch
   // 的所有字符

```
    public SeqString deleteAllChar(char ch) {
        SeqString s1 = new SeqString(String.valueOf(ch));
        if (s1 == null) {
            return null;
        }
        SeqString ss = new SeqString("");        // 产生空串
```

```
                SeqString source = this;                // 当前串赋值到 source
                int index = -1;
                while ((index = source.indexOf(s1, 0)) != -1) {
                    ss.concat(source.substring(0, index));    // 串连接
                    source = (SeqString) source.substring(index + 1);   // 取子串
                }
                ss.concat(source);                       // 串连接
                return ss;
        }
```

5. // 统计子串 str 在当前对象串中出现的次数,若不出现则返回 0
```
    public int stringCount(SeqString str) {
            SeqString source = this.curstr;
            int count = 0, begin = 0;
            int index;
            while ((index = source.indexOf(str, begin)) != -1) {
                count++;
                begin = index + str.length();
            }
            return count;
    }
```

6. // 鞍点是指矩阵中的元素 aij 是第 i 行中值最小的元素,同时又是第 j 列中值最大的元素.试设
   // 计一个算法求矩阵 A 的所有鞍点
   // 存放矩阵中鞍点的类
```
    class Result {
        TripleNode data[];                        // 三元组表,存放鞍点的行、列、值
        int nums;                                 // 鞍点个数
        public Result(int maxSize) {              // 构造方法
            data = new TripleNode[maxSize];       // 为顺序表分配 maxSize 个存储单元
            for (int i = 0; i < data.length; i++) {
                data[i] = new TripleNode();
            }
            nums = 0;
        }
    }
    // 计算矩阵中的鞍点
    public Result allSaddlePoint(int[][] ar) {
            int i, j, flag, m, n;
            Result re = new Result(ar.length);
            for (i = 0; i < ar.length; i++) {
                m = i;
                n = 0;
                flag = 1;                         // 假设当前结点是鞍点
                for (j = 0; j < ar[i].length; j++) {
                    if (ar[i][j] < ar[m][n]) {
                        n = j;
                    }
                }
                for (j = 0; j < ar.length; j++) {
```

```
                if (ar[j][n] > ar[m][n]) {
                    flag = 0;                    // 不是鞍点
                }
            }
            if (flag == 1) {                     // 是鞍点,将其加入
                re.data[re.nums] = new TripleNode(m, n, ar[m][n]);
                re.nums++;
            }
        }
    }
    return re;
}
```

7. ```
   // 设计算法,求出二维数组 A[n,n]的两条对角线元素之和
   public static int sumOfDiagonal(int[][] a) {
       int i, n = a[0].length, sum1 = 0, sum2 = 0, sum;
       for (i = 0; i < a.length; i++) {
           sum1 += a[i][i];                     // 主对角线之和
           sum2 += a[i][n - i - 1];             // 副对角线之和
       }
       sum = sum1 + sum2;
       if (n % 2 == 1) {                        // 若矩阵行数为奇数,则减去两条对角线相交的元素
           sum -= a[n / 2][n / 2];
       }
       return sum;
   }
   ```

四、上机实践题

1. 测试类

```
import ch04.SeqString;
public class Exercise4_4_1 extends SeqString{
    public static void main(String args[]) {
        char[] chararray = {'W', 'o', 'r', 'l', 'd'};
        SeqString s1 = new SeqString();          // 构造一个空串
        SeqString s2 = new SeqString("Hello");   // 以字符串常量构造串对象
        SeqString s3 = new SeqString(chararray); // 以字符数组构造串对象
        System.out.println("串 s1 = " + s1 + ", s2 = " + s2 + ", s3 = " + s3);
        s1.insert(0, s2);
        System.out.println("串 s1 在第 0 个字符前插入串 s2 后,s1 = " + s1);
        s1.insert(1, s3);
        System.out.println("串 s1 在第 1 个字符前插入串 s3 后,s1 = " + s1);
        s1.delete(1, 4);
        System.out.println("串 s1 删除第 1 到第 3 个字符后,s1 = " + s1);
        System.out.println("串 s1 中从第 2 到第 5 个字符组成的子串是: " + s1.substring(2, 6));
    }
}
```
```

运行结果如图 A.11 所示。

图 A.11　上机实践题 1 运行结果

2. // 已知两个稀疏矩阵 A 和 B,试基于三元组顺序表或十字链表的存储结构,编程实现 A+B 的运算

```java
public class Exercise4_4_2 {
    public static SparseMatrix addSMatrix(SparseMatrix a, SparseMatrix b) {
        // 计算两个三元组表示的稀疏矩阵之和
        if (a.rows != b.rows || a.cols != b.cols) {
            System.out.println("这两个矩阵不能相加");
            return null;
        }
        SparseMatrix c = new SparseMatrix(a.nums + b.nums);
        int i = 0, j = 0, k = 0;
        int len = 0;
        while (i < a.nums && j < b.nums) {
            if (a.data[i].row < b.data[j].row) {    // A行<B行
                c.data[k].column = a.data[i].column;
                c.data[k].row = a.data[i].row;
                c.data[k].value = a.data[i].value;
                c.nums = ++k;
                i++;
            } else if (a.data[i].row == b.data[j].row) { // A行号=B行号
                if (a.data[i].column == b.data[j].column) { // A列=B列
                    if (a.data[i].value + b.data[j].value != 0) {
                        c.data[k].column = a.data[i].column;
                        c.data[k].row = a.data[i].row;
                        c.data[k].value = a.data[i].value + b.data[j].value;
                        c.nums = ++k;                  // 设置元素个数
                    }
                    i++;
                    j++;
                } else if (a.data[i].column < b.data[j].column) { // A列<B列
                    c.data[k].column = a.data[i].column;
                    c.data[k].row = a.data[i].row;
                    c.data[k].value = a.data[i].value;
                    c.nums = ++k;
                    i++;
                } else if (a.data[i].column > b.data[j].column) {// A列>B列
                    c.data[k].column = b.data[j].column;
                    c.data[k].row = b.data[j].row;
```

```
                    c.data[k].value = b.data[j].value;
                    c.nums = ++k;
                    j++;
                }
            } else if (a.data[i].row > b.data[j].row) {// A 行>B 行
                c.data[k].column = b.data[j].column;
                c.data[k].row = b.data[j].row;
                c.data[k].value = b.data[j].value;
                c.nums = ++k;
                j++;
            }
        }
        while (i < a.nums) {                    // 将 A,B 中的剩余非零元复制过去
            c.data[k].column = a.data[i].column;
            c.data[k].row = a.data[i].row;
            c.data[k].value = a.data[i].value;
            c.nums = ++k;
            i++;
        }
        while (j < b.nums) {
            c.data[k].column = b.data[j].column;
            c.data[k].row = b.data[j].row;
            c.data[k].value = b.data[j].value;
            c.nums = ++k;
            j++;
        }
        return c;
    }
    public static void main(String[] args) {
        int matrixA[][] = {{3, 0, 0, 7}, {0, 0, -1, 0}, {2, 0, 0, 0}, {0, 0, 0, 0}, {0, 0,
0, -8}};
        int matrixB[][] = {{-3, 0, 0, 0}, {1, 0, 0, 0}, {3, 0, 0, 0}, {0, 2, 0, 0}, {0, 0,
0, 0}};
        SparseMatrix tsm1 = new SparseMatrix(matrixA);
        SparseMatrix tsm2 = new SparseMatrix(matrixB);
        System.out.println("矩阵 A:");
        tsm1.printMatrix();
        System.out.println("矩阵 B:");
        tsm2.printMatrix();
        SparseMatrix matrixSum = addSMatrix(tsm1, tsm2);
        System.out.println("矩阵 A + 矩阵 B:");
        matrixSum.printMatrix();
        System.out.println("");
    }
}
```

运行结果如图 A.12 所示。

图 A.12　上机实践题 2 运行结果

3. // 基于十字链表类 CrossList,设计插入非零元素结点的成员函数 insert(row,col,val),并编程
// 测试

```java
public class Exercise4_4_3 extends CrossList{
    public Exercise4_4_3(int row, int col)
    {
        super(row,col);
    }
    @Override
    public void Insert(int row, int col, int e) {//插入元素
        OLNode rtemp = rhead[row - 1];
        OLNode ctemp = chead[col - 1];
        OLNode oldtemp = null;
        OLNode current = new OLNode(row, col, e);
        if (rtemp.right == null) {
            rtemp.right = current;
        } else {
            while (rtemp.right != null) {
                oldtemp = rtemp;
                rtemp = rtemp.right;
                if (rtemp.col > col) {
                    current.right = oldtemp.right;
                    oldtemp.right = current;
                    break;
                } else                              //当前位置存在元素
                if (rtemp.col == col) {
                    System.out.println("本位置存在元素");
                    return;
```

```
                } else if (rtemp.right == null) {
                    rtemp.right = current;
                    break;
                }
            }
        }
        if (ctemp.down == null) {
            ctemp.down = current;
            this.tu = this.tu + 1;
        } else {
            while (ctemp.down != null) {
                oldtemp = ctemp;
                ctemp = ctemp.down;
                if (ctemp.row > row) {
                    current.down = oldtemp.down;
                    oldtemp.down = current;
                    break;
                } else                          // 当前位置存在元素
                if (ctemp.row == row) {
                    System.out.println("本位置存在元素");
                    return;
                } else if (ctemp.down == null) {
                    ctemp.down = current;
                }
                this.tu = this.tu + 1;
                return;
            }
        }
    }
    public static void main(String[] args) {
        int[][] temp = {{0,0,0,0,5},{0,0,0,0,0},{0,0,2,0,0},{0,0,0,8,0}};
        int[] inelem = {1,2,3};                 // 待插入的元素为：第 1 行第 2 列元素 3
        int row = 4;
        int col = 5;
        Exercise4_4_3 cl = new Exercise4_4_3(row, col); // 构造十字链表
        for (int i = 0; i < row; i++) {
            for (int j = 0; j < col; j++) {
                int v = temp[i][j];
                if (v != 0) {
                    cl.Insert(i + 1, j + 1, v);    // 插入
                }
            }
        }
        System.out.println("原稀疏矩阵");
        cl.print();
        cl.Insert(inelem[0],inelem[1],inelem[2]);
        System.out.println("在" + inelem[0] + "行" + inelem[1] + "列插入元素" + inelem[2]
+ "后的稀疏矩阵");
        cl.print();
    }
}
```

运行结果如图 A.13 所示。

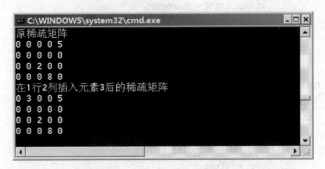

图 A.13　上机实践题 3 运行结果

4. // 编写程序实现以三元组形式输出用十字链表表示的稀疏矩阵中的非零元素及其下标

```java
public class Exercise4_4_4 extends CrossList {
    public Exercise4_4_4(int row, int col) {      // 构造方法
        super(row, col);
    }
    @Override
    public void printByTriple() {                 // 按照三元组形式输出稀疏矩阵
        if (tu == 0) {
            System.out.println("该矩阵为 0 矩阵");
            return;
        }
        System.out.println("行　列　值");
        for (int i = 0; i < mu; i++) {
            OLNode rtemp = rhead[i];
            rtemp = rtemp.right;
            for (int j = 0; j < nu; j++) {
                if (rtemp != null && rtemp.row == i + 1 && rtemp.col == j + 1) {
                    System.out.println(rtemp.row + " " + rtemp.col + " " + rtemp.e);
                    rtemp = rtemp.right;
                }
            }
        }
    }
    public static void main(String[] args) {
        int[][] temp = {{0, 0, 0, 0, 5}, {0, 0, 0, 0, 0}, {0, 0, 2, 0, 0}, {0, 0, 0, 8, 0}};
        int row = 4;
        int col = 5;
        Exercise4_4_4 cl = new Exercise4_4_4(row, col);          // 构造十字链表
        for (int i = 0; i < row; i++) {
            for (int j = 0; j < col; j++) {
                int v = temp[i][j];
                if (v != 0) {
                    cl.Insert(i + 1, j + 1, v);       // 插入结点
                }
            }
        }
        System.out.println("原稀疏矩阵为: ");
```

```
            cl.print();
            System.out.println("按照三元组形式输出稀疏矩阵为：");
            cl.printByTriple();
        }
    }
```

运行结果如图 A.14 所示。

图 A.14　上机实践题 4 运行结果

习题 5 参考答案

一、选择题

1. B　2. C　3. D　4. A　5. B　6. C　7. B　8. B　9. B　10. C

二、填空题

1. $\sum\limits_{i=2}^{m}(i-1)n_i+1$　　　　2. n；$[\log_2 n]+1$　　　3. 50　　　4. 217　　　5. $2m-1$

6. 22　7. k；2^k-1　8. ABCDEFGH　9. 二叉链式存储结构；孩子兄弟链表存储结构

10. 后根；中根

三、算法设计题

1. // 一个基于二叉树类的统计叶结点数目的成员函数
```
public int countLeafNode(BiTreeNode T) {
    int count = 0;
    if (T != null) {
        if (T.lchild == null && T.rchild == null) {
            ++count;                            // 叶结点数增 1
        } else {
            count += countLeafNode(T.lchild);// 加上左子树上叶结点数
            count += countLeafNode(T.rchild);// 加上右子树上的叶结点数
        }
    }
    return count;
```

```
        }
```

此题的递归模型如下：

$$f(\mathrm{T})=\begin{cases} 0 & \text{当 T 为空时} \\ 1 & \text{当 T 为叶结点时} \\ f(\mathrm{T.lchild})+f(\mathrm{T.rchild}) & \text{其他情况} \end{cases}$$

```java
//采用递归模型方法实现的算法
public int countLeafNode1(BiTreeNode T) {
    if (T == null)
        return 0;
    else if (T.lchild == null && T.rchild == null)
        return 1;
    else
        return countLeafNode1(T.lchild) + countLeafNode(T.rchild);
}
```

2.
```java
//求根结点到指定结点的路径过程中,采用了后跟遍历的思想,最终求得的路径保存在一个链栈
// 中,其中根结点处于栈顶位置,指定结点处于栈底位置
public LinkStack getPath(BiTreeNode root, BiTreeNode p) {
    BiTreeNode T = root;
    LinkStack S = new LinkStack();          // 构造链栈
    if (T != null) {
        S.push(T);                          // 根结点进栈
        Boolean flag;                       // 访问标记
        BiTreeNode q = null;                // q指向刚被访问的结点
        while (!S.isEmpty()) {
            while (S.peek() != null)
                // 将栈顶结点的所有左孩子结点入栈
                S.push(((BiTreeNode) S.peek()).lchild);
            S.pop();                        // 空结点退栈
            while (!S.isEmpty()) {
                T = (BiTreeNode) S.peek(); // 查看栈顶元素
                if (T.rchild == null || T.rchild == q) {
                    if (T.equals(p)) {
                        // 对栈 S 进行倒置,以保证根结点处于栈顶位置
                        LinkStack S2 = new LinkStack();
                        while (!S.isEmpty())
                            S2.push(S.pop());
                        return S2;
                    }
                    S.pop();                // 移除栈顶元素
                    q = T;                  // q指向刚被访问的结点
                    flag = true;            // 设置访问标记
                } else {
                    S.push(T.rchild);       // 右孩子结点入栈
                    flag = false;           // 设置未被访问标记
                }
                if (!flag)
                    break;
            }
        }
    }
}
```

```
                }
            }
            return null;
        }
```

3. // 统计树(基于孩子兄弟链表存储结构)的叶子数目
```
    public int countLeafNode(CSTreeNode T) {
            int count = 0;
            if (T != null) {
                if (T.firstchild == null)
                    ++count;                               // 叶结点数增 1
                else
                    count += countLeafNode(T.firstchild);   // 加上孩子上叶结点数
                    count += countLeafNode(T.nextsibling);  // 加上兄弟上叶结点数
            }
            return count;
        }
```

4. //计算树(基于孩子兄弟链表存储结构)的深度
```
    public int treeDepth(CSTreeNode T) {
            if (T != null) {
                int h1 = treeDepth(T.firstchild);
                int h2 = treeDepth(T.nextsibling);
                return h1 + 1 > h2?h1 + 1:h2;
            }
            return 0;
        }
```

四、上机实践题

1. // 先建立两棵以二叉链表存储结构表示的二叉树,然后判断这两棵二叉树是否相等并输出测试
   // 结果
```
    import ch05.BiTreeNode;
    public class Exercise5_4_1 {
        public boolean isEqual(BiTreeNode T1, BiTreeNode T2) {
            // 判断两棵树是否相等,若相等则返回 true,否则返回 false
            if (T1 == null && T2 == null)          // 同时为空
                return true;
            if (T1 != null && T2 != null)          // 同时非空进行比较
                if (T1.data.equals(T2.data))       // 根结点数据元素是否相等
                    if (isEqual(T1.lchild, T2.lchild))   // 左子树是否相等
                        if (isEqual(T1.rchild, T2.rchild))  // 右子树是否相等
                            return true;
            return false;
        }
        public static void main(String[] args) {
            // 创建根结点为 T1 的二叉树
            BiTreeNode D1 = new BiTreeNode('D');
            BiTreeNode G1 = new BiTreeNode('G');
```

```
            BiTreeNode H1 = new BiTreeNode('H');
            BiTreeNode E1 = new BiTreeNode('E', G1, null);
            BiTreeNode B1 = new BiTreeNode('B', D1, E1);
            BiTreeNode F1 = new BiTreeNode('F', null, H1);
            BiTreeNode C1 = new BiTreeNode('C', F1, null);
            BiTreeNode T1 = new BiTreeNode('A', B1, C1);
            // 创建根结点为 T2 的二叉树
            BiTreeNode D2 = new BiTreeNode('D');
            BiTreeNode G2 = new BiTreeNode('G');
            BiTreeNode H2 = new BiTreeNode('H');
            BiTreeNode E2 = new BiTreeNode('E', G2, null);
            BiTreeNode B2 = new BiTreeNode('B', D2, E2);
            BiTreeNode F2 = new BiTreeNode('F', null, H2);
            BiTreeNode C2 = new BiTreeNode('C', F2, null);
            BiTreeNode T2 = new BiTreeNode('A', B2, C2);
            // 创建根结点为 T3 的二叉树
            BiTreeNode E3 = new BiTreeNode('E');
            BiTreeNode F3 = new BiTreeNode('F');
            BiTreeNode D3 = new BiTreeNode('D',F3,null);
            BiTreeNode B3 = new BiTreeNode('B', null, D3);
            BiTreeNode C3 = new BiTreeNode('C', null, E3);
            BiTreeNode T3 = new BiTreeNode('A', B3, C3);
            Exercise5_4_1 e = new Exercise5_4_1();
            if (e.isEqual(T1, T2))
                System.out.println("T1、T2 两棵二叉树相等!");
            else
                System.out.println("T1、T2 两棵二叉树不相等!");
            if (e.isEqual(T1, T3))
                System.out.println("T1、T3 两棵二叉树相等!");
            else
                System.out.println("T1、T3 两棵二叉树不相等!");
    }
}
```

运行结果如图 A.15 所示。

图 A.15   上机实践题 1 运行结果

2. // 先建立一棵以孩子兄弟链表存储结构表示的树,然后输出这棵树的先根遍历序列和后根遍历
// 序列

```
import ch05.CSTreeNode;
public class Exercise5_4_2 {
    //创建一棵以孩子兄弟链表存储结构表示的树
    public CSTreeNode createBiTree() {
```

```
        CSTreeNode D = new CSTreeNode('D');
        CSTreeNode E = new CSTreeNode('E');
        CSTreeNode C = new CSTreeNode('C', D, E);
        CSTreeNode B = new CSTreeNode('B', null, C);
        CSTreeNode A = new CSTreeNode('A', B, null);
        return A;
    }
    // 先根遍历树的递归算法
    public void preRootTraverse(CSTreeNode T) {
        if (T != null) {
            System.out.print(T.data);          // 访问根结点
            preRootTraverse(T.firstchild);      // 访问孩子结点
            preRootTraverse(T.nextsibling);     // 访问兄弟结点
        }
    }
    // 后根遍历树的递归算法
    public void postRootTraverse(CSTreeNode T) {
        if (T != null) {
            postRootTraverse(T.firstchild);     // 访问孩子结点
            System.out.print(T.data);           // 访问根结点
            postRootTraverse(T.nextsibling);    // 访问兄弟结点
        }
    }
    public static void main(String[] args) {
        Exercise5_4_2 e = new Exercise5_4_2();
        CSTreeNode root = e.createBiTree();
        // 调试先根遍历
        System.out.println("该树的先根遍历为：");
        e.preRootTraverse(root);

        // 调试后根遍历
        System.out.println("\n该树的后根遍历为：");
        e.postRootTraverse(root);

    }
}
```

运行结果如图 A.16 所示。

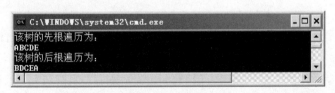

图 A.16 上机实践题 2 运行结果

3. // 构造哈夫曼树和哈夫曼编码的类 HuffmanTree 的测试程序,实现先建立一棵哈夫曼树,然后再
   // 根据这棵哈夫曼树来构造并输出其哈夫曼编码
   import ch05.HuffmanTree

```java
public class Exercise5_4_3 {
    public static void main(String[] args) {
        int[] W = { 23, 11, 5, 3, 29, 14, 7, 8 };          // 初始化权值
        HuffmanTree T = new HuffmanTree();                 // 构造哈夫曼树
        int[][] HN = T.huffmanCoding(W);                   // 求哈夫曼编码
        System.out.println("哈夫曼编码为：");
        for (int i = 0; i < HN.length; i++) {              // 输出哈夫曼编码
            System.out.print(W[i] + " ");
            for (int j = 0; j < HN[i].length; j++) {
                if (HN[i][j] == -1) {                      // 开始标志符读到数组结尾
                    for (int k = j + 1; k < HN[i].length; k++)
                        System.out.print(HN[i][k]);        // 输出
                    break;
                }
            }
            System.out.println();                          // 输出换行
        }
    }
}
```

运行结果如图 A.17 所示。

图 A.17　上机实践题 3 运行结果

习题 6 参考答案

一、选择题

1. A　2. B　3. A　4. C　5. A　6. B　7. A　8. A　9. B　10. D

二、填空题

1. $n(n-1)/2$　　2. 15　　3. $n-1$；$n(n-1)/2$　4. 3　　　5. $k1-k2$

6. 1　　7. 克鲁斯卡尔　　8. 某个源点到其余各顶点的最短路径

9. 深度优先搜索　　　　10. $O(n+e)$

三、应用题

1.

(1) 每个顶点的出/入度是：

	出度	入度
1	0	3
2	2	2
3	2	1
4	3	1
5	1	2
6	3	2

(2) 邻接矩阵：

$$
\begin{array}{c}
\begin{array}{cccccc} 1 & 2 & 3 & 4 & 5 & 6 \end{array} \\
\begin{array}{c} 1 \\ 2 \\ 3 \\ 4 \\ 5 \\ 6 \end{array}
\left[
\begin{array}{cccccc}
0 & 0 & 0 & 0 & 0 & 0 \\
1 & 0 & 0 & 1 & 0 & 0 \\
0 & 1 & 0 & 0 & 0 & 1 \\
0 & 0 & 1 & 0 & 1 & 1 \\
1 & 0 & 0 & 0 & 0 & 0 \\
1 & 1 & 0 & 0 & 1 & 0
\end{array}
\right]
\end{array}
$$

(3) 邻接表：

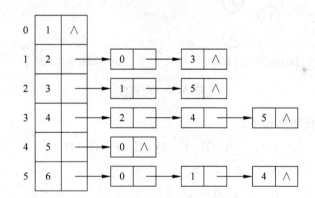

(4) 逆邻接表：

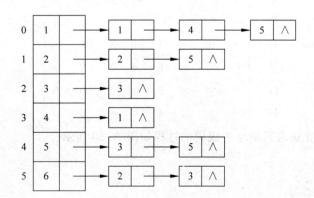

2. 广度优先生成的森林如图 A.18 所示。

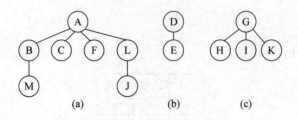

图 A.18　广度优先生成森林

3. 自顶点 A 出发进行遍历所得的深度优先生成树和广度优先生成树分别如图 A.19 所示。

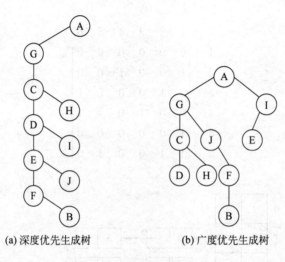

(a) 深度优先生成树　　　　　(b) 广度优先生成树

图 A.19　生成树

4.（1）图的邻接矩阵如下：

	A	B	C	D	E	F	G	H
A	0	4	3	∞	∞	∞	∞	∞
B	4	0	5	5	9	∞	∞	∞
C	3	5	0	5	∞	∞	∞	5
D	∞	5	5	0	7	6	5	4
E	∞	9	∞	7	0	3	∞	∞
F	∞	∞	∞	6	3	0	2	∞
G	∞	∞	∞	5	∞	2	0	6
H	∞	∞	5	4	∞	∞	6	0

按克鲁斯卡尔算法求其最小生成树的过程如图 A.20 所示。

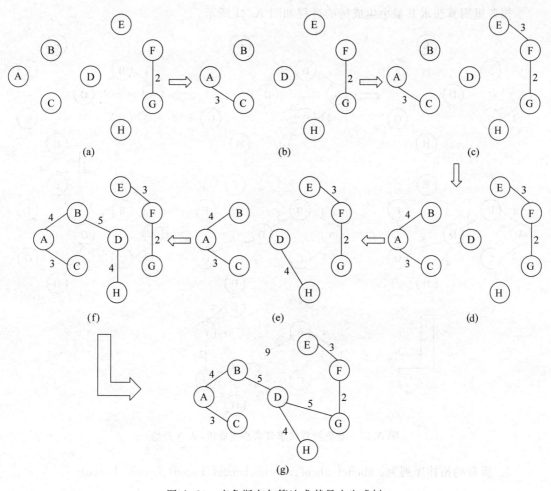

图 A.20 克鲁斯卡尔算法求其最小生成树

（2）图的邻接表如下：

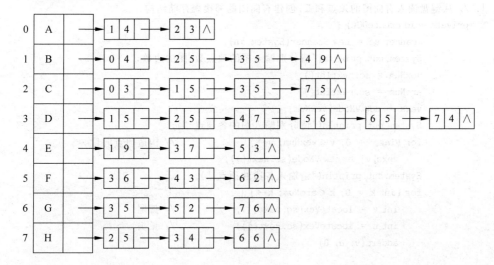

按普里姆算法求其最小生成树的过程如图 A.21 所示。

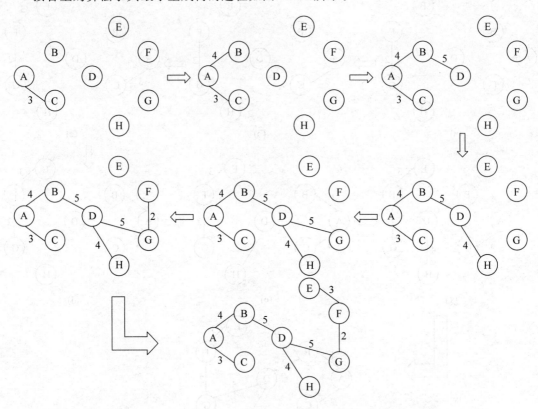

图 A.21   普里姆算法求其最小生成树,从 A 开始

5. 所有的拓扑序列为:abcdef、abcef、abecdf、bacdef、bacedf、baecdf、beacdf

四、算法设计题

1. // 从键盘读入有向图的顶点和弧,创建有向图的邻接表存储结构

```java
private void createDG() {
        Scanner sc = new Scanner(System.in);
        System.out.println("请分别输入图的顶点数、图的边数:");
        vexNum = sc.nextInt();
        arcNum = sc.nextInt();
        vexs = new VNode[vexNum];
        System.out.println("请分别输入图的各顶点:");
        for (int v = 0; v < vexNum; v++)                    // 构造顶点向量
            vexs[v] = new VNode(sc.next());
        System.out.println("请输入各边的顶点:");
        for (int k = 0; k < arcNum; k++) {
            int v = locateVex(sc.next());           // 弧尾
            int u = locateVex(sc.next());           // 弧头
            addArc(v, u, 0);
        }
    }
```

```
2. // 无向图采用邻接表存储结构,编写算法输出图中各连通分量的顶点序列
   public static void CC_BFS(IGraph G) throws Exception {
       boolean[] visited = new boolean[G.getVexNum()];  // 访问标志数组
       for (int v = 0; v < G.getVexNum(); v++)
           // 访问标志数组初始化
           visited[v] = false;
       LinkQueue Q = new LinkQueue();                    // 辅助队列 Q
       LinkQueue P = new LinkQueue();                    // 辅助队列 P,用于记录连通分量的顶点
       int i = 0;                                        // 用于记数连通分量的个数
       for (int v = 0; v < G.getVexNum(); v++) {
           P.clear();                                    // 队列清空
           if (!visited[v]) {                            // v 尚未访问
               visited[v] = true;
               P.offer(G.getVex(v));
               Q.offer(v);                               // v 入队列
               while (!Q.isEmpty()) {
                   int u = (Integer) Q.poll();           // 队头元素出队列并赋值给 u
                   for (int w = G.firstAdjVex(u); w >= 0; w = G.nextAdjVex(u,w)) {
                       if (!visited[w]) {                 // w 为 u 的尚未访问的邻接顶点
                           visited[w] = true;
                           P.offer(G.getVex(w));
                           Q.offer(w);
                       }
                   }
               }
               System.out.println("图的第" + ++i + "个连通分量为：");
               while (!P.isEmpty())
                   System.out.print(P.poll().toString() + " ");
               System.out.println();
           }
       }
   }

3. //判别以邻接表方式存储的无向图中是否存在由顶点 u 到顶点 v 的路径(u≠v)可以采用深度优
   // 先搜索遍历策略。当顶点 u 和顶点 v 在无向图的同一连通分量中时,从顶点 u 到顶点 v 一定
   // 有路径,可从顶点 u(v)进行深度优先搜索,一定可以遍历至顶点 v(u)。否则,遍历不能成功,
   // 不存在由顶点 u 到顶点 v 的路径
   void findPath(IGraph G, int u, int v) {// 从第 u 个顶点出发递归地深度优先遍历图 G,看是
                                          // 否能到达顶点 v
       visited[u] = true;
       for (int w = G.firstAdjVex(u); w >= 0; w = G.nextAdjVex(u, w))
           if (w == v)
               System.out.println("图中存在由顶点 u 到顶点 v 的路径");
           else if (!visited[w])              // 对 u 的尚未访问的邻接顶点 w 递归调用 findPath
               findPath(G, w, v);
   }

4. // 求距离顶点v₁的最短路径长度为 K 的所有顶点
   // 用戴克斯特拉算法,当发现新顶点与顶点 v₁ 的距离大于 K 时算法终止
   public void DIJ(MGraph G, int vi){
       int vexNum = G.getVexNum();
```

```
        D = new int[VexNum];                          // 存储当前找到的最短路径的长度
// finish[v]为 true 当且仅当 v 属于 S,即已经求得从 vi 到 v 的最短路径
        boolean[] finish = new boolean[VexNum];
        for (int v = 0; v < VexNum; v++) {
            finish[v] = false;
            D[v] = G.getArcs()[vi][v];
        }
        D[vi] = 0;                                     // 初始化,vi 顶点属于 S 集
        finish[vi] = true;
        int v = -1;
// 开始主循环,每次求得 vi 到某个 v 顶点的最短路径,并加 v 到 S 集
        for (int i = 1; i < VexNum; i++) {             // 其余 G.getVexNum-1 个顶点
            int min = INFINITY;                        // 当前所知离顶点 vi 的最短距离
            for (int w = 0; w < VexNum; w++)
                if (!finish[w])
                    if (D[w] < min) {
                        v = w;
                        min = D[w];
                    }
            finish[v] = true;                          // 离 vi 顶点最近的 v 加入 S 集
            if (min == 50)
                System.out.println(G.getVex(vi) + "和" + G.getVex(v) + "的最短路径长度为 K");
            for (int w = 0; w < VexNum; w++)           // 更新当前最短路径及距离
                if (!finish[w] && G.getArcs()[v][w] < INFINITY &&(min + G.getArcs()[v][w] < D
[w]))                                                  // 修改 D[w]和 P[w],w 属于 V-S
                    D[w] = min + G.getArcs()[v][w];
        }
    }
```

5.

```
/*克鲁斯卡尔算法只需取所有边中满足条件的 V-1 条边构成最小生成树.因此可用最小堆存储所有的
边,从最小堆上取出满足条件的 V-1 条边即可,其时间复杂度接近 O(vloge),最坏情况下也为 O(eloge).另
外,判断新加入的边是否会形成回路,则可转化为判断边的两个顶点是否在同一等价类中. */
    public Object[][]KRUSKAL(MGraph G) {
        Object[][] tree = new Object[G.getVexNum() - 1][2];         // 存储最小生成树的边
        Gentree A(G.getVexNum());                       // 等价类数组
        minheap H(E);                                   // 用图 G 的边构造一个最小堆
        int count = 0;
        while (count < G.getVexNum() - 1) {             // 用 G.vexnum - 1 条边构成最小生成树
            H.removemin(temp);                          // 取堆上最小边
            int u = temp.from; int v = temp.to;
            if (A.differ(u,v)){                         // 如果 u,v 不在同一等价类中
                A.UNION(u,v);                           // 合并到同一等价类
                tree[count][0] = u;                     // 生成树的边放入数组中
                tree[count][1] = v;
                count++;
            }
        }
    }
```

五、上机实践题

1.

```
void InsertArc(MGraph G, Object v, Object w){
    int iv = locateVex(v); int iw = locateVex(w);
    G.arcs[v][w] = 1;
}


void DeleteArc(MGraph G, Object v, Object w){
    int iv = locateVex(v); int iw = locateVex(w);
    G.arcs[v][w] = 0;
}
```

2. (1)

```
publicclass ShortestPath_DIJ {
    // v0 到其余顶点的最短路径,若 P[v][w]为 true,则 w 是从 v0 到 v 当前求得最短路径上的顶点
    private boolean[][] P;
    privateint[] D;                              // v0 到其余顶点的带权长度
    public final static int INFINITY = Integer.MAX_VALUE;

    //用 Dijkstra 算法求有向网 G 的 v0 顶点到其余顶点 v 的最短路径 P[v]及其权值 D[v]
    public void DIJ(ALGraph G, int v0) {
        int vexNum = G.getVexNum();
        P = new boolean[vexNum][vexNum];
        D = new int[VexNum];
        // finish[v]为 true 当且仅当 v 属于 S,即已经求得从 v0 到 v 的最短路径
        boolean[] finish = new boolean[VexNum];
        for (int v = 0; v < VexNum; v++) {
            finish[v] = false;
            for (int w = 0; w < VexNum; w++)
                P[v][w] = false;                 // 设空路径
        }
        VNode vex = vexs[v0];
        for (ArcNode arc = vex.getFirstArc(); arc != null; arc = arc.getNextArc()){
            int v = arc.getAdjVex();
            int val = arc.getValue ();
            D[v] = val;
            P[v][v0] = true;
            P[v][v] = true;
        }
        D[v0] = 0;                                // 初始化,v0 顶点属于 S 集
        finish[v0] = true;
        int v = -1;
        // 开始主循环,每次求得 v0 到某个 v 顶点的最短路径,并加 v 到 S 集
        for (int i = 1; i < VexNum; i++) {        // 其余 G.getVexNum-1 个顶点
            int min = INFINITY;                   // 当前所知离 v0 顶点的最近距离
            for (int w = 0; w < VexNum; w++)
```

```
                    if (!finish[w])
                        if (D[w] < min) {
                            v = w;
                            min = D[w];
                        }
                finish[v] = true;                    // 离 v0 顶点最近的 v 加入 S 集
                VNode vex = vexs[v];
                for (ArcNode arc = vex.getFirstArc(); arc != null; arc = arc.getNextArc()){
//更新当前最短路径及距离
                    int w = arc.getAdjVex();
                    int val = arc.getValue();
                    if (!finish[w] && (min + val < D[w])) { // 修改 D[w]和 P[w],w 属于 V-S
                        D[w] = min + val;
                        System.arraycopy(P[v], 0, P[w], 0, P[v].length);
                        P[w][w] = true;
                    }
                }
            }
        }
    }
```

(2)

```
public static void main(String[] args) throws Exception{
    ArcNode v02 = new ArcNode(2, 10);
    ArcNode v04 = new ArcNode(4, 30, v02);
    ArcNode v05 = new ArcNode(5, 100, v04);
    VNode v0 = new VNode("v0", v05);

    ArcNode v12 = new ArcNode(2, 5);
    VNode v1 = new VNode("v1", v12);

    ArcNode v23 = new ArcNode(3, 50);
    VNode v2 = new VNode("v2", v23);

    ArcNode v35 = new ArcNode(5, 10);
    VNode v3 = new VNode("v3", v35);

    ArcNode v43 = new ArcNode(3, 20);
    ArcNode v45 = new ArcNode(5, 60, v43);
    VNode v4 = new VNode("v4", v45);

    VNode[] vexs = {v0, v1, v2, v3, v4, v5};
    ALGraph G = new ALGraph(GraphKind.DG, 6, 8, vexs);
    ShortestPath_DIJ p = new ShortestPath_DIJ ();
    p.DIJ(G, 0);
}
```

习题 7 参考答案

一、选择题

1. D　2. B　3. D　4. C　5. D　6. C　7. A　8. B　9. B　10. B

二、填空题

1. 内排序；外排序　　　　　2. 3　　　　　　　　3. 直接插入排序

4. {50,70,60,95,80}　　　5. $3n(n-1)/2$　　　6. $n(n-1)/2$

7. 堆排序　　　　　　　　　8. 5　　　　　　　　9. 关键字的比较；数据元素的移动

10. 快速排序；基数排序

三、算法设计题

1.
```java
// 试设计算法,用插入排序方法对单链表进行排序
public static void insertSort(LinkList L) {
        Node p, q, r, u;
        p = L. head. next;
        L. head. next = null;              // 置空表,然后将原链表结点逐个插入到有序表中
        while (p != null) {                // 当链表尚未到尾,p为工作指针
            r = L. head;
            q = L. head. next;
            while (q != null && (Integer. parseInt((String) q. data)) <= (Integer. parseInt
((String) p. data))) {                     // 查P结点在链表中的插入位置,这时q是工作指针
                r = q;
                q = q. next;
            }
            u = p. next;
            p. next = r. next;
            r. next = p;
            p = u; // 将P结点链入链表中,r是q的前驱,u是下一个待插入结点的指针
        }
    }
```

2.
```java
// 设计算法,用选择排序方法对单链表进行排序
// 单链表选择排序算法
    public static void selectSort(LinkList L) {
        // p为当前最小,r为此过程中最小,q为当前扫描结点
        Node p, r, q;
        Node newNode = new Node();
        newNode. next = L. head;
        L. head = newNode;
        // 制造一个最前面的结点 newNode,解决第一个结点的没有前续结点需要单独语句的问题。
        p = L. head;
        while (p. next. next != null) {
            r = p. next;
```

```
                q = p.next.next;
                while (q.next != null) {
                        if ( Integer. parseInt (( String) q. next. data) < = ( Integer. parseInt
((String) r.next.data))) {
                            r = q;
                        }
                        q = q.next;
                }
                if (r != p) {                          // 交换 p 与 r
                    Node swap = r.next;
                    r.next = r.next.next;              // r 的 next 指向其后继的后继
                    swap.next = p.next;
                    p.next = swap;                     // p 的后继为 swap
                }
                p = p.next;
            }//while
            p.next = null;
        }
```

3. // 试设计算法,实现双向冒泡排序(即相邻两遍向相反方向冒泡)
   ```
   public static void dbubblesort(int[] table) {
           // 双向冒泡排序
           int high = table.length;
           int left = 1;
           int right = high - 1;
           int t = 0;
           do {
               // 正向部分
               for (int i = right; i >= left; i-- ) {
                   if (table[i] < table[i - 1]) {
                       int temp = table[i];
                       table[i] = table[i - 1];
                       table[i - 1] = temp;
                       t = i;
                   }
               }
               left = t + 1;
               // 反向部分
               for (int i = left; i < right + 1; i++) {
                   if (table[i] < table[i - 1]) {
                       int temp = table[i];
                       table[i] = table[i - 1];
                       table[i - 1] = temp;
                       t = i;
                   }
               }
               right = t - 1;
           } while (left <= right);
       }
   ```

4. // 试设计算法,使用非递归方法实现快速排序

```java
public static void NonrecursiveQuickSort(int[] ary) {
    if (ary.length < 2) {
        return;
    }
    // 数组栈: 记录着高位和低位的值
    int[][] stack = new int[2][ary.length];
    // 栈顶部位置
    int top = 0;
    // 低位,高位,循环变量,基准点
    // 将数组的高位和低位位置入栈
    stack[1][top] = ary.length - 1;
    stack[0][top] = 0;
    top++;
    // 要是栈顶不空,那么继续
    while (top != 0) {
        // 将高位和低位出栈
        // 低位: 排序开始的位置
        top--;
        int low = stack[0][top];
        // 高位: 排序结束的位置
        int high = stack[1][top];          // 将高位作为基准位置
        // 基准位置
        int pivot = high;
        int i = low;
        for (int j = low; j < high; j++) {

            if (ary[j] <= ary[pivot]) {
                int temp = ary[j];
                ary[j] = ary[i];
                ary[i] = temp;
                i++;
            }
        }
        // 如果i不是基准位,那么基准位选的就不是最大值
        // 而i的前面放的都是比基准位小的值,那么基准位
        // 的值应该放到i所在的位置上
        if (i != pivot) {
            int temp = ary[i];
            ary[i] = ary[pivot];
            ary[pivot] = temp;
        }
        if (i - low > 1) {
            // 此时不排i的原因是i位置上的元素已经确定了,i前面的都是比i小的,i
            // 后面的都是比i大的
            stack[1][top] = i - 1;
            stack[0][top] = low;
            top++;
        }
        // 当high-i小于等于1的时候,就不往栈中放了,这就是外层while循环能结束
        // 的原因
```

```
// 如果从 i 到高位之间的元素个数多于一个,那么需要再次排序
if (high - i > 1) {
    // 此时不排 i 的原因是 i 位置上的元素已经确定了,i 前面的都是比 i 小的,i
    // 后面的都是比 i 大的
    stack[1][top] = high;
    stack[0][top] = i + 1;
    top++;
}
        }
    }
}
```

5. // 试设计算法,判断完全二叉树是否为大顶堆

```
boolean checkmax(BiTreeNode t)
    BiTreeNode p = t;
    if (p.lchild == null && p.rchild == null) {
        return true;
    } else {
        if (p.lchild != null && p.rchild != null) {
            if ((((RecordNode) p.lchild.data).key).compareTo(((RecordNode) p.data).
key) <= 0 && (((RecordNode) p.rchild.data).key).compareTo(((RecordNode) p.data).key) <= 0) {
                return checkmax(p.lchild) && checkmax(p.rchild);
            } else
            {
                return false;
            }
        } else if (p.lchild != null && p.rchild == null) {
            if ((((RecordNode) p.lchild.data).key).compareTo(((RecordNode) p.data).
key) <= 0) {
                return checkmax(p.lchild);
            } else
            {
                return false;
            }
        } else if (p.lchild == null && p.rchild != null) {
            if ((((RecordNode) p.rchild.data).key).compareTo(((RecordNode) p.data).
key) <= 0) {
                return checkmax(p.rchild);
            } else
            {
                return false;
            }

        } else {
            return false;
        }
    }
}
```

四、上机实践题

1.  ```java
    // 编写程序,对直接插入排序、希尔排序、冒泡排序、快速排序、直接选择排序、堆排序和归并排序
    // 进行测试
    import ch07.*;
    import java.util.Scanner;
    public class Exercise7_4_1 {
        public static void main(String[] args) throws Exception {
            int[] d = {52, 39, 67, 95, 70, 8, 25, 52};
            int[] dlta = {5, 3, 1};                 // 希尔排序增量数组
            int maxSize = 20;                       // 顺序表空间大小
            SeqList L = new SeqList(maxSize);        // 建立顺序表
            for (int i = 0; i < d.length; i++) {
                RecordNode r = new RecordNode(d[i]);
                L.insert(L.length(), r);
            }
            System.out.println("排序前: ");
            L.display();
            System.out.println("请选择排序方法: ");
            System.out.println("1 - 直接插入排序");
            System.out.println("2 - 希尔排序");
            System.out.println("3 - 冒泡排序");
            System.out.println("4 - 快速排序");
            System.out.println("5 - 直接选择排序");
            System.out.println("6 - 堆排序");
            System.out.println("7 - 归并排序");
            Scanner s = new Scanner(System.in);
            int xz = s.nextInt();
            switch (xz) {
                case 1:
                    L.insertSort();
                    break;                          // 直接插入排序
                case 2:
                    L.shellSort(dlta);
                    break;                          // 希尔排序
                case 3:
                    L.bubbleSort();
                    break;                          // 冒泡排序
                case 4:
                    L.quickSort();
                    break;                          // 快速排序
                case 5:
                    L.selectSort();
                    break;                          // 直接选择排序
                case 6:
                    L.heapSort();                   // 堆排序
                    break;
                case 7:
                    L.mergeSort();                  // 归并排序
    ```
    ```

```
                    break;
                }
                System.out.println("排序后：");
                L.display();
            }
        }
```

运行结果如图 A.22 所示。

图 A.22　上机实践题 1 运行结果

2. // 编写程序,对带监视哨的直接插入排序进行测试

```
package ch07Exercise;
import ch07.RecordNode;
import ch07.SeqList;
public class Exercise7_4_2 extends SeqList {
    public Exercise7_4_2(int maxSize) {
        super(maxSize);
    }
    public void display() {                    // 输出数组元素
        for (int i = 1; i < length(); i++) {
            System.out.print(" " + r[i].key.toString());
        }
        System.out.println();
    }
    public static void main(String[] args) throws Exception {
        int[] d = {52, 39, 67, 95, 70, 8, 25, 52};
        int maxSize = 20;                      // 顺序表空间大小
        SeqList L = new Exercise7_4_2(maxSize);// 建立顺序表
        RecordNode r = new RecordNode(0);
        L.insert(L.length(), r);
        for (int i = 0; i < d.length; i++) {
            r = new RecordNode(d[i]);
            L.insert(L.length(), r);
        }
        System.out.println("排序前：");
        L.display();
        L.insertSortWithGuard();
        System.out.println("排序后：");
```

```
            L.display();
        }
    }
```

运行结果如图 A.23 所示。

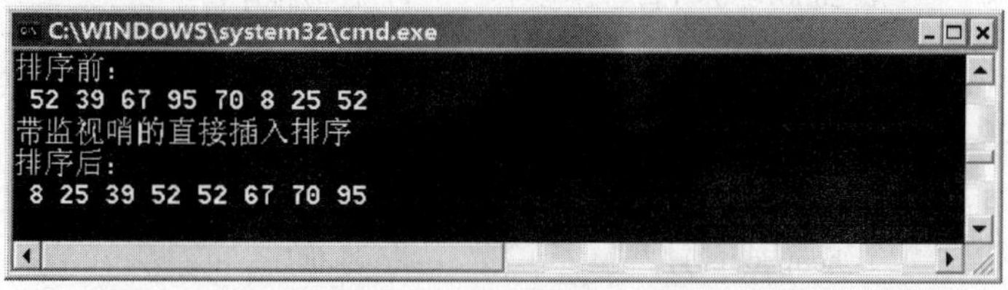

图 A.23 上机实践题 2 运行结果

3. // 编写程序,要求随机生成 10000 个数,并比较直接插入排序、直接选择排序、冒泡排序、快速
   // 排序和堆排序的排序性能

```
import ch07.*;
public class Exercise7_4_3 {
    static int maxSize = 10000;                    // 排序关键码个数
    public static void main(String[] args) throws Exception {
        int[] d = new int[maxSize];                // 顺序表空间大小
        for (int i = 0; i < maxSize; i++) {
            d[i] = (int) (Math.random() * 100);
        }
        SeqList L;
        L = createList(d);
        System.out.println("直接插入排序所需时间: " + testSortTime(L, 'i') + "毫秒");
        L = createList(d);
        System.out.println("冒泡排序所需时间: " + testSortTime(L, 'b') + "毫秒");
        L = createList(d);
        System.out.println("快速排序所需时间: " + testSortTime(L, 'q') + "毫秒");
        L = createList(d);
        System.out.println("直接选择排序所需时间: " + testSortTime(L, 's') + "毫秒");
        L = createList(d);
        System.out.println("堆排序所需时间: " + testSortTime(L, 'h') + "毫秒");
    }
    private static SeqList createList(int[] d) throws Exception {
        SeqList L = new SeqList(maxSize);     // 建立顺序表
        for (int i = 0; i < d.length; i++) {
            RecordNode r = new RecordNode(d[i]);
            L.insert(L.length(), r);
        }
        return L;
    }
    public static long testSortTime(SeqList L, char sortmethod) {
        long startTime, endTime, testTime;
        startTime = System.currentTimeMillis();
        switch (sortmethod) {
            case 'i':
                L.insertSort();                    // 直接插入排序
```

```
                break;
            case 's':
                L.selectSort();                // 选择排序
                break;
            case 'b':
                L.bubbleSort();                // 冒泡排序
                break;
            case 'q':
                L.quickSort();                 // 快速排序
                break;
            case 'h':
                L.heapSort();                  // 堆排序
                break;
        }
        endTime = System.currentTimeMillis();
        testTime = endTime - startTime;
        return testTime;
    }
}
```

运行结果如图 A.24 所示。

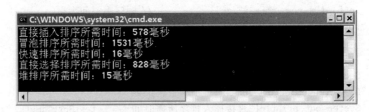

图 A.24　上机实践题 3 运行结果

4. // 学生成绩排序　对学生成绩排序可以调用本章介绍的排序算法完成,根据排序算法的要求,需
   // 要设计 3 个类: Student 类用于保存学号(id)、姓名(name)、成绩(score)3 个数据项; KeyScore
   // 类用于保存关键字成绩(score),该类需要实现 Comparable 接口,以便可以按照关键字 score
   // 比较大小; Example7_1 类用于输入学生信息、调用排序算法、输出排序后的结果等.3 个类的具体
   // 程序如下:

```
package ch07;
// 学生信息类
public class Student {
    public int id;                             // 学号
    public String name;                        // 姓名
    public double score;                       // 成绩
    public Student(int id, String name, double score) {   // 构造方法
        this.id = id;
        this.name = name;
        this.score = score;
    }
}
package ch07;
// 顺序表记录结点关键字类
public class KeyScore implements Comparable<KeyScore> {
    private double score;                      // 关键字
```

```java
    public KeyScore(double score) {
        this.score = score;
    }
    // 覆盖 Comparable 接口中比较关键字值大小的方法 compareTo
    public int compareTo(KeyScore another) {
        double thisVal = this.score;
        double anotherVal = another.score;
        return (thisVal < anotherVal ? -1 : (thisVal == anotherVal ? 0 : 1));
    }
}


package ch07;
/* *
 * 例 7.1 学生成绩排序
 */
import java.util.*;
public class Example7_1 {

    private Scanner scanner;
    private Student[] student;
    private int number;
    private SeqList SL;

    public Example7_1() throws Exception {
        scanner = new Scanner(System.in);
        System.out.println("输入学生的个数：");
        number = scanner.nextInt();
        input(number);                          // 输入记录

        SL = new SeqList(number);               // 建立顺序表
        for (int i = 0; i < student.length; i++) {
            RecordNode r = new RecordNode(new KeyScore(student[i].score), student[i]);
                                                // 产生记录
            SL.insert(SL.length(), r);          // 把记录 r 插入到表 SL 的末尾
        }
        System.out.println("排序前");
        output();
        SL.insertSort();                        // 进行排序
        System.out.println("排序后");
        output();
    }

    public void input(int n) {                  // 输入学生的信息
        student = new Student[n];
        System.out.println("学号 姓名 成绩");
        for (int i = 0; i < student.length; i++) {
            int id = scanner.nextInt();
            String name = scanner.next();
            double score = scanner.nextDouble();
            student[i] = new Student(id, name, score);
        }
```

```
    }

    public void output() {                    // 输出学生的信息
        System.out.println("学号 姓名 成绩");
        for (int i = 0; i < student.length; i++) {
            Student st = (Student) SL.r[i].element;
            System.out.println(st.id + "\t" + st.name + "\t" + st.score);
        }
    }

    public static void main(String[] args) throws Exception {
        Example7_1 scoresort = new Example7_1();
    }
}
```

程序运行结果如图 A.25 所示。

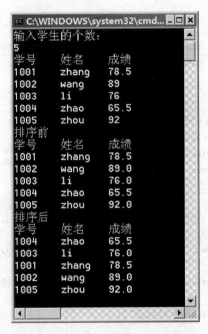

图 A.25　上机实践题 4 运行结果

习题 8 参考答案

一、选择题

1. B　2. D　3. C　4. D　5. C

二、填空题

1. 初始归并段(顺串)

2. 初始归并段(顺串);多路平衡归并

3. $\lceil \log_k m \rceil$ 4. $\lceil \log_2 k \rceil$ 5. 1;输入文件的长度

三、判断题

1. 正确   2. 正确   3. 错误   4. 正确   5. 错误

四、综合应用题

1. 当 $(m-1)\%(k-1)=0$ 时,不需要附加虚段,否则需附加 $k-(m-1)\%(k-1)-1$ 个虚段。

2. 最佳归并树如图 A.26 所示。

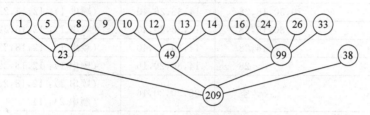

图 A.26   最佳归并树

$$WPL=(1+5+8+9+10+12+13+14+16+24+26+33)\times2+38=380$$

3. (1) 四路平衡归并总的归并趟数 $=\lceil \log_4 11 \rceil=2$。

(2) 构造的最佳归并树如图 A.27 所示。

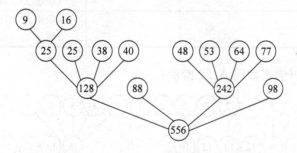

图 A.27   构造的四路最佳归并树

(3) 根据最佳归并树可计算出每一趟及总的读记录的次数为:

第 1 趟的读记录数:9+16=25

第 2 趟的读记录数:25+25+38+40+48+53+64+77=370

第 3 趟的读记录数:128+88+242+98=556

总的读记录数:25+370+556=951

4. (1) 用内部排序法求得的初始归并段为:

归并段 1:12、22、26、40

归并段 2:14、18、20、38

归并段 3:16、28、30

用置换—选择排序求得的归并段为:

归并段1：12、18、22、26、38、40

归并段2：14、16、20、28、30

（2）用置换—选择排序方法求初始归并段过程中 FI、WA 和 FO 的变化情况如表 A.1 所示。

表 A.1　置换—选择排序过程中 FI、WA 和 FO 的变化情况表

输入文件 FI	工作区 WA	输出文件 FO
22,12,26,40,18,38,14,20,30,16,28	空	空
18,38,14,20,30,16,28	22,12,26,40	空
38,14,20,30,16,28	22,18,26,40	（顺串 1）：12
14,20,30,16,28	22,38,26,40	（顺串 1）：12,18
20,30,16,28	14,38,26,40	（顺串 1）：12,18,22
30,16,28	14,38,20,40	（顺串 1）：12,18,22,26
16,28	14,30,20,40	（顺串 1）：12,18,22,26,38
28	14,30,20,16	（顺串 1）：12,18,22,26,38,40
空	28,30,20,16	（顺串 1）：12,18,22,26,38,40 （顺串 2）：14
空	28,30,20	（顺串 1）：12,18,22,26,38,40 （顺串 2）：14,16
空	28,30	（顺串 1）：12,18,22,26,38,40 （顺串 2）：14,16,20
空	30	（顺串 1）：12,18,22,26,38,40 （顺串 2）：14,16,20,28
空	空	（顺串 1）：12,18,22,26,38,40 （顺串 2）：14,16,20,28,30

5. 最佳五路归并方案如图 A.28 所示：

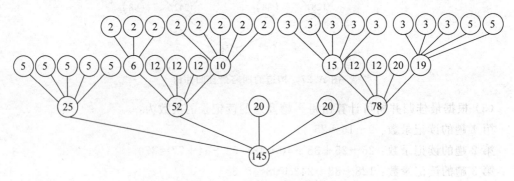

图 A.28　最佳五路归并树

该图的带权路径长度为 WPL＝400，所以总的读/写外存的次数为：800。

6. （1）合并方案：6 个表的合并采用二路归并树来完成，以各有序表的长度为权值，构建一棵二路最佳归并树如图 A.29 所示。

根据该归并树，6 个有序表的合并过程为：

第 1 次合并：表 A 与表 B 合并，生成含有 45 个元素的表 AB；

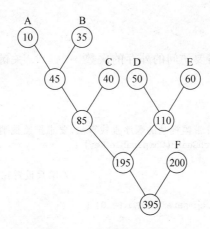

图 A.29 二路最佳归并树

第 2 次合并：表 AB 与表 C 合并，生成含有 85 个元素的表 ABC；

第 3 次合并：表 D 与表 E 合并，生成含有 110 个元素的表 DE；

第 4 次合并：表 ABC 与表 DE 合并，生成含有 195 个元素的表 ABCDE；

第 5 次合并：表 ABCDE 与表 F 合并，生成含有 395 个元素的表 ABCDEF。

由于合并两个长度分别为 m 和 n 的有序表，最坏情况下需要比较 $m+n-1$ 次，故最坏情况下比较的总次数计算如下：

第 1 次合并：最多比较次数 $=10+35-1=44$；

第 2 次合并：最多比较次数 $=45+40-1=84$；

第 3 次合并：最多比较次数 $=50+60-1=109$；

第 4 次合并：最多比较次数 $=85+110-1=194$；

第 5 次合并：最多比较次数 $=195+200-1=394$；

比较总次数最多 $=44+84+109+194+394=825$。

（2）各表的合并策略是：在对多个有序表进行两两合并时，若表长不同，则最坏情况下总的比较次数依赖于表的合并次序，可以借用哈夫曼树的构造思想，依次选择最短的两个表进行合并，可以获得最坏情况下最佳的合并效率。

习题 9 参考答案

一、选择题

1. B 2. D 3. A 4. B 5. C 6. C 7. B 8. D 9. B 10. C

二、填空题

1. 动态查找表有插入和删除操作 2. $(n+1)/2$；$n+1$

3. 以顺序方式存储，且数据有序

4. 分别是确定待查元素所在的块；在块内查找待查的元素

5. 不同关键字值对应到相同的存储地址

6. 递增

7. 7；15

8. 减少查找一个元素需要访问的外存的次数　　　9. 关键字　　　10. 同等

三、算法设计题

1.
```java
// 基于 SeqList 类,设计带监视哨的顺序查找算法,要求把监视哨设置在 n 号单元
public int seqSearchWithGuard(Comparable key) {
    int i = length() - 1;
    r[i].key = key;                          // 哨兵设置在第 n 号单元
    i = 0;
    while ((r[i].key).compareTo(key) != 0) {
        i++;
    }
    if (i < length() - 1) {
        return i;
    } else {
        return -1;
    }
}
```

2.
```java
// 基于 SeqList 类,设计一个递归算法,实现二分查找
public int binarySearchRecursively(int low, int high, Comparable key) {
        int mid, result;
        if (low <= high) {
            mid = (low + high) / 2;          // 中间位置,当前比较元素位置
            result = r[mid].key.compareTo(key);
            if (result > 0) {
                return binarySearchRecursively(low, mid - 1, key);       // 查找成功
            } else if (result < 0) {
                return binarySearchRecursively(mid + 1, high, key);
            } else {
                return mid;
            }
        }
        return -1; // 查找不成功
    }
```

3.
```java
// 基于 BSTree 类,设计一个算法,判断所给的二叉树是否为二叉排序树
boolean Is_BSTree(BiTreeNode T) {
        if (T.lchild != null && flag) {
            Is_BSTree(T.lchild);
        }
        if (lastkey.compareTo(((RecordNode) T.data).key) > 0) {
            flag = false;                    // 与其中序前趋相比较
        }
        ((KeyType) lastkey).key = ((KeyType) (((RecordNode) T.data).key)).key;
        if (T.rchild != null && flag) {
            Is_BSTree(T.rchild);
        }
        return flag;
    }
```

```
4. // 基于 BSTree 类,设计一个算法,输出给定二叉排序树中值最大的结点
   BiTreeNode maxNode(BiTreeNode T) {
           if (T == null) {
               System.out.println("这是一颗空树.");
               return null;
           } else {
               BiTreeNode q = T;
               while (q.rchild != null) {
                   q = q.rchild;
               }
               return q;
           }
       }
```

```
5. // 设计一个算法,求出指定结点在给定的二叉排序树中所在的层数
   public static int levelOfNode(BiTreeNode p, Comparable key) {
           if (p != null && !found) {
               level++;
               if (key.compareTo(((RecordNode) p.data).key) == 0) {
                   found = true;
               } else {
                   levelOfNode(p.lchild, key);   // 在左子树中查找
                   levelOfNode(p.rchild, key);   // 在右子树中查找
                   if (!found) {
                       level--;
                   }
               }
           }
           return level;
       }
```

```
6. // 基于 BSTree 类,设计一个算法,在二叉排序树中以非递归方式查找值为 key 的结点
   public Object searchBSTNonRecur(BiTreeNode p, Comparable key) {
           while (p != null) {
               if (key.compareTo(((RecordNode) p.data).key) == 0)         // 查找成功
               {
                   return p.data;
               } else if (key.compareTo(((RecordNode) p.data).key) < 0) {
                   p = p.lchild;              // 在左子树中查找
               } else {
                   p = p.rchild;              // 在右子树中查找
               }
           }
           return null;
       }
```

四、上机实践题

1.

```
import ch07.*;
import java.util.Scanner;
public class Exercise9_4_1 {
```

```java
static SeqList ST = null;
public static void createSearchList() throws Exception {
    int maxSize = 20;                          // 查找表预分配空间的大小
    ST = new SeqList(maxSize);                 // 创建查找表对象
    int curlen;                                // 表的实际长度
    int[] d = {8,30,43,52,59,80,83,100};
    curlen = d.length + 1;
    KeyType[] k = new KeyType[curlen];
    System.out.println("关键码序列：");
    for (int i = 1; i < curlen; i++) {         // 输入关键字序列
        k[i] = new KeyType(d[i-1]);
        System.out.print(d[i-1] + " ");
    }
    System.out.println("");
    ST.insert(0, new RecordNode(0));           // 在 0 号单元插入一个元素 0
    for (int i = 1; i < curlen; i++) {         // 记录顺序表
        RecordNode r = new RecordNode(k[i]);
        ST.insert(ST.length(), r);
    }
}
public static void main(String[] args) throws Exception {
    createSearchList();                        // 创建查找表
    System.out.println("请输入两个待查找的关键字：");     // 提示输入待查找的关键字
    Scanner sc = new Scanner(System.in);       // 输入待查找关键字
    KeyType key1 = new KeyType(sc.nextInt());
    KeyType key2 = new KeyType(sc.nextInt());
    System.out.println ( " seqSearchWithGuard ( " + key1. key + ") = " + ST.
seqSearchWithGuard(key1));
    System.out.println ( " seqSearchWithGuard ( " + key2. key + ") = " + ST.
seqSearchWithGuard(key2));
    }
}
```

运行结果如图 A.30 所示。

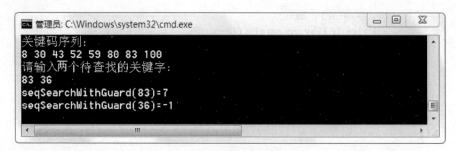

图 A.30　上机实践题 1 运行结果

2.

```java
import ch07. * ;
import ch08. BSTree;
import ch08. StudentType;
```

```
public class Exercise9_4_2 {
    public static void main(String args[]) {
        BSTree bstree = new BSTree();
        String[][] item = {{"小张","男","计科 081","13112345671"},
                           {"小李","女","计科 082","13212345672"},
                           {"小王","男","计科 081","13312345673"},};
        int[] k = {1002, 1001, 1003};          // 关键字数组
        KeyType[] key = new KeyType[k.length];  // 关键字数组
        StudentType[] elem = new StudentType[k.length];  // 记录数据数组
        System.out.println("原序列: ");
        for (int i = 0; i < k.length; i++) {
            key[i] = new KeyType(k[i]);          // 创建关键字对象
            elem[i] = new StudentType(item[i]); // 创建记录数据对象
            if (bstree.insertBST(key[i], elem[i])) {  // 若插入对象成功
                System.out.print("[" + key[i] + "," + elem[i] + "]");
            }
        }
        System.out.println("\n中序遍历二叉排序树: ");
        bstree.inOrderTraverse(bstree.root);
        System.out.println();
        KeyType keyvalue = new KeyType();
        keyvalue.key = 1002;
        RecordNode found = (RecordNode) bstree.searchBST(keyvalue);
        if (found != null) {
            System.out.println("按学号查找: " + keyvalue + ",成功!对应学生为:" + found.
element);
        } else {
            System.out.println("按学号查找: " + keyvalue + ",失败!");
        }
        keyvalue.key = 1005;
        found = (RecordNode) bstree.searchBST(keyvalue);
        if (found != null) {
            System.out.println("按学号查找: " + keyvalue + ",成功!对应学生为:" + found.
element);
        } else {
            System.out.println("按学号查找: " + keyvalue + ",失败!");
        }
    }
}
```

运行结果如图 A.31 所示。

图 A.31 上机实践题 2 运行结果

参 考 文 献

[1] 张铭,王腾蛟,赵海燕.数据结构与算法.北京:高等教育出版社,2008.

[2] 张铭,赵海燕,王腾蛟.数据结构与算法——学习指导与习题解析.北京:高等教育出版社,2005.

[3] 耿国华.数据结构——C 语言描述.北京:高等教育出版社,2005.

[4] 陈越.数据结构.北京:高等教育出版社,2012.

[5] 李春葆.数据结构(C♯语言描述).北京:清华大学出版社,2013.

[6] 王晓东.数据结构(STL 框架).北京:清华大学出版社,2009.

[7] 刘怀亮.数据结构(C 语言描述).北京:冶金工业出版社,2004.

[8] 严蔚敏,吴伟民.数据结构(C 语言版).北京:清华大学出版社,2002.

[9] 严蔚敏,吴伟民,米宁.数据结构题集(C 语言版).北京:清华大学出版社,1999.

[10] 试题研究编写组.数据结构考研指导.北京:机械工业出版社,2009.

[11] 〔美〕Sartaj Sahni.数据结构、算法与应用(Java 语言描述).孔芳,高伟译.北京:中国水利水电出版
社,2007.

[12] 〔美〕Adam Drozdek.数据结构与算法(Java 语言版).周翔,王建芬,黄小青,等译.北京:机械工业
出版社,2003.

[13] 〔美〕Robert Lafore.Java 数据结构和算法.2 版.计晓云,等译.北京:中国电力出版社,2004.

[14] 〔美〕Mark Allen Weiss.数据结构与算法分析:Java 语言描述.2 版.冯舜玺译.北京:机械工业出版
社,2008.

[15] 希赛 IT 教育研发中心.全国硕士研究生入学统一考试计算机学科专业基础综合冲刺指南.北京:
电子工业出版社,2008.

[16] 梁旭,张振琳,黄明.全国研究生计算机统一考试习题详解(2009 年新大纲).北京:电子工业出版
社,2008.

[17] 许卓群,杨冬青,等.数据结构与算法.北京:高等教育出版社,2004.

[18] 叶核亚.数据结构(Java 版).北京:电子工业出版社,2004.

[19] 邓俊辉.数据结构与算法(Java 语言描述).北京:机械工业出版社,2006.

[20] 朱战立.数据结构——Java 语言描述.北京:清华大学出版社,2005.

[21] 李云清,杨庆红,等.数据结构(C 语言版).北京:人民邮电出版社,2004.

[22] 杨晓光.数据结构实例教程.北京:清华大学出版社,2008.

[23] 徐孝凯.数据结构实用教程.2 版.北京:清华大学出版社,2006.

[24] 余腊生,等.数据结构(基于 C++模板类的实现).北京:人民邮电出版社,2008.

[25] 刘振鹏,等.数据结构.北京:中国铁道出版社,2003.

[26] 殷人昆.数据结构(用面向对象方法与 C++语言描述).北京.清华大学出版社,2007.

[27] 王世民,朱建方,孔凡航.数据结构与算法分析(Java 版).北京:清华大学出版社,2005.

[28] 李春葆,喻丹丹.数据结构习题与解析.3 版.北京:清华大学出版社,2006.

图书资源支持

感谢您一直以来对清华版图书的支持和爱护。为了配合本书的使用，本书提供配套的资源，有需求的读者请扫描下方的"书圈"微信公众号二维码，在图书专区下载，也可以拨打电话或发送电子邮件咨询。

如果您在使用本书的过程中遇到了什么问题，或者有相关图书出版计划，也请您发邮件告诉我们，以便我们更好地为您服务。

我们的联系方式：

地　　址：北京市海淀区双清路学研大厦 A 座 714

邮　　编：100084

电　　话：010-83470236　010-83470237

客服邮箱：2301891038@qq.com

QQ：2301891038（请写明您的单位和姓名）

资源下载：关注公众号"书圈"下载配套资源。

资源下载、样书申请

书圈

图书案例

清华计算机学堂

观看课程直播